信息科学与技术丛书

Linux 驱动程序开发实例

第 2 版

冯国进　编著

机 械 工 业 出 版 社

设备驱动程序是应用程序与硬件设备之间的桥梁，驱动程序开发是软硬件结合的技术。本书深入介绍 Linux 设备驱动程序开发，涵盖了 Linux 驱动程序基础、驱动模型、内存管理、内核同步机制、I2C 驱动程序、串口驱动程序、LCD 驱动程序、网络驱动程序、USB 驱动程序、输入子系统驱动程序、块设备驱动程序、音频设备驱动程序等内容。全书以实例为主线，是为 Linux 设备驱动程序开发人员量身打造的学习书籍和实战指南。本书基于 Linux 4.5 内核，提供了丰富的实例代码和详细的注释，并附赠完整源代码供读者下载。本书主要面向各种层次的嵌入式 Linux 软硬件开发工程师，也可以作为各类嵌入式系统培训机构的培训教材和高校计算机课程教辅书籍。

图书在版编目（CIP）数据

Linux 驱动程序开发实例 / 冯国进编著. —2 版. —北京：机械工业出版社，2017.5
（信息科学与技术丛书）
ISBN 978-7-111-56706-6

Ⅰ. ①L… Ⅱ. ①冯… Ⅲ. ①Linux 操作系统－程序设计 Ⅳ. ①TP316.89

中国版本图书馆 CIP 数据核字（2017）第 092047 号

机械工业出版社（北京市百万庄大街 22 号　邮政编码 100037）
责任编辑：车　忱
责任校对：张艳霞
责任印制：李　昂

三河市国英印务有限公司印刷

2017 年 7 月第 2 版 • 第 1 次印刷
184mm×260mm • 27 印张 • 652 千字
0001－3000 册
标准书号：ISBN 978-7-111-56706-6
定价：89.00 元

凡购本书，如有缺页、倒页、脱页，由本社发行部调换

电话服务
服务咨询热线：（010）88361066
读者购书热线：（010）68326294
（010）88379203
封面无防伪标均为盗版

网络服务
机 工 官 网：www.cmpbook.com
机 工 官 博：weibo.com/cmp1952
教育服务网：www.cmpedu.com
金 书 网：www.golden-book.com

出 版 说 明

随着信息科学与技术的迅速发展，人类每时每刻都会面对层出不穷的新技术和新概念。毫无疑问，在节奏越来越快的工作和生活中，人们需要通过阅读和学习大量信息丰富、具备实践指导意义的图书来获取新知识和新技能，从而不断提高自身素质，紧跟信息化时代发展的步伐。

众所周知，在计算机硬件方面，高性价比的解决方案和新型技术的应用一直备受青睐；在软件技术方面，随着计算机软件的规模和复杂性与日俱增，软件技术不断地受到挑战，人们一直在为寻求更先进的软件技术而奋斗不止。目前，计算机和互联网在社会生活中日益普及，掌握计算机网络技术和理论已成为大众的文化需求。由于信息科学与技术在电工、电子、通信、工业控制、智能建筑、工业产品设计与制造等专业领域中已经得到充分、广泛的应用，所以这些专业领域中的研究人员和工程技术人员越来越迫切需要汲取自身领域信息化所带来的新理念和新方法。

针对人们了解和掌握新知识、新技能的热切期待，以及由此促成的人们对语言简洁、内容充实、融合实践经验的图书迫切需要的现状，机械工业出版社适时推出了“信息科学与技术丛书”。这套丛书涉及计算机软件、硬件、网络和工程应用等内容，注重理论与实践的结合，内容实用、层次分明、语言流畅，是信息科学与技术领域专业人员不可或缺的参考书。

目前，信息科学与技术的发展可谓一日千里，机械工业出版社欢迎从事信息技术方面工作的科研人员、工程技术人员积极参与我们的工作，为推进我国的信息化建设做出贡献。

机械工业出版社

前　言

写作背景

自 1991 年问世以来，Linux 操作系统一直在创造着开源世界的神话，它已经在服务器、嵌入式系统、智能手机等领域大放异彩，当之无愧地成为了当前最重量级的操作系统。从最初的 Linux 0.01 版到现在的 Linux 4.x 版，让我们看到了 Linux 强大的生命力。我们有理由相信，Linux 操作系统将健康地发展下去。

自十多年前在 Linux 平台上开发第一个应用开始，我便喜爱上了 Linux 平台上的软件开发。从那之后，我有幸能够长期从事嵌入式 Linux 的驱动与应用开发，今后也将在 Linux 驱动开发领域持续耕耘。Linux 带给我无穷的乐趣，我也希望向读者介绍 Linux 平台的驱动开发技术，为 Linux 的发展贡献一点绵薄之力。本书上一版出版之后，很多热心读者发来建议，也促使我创作本书第 2 版。

设备驱动程序依然是 Linux 这个伟大的操作系统的最重要的部分，设备驱动程序开发也是实际项目中非常重要的任务。设备驱动程序关系到系统的稳定可靠，这就要求工程师具备严谨的工作态度。设备驱动程序开发是软件与硬件相结合的领域，希望读者能先了解一些硬件方面的知识，为学习本书打下基础。

“操千曲而后晓声，观千剑而后识器。”我始终认为要成为一个领域的专家，就需要长时间不断地练习以及总结，在实践中不断深入探索是最便捷的学习方法，所以本书遵循了实例驱动的学习模式。希望读者能够认真钻研每一个例程，并举一反三，早日成为一名合格的驱动开发工程师。

本书特点

- 实战性：本书提供多达三十多个驱动程序例程，非常适合各种层次的驱动程序开发人员。书中例子全部基于 Linux 4.5.2 内核。本书附赠代码包含了书中大部分实例的相关代码，读者可以免费下载。
- 全面性：本书涵盖了 Linux 驱动程序基础、驱动模型、内存管理、内核同步机制、I2C 驱动程序、LCD 驱动程序、网络驱动程序、USB 驱动程序、输入子系统驱动程序、块设备驱动程序、音频设备驱动等内容，是驱动程序开发人员的完整参考书。
- 易读性：本书以实例为主线，代码注释丰富，带领读者由浅入深掌握 Linux 驱动程序开发的精髓。

内容结构

本书内容丰富全面，涵盖了 Linux 4.5 下的三类驱动设备，包括字符设备、块设备、网络设备的开发技术。本书第 1～5 章为 Linux 驱动程序开发入门基础知识；第 6 章介绍基本的硬件设备驱动开发；第 7～15 章介绍各种硬件接口的驱动程序体系，包括 I2C、LCD、USB、输入设备、网络、TTY、音频等接口。

读者对象

本书是一本专门介绍嵌入式 Linux 驱动程序开发的书，读者应具备 C 语言编程和操作系统方面的基础知识。本书主要面向嵌入式 Linux 系统的内核、设备驱动程序、应用程序的开发工程师以及 ARM 嵌入式系统的硬件设计工程师，也可以作为各类嵌入式系统培训机构的培训实验教材和高校操作系统课程的辅导书籍。

特别致谢

在朋友、家人和机械工业出版社的帮助和支持下，本书终于得以问世，在此对他们表示衷心的感谢。特别是责任编辑车忱老师，在本书编写过程中提出了大量合理的建议，使本书得以顺利出版。

本书大部分例程基于深圳友坚恒天的 idea6410 开发板，在此对他们表示特别的感谢。

本人希望能够和读者一起努力，扩大交流，共同进步。由于 Linux 驱动程序开发相当博大精深，加之本人水平有限，本书错误在所难免，请各位读者原谅并指正。读者可把修改建议发送到 fgjnew@163.com，以便再版时修正。

冯国进
2016 年 10 月 1 日

目　　录

第 1 章　Linux 设备驱动程序入门

到目前为止，设备驱动程序代码仍然是 Linux 内核代码中最多的部分。操作系统最重要的功能之一就是支持各类设备的访问，承担硬件与应用软件之间的桥梁作用。Linux 操作系统中主要包含字符设备、块设备、网络设备等三类基本的设备驱动程序，内核中的设备驱动程序大部分基于这三类设备驱动。本章主要介绍 Linux 设备驱动程序的入门知识，包含模块基础、字符设备驱动、proc 文件系统等内容。

1.1　设备驱动程序基础

1.1.1　驱动程序的概念

所谓设备驱动程序，就是驱使设备按照用户的预期进行工作的软件，它是应用程序与设备沟通的桥梁。从本质上讲，设备驱动程序主要负责硬件设备的参数配置、数据读写与中断处理。Linux 的运行空间分为内核空间与用户空间。为了保护系统的安全，这两个空间各自运行在不同的级别，不能相互直接访问和共享数据。Linux 内核为应用层提供了一系列系统调用接口，应用程序可以通过这组接口来获得操作系统内核提供的服务。应用层程序运行在用户态，而设备驱动程序是操作系统的一部分，运行在内核态。应用程序要控制硬件设备，首先通过系统调用访问内核，内核层根据系统调用号来调用驱动程序对应的接口函数来访问设备。图 1-1 说明了 Linux 驱动程序的运行原理。

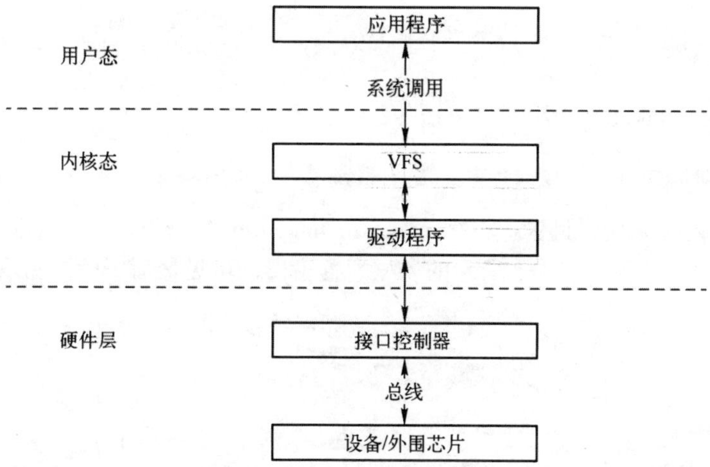

图 1-1　设备驱动程序的原理

Linux 中的大部分驱动程序是以内核模块的形式编写的。内核模块是 Linux 内核向外部提供的一个接口，其全称为动态可加载内核模块（Loadable Kernel Module，LKM）。Linux

内核本身是一个单内核（monolithic kernel），具有效率高的优点，也具有可扩展性和可维护性差的缺陷。模块机制就是为了弥补这一缺陷而生。内核模块可以被单独编译，它在运行时被链接到内核作为内核的一部分在内核空间运行。要让内核支持可加载模块，需要配置内核的【Enable loadable module support】选项，如图 1-2 所示。

```
    General setup  --->
[*] Enable loadable module support--->
-*- Enable the block layer  --->
    System Type  --->
    Bus support  --->
    Kernel Features  --->
    Boot options  --->
    CPU Power Management  --->
    Floating point emulation  --->
    Userspace binary formats  --->
    Power management options  --->
[*] Networking support  --->
    Device Drivers  --->
    Firmware Drivers  ----
    File systems  --->
    Kernel hacking  --->
    Security options  --->
```

图 1-2　在内核中增加可加载模块支持

1.1.2　驱动程序的加载方式

Linux 设备驱动程序有两种加载方式。一种是直接编译进 Linux 内核，在 Linux 启动时加载；另一种是采用内核模块方式，这种模块可动态加载与卸载。

如果希望将新驱动程序编译进内核，需要修改内核代码和编译选项。下面以字符型设备为例，说明如何在 Linux 内核中添加一个新的设备驱动程序。如果驱动程序代码源文件为 infrared_s3c2410.c，将 infrared_s3c2410.c 复制到内核代码的/drivers/char 目录，并在该目录下的 Kconfig 文件最后增加如下语句：

```
config INFRARED_REMOTE
    tristate "INFRARED Driver for REMOTE"
    depends on ARCH_S3C64XX || ARCH_S3C2410
    default y
    help
```

在该目录下的 Makefile 中添加如下语句：

```
Obj-$(CONFIG_INFRARED_REMOTE)+= infrared_s3c2410.o
```

进入 Linux 内核源代码目录，执行 make menuconfig 命令后，选择【device drivers】->【character devices】，进入如图 1-3 所示的内核配置窗口，可见最后一行即新增的驱动：

```
< > GSM MUX line discipline support (EXPERIMENTAL)
< > Trace data sink for MIPI P1149.7 cJTAG standard
[*] /dev/mem virtual device support
[*] /dev/kmem virtual device support
    Serial drivers  --->
[ ] ARM JTAG DCC console
< > IPMI top-level message handler  ----
<*> Hardware Random Number Generator Core support  --->
< > Siemens R3964 line discipline
< > RAW driver (/dev/raw/rawN)
< > TPM Hardware Support  ----
< > Xillybus generic FPGA interface
<*> INFRARED Driver for REMOTE (NEW)
```

图 1-3　在内核中增加新驱动程序

在内核配置窗口中可以使用上下键、空格键和回车键进行选择、移动和取消选择。内核配置窗口中以< >带头的行是内核模块的配置，以[ ]带头的行是内核功能的配置。选项前如果为<*>，表示相应的模块将被编译进内核。如果选项前是< >则表示不编译进内核。这里在【INFRARED Driver for REMOTE】行前面设置为<*>，则 infrared_s3c2410.o 将被编译进内核。在使用 make zImage 命令编译内核时所有设置为<*>的项将被包含在内核映像中。

采用可加载模块方式让驱动程序的运行更加灵活，也更利于调试。可加载模块用于扩展 Linux 操作系统的功能。使用内核模块的优点是可以按照需要进行加载，而且不需要重新编译内核。这种方式控制了内核的大小，而模块一旦被插入内核，它就和内核其他部分一样，可以访问内核的地址空间、函数和数据。可加载模块通常以.ko 为扩展名。在图 1-3 中选项前如果为<M>，表示编译成可加载模块。在使用 make modules 命令编译内核时，所有设置为<M>的项将被编译。make modules 结束后可以使用下面的命令安装内核中的可加载模块文件到一个指定的目录：

```
make modules_install INSTALL_MOD_PATH=/home/usr/modules
```

使用 make 命令编译内核相当于执行 make zImage 和 make modules 两个命令。

1.1.3　编写可加载模块

Linux 内核模块必须包含以下两个接口：

```
module_init(your_init_func);        //模块初始化接口
module_exit(your_exit_func);        //模块卸载接口
```

加载一个内核模块的命令是 insmod，格式如下：

```
#insmod modulename.ko
```

卸载一个内核模块的命令是 rmmod，格式如下：

```
#rmmod modulename
```

可加载模块的源代码可以放在内核代码树中，也可以独立于内核代码树。如果是后一种情况，需要为可加载模块编写 makefile 文件。可加载模块的 makefile 文件最重要的就是设置如下几个变量：

```
CC= arm-none-linux-gnueabi-gcc
obj-m:= smodule.o
KERNELDIR ?= /root/fgj/linux-4.5.2
```

CC 是编译器，obj-m 为需要编译的目标模块，KERNELDIR 为内核路径。注意在编写可加载模块前先要有一个内核代码目录树。KERNELDIR 的内核版本必须与运行的内核版本一致，否则编译出的模块往往无法加载。

例 1.1　最简单的内核模块

代码见\samples\1door\1-1simple。核心代码如下：

```
static int demo_module_init(void)
{
      printk("demo_module_init\n");
```

```
        return 0;
    }
    static void demo_module_exit(void)
    {
        printk("demo_module_exit\n");
    }
    //模块入口
    module_init(demo_module_init);
    module_exit(demo_module_exit);
    MODULE_DESCRIPTION("simple module");
    MODULE_LICENSE("GPL");
```

模块运行在内核态，不能使用用户态 C 库函数中的 printf 函数，而要使用 printk 函数打印调试信息。编写一个 Makefile 文件如下：

```
AR = ar
ARCH        = arm
CC = arm-none-linux-gnueabi-gcc
DEBFLAGS = -O2
obj-m        := smodule.o
KERNELDIR ?= /root/fgj/linux-4.5.2
PWD            := $(shell pwd)
modules:
    $(MAKE) -C $(KERNELDIR) M=$(PWD) LDDINC=$(PWD)/../include modules
clean:
    rm -rf *.o *~  core .depend .*.cmd *.ko *.mod.c .tmp_versions
```

执行 make 后生成 smodule.ko。运行结果如下：

```
[root@urbetter drivers]# insmod    smodule.ko
demo_module_init
[root@urbetter drivers]# cat /proc/modules
smodule 868 0 - Live 0xbf000000 (O)
[root@urbetter drivers]# rmmod smodule
rmmod: can't change directory to '/lib/modules': No such file or directory
[root@urbetter /home]#mkdir -p /lib/modules/'uname -r'
[root@urbetter drivers]# rmmod smodule
demo_module_exit
```

第一次运行 rmmod smodule 会失败，因为需要在/lib/modules 目录下建立以内核版本号为名称的目录，才能正确卸载模块。uname –r 用来得到内核版本号。建立正确的目录后，模块可以正常卸载。

1.1.4　带参数的可加载模块

宏 MODULE_PARM(var,type,right) 用于向模块传递命令行参数。参数类型可以是整数、长整型、字符串等类型。

例 1.2　带参数的内核模块实例

代码见\samples\1door\1-2module。本实例演示了如何向模块传递整数、长整型、字符串等参数。核心代码如下：

```
static int itype=0;
module_param(itype, int, 0);
static int btype = 0;
module_param(btype, bool, 0);
static unsigned char ctype=0;
module_param(ctype, byte, 0);
static char *stype=0;
module_param(stype, charp, 0);
//模块初始化
static int __init demo_module_init(void)
{
        printk("simple module init\n");
        printk("itype=%d\n",itype);
        printk("btype=%d\n",btype);
        printk("ctype=%d\n",ctype);
        printk("stype='%s'\n",stype);
        return 0;
}
//模块卸载
static void __exit demo_module_exit(void)
{
        printk("simple module exit\n");
}
module_init(demo_module_init);
module_exit(demo_module_exit);
```

接下来编写一个 Makefile 文件，同例 1.1。执行 make 后生成 smodule.ko。运行结果如下：

```
[root@urbetter /home]# insmod    smodule.ko    itype=2 btype=1 ctype=0xAC stype='a'
simple module init
itype=2
btype=1
ctype=172
stype='a'
```

1.1.5　模块依赖

Linux 内核模块之间可以相互引用一些符号，这些符号包括函数与变量。符号必须导出才能被引用。内核使用宏定义 EXPORT_SYMBOL 导出变量与函数。一个模块引用其他模块的符号，称为模块依赖关系。被引用的模块必须先安装，引用模块才能安装。

例 1.3　内核模块依赖实例

代码见\samples\1door\1-10export。本实例演示了内核的符号导出以及模块依赖。核心代码如下所示：

```
//smodule_dep.c
int function_of_dep(void)
{
        printk("function_of_dep\n");
        return 0;
}
EXPORT_SYMBOL(function_of_dep);      //导出函数
//smodule.c
extern int function_of_dep(void);
static int __init demo_module_init(void)
{
        printk("simple module init\n");
        function_of_dep();                          //引用函数
        return 0;
}
```

很显然，smodule 模块依赖 smodule_dep 函数。接下来编写一个 Makefile:

```
CC = arm-none-linux-gnueabi-gcc
DEBFLAGS = -O2
obj-m        := smodule.o smodule_dep.o
KERNELDIR ?= /root/fgj/linux-4.5.2
PWD            := $(shell pwd)
modules:
        $(MAKE) -C $(KERNELDIR) M=$(PWD) LDDINC=$(PWD)/../include modules
clean:
        rm -rf *.o *~  core .depend .*.cmd *.ko *.mod.c .tmp_versions
```

执行 make 后生成 smodule.ko 与 smodule_dep.ko。运行结果如下：

```
[root@urbetter drivers]# modinfo smodule.ko
filename:           smodule.ko
license:            GPL
author:             fgjnew <fgjnew@163.com>
description:      simple module
depends:             smodule_dep
vermagic:           4.5.2 mod_unload ARMv6 p2v8
[root@urbetter drivers]# insmod smodule.ko
smodule: Unknown symbol function_of_dep (err 0)
insmod: can't insert 'smodule.ko': unknown symbol in module or invalid parameter
[root@urbetter drivers]# insmod smodule_dep.ko
simple module dep init
[root@urbetter drivers]# insmod smodule.ko
simple module init
function_of_dep
[root@urbetter drivers]#
```

可见必须先安装 smodule_dep.ko 才能安装 smodule.ko。

1.1.6　printk 的等级

内核态的打印函数 printk 可以设定打印信息的等级。printk 的打印等级设置如下：

```
int console_printk[4] = {
    CONSOLE_LOGLEVEL_DEFAULT,        /* 控制台日志级别*/
    MESSAGE_LOGLEVEL_DEFAULT,        /* 默认消息日志级别*/
    CONSOLE_LOGLEVEL_MIN,            /* 最小的控制台日志级别*/
    CONSOLE_LOGLEVEL_DEFAULT,        /* 默认控制台日志级别*/
};
#define console_loglevel (console_printk[0])
#define default_message_loglevel (console_printk[1])
#define minimum_console_loglevel (console_printk[2])
#define default_console_loglevel (console_printk[3])
```

其中 console_loglevel 是当前控制台日志级别，优先级比它高的信息将打印到控制台。default_message_loglevel 为默认消息日志级别。minimum_console_loglevel 为最低的可设置的控制台日志级别。default_console_loglevel 为默认的控制台日志级别。printk 的打印等级包括：

```
#define KERN_EMERG      KERN_SOH "0"        /* 紧急，系统不可用 */
#define KERN_ALERT      KERN_SOH "1"        /* 必须立即响应*/
#define KERN_CRIT       KERN_SOH "2"        /* 严重*/
#define KERN_ERR        KERN_SOH "3"        /*一般错误 */
#define KERN_WARNING         KERN_SOH "4"        /* 警告*/
#define KERN_NOTICE     KERN_SOH "5"        /* 普通，但需要注意*/
#define KERN_INFO       KERN_SOH "6"        /* 提示 */
#define KERN_DEBUG      KERN_SOH "7"        /*调试信息 */
```

下面是一个带等级控制的 printk 函数的用法示例：

```
printk(KERN_INFO "kernel print %d\n",value);
```

对于未指定打印等级的消息，根据 default_message_loglevel 来确定是否打印。default_message_loglevel 的优先级高于 console_loglevel 则打印，否则不打印。

可以通过/proc/sys/kernel/printk 文件动态调整 printk 的打印等级：

```
[root@urbetter kernel]# pwd
/proc/sys/kernel
[root@urbetter kernel]# cat printk
7       4       1       7
```

这四个值分别对应于 console_printk 数组的 0～3 字节。调整 printk 打印等级的方法如下：

```
[root@urbetter kernel]# echo  6       4       1       7 > /proc/sys/kernel/printk
[root@urbetter kernel]# cat printk
6       4       1       7
```

1.1.7　设备驱动程序类别

在 Linux 操作系统中，设备驱动程序为各种设备提供了一致的访问接口，用户程序可以像对普通文件一样对设备文件进行打开和读写操作。Linux 包含如下三类设备驱动程序：

（1）字符设备

Linux 下的字符设备是指设备发送和接收数据以字符的形式进行。字符设备接口支持面向字符的 I/O 操作，数据不经过系统的快速缓存，由驱动本身负责管理自己的缓冲区结构。字符设备接口只支持顺序存取的有限长度的 I/O 操作。典型的字符设备包括串口、LED 灯、键盘等设备。

（2）块设备

块设备是以块的方式进行 I/O 操作的。块设备是利用一块系统内存作缓冲区，用来临时存放块设备的数据。当缓存的数据请求达到一定数量，会对设备进行读写操作。块设备是主要针对磁盘等慢速设备设计的，以免读写设备耗费过多的 CPU 时间。块设备支持随机存取功能，也几乎可以支持任意位置和任意长度的 I/O 请求。典型的块设备包括硬盘、CF 卡、SD 卡等存储设备。

（3）网络设备

Linux 操作系统中的网络设备是一类特殊的设备。Linux 的网络子系统主要是基于 BSD UNIX 的 socket 机制。在网络子系统和驱动程序之间定义有专门的数据结构(sk_buff)进行数据的传递。Linux 操作系统支持对发送数据和接收数据的缓存，提供流量控制机制，也提供对多种网络协议的支持。

Linux 系统为每个设备分配了一个主设备号与次设备号，主设备号唯一标识了设备类型，次设备号标识具体设备的实例。由同一个设备驱动程序控制的所有设备具有相同的主设备号。从设备号则用来区分具有相同主设备号的不同设备。

每一个字符设备或块设备在文件系统中都有一个特殊设备文件与之对应，这个文件就是设备节点。网络设备在文件系统的/dev 目录中没有节点，应用层可以通过套接字访问网络设备。字符设备和块设备的设备节点在/dev 目录下面：

```
[root@/dev]#ls -l |more
crw-rw----    1 root    root     5,   1 Dec 31 19:00 console
crw-rw----    1 root    root    13,  63 Dec 31 19:00 mice
crw-rw----    1 root    root    90,   0 Dec 31 19:00 mtd0
crw-rw----    1 root    root    90,   1 Dec 31 19:00 mtd0ro
crw-rw----    1 root    root    90,   2 Dec 31 19:00 mtd1
crw-rw----    1 root    root    90,   3 Dec 31 19:00 mtd1ro
crw-rw----    1 root    root    90,   4 Dec 31 19:00 mtd2
crw-rw----    1 root    root    90,   5 Dec 31 19:00 mtd2ro
crw-rw----    1 root    root    90,   6 Dec 31 19:00 mtd3
crw-rw----    1 root    root    90,   7 Dec 31 19:00 mtd3ro
brw-rw----    1 root    root    31,   0 Dec 31 19:00 mtdblock0
brw-rw----    1 root    root    31,   1 Dec 31 19:00 mtdblock1
brw-rw----    1 root    root    31,   2 Dec 31 19:00 mtdblock2
brw-rw----    1 root    root    31,   3 Dec 31 19:00 mtdblock3
brw-rw----    1 root    root    43,   0 Dec 31 19:00 nbd0
brw-rw----    1 root    root    43,   1 Dec 31 19:00 nbd1
```

其中每行第一个字母为 c 表示字符设备，为 b 表示块设备。上面第 4 列就是设备的主设备号，第 5 列为设备的次设备号，最后一列为设备节点的名称。/dev 下面有两个虚拟设备，即/dev/null 与/dev/zero。/dev/null 是一个空设备，写入与读取数据均没有反馈。cat afile > /dev/null 将不会有输出。cat /dev/null > afile 会清空 afile 文件的内容。访问/dev/zero 会得到一段值为 0 的二进制流。如下面的语句用 0 填充 t.txt 文件：

```
# dd if=/dev/zero of=/home/t.txt bs=1024 count=768
```

另外字符设备与块设备也可以通过/proc/devices 文件查看：

```
#备注：为节省篇幅，以下对原始终端输出做了重新排版，数字为设备号，英文为设备名
[root@urbetter proc]# cat devices
Character devices:
  1 mem                     2  pty              3  ttyp
  4 /dev/vc/0               4  tty              4  ttyS
  5 /dev/tty                5  /dev/console     5  /dev/ptmx
  7 vcs                    10  misc            13  input
 14 sound                  21  sg              29  fb
 89 i2c                    90  mtd            116  alsa
128 ptm                   136  pts            180  usb
189 usb_device            204  ttySAC         253  ttySDIO
254 rtc
Block devices:
  1 ramdisk               259  blkext           7  loop
  8 sd                     31  mtdblock        43  nbd
 65 sd
```

1.2　字符设备驱动程序原理

1.2.1　file_operations 结构

对于字符设备驱动程序，最核心的就是 file_operations 结构，这个结构实际上是提供给虚拟文件系统（VFS）的文件接口，它的每一个成员函数一般都对应一个系统调用。用户进程利用系统调用对设备文件进行诸如读和写等操作时，系统调用通过设备文件的主设备号找到相应的设备驱动程序，并调用相应的驱动程序函数。file_operations 结构定义如下：

```
struct file_operations {
  struct module *owner;                                                  //模块所有者
  loff_t (*llseek) (struct file *, loff_t, int);                         //寻找文件读写位置
  ssize_t (*read) (struct file *, char __user *, size_t, loff_t *);      //读
  ssize_t (*write) (struct file *, const char __user *, size_t, loff_t *); //写
  ssize_t (*read_iter) (struct kiocb *, struct iov_iter *);              //多缓冲读
  ssize_t (*write_iter) (struct kiocb *, struct iov_iter *);             //多缓冲写
  int (*iterate) (struct file *, struct dir_context *);
  unsigned int (*poll) (struct file *, struct poll_table_struct *);     //查询可读性
  long (*unlocked_ioctl) (struct file *, unsigned int, unsigned long);  //未加锁的控制接口
```

```
    //在 64 位系统上处理 32 位的 ioctl 调用
    long (*compat_ioctl) (struct file *, unsigned int, unsigned long);
    int (*mmap) (struct file *, struct vm_area_struct *);                    //内存映射
    int (*open) (struct inode *, struct file *);                             //打开设备
    int (*flush) (struct file *, fl_owner_t id);                             //执行未完成的操作
    int (*release) (struct inode *, struct file *);                          //释放
    int (*fsync) (struct file *, loff_t, loff_t, int datasync);              //刷新待处理的数据
    int (*aio_fsync) (struct kiocb *, int datasync);                         //异步刷新待处理的数据
    int (*fasync) (int, struct file *, int);                                 //通知设备 FASYNC 标志发生变化
    int (*lock) (struct file *, int, struct file_lock *);                    //文件锁
    //发送数据，一次一页
    ssize_t (*sendpage) (struct file *, struct page *, int, size_t, loff_t *, int);
    unsigned long (*get_unmapped_area)(struct file *, unsigned long, unsigned long, unsigned long,
unsigned long);                                                              //获取未映射区
    int (*check_flags)(int); //检查传递给 fcntl(fd,F_SETEL...)调用的标志
    int (*flock) (struct file *, int, struct file_lock *);                   //另一种文件锁
    ssize_t (*splice_write)(struct pipe_inode_info *, struct file *, loff_t *, size_t, unsigned int);
    ssize_t (*splice_read)(struct file *, loff_t *, struct pipe_inode_info *, size_t, unsigned int);
    int (*setlease)(struct file *, long, struct file_lock **, void **);
    long (*fallocate)(struct file *file, int mode, loff_t offset,loff_t len);
    void (*show_fdinfo)(struct seq_file *m, struct file *f);
    #ifndef CONFIG_MMU
    unsigned (*mmap_capabilities)(struct file *);
    #endif
    ssize_t (*copy_file_range)(struct file *, loff_t, struct file *,loff_t, size_t, unsigned int);
    int (*clone_file_range)(struct file *, loff_t, struct file *, loff_t,u64);
    ssize_t (*dedupe_file_range)(struct file *, u64, u64, struct file *,u64);
    };
```

注意 unlocked_ioctl 已经取代了旧内核的 ioctl 接口，ioctl 是 BKL (Big Kernel Lock)模式下的控制接口。在内核中，file 结构代表一个打开的文件，file 在执行 file_operation 中的 open 操作时创建。假设驱动程序中定义的 file_operation 是 fops，图 1-4 是应用层系统调用与驱动层 fops 的调用关系图。

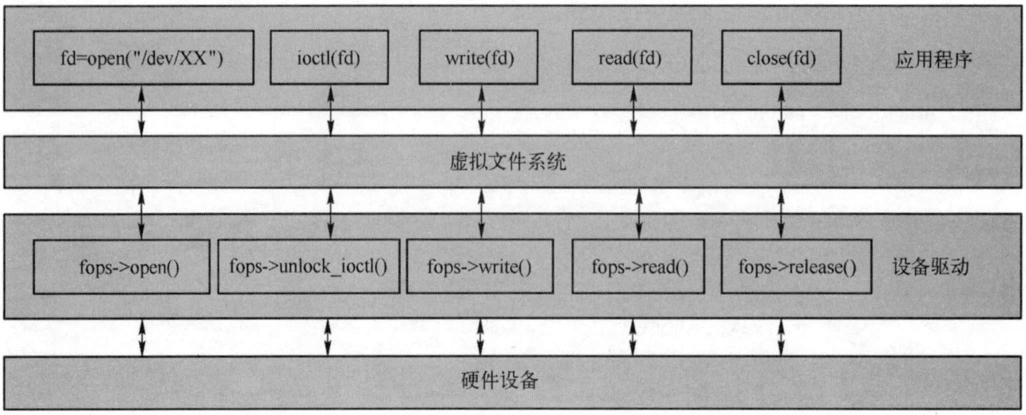

图 1-4　应用层与驱动层的调用关系

file_operations 的 open 与 release 接口的第一个参数是 inode 结构。该结构被内核用来表示一个文件节点，也就是一个具体的文件或目录。文件节点的操作结构定义如下：

```
struct inode_operations {
        struct dentry * (*lookup) (struct inode *,struct dentry *, unsigned int);
        const char * (*get_link) (struct dentry *, struct inode *, struct delayed_call *);
        int (*permission) (struct inode *, int);
        struct posix_acl * (*get_acl)(struct inode *, int);
        int (*readlink) (struct dentry *, char __user *,int);
        int (*create) (struct inode *,struct dentry *, umode_t, bool);      //创建
        int (*link) (struct dentry *,struct inode *,struct dentry *);       //硬链接
        int (*unlink) (struct inode *,struct dentry *);                     //取消链接
        int (*symlink) (struct inode *,struct dentry *,const char *);       //软链接
        int (*mkdir) (struct inode *,struct dentry *,umode_t);              //创建目录
        int (*rmdir) (struct inode *,struct dentry *);                      //删除目录
        int (*mknod) (struct inode *,struct dentry *,umode_t,dev_t);        //创建节点
        int (*rename) (struct inode *, struct dentry *,struct inode *, struct dentry *);    //重命名
        int (*rename2) (struct inode *, struct dentry *,struct inode *, struct dentry *, unsigned int);
        int (*setattr) (struct dentry *, struct iattr *);
        int (*getattr) (struct vfsmount *mnt, struct dentry *, struct kstat *);
        int (*setxattr) (struct dentry *, const char *,const void *,size_t,int);
        ssize_t (*getxattr) (struct dentry *, const char *, void *, size_t);
        ssize_t (*listxattr) (struct dentry *, char *, size_t);
        int (*removexattr) (struct dentry *, const char *);
        int (*fiemap)(struct inode *, struct fiemap_extent_info *, u64 start,u64 len);
        int (*update_time)(struct inode *, struct timespec *, int);         //更新时间
        int (*atomic_open)(struct inode *, struct dentry *,struct file *, unsigned open_flag,
                        umode_t create_mode, int *opened);
        int (*tmpfile) (struct inode *, struct dentry *, umode_t);
        int (*set_acl)(struct inode *, struct posix_acl *, int);
} ____cacheline_aligne
```

1.2.2　使用 register_chrdev 注册字符设备

注册字符设备可以使用 register_chrdev 函数。

```
int register_chrdev (unsigned int major, const    char *name, struct file_operations*fops);
```

register_chrdev 函数的 major 参数如果等于 0，则表示采用系统动态分配的主设备号。注销字符设备可以使用 unregister_chrdev 函数。

```
int unregister_chrdev(unsigned int major, const char *name);
```

例 1.4　register_chrdev 注册字符设备实例

代码见\samples\1door\1-3register_chrdev。核心代码如下所示：

```
static unsigned char simple_inc=0;
static unsigned char demoBuffer[256];
```

```
int simple_open(struct inode *inode, struct file *filp)
{
        if(simple_inc>0)return -ERESTARTSYS;
        simple_inc++;
        return 0;
}
int simple_release(struct inode *inode, struct file *filp)
{
        simple_inc--;
        return 0;
}
ssize_t simple_read(struct file *filp, char __user *buf, size_t count,loff_t *f_pos)
{
        /* 把数据复制到应用程序空间 */
        if (copy_to_user(buf,demoBuffer,count))
        {
            count=-EFAULT;
        }
        return count;
}
ssize_t simple_write(struct file *filp, const char __user *buf, size_t count,loff_t *f_pos)
{
        /* 把数据复制到内核空间 */
        if (copy_from_user(demoBuffer+*f_pos, buf, count))
        {
                count = -EFAULT;
        }
        return count;
}
struct file_operations simple_fops = {
      .owner =       THIS_MODULE,
      .read =        simple_read,
      .write =       simple_write,
      .open =        simple_open,
      .release =     simple_release,
};
/*******************************************************
                    MODULE ROUTINE
*******************************************************/
void simple_cleanup_module(void)
{
      unregister_chrdev(simple_MAJOR,   "simple");
      printk("simple_cleanup_module!\n");
}
int simple_init_module(void)
{
```

```
        int ret;
        //注册字符设备
        ret = register_chrdev(simple_MAJOR, "simple", &simple_fops);
        if (ret < 0)
        {
                printk("Unable to register character device %d!\n",simple_MAJOR);
                return ret;
        }
        return 0;
}
module_init(simple_init_module);
module_exit(simple_cleanup_module);
```

应用程序的代码如下：

```
void main(void)
{
        int fd;
        int i;
        char data[256];
        int retval;
        fd=open("/dev/fgj",O_RDWR);
        if(fd==-1)
        {
                perror("error open\n");
                exit(-1);
        }
        printf("open /dev/fgj successfully\n");
        //写数据
        retval=write(fd,"fgj",3);
        if(retval==-1)
        {
                perror("write error\n");
                exit(-1);
        }
        //读数据
        retval=read(fd,data,3);
        if(retval==-1)
        {
                perror("read error\n");
                exit(-1);
        }
        data[retval]=0;
        printf("read successfully:%s\n",data);
        //关闭设备
        close(fd);
}
```

字符设备模块使用 insmod 加载，加载完毕需要在/dev 目录下使用 mkmod 命令建立相应的文件节点。编译生成的应用层可执行程序为 test。本例运行结果如下：

```
[root@/home]#insmod demo.ko
[root@urbetter /home]# mknod /dev/fgj c 224 0
[root@urbetter /home]# ./test
open /dev/fgj successfully
read successfully:fgj
```

1.2.3 使用 cdev_add 注册字符设备

实际上 register_chrdev 函数调用了 cdev_add 函数。在 Linux 内核中的字符设备用 cdev 结构来描述，其定义如下：

```
struct cdev
{
    struct kobject kobj;
    struct module *owner;                    //所属模块
    const struct file_operations *ops;       //文件操作结构
    struct list_head list;
    dev_t dev; //设备号，int 类型，高 12 位为主设备号，低 20 位为次设备号
    unsigned int count;
};
```

下面一组函数用来对 cdev 结构进行操作：

```
struct cdev *cdev_alloc(void);//分配一个 cdev
void cdev_init(struct cdev *, const struct file_operations *);//初始化 cdev 的 file_operation
void cdev_put(struct cdev *p);// //减少使用计数
//注册设备，通常发生在驱动模块的加载函数中
int cdev_add(struct cdev *p, dev_t dev, unsigned count) ;
//注销设备，通常发生在驱动模块的卸载函数中
void cdev_del(struct cdev *p);
```

使用 cdev_add 注册字符设备前应该先调用 register_chrdev_region 或 alloc_chrdev_region 分配设备号。register_chrdev_region 函数用于指定设备号的情况，alloc_chrdev_region 函数用于动态申请设备号，系统自动返回没有占用的设备号。

```
int register_chrdev_region(dev_t from, unsigned count, const char *name) ;
int alloc_chrdev_region(dev_t *dev,unsigned baseminor,unsigned count,const char *name);
```

register_chrdev_region 函数申请从 from 开始的 count 个主设备号。alloc_chrdev_region 申请一个动态主设备号，并申请一系列次设备号。baseminor 是起始次设备号，count 为次设备号的数量。注销设备号(cdev_del)后使用 unregister_chrdev_region：

```
void unregister_chrdev_region(dev_t from,unsigned count) ;
```

例 1.5 cdev_add 注册字符设备实例

代码见\samples\1door\1-4cdev。核心代码如下所示：

```
struct file_operations simple_fops = {
    .owner =     THIS_MODULE,
    .read =      simple_read,
    .write =     simple_write,
    .open =      simple_open,
    .release =   simple_release,
};
/*******************************************************
                 MODULE ROUTINE
*******************************************************/
void simple_cleanup_module(void)
{
    dev_t devno = MKDEV(simple_MAJOR, simple_MINOR);
    if (simple_devices)
    {
        cdev_del(&simple_devices->cdev);
        kfree(simple_devices);
    }
    unregister_chrdev_region(devno,1);
}
//模块初始化
int simple_init_module(void)
{
    int result;
    dev_t dev = 0;
    dev = MKDEV(simple_MAJOR, simple_MINOR);
    result = register_chrdev_region(dev, 1, "DEMO");            //申请设备号
    if (result < 0)
     {
        printk(KERN_WARNING "DEMO: can't get major %d\n", simple_MAJOR);
        return result;
    }
    simple_devices = kmalloc(sizeof(struct simple_dev), GFP_KERNEL);       //分配设备结构
    if (!simple_devices)
    {
        result = -ENOMEM;
        goto fail;
    }
    memset(simple_devices, 0, sizeof(struct simple_dev));
   //初始化设备结构
    cdev_init(&simple_devices->cdev, &simple_fops);
    simple_devices->cdev.owner = THIS_MODULE;
    simple_devices->cdev.ops = &simple_fops;
    result = cdev_add (&simple_devices->cdev, dev, 1);            //添加字符设备
    if(result)
```

```
	{
		printk(KERN_NOTICE "Error %d adding DEMO\n", result);
		goto fail;
	}
	return 0;
fail:
	simple_cleanup_module();
	return result;
}
module_init(simple_init_module);
module_exit(simple_cleanup_module);
```

本例的应用层代码与运行结果同上例。

1.2.4 字符设备的读写

在应用程序看来，字符设备只是一个设备文件，应用程序可以像操作普通文件一样对硬件设备进行操作。应用层对设备的操作都在设备驱动程序的 file_operations 结构中有对应的接口，如应用层的 read 函数对应驱动层的 file_operations-> read，应用层的 write 函数对应驱动层的 file_operations->write。本节介绍字符设备内核空间与用户空间数据交互的方法。

先看 file_operations 结构中的读写接口：

```
ssize_t (*read) (struct file *, char __user *, size_t, loff_t *);
ssize_t (*write) (struct file *, const char __user *, size_t, loff_t *);
```

它们的第二个参数实际上是用户空间的数据地址。由于内核态和用户态使用不同的内存定义，所以二者之间不能直接访问对方的内存，而应该使用 Linux 中的用户和内核态内存交互函数，这些函数在 include/asm/uaccess.h 中声明。

从内核空间向用户空间复制数据使用 copy_to_user 函数：

```
unsigned long copy_to_user (void __user * to, const void * from, unsigned long n);
```

而从用户空间复制数据到内核空间可以使用 copy_from_user 函数：

```
unsigned long copy_from_user (void * to, const void* from, unsigned long n);
```

此外，内核空间和用户空间之间也可进行单值交互（如 char、int、long 类型）：

```
put_user(x, p)		//向用户空间指针 p 传单值 x
get_user(x, p)		//从用户空间指针 p 读单值 x
```

当一个指针指向用户空间时，必须确保指向的用户地址是合法的，而且对应的页面也已经映射。这一点可以使用 access_ok 函数检测。access_ok 函数的 type 参数有两个选项：VERIFY_READ、VERIFY_WRITE，分别对应于内存读和写。

```
int access_ok(int type, const void *addr, unsigned long size);
```

在访问用户空间的内存时，可以使用下面的方法先检查用户空间的指针是否合法：

```
char kernelbuffer[100];
```

```
static ssize_t demo_read(struct file *file, char __user *buffer, size_t count, loff_t *ppos)
{
        if (!access_ok(VERIFY_WRITE, buffer, count))
                return -EFAULT;
if (copy_to_user(buffer, kernelbuffer, count))
                        return -EFAULT;
        return count;
}
```

1.2.5　IOCTL 接口

IOCTL 接口主要用来进行 I/O 控制，应用程序可以通过 IOCTL 接口向设备发送命令、参数设置等信息。file_operations 结构中对应的 IOCTL 接口函数原型如下：

```
long (*unlocked_ioctl) (struct file *file, unsigned int cmd, unsigned long arg);
```

其中 cmd 是命令类型，arg 是参数。

例 1.6　字符设备 IOCTL 实例

代码见\samples\1door\1-5ioctl。核心代码如下所示：

```
#define COMMAND1 0x11
#define COMMAND2 0x12
//内核 IOCTL 接口
int simple_ioctl(struct inode *inode, struct file *filp,unsigned int cmd, unsigned long arg)
{
        switch(cmd)
        {
                case COMMAND1:
                        memset(demoBuffer,0x31,256);
                        break;
                case COMMAND2:
                        memset(demoBuffer,0x32,256);
                        break;
                default:
                        return -EFAULT;
                        break;
        }
        return 0;
}
struct file_operations simple_fops = {
        .owner =        THIS_MODULE,
        .unlocked_ioctl =       simple_ioctl,
        .open =         simple_open,
        .release =  simple_release,
};
```

接下来编写一个应用程序，参考代码如下：

```
void main(void)
{
    int fd;
    int i;
    char data[256];
    int retval;
    fd=open("/dev/fgj",O_RDWR);
    if(fd==-1)
    {
        perror("error open\n");
        exit(-1);
    }
    printf("open /dev/fgj successfully\n");
    //应用层 IOCTL 控制
    retval=ioctl(fd,COMMAND1,0);
    if(retval==-1)
    {
        perror("ioctl error\n");
        exit(-1);
    }
    printf("send command1 successfully\n");
    retval=ioctl(fd,COMMAND2,0);
    if(retval==-1)
    {
        perror("ioctl error\n");
        exit(-1);
    }
    printf("send command1 successfully\n");
    close(fd);
}
```

本例运行结果如下：

```
[root@urbetter /home]# insmod demo.ko
[root@urbetter /home]# mknod /dev/fgj c 224 0
[root@urbetter /home]# ./test
open /dev/fgj successfully
send command1 successfully
send command2 successfully
```

unlocked_ioctl 函数中的命令参数 cmd 不能随意定义，有一些值已经被系统使用，就不能在设备驱动中使用，否则会发生冲突。例如：

```
#define FIBMAP          _IO(0x00,1)        /* 访问 bmap */
#define FIGETBSZ     _IO(0x00,2)        /* 获取 bmap 的块大小*/
#define FIFREEZE _IOWR('X', 119, int)   /* 冻结 */
#define FITHAW   _IOWR('X', 120, int)   /* 解冻 */
```

```
#define FITRIM          _IOWR('X', 121, struct fstrim_range)   /* 剪裁 */
#define FICLONE   _IOW(0x94, 9, int)
#define FICLONERANGE _IOW(0x94, 13, struct file_clone_range)
#define FIDEDUPERANGE      _IOWR(0x94, 54, struct file_dedupe_range)
```

内核代码/fs/ioctl.c 中的 do_vfs_ioctl 函数对这些特殊的 cmd 做了处理：

```
int do_vfs_ioctl(struct file *filp, unsigned int fd, unsigned int cmd,unsigned long arg)
{
        int error = 0;
        int __user *argp = (int __user *)arg;
        struct inode *inode = file_inode(filp);
        switch (cmd) {
        case FIOCLEX:
                set_close_on_exec(fd, 1);
                break;
        …
        case FS_IOC_FIEMAP:
                return ioctl_fiemap(filp, arg);
        case FIGETBSZ:
                return put_user(inode->i_sb->s_blocksize, argp);
        …
        default:
                if (S_ISREG(inode->i_mode))
                        error = file_ioctl(filp, cmd, arg);
                else
                        error = vfs_ioctl(filp, cmd, arg);
                break;
        }
        return error;
}
```

实际上，IOCTL 接口中的 cmd 参数每个位都有特殊的含义，见表 1-1。

表 1-1　cmd 参数每个位的含义

位	Bit31～Bit30	Bit29～Bit16	Bit15～Bit8	Bit7～Bit0
定义	Dir	Size	TYPE	NR
说明	区别读写	arg 变量传送的数据大小	类型	

TYPE 范围为 0～255，通常用英文字符 "A"～"Z" 或者"a"～"z"来表示。设备驱动程序从传递进来的命令获取 TYPE，然后与自身能处理的 TYPE 进行比较，如果相同则处理，不同则不处理。用于创建 IOCTL 接口命令的宏包括：

```
#define _IO(type,nr)          _IOC(_IOC_NONE,(type),(nr),0)
#define _IOR(type,nr,size)  _IOC(_IOC_READ,(type),(nr),(_IOC_TYPECHECK(size)))
#define _IOW(type,nr,size) _IOC(_IOC_WRITE,(type),(nr),(_IOC_TYPECHECK(size)))
#define _IOWR(type,nr,size)  _IOC(_IOC_READ|_IOC_WRITE,(type),(nr),(_IOC_TYPECHECK(size)))
```

```
#define _IOR_BAD(type,nr,size)    _IOC(_IOC_READ,(type),(nr),sizeof(size))
#define _IOW_BAD(type,nr,size)    _IOC(_IOC_WRITE,(type),(nr),sizeof(size))
#define _IOWR_BAD(type,nr,size) _IOC(_IOC_READ|_IOC_WRITE,(type),(nr),sizeof(size))
```

用于解码 IOCTL 命令的宏包括：

```
#define _IOC_DIR(nr)        (((nr) >> _IOC_DIRSHIFT) & _IOC_DIRMASK)
#define _IOC_TYPE(nr)       (((nr) >> _IOC_TYPESHIFT) & _IOC_TYPEMASK)
#define _IOC_NR(nr)         (((nr) >> _IOC_NRSHIFT) & _IOC_NRMASK)
#define _IOC_SIZE(nr)       (((nr) >> _IOC_SIZESHIFT) & _IOC_SIZEMASK)
```

下面是音频驱动中的几个 IOCTL 命令的组装示例：

```
#define SNDRV_TIMER_IOCTL_INFO          _IOR('T', 0x11, struct snd_timer_info)
#define SNDRV_TIMER_IOCTL_PARAMS        _IOW('T', 0x12, struct snd_timer_params)
#define SNDRV_TIMER_IOCTL_STATUS        _IOR('T', 0x14, struct snd_timer_status)
```

1.2.6　seek 接口

字符设备只能按顺序读写，上次操作的结束位置就是当前读写位置。seek 接口用来对设备的读写位置进行重定位。file_operations 结构中对应的 seek 接口如下：

```
loff_t (*llseek) (struct file *filp, loff_t off, int whence)
```

其中，off 是偏移量，whence 参数指起点位置。

例 1.7　字符设备 seek 实例

代码见\samples\1door\1-6lseek。核心代码如下所示：

```
ssize_t simple_read(struct file *filp, char __user *buf, size_t count,loff_t *f_pos)
{
    loff_t pos= *f_pos;//获取文件指针
    if(pos>=256)
    {
        count=0;
        goto out;
    }
    if(count>(256-pos))
    {
        count=256-pos;
    }
    pos += count;
    //复制数据到指定的地址
    if (copy_to_user(buf,demoBuffer+*f_pos,count))
    {
        count=-EFAULT;
        goto out;
    }
    *f_pos = pos;
```

```
out:
        return count;
}
loff_t simple_llseek(struct file *filp, loff_t off, int whence)
{
        loff_t pos;
        pos = filp->f_pos;
        switch (whence)
        {
        case 0:
                pos = off;
                break;
        case 1:
                pos += off;
                break;
        case 2:
                pos =255+off;
                break;
        default:
                return -EINVAL;
        }
        if ((pos>=256) || (pos<0))
        {
                return -EINVAL;
        }
        return filp->f_pos=pos;
}
struct file_operations simple_fops = {
        .owner =        THIS_MODULE,
        .llseek =    simple_llseek,
        .read =        simple_read,
        .open =        simple_open,
        .release =   simple_release,
};
```

应用程序参考代码如下：

```
void main()
{
        int fd;
        int i;
        char data[256];
        int retval;
        fd=open("/dev/fgj",O_RDWR);
        if(fd==-1)
        {
                perror("error open\n");
```

```
            exit(-1);
        }
        printf("open /dev/fgj successfully\n");
        retval=lseek(fd,5,0);
        if(retval==-1)
        {
            perror("lseek error\n");
            exit(-1);
        }
        retval=read(fd,data,3);
        if(retval==-1)
        {
            perror("read error\n");
            exit(-1);
        }
        data[retval]=0;
        printf("read successfully:%s\n",data);
        //文件定位
        retval=lseek(fd,2,0);
        if(retval==-1)
        {
            perror("lseek error\n");
            exit(-1);
        }
        retval=read(fd,data,3);
        if(retval==-1)
        {
            perror("read error\n");
            exit(-1);
        }
        data[retval]=0;
        printf("read successfully:%s\n",data);
        close(fd);
}
```

本例运行结果如下：

```
[root@urbetter /home]# insmod demo.ko
[root@urbetter /home]# mknod /dev/fgj c 224 0
[root@urbetter /home]# ./test
open /dev/fgj successfully
read successfully:FGH
read successfully:CDE
```

1.2.7 poll 接口

如果设备被设置成阻塞式操作，即当设备执行 I/O 操作时，如果不能获得数据，将阻塞，直到获得数据。应用层可以使用 select 函数查询设备当前的状态，以便用户程序获知是否能对设备进行非阻塞的访问。使用 select 函数需要在设备驱动程序中添加 file_operations->poll 接口支持。一个典型的字符驱动程序的 file_operations->poll 函数的实现如下：

```
static unsigned int my_poll(struct file *file, struct poll_table_struct *wait)
{
    unsigned int mask = 0;
    poll_wait(file, & outq, wait); //把当前进程添加到等待列表
    if (0 != bta->read_count)     //如果有数据
        mask |= (POLLIN | POLLRDNORM);
    return mask;
}
```

驱动程序中的 poll 函数返回的标志如下：

```
#define POLLIN          0x0001    //设备可以无阻塞地读取
#define POLLPRI         0x0002    //设备可以无阻塞地读取高优先级数据(带外数据)
#define POLLOUT         0x0004    //设备可以无阻塞地写入
#define POLLERR         0x0008    //设备发生错误
#define POLLHUP         0x0010    //当读取设备的进程到达文件尾部
#define POLLNVAL        0x0020    //请求无效
#define POLLRDNORM      0x0040    //常规数据已经就绪
#define POLLWRNORM      4 /* POLLOUT */
#define POLLRDBAND      0x0080    //可以从设备读带外数据
#define POLLWRBAND      256       //可以向设备写带外数据
#define POLLMSG         0x0400
#define POLLREMOVE      0x1000
#define POLLRDHUP       0x2000
```

应用层多路 I/O 选择函数 select 的原型如下：

```
int select(int numfds, fd_set *readfds, fd_set *writefds, fd_set *exceptfds, struct timeval *timeout);
```

其中 readfds、writefds、exceptfds 分别是被 select 函数监视的读、写和异常处理的文件描述符集合，numfds 的值为需要监视的号码最高的文件描述符加 1。timeout 参数是一个指向 timeval 结构类型的指针，是超时时间。select 函数在两种情况下会返回，一种是所监视的设备中有一些设备可读、可写或发生异常；另一种是超时时间到达。文件描述符集常用函数接口如下：

```
FD_ZERO(fd_set *set)              //清除一个文件描述符集
FD_SET(int fd,fd_set *set)        //将文件描述符 fd 加入文件描述符集中
FD_CLR(int fd,fd_set *set)        //将文件描述符 fd 从文件描述符集中清除
FD_ISSET(int fd,fd_set *set)      //判断文件描述符 fd 是否被置位
```

例 1.8　poll 接口驱动程序示例

代码见\samples\1door\1-7poll。核心代码如下所示：

```
ssize_t simple_read(struct file *filp, char __user *buf, size_t count,loff_t *f_pos)
```

```
{
        wait_event_interruptible(read_queue, simple_flag);
        if (copy_to_user(buf,demoBuffer,count))
        {
                count=-EFAULT;
        }
        return count;
}
ssize_t simple_write(struct file *filp, const char __user *buf, size_t count,loff_t *f_pos)
{
        if (copy_from_user(demoBuffer, buf, count))
        {
                count = -EFAULT;
                goto out;
        }
        simple_flag=1;
        wake_up(&read_queue);
out:
        return count;
}
//poll 接口实现
unsigned int simple_poll(struct file * file, poll_table * pt)
{
        unsigned int mask = POLLIN | POLLRDNORM;
        poll_wait(file, &read_queue, pt);
        return mask;
}
struct file_operations simple_fops = {
        .owner =        THIS_MODULE,
        .poll =         simple_poll,
        .read =         simple_read,
        .write=                 simple_write,
        .open =         simple_open,
        .release =      simple_release,
};
```

应用程序参考代码如下：

```
int fd;
void *readthread(void *arg)         //读数据线程
{
        char data[256];
        fd_set rfds;                //读描述符集合
        fd_set wfds;                //写描述符集合
        int retval=0;
        while(1)
        {
                FD_ZERO(&rfds);
```

```
                FD_SET(fd, &rfds);
                select(fd+1, &rfds, &wfds, NULL, NULL);        //多路选择
                if(FD_ISSET(fd, &rfds))
                {
                        retval=read(fd,data,3);
                        if(retval==-1)
                        {
                                perror("read error\n");
                                exit(-1);
                        }
                        data[retval]=0;
                        printf("read successfully:%s\n",data);
                }
        }
        return (void *)0;
}
void main()
{
        int i;
        int retval;
        fd=open("/dev/fgj",O_RDWR);
        if(fd==-1)
        {
                perror("error open\n");
                exit(-1);
        }
        printf("open /dev/fgj successfully\n");
        pthread_t tid;
        pthread_create(&tid, NULL, readthread, NULL);        //创建读线程
        while(1)
        {
                retval=write(fd,"fgj",3);                    //主线程负责写数据
                if(retval==-1)
                {
                        perror("write error\n");
                        exit(-1);
                }
        }
        close(fd);
}
```

本例运行结果如下：

```
[root@urbetter /home]# insmod demo.ko
[root@urbetter /home]# mknod /dev/fgj c 224 0
[root@urbetter /home]# ./test
read successfully:fgj
```

```
read successfully:fgj
read successfully:fgj
read successfully:fgj
...
```

1.2.8 异步通知

如果设备驱动已经准备好数据，可以采用异步通知的方式通知应用层来读取，这样应用程序就不需要一直查询设备的状态。要支持异步通知，需要实现字符设备驱动程序的 fasync 接口。当一个打开的文件的 FASYNC 标志变化时，file_operations ->fasync()接口将被调用。file_operations ->fasync 函数会调用 fasync_helper 函数从相关的进程列表中添加或去除异步通知关联。fasync_helper 函数的定义如下（其中 on 参数为 0 表示去除异步通知，为 1 表示添加异步通知）：

```
int fasync_helper(int fd, struct file * filp, int on, struct fasync_struct **fapp);
```

当数据到达时，kill_fasync 函数将被用来通知相关的进程：

```
void kill_fasync(struct fasync_struct **fp, int sig, int band);
```

例 1.9 异步通知实例

代码见\samples\1door\1-8fasync。驱动层代码如下：

```
struct simple_dev *simple_devices;
static unsigned char simple_inc=0;
static struct timer_list simple_timer;
static struct fasync_struct *fasync_queue=NULL;
int simple_open(struct inode *inode, struct file *filp)
{
     struct simple_dev *dev;
     dev = container_of(inode->i_cdev, struct simple_dev, cdev);
     filp->private_data = dev;
    simple_timer.function = &simple_timer_handler;
     simple_timer.expires = jiffies + 2*HZ;
     add_timer (&simple_timer);
    printk("add_timer...\n");
     return 0;
}
//异步通知处理函数
static int simple_fasync(int fd, struct file * filp, int mode)
{
    int retval;
    printk("simple_fasync...\n");
    retval=fasync_helper(fd,filp,mode,&fasync_queue);
    if(retval<0)
      return retval;
    return 0;
```

```
}
int simple_release(struct inode *inode, struct file *filp)
{
        simple_fasync(-1, filp, 0);
        return 0;
}
struct file_operations simple_fops = {
        .owner =        THIS_MODULE,
        .open =         simple_open,
        .release=       simple_release,
        .fasync=        simple_fasync,
};
```

当数据到达时，调用 kill_fasync 通知应用层，这里采用定时器来模拟数据就绪，发出通知。

```
static void simple_timer_handler( unsigned long data)
{
      printk("simple_timer_handler...\n");
      if (fasync_queue)
      {
          //POLL_IN 可读，POLL_OUT 为可写
         kill_fasync(&fasync_queue, SIGIO, POLL_IN);
         printk("kill_fasync...\n");
      }
      return ;
}
```

注意：POLL_IN 表示设备可读，POLL_OUT 表示设备可写。应用层参考代码如下：

```
int fd;
void fasync_handler(int num)
{
     printf("fasync_handler entering\n");
}
void main()
{
    int i=2;
    char data[256];
    int oflags=0;
    int retval;
    signal(SIGIO, fasync_handler);//注册信号处理函数
    fd=open("/dev/fcn",O_RDWR);
    if(fd==-1)
    {
        perror("error open\n");
        exit(-1);
    }
    printf("open /dev/fcn successfully\n");
```

```
    //使能了异步的通知到当前进程
    fcntl(fd, F_SETOWN, getpid());
    oflags=fcntl(fd, F_GETFL);
    fcntl(fd, F_SETFL, oflags | FASYNC);//修改文件标志
    while(1);
    close(fd);
}
```

本例运行结果如下：

```
[root@urbetter /home]# insmod demo.ko
[root@urbetter /home]# mknod /dev/fcn c 226 0
[root@urbetter /home]# ./test
add_timer...
open /dev/fcn successfullysimple_fasync...

simple_timer_handler...
kill_fasync...
fasync_handler entering
```

1.3　seq_file 机制

1.3.1　seq_file 原理

普通的文件没有一定的组织结构，文件可以从任意位置开始读写。有一种文件与普通文件不同，它包含一系列的记录，而这些记录按照相同的格式来组织，这种文件称为顺序文件（sequential file）。seq_file 是专门处理顺序文件的接口。

```
struct seq_file {
        char *buf;                          //缓冲
        size_t size;                        //大小
        size_t from;
        size_t count;
        size_t pad_until;
        loff_t index;
        loff_t read_pos;
        u64 version;
        struct mutex lock;                  //锁
        const struct seq_operations *op;    //seq 操作
        int poll_event;
        void *private;
};
```

使用 seq_file 需要包含头文件 linux/seq_file.h。seq_file 的常用操作接口如下：

```
int seq_open(struct file *, const struct seq_operations *);    //打开
```

```
ssize_t seq_read(struct file *, char __user *, size_t, loff_t *);          //读
loff_t seq_lseek(struct file *, loff_t, int);                              //定位
int seq_release(struct inode *, struct file *);                            //释放
int seq_escape(struct seq_file *, const char *, const char *);             //写缓冲，忽略某些字符
int seq_putc(struct seq_file *m, char c);                  // 把一个字符输出到 seq_file 文件
int seq_puts(struct seq_file *m, const char *s);           // 把一个字符串输出到 seq_file 文件
```

seq_read、seq_lseek、seq_release 等函数可以直接赋给 file_operations 文件操作结构的成员。seq_file 结构通常保存在 file 结构的 private_data 中，这从 seq_open 函数中可以看出：

```
int seq_open(struct file *file, const struct seq_operations *op)
{
        struct seq_file *p;
        WARN_ON(file->private_data);
        p = kzalloc(sizeof(*p), GFP_KERNEL);
        if (!p)return -ENOMEM;
        file->private_data = p;
        mutex_init(&p->lock);
        p->op = op;
        file->f_version = 0;
        file->f_mode &=  ~FMODE_PWRITE;
        return 0;
}
```

seq_operations 结构是 seq_file 机制中所需要实现的操作接口。

```
struct seq_operations {
            void * (*start) (struct seq_file *m, loff_t *pos);//开始操作，返回 pos 指向的记录
            void (*stop) (struct seq_file *m, void *v);//关闭操作
void * (*next) (struct seq_file *m, void *v, loff_t *pos); //寻找 seq_file 文件中的下一个记录
            int (*show) (struct seq_file *m, void *v);//格式化输出记录的信息
};
```

1.3.2　seq_file 实例

seq_file 有两种用法，一种是单个遍历方式，即 show 函数中只输出单个记录的信息，而 seq_operations 中的接口需要组合使用；另一种方式只需要一个 show 函数，在 show 函数中集中输出所有元素的信息。

例 1.10　seq_file 单个遍历方式实例

具体代码见\samples\1door\1-11seqfile。本例使用 g_seqfile 链表存储 4 个记录。关于链表在后续章节会介绍。

```
struct simple_record
{
        struct list_head list;
        char name[8];
        int iflag;
```

```
};
static struct list_head g_seqfile;
int simple_init_module(void)
{
INIT_LIST_HEAD(&g_seqfile);
        printk("&g_seqfile=%.8x\n",&g_seqfile);
        for(i=0;i<4;i++)//初始化链表元素
        {
                struct simple_record*sr;
                sr=kmalloc(sizeof(struct simple_record),GFP_KERNEL);
                if(sr==NULL) return -1;
                memset(sr->name,0,4);
                sprintf(sr->name,"sr%d",4-i);
                sr->iflag=4-i;
                list_add(&sr->list, &g_seqfile);
                printk("&sr->list[%d]=%.8x\n",i,&sr->list);
        }
        struct list_head *pos;
        list_for_each(pos,&g_seqfile)
        {
                struct simple_record*p=list_entry(pos, struct simple_record,list);
                printk("initfind the %d list element\n",p->iflag);
        }
}
```

下面介绍如何通过 seq_file 读取 g_seqfile 的内容：

```
int simple_open(struct inode *inode, struct file *filp)
{
        struct simple_dev *dev;
        if(simple_inc>0)return -ERESTARTSYS;
        simple_inc++;
        dev = container_of(inode->i_cdev, struct simple_dev, cdev);
        return seq_open(filp, &simple_seq_ops);
}
int simple_release(struct inode *inode, struct file *filp)
{
        simple_inc--;
        return 0;
}
struct file_operations simple_fops = {
        .owner = THIS_MODULE,
        .open = simple_open,
        .read =seq_read,
                .llseek = seq_lseek,
                .release = simple_release
};
```

seq_operations 操作接口的实现如下：

```
//显示操作，显示单个元素
static int simple_seq_show(struct seq_file *m, void *v)
{
        struct simple_record *sr = list_entry(v, struct simple_record, list);
        printk("simple_seq_show %d\n",sr->iflag);
        seq_printf(m, "name: %s, iflag:%d\n", sr->name,sr->iflag);
        return 0;
}
//开始操作
static void *simple_seq_start(struct seq_file *m, loff_t *pos)
{
        struct list_head *lh=seq_list_start(&g_seqfile, *pos);
        printk("simple_seq_start *pos=%.8x\n",*pos);
        return lh;
}
//获取下一个元素
static void *simple_seq_next(struct seq_file *m, void *v, loff_t *pos)
{
        printk("simple_seq_next *pos=%.8x\n",*pos);
        return seq_list_next(v, &g_seqfile, pos);
}
static void simple_seq_stop(struct seq_file *m, void *v)
{
        printk("simple_seq_stop\n");
}
static struct seq_operations simple_seq_ops = {
            .start = simple_seq_start,
            .next = simple_seq_next,
            .stop = simple_seq_stop,
            .show = simple_seq_show
};
```

应用层核心代码如下：

```
void main()
{
   int fd;
   char data[256];
   int retval;
   fd=open("/dev/fgj",O_RDWR);
   if(fd==-1)
   {
      perror("error open\n");
      exit(-1);
   }
```

```
    printf("open /dev/fgj successfully\n");
    memset(data,0,256);
    retval=read(fd,data,255);
    if(retval==-1)
    {
        perror("read error\n");
        exit(-1);
    }
    printf("%s\n",data);
    close(fd);
}
```

本例运行结果如下：

```
[root@urbetter drivers]# insmod demo.ko
&g_seqfile=bf020664
&sr->list[0]=c6ed6a60
&sr->list[1]=c6ed6c00
&sr->list[2]=c6ed6660
&sr->list[3]=c6ed6700
initfind the 1 list element
initfind the 2 list element
initfind the 3 list element
initfind the 4 list element
[root@urbetter drivers]# mknod /dev/fgj c 224 0
[root@urbetter drivers]# ./test
open /dev/fgj successfullysimple_seq_start *pos=c6ed6700
simple_seq_show 1
simple_seq_next *pos=c6ed6700
simple_seq_show 2
simple_seq_next *pos=c6ed6660
simple_seq_show 3
simple_seq_next *pos=c6ed6c00
simple_seq_show 4
simple_seq_next *pos=c6ed6a60
simple_seq_stop

name: sr1, iflag:1
name: sr2, iflag:2
name: sr3, iflag:3
name: sr4, iflag:4
//当然也可以直接用 cat 显示文件内容
[root@urbetter drivers]# cat /dev/fgj
simple_seq_start *pos=c6ed6700
simple_seq_show 1
simple_seq_next *pos=c6ed6700
simple_seq_show 2
```

```
simple_seq_next *pos=c6ed6660
simple_seq_show 3
simple_seq_next *pos=c6ed6c00
simple_seq_show 4
simple_seq_next *pos=c6ed6a60
simple_seq_stop
simple_seq_start *pos=bf020664
simple_seq_stop
name: sr1, iflag:1
name: sr2, iflag:2
name: sr3, iflag:3
name: sr4, iflag:4
[root@urbetter drivers]#
```

例 1.11 seq_file 集中输出方式实例

下面以 linux 内核中的/fs/proc/cpuinfo.c 代码为例说明 seq_file 集中输出方式。关于 proc 文件系统，下一节会介绍相关接口。首先注册/proc/cpuinfo 节点：

```
static int __init proc_cpuinfo_init(void)
{
        proc_create("cpuinfo", 0, NULL, &proc_cpuinfo_operations);
        return 0;
}
fs_initcall(proc_cpuinfo_init);
```

定义 proc_cpuinfo_operations：

```
static const struct file_operations proc_cpuinfo_operations = {
        .open           = cpuinfo_open,
        .read           = seq_read,
        .llseek         = seq_lseek,
        .release        = seq_release,
};
```

接下来看 cpuinfo_open：

```
extern const struct seq_operations cpuinfo_op;
static int cpuinfo_open(struct inode *inode, struct file *file)
{
        return seq_open(file, &cpuinfo_op);
}
```

每种硬件平台都会实现自已的 cpuinfo_op 操作结构。ARM 的 cpuinfo_op 在/arc/arm/kernel/setup.c 中：

```
const struct seq_operations cpuinfo_op = {
        .start = c_start,
        .next = c_next,
        .stop = c_stop,
```

```
	.show= c_show
};
```

cpuinfo_op 操作接口负责输出本机处理器信息到/proc/ cpuinfo 文件。

```
static void *c_start(struct seq_file *m, loff_t *pos)
{
	return *pos < 1 ? (void *)1 : NULL;
}
static void *c_next(struct seq_file *m, void *v, loff_t *pos)
{
	++*pos;
	return NULL;
}
static void c_stop(struct seq_file *m, void *v)
{
}
//在 show 函数中显示所有内容
static int c_show(struct seq_file *m, void *v)
{
	int i, j;
	u32 cpuid;
	for_each_online_cpu(i) {//遍历每个处理器
		seq_printf(m, "processor\t: %d\n", i);
		cpuid = is_smp() ? per_cpu(cpu_data, i).cpuid : read_cpuid_id();
		seq_printf(m, "model name\t: %s rev %d (%s)\n",cpu_name, cpuid & 15, elf_platform);
#if defined(CONFIG_SMP)
		seq_printf(m, "BogoMIPS\t: %lu.%02lu\n",
				per_cpu(cpu_data, i).loops_per_jiffy / (500000UL/HZ),
				(per_cpu(cpu_data, i).loops_per_jiffy / (5000UL/HZ)) % 100);
#else
		seq_printf(m, "BogoMIPS\t: %lu.%02lu\n",
				loops_per_jiffy / (500000/HZ),
				(loops_per_jiffy / (5000/HZ)) % 100);
#endif
		/*打印处理器特性*/
		seq_puts(m, "Features\t: ");
		for (j = 0; hwcap_str[j]; j++)
			if (elf_hwcap & (1 << j))
				seq_printf(m, "%s ", hwcap_str[j]);
		for (j = 0; hwcap2_str[j]; j++)
			if (elf_hwcap2 & (1 << j))
				seq_printf(m, "%s ", hwcap2_str[j]);
		seq_printf(m, "\nCPU implementer\t: 0x%02x\n", cpuid >> 24);
		seq_printf(m, "CPU architecture: %s\n",
				proc_arch[cpu_architecture()]);
```

```
            if ((cpuid & 0x0008f000) == 0x00000000) {
                /* pre-ARM7 */
                seq_printf(m, "CPU part\t: %07x\n", cpuid >> 4);
            } else {
                if ((cpuid & 0x0008f000) == 0x00007000) {
                    /* ARM7 */
                    seq_printf(m, "CPU variant\t: 0x%02x\n", (cpuid >> 16) & 127);
                } else {
                    /* post-ARM7 */
                    seq_printf(m, "CPU variant\t: 0x%x\n", (cpuid >> 20) & 15);
                }
                seq_printf(m, "CPU part\t: 0x%03x\n", (cpuid >> 4) & 0xfff);
            }
            seq_printf(m, "CPU revision\t: %d\n\n", cpuid & 15);
        }
        seq_printf(m, "Hardware\t: %s\n", machine_name);
        seq_printf(m, "Revision\t: %04x\n", system_rev);
        seq_printf(m, "Serial\t\t: %s\n", system_serial);
        return 0;
}
```

上面代码的运行结果如下：

```
[root@urbetter proc]# cat cpuinfo
processor           : 0
model name          : ARMv6-compatible processor rev 6 (v6l)
BogoMIPS            : 528.79
Features            : half thumb fastmult vfp edsp java tls
CPU implementer     : 0x41
CPU architecture    : 7
CPU variant         : 0x0
CPU part            : 0xb76
CPU revision        : 6

Hardware            : SMDK6410
Revision            : 0000
Serial              : 0000000000000000
```

1.4　/proc 文件系统

1.4.1　/proc 文件系统概述

Linux 内核中的/proc 文件系统是一种特殊的文件系统，通过它可以在运行时访问内核的内部数据结构、改变内核设置，内核可以通过它向进程发送信息。应用程序可以通过/proc 文件系统获取有关进程的有用信息，Linux 中的 ps、top 命令就是通过读取/proc 下的文件来获取它们需要的信息。与其他文件系统不同，/proc 主要存放由内核控制的状态信息，它存储于内存中而不是硬盘或其他存储设备上。/proc 文件系统的根目录就是/proc。对于系统中的任何一个进程来说，在 proc 的子目录里都有一个同名的进程 ID。利用/proc 文件系统可以获取进程信息、电源管理（APM）信息、CPU 信息（cpuinfo）、负载信息（loadavg）、系统内存信息（meminfo）等等。/proc 目录下的核心文件结构如下：

```
[root@urbetter proc]# ls
1        1122     413      buddyinfo     misc
1027     1127     5        bus           modules
1030     113      6        cmdline       mounts
1033     1141     672      consoles      mtd
1036     1154     7        cpu           net
1039     1179     702      cpuinfo       pagetypeinfo
1042     1192     8        crypto        partitions
1045     1195     834      devices       sched_debug
1048     1196     853      diskstats     scsi
1051     1197     964      driver        self
1052     1220     978      execdomains   slabinfo
1053     1223     979      fb            softirqs
1054     1230     980      filesystems   stat
1055     1231     981      fs            swaps
1056     1232     982      interrupts    sys
1057     1233     983      iomem         sysrq-trigger
1058     1242     984      ioports       thread-self
1059     197      985      irq           timer_list
1060     199      986      kallsyms      tty
1061     2        987      key-users     uptime
1062     200      988      keys          version
1063     202      989      kmsg          vmallocinfo
1064     298      990      kpagecount    vmstat
1065     299      991      kpageflags    zoneinfo
1066     3        992      loadavg
1112     364      993      locks
1117     4        asound   meminfo
```

上面信息的左边三列数字都是目录，对应于进程 ID 号，这些目录对应的是某个进程的信息。

proc 文件系统一般是自动加载的。如果系统启动时没有自动加载 proc 文件系统，可以通过如下命令加载 proc 文件系统：

```
mount  -t  proc  proc  /proc
```

1.4.2　/proc 文件系统接口

/proc 文件系统的条目用 proc_dir_entry 结构描述：

```
struct proc_dir_entry {
```

```
        unsigned int low_ino;
        umode_t mode;
        nlink_t nlink;
        kuid_t uid;             //用户
        kgid_t gid;             //用户组
        loff_t size;
        const struct inode_operations *proc_iops;     //节点操作
        const struct file_operations *proc_fops;      //文件操作
        struct proc_dir_entry *parent;                //父路径
        struct rb_root subdir;
        struct rb_node subdir_node;
        void *data;
        atomic_t count;         /*使用计数*/
        atomic_t in_use;        /* 当前调用者数量 */
        struct completion *pde_unload_completion;
        struct list_head pde_openers; /* who did ->open, but not ->release */
        spinlock_t pde_unload_lock; /* proc_fops checks and pde_users bumps */
        u8 namelen;
        char name[];
};
```

以下是内核提供的几个重要的/proc 文件系统接口函数。

1）proc_mkdir

```
struct proc_dir_entry *proc_mkdir(const char *name,struct proc_dir_entry *parent);
```

该函数用于创建一个 proc 目录，参数 name 指定要创建的 proc 目录的名称，参数 parent 为该 proc 目录所在的目录。

2）proc_create

```
struct proc_dir_entry *proc_create(const char *name, umode_t mode, struct proc_dir_entry *parent,
        const struct file_operations *proc_fops);
```

proc_create 函数用来创建 proc 条目。其中 name 为文件名称。mode 为文件权限。parent 为文件的父目录的指针，它为 null 时表示父目录为/proc。

3）proc_create_data

```
struct proc_dir_entry *proc_create_data(const char *name, umode_t mode,
            struct proc_dir_entry *parent,const struct file_operations *proc_fops,void *data);
```

proc_create_data 函数只比 proc_create 函数多了一个 data 参数，用于填充 proc_dir_entry 结构的 data 成员。

4）proc_remove

```
void proc_remove(struct proc_dir_entry *de);
```

proc_remove 函数用于删除 de 指向的 proc 条目。

5）remove_proc_entry

```
void remove_proc_entry(const char *name, struct proc_dir_entry *parent);
```

remove_proc_entry 函数用于删除 parent 目录下名为 name 的 proc 条目。parent 为 NULL 表示父目录为/proc。

例 1.12　/proc 文件系统驱动程序实例

下面的例子演示了如何创建/proc 文件系统的节点，并对其进行读写操作。具体代码见\samples\1door\1-9proc。核心代码如下：

```
static const struct file_operations proc_simple_fops = {
	.owner		= THIS_MODULE,
	.write		= simple_write,
	.read		= seq_read,
	.open		= simple_proc_open,
	.release	= single_release,
};
int init_simple_module( void )
{
	int ret = 0;
	simple_buffer = (char *)vmalloc( MAX_simple_LENGTH );
	if (!simple_buffer)
	{
		ret = -ENOMEM;
	}
	else
	{
		memset( simple_buffer, 0, MAX_LENGTH );
		proc_entry=proc_mkdir("demo", NULL);
		proc_status = proc_create("status", 0,proc_entry,&proc_simple_fops);
		if (!proc_status)
		{
			ret = -ENOMEM;
			vfree(simple_buffer);
			printk(KERN_INFO "demo: Couldn't create proc entry\n");

		}
		else
		{
			printk(KERN_INFO "demo: Module loaded.\n");
		}
	}
	return ret;
}
void cleanup_simple_module( void )
{
```

```
        proc_remove(proc_entry);
        vfree(simple_buffer);
        printk(KERN_INFO "demo: Module unloaded.\n");
}
```

对于简单的顺序输出，不需要提供很复杂的 seq_file 实现，可以只提供 show 函数，这时候 single_open 就派上用场了。以下是打开操作的实现：

```
static int simple_proc_open(struct inode *inode, struct file *file)
{
        return single_open(file, simple_show, inode->i_private);
}
```

以下是读操作的实现，它实现了打印系统当前进程信息的功能。

```
static int simple_show(struct seq_file *file, void *iter)
{
        struct task_struct *p;
        char state;
        seq_printf(file, "%5s%7s%7s%7s%7s%7s%7s    %s\n\n",
                "PID","UID","PRIO","POLICY","STATE","UTIME","STIME","COMMAND");
        for_each_process(p) {//遍历进程
                int pid = p->pid;
                if (unlikely(!pid))continue;
                switch((int)p->state)
                {
                case -1: state='Z'; break;
                case 0: state='R'; break;
                default: state='S'; break;
                }
                seq_printf(file, "%5d%7d%7d%7d%7c%7d%7d    %s\n",
                        (int)p->pid, (int)p->tgid, (int)p->rt_priority,
                        (int)p->policy,state, (int)p->utime, (int)p->stime,p->comm);
        }
        return 0;
}
```

以下是写操作的实现代码：

```
ssize_t simple_write( struct file *flip, const char __user *buff, size_t len, loff_t *offset)
{
        if(len>MAX_LENGTH)len=MAX_LENGTH;
        if (copy_from_user(simple_buffer, buff, len ))
        {
                return -EFAULT;
        }
        simple_buffer[len] = 0;
        printk(KERN_INFO "simple_write: %s\n",simple_buffer);
```

```
        return len;
}
```

本例运行结果如下：

```
[root@urbetter drivers]# insmod demo.ko
demo: Module loaded.
[root@urbetter drivers]# cat /proc/demo/status
  PID    UID    PRIO POLICY  STATE   UTIME   STIME   COMMAND
    1      1       0      0      S       0     119   init
    2      2       0      0      S       0       0   kthreadd
    3      3       0      0      S       0      11   ksoftirqd/0
    4      4       0      0      S       0       0   kworker/0:0
    5      5       0      0      S       0       0   kworker/0:0H
    6      6       0      0      S       0       4   kworker/u2:0
    7      7       0      0      S       0       0   netns
    8      8       0      0      S       0       2   kworker/u2:1
   97     97       0      0      S       0       1   kworker/u2:2
  204    204       0      0      S       0       0   writeback
  206    206       0      0      S       0       0   crypto
  207    207       0      0      S       0       0   bioset
  209    209       0      0      S       0       0   kblockd
  224    224       0      0      S       0       0   cfg80211
  225    225       0      0      S       0       5   kworker/0:1
  367    367       0      0      S       0       0   rpciod
  375    375       0      0      S       0       0   kswapd0
  440    440       0      0      S       0       0   nfsiod
 1002   1002       0      0      S       0       0   bioset
 1165   1165       0      0      S       0       0   kpsmoused
 1178   1178      50      1      S       0       0   irq/88-mmc0
 1246   1246       0      0      S       0       1   syslogd
 1249   1249       0      0      S       0       2   inetd
 1256   1256       0      0      S       2       6   sh
 1257   1257       0      0      S       0       1   init
 1258   1258       0      0      S       0       1   init
 1259   1259       0      0      S       0       0   init
 1278   1278       0      0      R       0       0   cat
[root@urbetter drivers]# echo "fgj">/proc/demo/status
simple_write: fgj
```

1.5　Linux 内核导读

1.5.1　Linux 内核组成

Linux 内核主要由五个部分组成：进程调度、内存管理、文件系统、网络子系统、设备管理。图 1-5 为 Linux 内核的架构原理，可见应用层通过系统调用访问 Linux 内核，而

Linux 内核通过设备驱动来访问各种硬件设备。

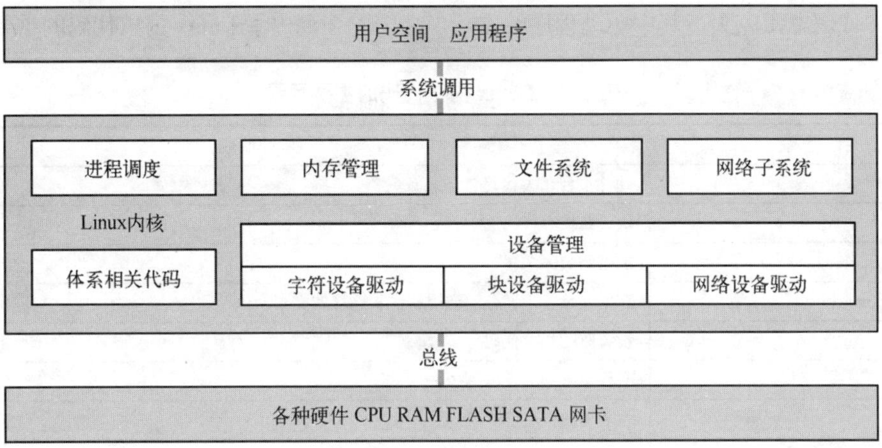

图 1-5　Linux 内核架构原理

（1）进程调度（Process Schedule）：Linux 支持多任务与多进程，Linux 内核调度器基于优先级可动态调整的进程调度器。Linux 进程的通信支持系统 V 的各种通信机制。Linux 内核从 2.6.23 版本开始采用 CFS（Completely Fair Scheduler）调度器。CFS 的主要理念是为任务提供处理器时间方面的公平性，确保每个任务能够有时间执行。CFS 采用红黑树思想来管理进程调度。

（2）内存管理（Memory Management）：Linux 的内存管理支持虚拟内存，它采取的是分页机制。内存管理子系统允许多个进程安全地共享主内存区域。通过内存管理，Linux 可支持超过实际内存大小的内存地址，磁盘可以被用作内存，磁盘与内存之间可以相互交换。嵌入式处理器中的 MMU 单元就是用来实现内存管理的，虚拟地址到物理地址的映射就是由 MMU 单元完成的。

（3）文件系统（Filesystem）：Linux 内核支持多种文件系统，在 Linux 操作系统中，用户甚至可以访问 Windows 系统的文件，这得益于 Linux 内核中的虚拟文件系统（简称 VFS）。VFS 使用一个通用的文件模型来管理不同的文件系统，为所有的存储设备提供了统一的接口。VFS 支持的文件系统包括 ext2、ext3、ext4、fat、jffs2、ubifs 等，多达数十种。

（4）设备管理（Device Management）：Linux 支持字符设备、块设备及网络设备三类硬件设备，并提供了平台设备的概念与 sys 文件系统来管理各种设备。Linux 的设备驱动可以编译进内核，在系统启动时加载，也可以作为模块形式动态地加载。从 2.6 版内核开始，Linux 提供了统一的内核设备模型，这个模型的最高层抽象为 Kobject，这个数据结构使所有设备在底层都具有统一的接口。

（5）网络子系统(Network Subsystem)：对网络协议的支持从一开始就是 Linux 的重要特性。Linux 网络子系统包括网络协议部分与网络驱动程序。网络协议部分负责实现各种网络协议，而网络设备驱动程序负责与物理网卡通信。在应用层，Linux 支持网络套接字接口。正因为 Linux 具有强大的网络子系统，目前 Linux 在网络服务器、交换与路由设备中的应用非常广阔。

1.5.2 Linux 的代码结构

Linux 代码非常庞大，其中驱动程序约占一半。表 1-2 列出了 Linux 内核代码的重要目录。

表 1-2 Linux 内核代码的重要目录

目 录	说 明
arch	硬件平台相关代码
block	块设备核心代码
crypto	加密函数库
documentation	有关内核各个部分的通用解释和注释的文本文件
drivers	设备驱动相关代码
fs	文件系统相关代码
include	内核头文件
init	内核初始化代码
ipc	System V 的进程间通信
kernel	内核核心部分：进程调度、中断处理、信号处理、模块
lib	通用内核函数
mm	内存管理
net	网络通信协议代码
samples	内核例子
security	系统安全相关代码
sound	音频体系代码

Linux 内核中与硬件体系相关的文件夹包括/arch 和/include/asm-*，具体如下：

- arch 目录：包含和硬件体系结构相关的代码，每种平台对应一个相应的目录。和 32 位 PC 相关的代码存放在 i386 目录下，其中比较重要的包括 kernel（内核核心部分）、mm（内存管理）、math-emu（浮点单元仿真）、lib（硬件相关工具函数）、boot（引导程序）、pci（PCI 总线）和 power（CPU 相关状态）。
- include/asm-*：include 子目录包括编译内核所需要的大部分头文件。与平台无关的头文件在 include/linux 子目录下，与体系相关的头文件在 include/asm-*子目录下，而 include/scsi 目录则是有关 scsi 设备的头文件目录。

编译内核的几个命令如下所示：

```
#make menuconfig          //配置内核命令
# make                    //编译生成目标文件，包括可加载模块
# make zImage             //编译生成内核
# make modules_install    //安装模块
```

当需要将模块安装到非默认位置的时候，可以使用 INSTALL_MOD_PATH 指定一个前缀，例如：

```
#make INSTALL_MOD_PATH=/foo modules_install
```

运行这个命令后模块将被安装到 /foo/lib/modules 目录下。

1.5.3　内核 Makefile

Linux 内核的 Makefile 分为 4 个组成部分：

（1）顶层 Makefile：在内核代码最顶层。顶层的 Makefile 文件读取 .config 文件的内容，并总体上负责 build 内核和模块。arch 目录的 Makefile 提供了硬件体系结构相关的编译信息。Scripts 目录下的 Makefile 文件包含了所有用来根据 kbuild Makefile 构建内核所需的定义和规则。

（2）config 配置文件：内核的配置文件，一般在/arch/*/configs 下面。

（3）Makefile 的通用规则：在 scripts/目录下的 Makefile.*文件中。

（4）kbuild Makefile 文件：在各级目录下面。

kbuild Makefile 的语法结构非常简单，主要包括以下几点核心内容：

1）目标定义

目标定义就是用来定义哪些内容要作为模块编译，哪些内容要编译链接进内核。例如：

```
obj-y += foo.o
```

它表示要由 foo.c 或者 foo.s 文件编译得到 foo.o 并链接进内核。如果使用$(obj-m)则表示对象文件编译成可加载的内核模块。kbuild Makefile 文件中的目标通常是下面的形式：

```
obj-$(CONFIG_I2C_BOARDINFO)+= i2c-boardinfo.o
obj-$(CONFIG_I2C)+= i2c-core.o
obj-$(CONFIG_I2C_CHARDEV)  += i2c-dev.o
```

上面的语句告诉编译器编译选项对应的目标文件。

2）多文件模块的定义

如果一个模块由多个文件组成，则采用模块名加 –objs 后缀或者 –y 后缀的形式来定义模块的组成文件。例如：

```
obj-$(CONFIG_FB) += fb.o
fb-y:= fbmem.o fbmon.o fbcmap.o fbsysfs.o \
          modedb.o fbcvt.o
fb-objs:= $(fb-y)
```

上例中目标模块名为 fb，它依赖于 fbmem.o、fbmon.o、fbcmap.o、fbsysfs.o、modedb.o、fbcvt.o 等文件，这些文件最终链接生成 fb.ko 文件。上面的斜杠\表示换行。

3）目录迭代

目录迭代是将目标依赖的文件指向另一个目录。

```
obj-$(CONFIG_FB_OMAP) += omap/
```

如果 CONFIG_FB_OMAP 的值为 y 或 m，kbuild 会将 omap 目录列入向下迭代的目标中，但是其作用也仅限于此，至于 omap 目录下的文件是要作为模块编译还是链接入内核，还要由 omap 目录下的 Makefile 文件的内容来决定。

第 2 章　Linux 设备驱动模型

自 Linux 2.6 起，Linux 内核采用了全新的设备管理模型，它基于 sysfs 文件系统，将系统中的设备组织成层次结构，方便用户查询设备信息，并对设备进行控制。该模型在智能电源管理、热插拔以及与用户空间交互等方面具有明显的优势。本章主要介绍 Linux 内核中的驱动程序模型、sysfs 文件系统、平台设备模型、设备树等内容。

2.1　内核对象

2.1.1　kobject

kobject（内核对象）是 Linux 内核设备管理机制的最高层抽象。kobject 类似面向对象体系中的基类，它往往被嵌入到其他结构体中，形成一个复杂的多层次结构。kobject 本身对应着 sysfs 文件系统中的一个目录。kobject 还负责设备热插拔等事件的处理工作。kobject 结构定义如下：

```
struct kobject {
        const char      *name;              //名称
        struct list_head        entry;
        struct kobject *parent;             //父对象
        struct kset             *kset;  //所属的 kset
        struct kobj_type        *ktype; // 对象的类型
        struct kernfs_node      *sd;    /*sysfs 目录项*/
        struct kref             kref;   // 引用计数
#ifdef CONFIG_DEBUG_KOBJECT_RELEASE
        struct delayed_work  release;
#endif
        unsigned int state_initialized:1;
        unsigned int state_in_sysfs:1;
        unsigned int state_add_uevent_sent:1;
        unsigned int state_remove_uevent_sent:1;
        unsigned int uevent_suppress:1;//是否发送 uevent 事件
};
```

kobject 对象的接口函数如下：

```
void kobject_init(struct kobject *kobj, struct kobj_type *ktype);//初始化 kobject
int kobject_add(struct kobject *kobj, struct kobject *parent,const char *fmt, ...);//将 kobject 加入到系统
//上面两个函数的结合
int kobject_init_and_add(struct kobject *kobj,struct kobj_type *ktype, struct kobject *parent,const char
```

```
*fmt, ...);
    void kobject_del(struct kobject *kobj);                    //将 kobject 从系统中删除
    struct kobject * kobject_create(void);
    struct kobject * kobject_create_and_add(const char *name,struct kobject *parent);
    struct kobject *kobject_get(struct kobject *kobj);    //增加对象引用次数
    void kobject_put(struct kobject *kobj);                    //减少对象引用次数
```

内核中常见的 kobject 包括：

```
    static struct kobject *dev_kobj;                 //设备对象
    struct kobject *sysfs_dev_char_kobj;        //字符设备对象
    struct kobject *sysfs_dev_block_kobj;       //块设备对象
    struct kobject *kernel_kobj;                     //sysfs 下的 kernel 对象
```

2.1.2　kobj_type

kobj_type 表示内核对象的类型：

```
    struct kobj_type {
        void (*release)(struct kobject *kobj);
        const struct sysfs_ops *sysfs_ops;      //sysfs 操作
        struct attribute **default_attrs;          //默认属性
        const struct kobj_ns_type_operations *(*child_ns_type)(struct kobject *kobj);
        const void *(*namespace)(struct kobject *kobj);
    };
```

sysfs_ops 为内核对象在 sysfs 文件系统中的操作接口：

```
    struct sysfs_ops {
    ssize_t      (*show)(struct kobject *, struct attribute *, char *);                     //显示
    ssize_t      (*store)(struct kobject *, struct attribute *, const char *, size_t); //存储
    };
```

2.1.3　kset

kobject 通过 kset 组织成层次化的结构，kset 是具有相同类型的 kobject 的集合。所有属于同一个 kset 的对象(kobject)的 parent 都指向该 kset 的 kobj 成员。

```
    struct kset {
        struct list_head list;              //同一 kset 的链表
        spinlock_t list_lock;              //锁
        struct kobject kobj;               //自身的 kobject
        struct kset_uevent_ops *uevent_ops;            // uevent 相关操作,如事件过滤等
    };
```

kset 对象的接口函数如下：

```
    void kset_init(struct kset * k);
    struct kset * kset_create_and_add(const char *name,struct kset_uevent_ops *u,struct kobject *parent_kobj);
```

```
int kset_register(struct kset *kset);
void kset_unregister(struct kset *kset);
```

内核中常见的 kset 包括：

```
struct kset *bus_kset;
struct kset *class_kset;
struct kset *system_kset;
```

2.2 设备模型层次

Linux 内核的设备模型包括设备(device)、设备驱动(device_driver)、总线(bus)、设备类(class)等几个核心组件。

device 代表一个设备，设备结构（struct device）中包含了设备的 DMA 设置以及与体系相关的硬件特性，具体定义如下：

```
struct device {
        struct device  *parent;                   //父设备
        struct device_private  *p;
        struct kobject kobj;                      //关联的内核对象
        const char              *init_name;       /*初始名称*/
        const struct device_type *type;
        struct mutex            mutex;            //互斥量
        struct bus_type         *bus;             /*设备挂载的总线*/
        struct device_driver *driver;             /*本设备的 driver*/
        void            *platform_data;           /*平台特殊数据*/
        void            *driver_data;             /*驱动数据，设置/获取方法为 dev_set/get_drvdata*/
        struct dev_pm_info  power;
        struct dev_pm_domain                      *pm_domain;
#ifdef CONFIG_NUMA
        int             numa_node;                /*设备关联的 NUMA 节点*/
#endif
        u64             *dma_mask;                /*dma 掩码*/
        u64             coherent_dma_mask;        //一致性 DMA 掩码
        unsigned long           dma_pfn_offset;
        struct device_dma_parameters *dma_parms;  //DMA 参数
        struct list_head        dma_pools;              /*DMA 池*/
        struct dma_coherent_mem     *dma_mem;           //DMA 内存
        /*体系相关的成员*/
        struct dev_archdata     archdata;
        struct device_node      *of_node;               /*关联设备树节点*/
        struct fwnode_handle *fwnode;                   /*固件设备节点*/
        dev_t                   devt;                   /*dev_t, creates the sysfs "dev"*/
        u32                     id;                     /*设备 ID*/
        spinlock_t              devres_lock;
        struct list_head        devres_head;
```

```
        struct klist_node       knode_class;
        struct class            *class;                //设备类
        const struct attribute_group **groups;         /*属性组*/
        void  (*release)(struct device *dev);
        struct iommu_group  *iommu_group;
        bool                offline_disabled:1;
        bool                offline:1;
};
```

device 的注册与注销函数如下：

```
int device_register(struct device * dev);
void device_unregister(struct device * dev);
int device_add(struct device * dev);
void device_del(struct device * dev);
```

device_driver 即设备的驱动，它对应的数据结构定义如下：

```
struct device_driver {
        const char      *name;                         //设备驱动程序的名称
        struct bus_type         *bus;                  //挂接的总线
        struct module*owner;
        const char      *mod_name;                     /*用于内置模块*/
        bool suppress_bind_attrs;                      /*禁止通过 sysf 绑定/解绑*/
        enum probe_type probe_type;
        const struct of_device_id       *of_match_table;
        const struct acpi_device_id     *acpi_match_table;
        int (*probe) (struct device *dev);             //指向设备探测函数
        int (*remove) (struct device *dev);            //用于删除设备的函数
        void (*shutdown) (struct device *dev);         //停止设备的函数
        int (*suspend) (struct device *dev, pm_message_t state); //挂起设备的函数
        int (*resume) (struct device *dev);            //恢复设备的函数
        const struct attribute_group **groups;
        const struct dev_pm_ops *pm;
        struct driver_private *p;
};
```

device_driver 的注册与注销函数原型如下：

```
int driver_register(struct device_driver * drv);
void driver_unregister(struct device_driver * drv);
```

probe 成员函数在 Linux 驱动开发中是一个很重要的接口。分析 driver_register 函数的调用关系，可发现 driver_register->bus_add_driver-> driver_attach->__driver_attach-> driver_probe_device-> really_probe:

```
static int really_probe(struct device *dev, struct device_driver *drv)
{
```

```
		if (dev->bus->probe) {
			ret = dev->bus->probe(dev);
			if (ret)
				goto probe_failed;
		} else if (drv->probe) {
			ret = drv->probe(dev);
			if (ret)
				goto probe_failed;
		}
	}
```

假如设备的总线没有实现 probe 成员函数，则 driver_register 函数会调用 device_driver 的 probe 成员函数。

设备与设备驱动均挂载到总线上，总线完成设备、设备驱动的匹配、探测等管理工作。

```
struct bus_type {
	const char		*name;
	const char		*dev_name;
	struct device		*dev_root;
	const struct attribute_group **bus_groups;
	const struct attribute_group **dev_groups;
	const struct attribute_group **drv_groups;
	int (*match)(struct device *dev, struct device_driver *drv);//匹配设备与驱动
	int (*uevent)(struct device *dev, struct kobj_uevent_env *env);
	int (*probe)(struct device *dev);
	int (*remove)(struct device *dev);
	void (*shutdown)(struct device *dev);
	int (*suspend)(struct device *dev, pm_message_t state);
	int (*resume)(struct device *dev);
	...
};
```

类是对设备的更高级的抽象，它更关注设备的共性：

```
struct class {
	const char		*name;
	struct module		*owner;
	struct class_attribute		*class_attrs;//类属性
	const struct attribute_group	**dev_groups;
	struct kobject *dev_kobj;
	int (*dev_uevent)(struct device *dev, struct kobj_uevent_env *env);
	char *(*devnode)(struct device *dev, umode_t *mode);
	void (*class_release)(struct class *class);
	void (*dev_release)(struct device *dev);
	int (*suspend)(struct device *dev, pm_message_t state);
	int (*resume)(struct device *dev);
	const struct kobj_ns_type_operations *ns_type;
```

```
        const void *(*namespace)(struct device *dev);
        const struct dev_pm_ops *pm;
        struct subsys_private *p;
};
```

使用 class_create 可以创建一个类。系统注册的类可以在/sysfs/class 目录下面找到。

```
#define class_create(owner, name)            \
({                                           \
        static struct lock_class_key __key;  \
        __class_create(owner, name, &__key);         \
})
void class_destroy(struct class *cls);
```

2.3　sysfs 文件系统

sysfs 是一个特殊的文件系统，类似于/proc。sysfs 不仅像/proc 一样允许用户空间访问内核的数据，而且以更结构化的方式向用户提供内核数据信息。sysfs 是一种内存文件系统，它与 kobject 关系非常密切。系统中的每一个 kobject 对应着 sysfs 中的一个目录，而每一个 sysfs 中的目录代表一个 kobject 对象，每个 sysfs 文件代表对应的 kobject 的属性。

sysfs 文件系统非常清晰地展示了设备驱动程序模型中各组件的层次关系。其顶级目录包括 block、device、bus、drivers、class、power、firmware 等。

```
[root@urbetter sys]# ls
block     class     devices     fs      module
bus       dev       firmware    kernel  power
```

/sys 的根目录见表 2-1。

表 2-1　sysfs 文件系统的目录

名称	说明
block	块设备
bus	总线
class	设备类
devices	设备
firmware	固件
kernel	内核
module	内核模块
power	电源

sysfs 文件系统最基本的函数包括：

```
int sysfs_create_file(struct kobject * kobj, const struct attribute * attr) ;          //创建文件
int sysfs_chmod_file(struct kobject *kobj, struct attribute *attr, mode_t mode);       //修改文件属性
void sysfs_remove_file(struct kobject * kobj, const struct attribute * attr);          //删除文件
int sysfs_create_dir_ns(struct kobject *kobj, const void *ns);                         //创建目录
void sysfs_remove_dir(struct kobject *kobj);                                           //删除目录
int sysfs_create_group(struct kobject *kobj,const struct attribute_group *grp);        //创建一组属性
```

sysfs 文件系统一般是自动加载到/sys 下的，也可以通过下面的命令手工加载：

```
mount  -t sysfs  sysfs  /sys
```

device_create 函数用于在/sysfs 文件系统中创建一个指定设备号的设备：

```
struct device *device_create(struct class *class, struct device *parent,
                             dev_t devt, void *drvdata, const char *fmt, ...);
```

例 2.1　自动创建设备节点

本例演示如何在驱动中创建/sys 类节点与/dev 设备节点。先要在/sys/class 目录中创建节点，发出内核事件，才能触发 udev 或者 mdev 等设备事件处理程序来增删设备节点。

本例代码见\samples\2model\2-1module_devicecreate。核心代码如下：

```
static void simple_register (void)
{
        int error, devno = MKDEV (simple_major, simple_minor);
        cdev_init (&cdev, &simple_fops);
        cdev.owner = THIS_MODULE;
        cdev.ops = &simple_fops;
        error = cdev_add (&cdev, devno , 1);
        if (error)
                printk (KERN_NOTICE "cdev_add error %d", error);
        //创建 simple_class
        simple_class =class_create(THIS_MODULE, "simple_class");
        if(IS_ERR(simple_class)) {
                printk("Err: failed in creating class.\n");
                return ;
        }
        //在 simple_class 下创建设备
        device_create(simple_class,NULL, devno, NULL,"simple");
}
static int __init simple_init (void)
{
        int result;
        dev = MKDEV (simple_major, simple_minor);
        result = register_chrdev_region (dev, number_of_devices, "simple");
        if (result<0) {
                printk (KERN_WARNING "hello: can't get major number %d\n", simple_major);
                return result;
        }
        simple_register();
        printk (KERN_INFO "char device registered\n");
        return 0;
}
static void __exit simple_exit (void)
{
        dev_t devno = MKDEV (simple_major, simple_minor);
        cdev_del (&cdev);
        unregister_chrdev_region (devno, number_of_devices);
        device_destroy(simple_class, devno);
        class_destroy(simple_class);
}
```

本例运行结果如下：

```
[root@urbetter drivers]# insmod smodule.ko
char device registered
[root@urbetter drivers]# ls /dev | grep sim
simple
[root@urbetter drivers]# cd /sys/class
[root@urbetter class]# ls
backlight       hwmon         mem         rtc            simple_class   vc
bdi             i2c-adapter   misc        scsi_device    sound          vtconsole
block           i2c-dev       mmc_host    scsi_disk      spi_master
dma             input         mtd         scsi_generic   tty
graphics        lcd           net         scsi_host      ubi
[root@urbetter class]# cd simple_class/
[root@urbetter simple_class]# ls
simple
[root@urbetter simple_class]# cd simple/
[root@urbetter simple]# ls
dev       power      subsystem   uevent
[root@urbetter simple]# rmmod smodule
[root@urbetter simple]# ls /dev | grep sim
[root@urbetter simple]#
```

可见/sys/class 以及/dev 下面均创建了设备文件。

2.4 platform 概念

平台概念的引入能够更好地描述设备的资源信息，例如总线地址、中断、DMA 信息等。平台设备模型是对 device 与 driver 模型的扩展，它的总线为 platform_bus_type：

```
struct bus_type platform_bus_type = {
        .name               = "platform",
        .dev_groups         = platform_dev_groups,
        .match              = platform_match,
        .uevent             = platform_uevent,
        .pm                 = &platform_dev_pm_ops,
};
```

平台设备使用 platform_device 结构描述，该结构定义如下：

```
struct platform_device {
        const char      *name;
        int             id;
        bool            id_auto;
        struct device dev;                      //设备
        u32             num_resources;          //资源数量
        struct resource         *resource;      //资源
        const struct platform_device_id         *id_entry;
        char *driver_override;                  /*强制匹配此驱动名*/
```

```
        struct mfd_cell *mfd_cell;              /*MFD cell 指针*/
        struct pdev_archdata archdata;          /*体系相关数据*/
};
```

平台设备的注册与注销接口如下：

```
int platform_device_register(struct platform_device *);       //注册一个平台设备
void platform_device_unregister(struct platform_device *); //注销一个平台设备
```

平台驱动使用 platform_driver 结构描述：

```
struct platform_driver {
        int (*probe)(struct platform_device *);
        int (*remove)(struct platform_device *);
        void (*shutdown)(struct platform_device *);
        int (*suspend)(struct platform_device *, pm_message_t state);
        int (*resume)(struct platform_device *);
        struct device_driver driver;
        const struct platform_device_id *id_table;
        bool prevent_deferred_probe;
};
```

平台设备驱动必须提供 probe 和 remove 方法，并且在 probe 中确保设备资源的可用性。平台驱动还支持电源管理和设备停止等事件。平台驱动的注册接口如下：

```
int platform_driver_register(struct platform_driver *drv);
void platform_driver_unregister(struct platform_driver *drv);
```

platform_driver_register 和 platform_driver_unregister 本质上就是调用 driver_register 和 driver_unregister。老的 Linux 内核需要在模块入口中调用这两个函数，新的 Linux 内核中只需要用 module_platform_driver 即可实现这两个函数的功能，具体用法见本节后面的例 2.2。

resource 结构是对平台资源的描述，定义如下：

```
struct resource {
        resource_size_t start;          //起始地址
        resource_size_t end;            //终止地址
        const char *name;               //名称
        unsigned long flags;            //资源类别
        struct resource *parent, *sibling, *child;      //资源上下级关系
};
```

在 platform_device 结构中可以设置多种资源信息。资源的 flags 标志包括：

```
#define IORESOURCE_IO           0x00000100  //IO 资源
#define IORESOURCE_MEM          0x00000200  //内存资源
#define IORESOURCE_IRQ          0x00000400  //中断资源
#define IORESOURCE_DMA          0x00000800  //DMA 资源
```

内核提供了一组函数，用来获取设备的资源信息：

```
//根据资源类型和序号来获取指定的资源。
struct resource * platform_get_resource(struct platform_device *dev, unsigned int type, unsigned int num);
//根据序号获取资源中的中断号。
struct int platform_get_irq(struct platform_device *dev, unsigned int num);
//根据名称和类别获取指定的资源。
struct resource * platform_get_resource_byname(struct platform_device *dev, unsigned int type, char *name);
//根据名称获取资源中的中断号。
int platform_get_irq_byname(struct platform_device *dev, char *name);
```

例 2.2　平台设备注册实例

本例代码在\samples\2model\2-2module_plateform。核心代码如下：

```
struct test_platform_data
{
int idx;
};
static struct test_platform_data test_info = {
        .idx = 25,
};
static void plate_test_release(struct device * dev)
{
      return ;
}
//定义平台设备
static struct platform_device plate_test_device = {
        .name      = "platetest",
        .id        = -1,
        .dev       = {
                .platform_data    = &test_info,
                .release =plate_test_release,
        },
};
static int    plate_test_probe(struct platform_device *pdev)
{
        printk (KERN_INFO "plate_test_probe enter...\n");
        return 0;
}
static int    plate_test_remove(struct platform_device *pdev)
{
        printk (KERN_INFO "plate_test_probe remove...\n");
        return 0;
}
//定义平台驱动
static struct platform_driver plate_test_driver = {
        .probe    = plate_test_probe,
        .remove = plate_test_remove,
        .driver = {
```

```
                .name       = "platetest",
                .owner      = THIS_MODULE,
        },
};
static int __init plateform_test_init (void)
{
        platform_device_register(&plate_test_device);
        platform_driver_register(&plate_test_driver);
        return 0;
}
static void __exit plateform_test_exit (void)
{
        platform_driver_unregister(&plate_test_driver);
        platform_device_unregister(&plate_test_device);
}
```

运行结果如下：

```
[root@urbetter drivers]# insmod plateformtest.ko
plate_test_probe enter...
[root@urbetter drivers]# rmmod plateformtest
plate_test_probe remove...
[root@urbetter drivers]#
```

例 2.3 DM9000 网卡平台设备资源获取实例

本例为 DM9000 网卡设备的资源获取实例。核心代码如下：

```
#define S3C64XX_PA_DM9000     (0x18000000)//DM9000 物理地址
#define S3C64XX_SZ_DM9000     SZ_1M
#define S3C64XX_VA_DM9000     S3C_ADDR(0x03b00300)
#define DM9000_ETH_IRQ_EINT0          IRQ_EINT(7)
static struct resource dm9000_resources_cs1[] =
{
        [0] = {
                .start = S3C64XX_PA_DM9000 + 0x300,
                .end    = S3C64XX_PA_DM9000 + 0x300 + 0x03,
                .flags = IORESOURCE_MEM
        },
        [1] = {
                .start = S3C64XX_PA_DM9000 + 0x300 + 0x4,
              .end    = S3C64XX_PA_DM9000 + 0x300 + 0x4 + 0x7f,
              .flags = IORESOURCE_MEM
      },
        [2] = {
              .start = DM9000_ETH_IRQ_EINT0,
                .end    = DM9000_ETH_IRQ_EINT0,
                .flags = IORESOURCE_IRQ
```

```
        }
};
static struct dm9000_plat_data dm9000_setup_cs1 = {
        .flags                  = DM9000_PLATF_16BITONLY
};
//平台设备结构
 struct platform_device s3c_device_dm9000_cs1 = {
        .name                   = "dm9000",
        .id                     = 0,
        .num_resources   = ARRAY_SIZE(dm9000_resources_cs1),
        .resource               = dm9000_resources_cs1,
        .dev                    = {
                .platform_data = &dm9000_setup_cs1,
        }
};
```

注册 MMC 平台设备驱动的代码如下：

```
static struct platform_driver dm9000_driver = {
        .driver         = {
                .name    = "dm9000",
                .pm         = &dm9000_drv_pm_ops,
                .of_match_table = of_match_ptr(dm9000_of_matches),
        },
        .probe      = dm9000_probe,
        .remove    = dm9000_drv_remove,
};
module_platform_driver(dm9000_driver);
```

上面的代码中使用了 module_platform_driver 取代旧的模块入口编写方式。设备检测函数 dm9000_probe 展示了获取平台设备资源的方法：

```
static int dm9000_probe(struct platform_device *pdev)
{
        struct dm9000_plat_data *pdata = dev_get_platdata(&pdev->dev);
        struct board_info *db;          /*板级信息*/
        struct net_device *ndev;
        struct device *dev = &pdev->dev;
        const unsigned char *mac_src;
        …
        //获取地址资源
        db->addr_res = platform_get_resource(pdev, IORESOURCE_MEM, 0);
        db->data_res = platform_get_resource(pdev, IORESOURCE_MEM, 1);
        if (!db->addr_res || !db->data_res) {
                dev_err(db->dev, "insufficient resources addr=%p data=%p\n",
                        db->addr_res, db->data_res);
                ret = -ENOENT;
```

```
			goto out;
		}
		//获取中断号
		ndev->irq = platform_get_irq(pdev, 0);
		if (ndev->irq < 0) {
			dev_err(db->dev, "interrupt resource unavailable: %d\n",
					ndev->irq);
			ret = ndev->irq;
			goto out;
		}
		…
	}
```

2.5 Attributes

属性用来描述内核对象的特性。属性定义如下：

```
struct attribute {
	const char		*name;
	umode_t		mode;
#ifdef CONFIG_DEBUG_LOCK_ALLOC
	bool			ignore_lockdep:1;
	struct lock_class_key *key;
	struct lock_class_key skey;
#endif
};
```

一组属性用 attribute_group 表示：

```
struct attribute_group {
const char		*name;
umode_t		(*is_visible)(struct kobject *,struct attribute *, int);
umode_t		(*is_bin_visible)(struct kobject *,struct bin_attribute *, int);
struct attribute	**attrs;
struct bin_attribute	**bin_attrs;
};
```

设备、驱动、类均有自己的属性，这些属性在 attribute 结构的基础上，增加了显示与存储接口。具体定义如下：

```
//设备属性结构
struct device_attribute {
	struct attribute		attr;
	ssize_t (*show)(struct device *dev, struct device_attribute *attr,char *buf);
	ssize_t (*store)(struct device *dev, struct device_attribute *attr,const char *buf, size_t count);
};
//设备属性接口
```

```
int device_create_file(struct device *device,const struct device_attribute *entry);
void device_remove_file(struct device *dev,const struct device_attribute *attr);
//驱动属性结构
struct driver_attribute {
        struct attribute attr;
        ssize_t (*show)(struct device_driver *driver, char *buf);
        ssize_t (*store)(struct device_driver *driver, const char *buf,size_t count);
};
//驱动属性接口
int driver_create_file(struct device_driver *driver,const struct driver_attribute *attr);
void driver_remove_file(struct device_driver *driver,const struct driver_attribute *attr);
//类属性结构
struct class_attribute {
        struct attribute attr;
        ssize_t (*show)(struct class *class, struct class_attribute *attr,char *buf);
        ssize_t (*store)(struct class *class, struct class_attribute *attr,const char *buf, size_t count);
};
//类属性接口
int class_create_file(struct class *class,const struct class_attribute *attr);
void class_remove_file(struct class *class,const struct class_attribute *attr);
```

例 2.4　sysfs 设备节点属性实例

本例演示 sysfs 设备目录下的节点属性的使用。

本例代码在\samples\2model\2-3module_device_create_file。核心代码如下：

```
static int fgj;
//属性操作函数
static ssize_t fgj_show(struct device *dev, struct device_attribute *attr,char *buf)
{
        return sprintf(buf, "%d\n", fgj);
}
static ssize_t fgj_store(struct device *dev, struct device_attribute *attr,const char *buf, size_t count)
{
        sscanf(buf, "%d", &fgj);
        return count;
}
//属性定义
static struct device_attribute fgj_attribute =
{
        .attr=
                {
                .name="fgj",
                .mode=0644,
                },
        .show=fgj_show,
        .store=fgj_store,
};
```

```
struct test_platform_data
{
int idx;
};
static struct test_platform_data test_info = {
        .idx = 25,
};
static void plate_test_release(struct device * dev)
{
      return ;
}
//设备定义
static struct platform_device plate_test_device = {
        .name     = "platetest",
        .id       = -1,
        .dev      = {
                .platform_data    = &test_info,
                .release =plate_test_release,
        },
};
//创建设备的属性文件
static int    plate_test_probe(struct platform_device *pdev)
{
        printk (KERN_INFO "plate_test_probe enter...\n");
        device_create_file(&pdev->dev,&fgj_attribute);//创建设备属性
        return 0;
}
```

本例运行结果如下：

```
[root@urbetter drivers]# insmod devicecreatetest.ko
plate_test_probe enter...
[root@urbetter drivers]# cd /sys
[root@urbetter sys]# ls
block       class    devices       fs             module
bus         dev      firmware      kernel         power
[root@urbetter sys]# cd devices/
[root@urbetter devices]# ls
dma-pl080s.0    dma-pl080s.1    platform       system       virtual
[root@urbetter devices]# cd platform/
[root@urbetter platform]# ls
alarmtimer      s3c-sdhci.0       s3c6400-uart.0     s3c64xx-rtc        smsc911x
dm9000.0        s3c2410-ohci      s3c6400-uart.1     samsung-ac97       snd-soc-dummy
platetest       s3c2410-wdt       s3c6400-uart.2     samsung-i2s.2      soc-audio
power           s3c2440-i2c.0     s3c6400-uart.3     samsung-keypad     uevent
s3c-fb          s3c2440-i2c.1     s3c64xx-adc        samsung-pwm        wm9713-codec
s3c-hsotg       s3c6400-nand      s3c64xx-pata.0     serial8250
```

```
[root@urbetter platform]# cd platetest/
[root@urbetter platetest]# ls
driver              fgj          power             uevent
driver_override     modalias     subsystem
[root@urbetter platetest]# cat fgj
0
[root@urbetter platetest]# echo 9 >fgj
[root@urbetter platetest]# cat fgj
9
```

例 2.5　sysfs 节点属性组实例

本例代码来自内核\linux-4.5.2\samples\kobject\kobject-example.c。核心代码如下：

```
static struct kobj_attribute foo_attribute =
        __ATTR(foo, 0664, foo_show, foo_store);
static struct kobj_attribute baz_attribute =
        __ATTR(baz, 0664, b_show, b_store);
static struct kobj_attribute bar_attribute =
        __ATTR(bar, 0664, b_show, b_store);
static struct attribute *attrs[] = {
        &foo_attribute.attr,
        &baz_attribute.attr,
        &bar_attribute.attr,
        NULL,
};
//定义属性组
static struct attribute_group attr_group = {
        .attrs = attrs,
};
static struct kobject *example_kobj;
static int __init example_init(void)
{
        int retval;
        example_kobj = kobject_create_and_add("kobject_example", kernel_kobj);
        if (!example_kobj)
                return -ENOMEM;
        retval = sysfs_create_group(example_kobj, &attr_group);
        if (retval)
                kobject_put(example_kobj);
        return retval;
}
static void __exit example_exit(void)
{
        kobject_put(example_kobj);
}
```

__ATTR 宏用来快速建立属性。本例运行结果如下：

```
[root@urbetter drivers]# insmod sysfsdemo.ko
[root@urbetter drivers]# cd /sys
[root@urbetter sys]# ls
block       class         devices       fs            module
bus         dev           firmware      kernel        power
[root@urbetter sys]# cd kernel/
[root@urbetter kernel]# ls
fscaps            mm                  slab                    uevent_seqnum
kobject_example   notes               uevent_helper
[root@urbetter kernel]# cd kobject_example/
[root@urbetter kobject_example]# ls
bar   baz   foo
[root@urbetter kobject_example]# cat foo
0
[root@urbetter kobject_example]# echo 1 >foo
[root@urbetter kobject_example]# cat foo
1
[root@urbetter kobject_example]#
```

2.6　设备事件通知

2.6.1　kobject uevent

kobject uevent 是内核主动发送给应用层的设备事件。kobject uevent 事件包括以下类型：

```
enum kobject_action {
        KOBJ_ADD,           //添加
        KOBJ_REMOVE,        //删除
        KOBJ_CHANGE,        //变更
        KOBJ_MOVE,          //移动
        KOBJ_ONLINE,        //在线
        KOBJ_OFFLINE,       //下线
        KOBJ_MAX
};
```

kobject uevent 是基于 Netlink 机制（本书后面章节将会深入分析）的事件通知机制。内核初始化时会创建一个 Netlink 服务：

```
static int uevent_net_init(struct net *net)
{
        ue_sk->sk = netlink_kernel_create(net, NETLINK_KOBJECT_UEVENT, &cfg);
        if (!ue_sk->sk) {
                printk(KERN_ERR
                        "kobject_uevent: unable to create netlink socket!\n");
                kfree(ue_sk);
                return -ENODEV;
```

```
        }
        mutex_lock(&uevent_sock_mutex);
        list_add_tail(&ue_sk->list, &uevent_sock_list);
        mutex_unlock(&uevent_sock_mutex);
}
```

内核事件通过 kobject_uevent 函数发出：

```
int kobject_uevent(struct kobject *kobj, enum kobject_action action)
{
        return kobject_uevent_env(kobj, action, NULL);
}
```

kobject_uevent 调用了 kobject_uevent_env 函数。kobject_uevent_env 函数会组装事件信息包，并广播给 Netlink 客户端：

```
int kobject_uevent_env(struct kobject *kobj, enum kobject_action action,char *envp_ext[])
{
//先进行事件过滤，看是否需要放弃发送，kset 的 uevent_ops 派上用场
kset = top_kobj->kset;
uevent_ops = kset->uevent_ops;
if (uevent_ops && uevent_ops->filter)
                if (!uevent_ops->filter(kset, kobj)) {
                        pr_debug("kobject: '%s' (%p): %s: filter function "
                                "caused the event to drop!\n",kobject_name(kobj), kobj, __func__);
                        return 0;
                }
        …
        //组装事件信息
        retval = add_uevent_var(env, "ACTION=%s", action_string);
        if (retval)goto exit;
        retval = add_uevent_var(env, "DEVPATH=%s", devpath);
        if (retval)goto exit;
        retval = add_uevent_var(env, "SUBSYSTEM=%s", subsystem);
        if (retval)goto exit;
        ...
        list_for_each_entry(ue_sk, &uevent_sock_list, list) {//遍历 uevent sock 链表
                retval = netlink_broadcast_filtered(uevent_sock, skb,
                                        0, 1, GFP_KERNEL,kobj_bcast_filter,kobj);//广播事件
        }
}
```

2.6.2　uevent helper

假设内核配置成支持 uevent helper，那么内核的 kobject_uevent_env 函数还会调用应用层的 uevent helper 程序。执行 make menuconfig 后进入 Linux 配置菜单的【device drivers】-->【sGeneric Driver Options】，配置如图 2-1 所示。

```
[*] Support for uevent helper
(/sbin/hotplug) path to uevent helper
[ ] Maintain a devtmpfs filesystem to mount at /dev
[*] Select only drivers that don't need compile-time external firmware
[*] Prevent firmware from being built
-*- Userspace firmware loading support
[*]   Include in-kernel firmware blobs in kernel binary
()    External firmware blobs to build into the kernel binary
[ ] Fallback user-helper invocation for firmware loading
[ ] Driver Core verbose debug messages
[ ] Managed device resources verbose debug messages
```

图 2-1　内核支持 uevent helper

kobject_uevent_env 函数启动 uevent helper 的代码如下：

```
int kobject_uevent_env(struct kobject *kobj, enum kobject_action action,char *envp_ext[])
{
        …
#ifdef CONFIG_UEVENT_HELPER
        /*call uevent_helper, usually only enabled during early boot*/
        if (uevent_helper[0] && !kobj_usermode_filter(kobj)) {
                struct subprocess_info *info;
                retval = add_uevent_var(env, "HOME=/");
                if (retval)goto exit;
                retval = add_uevent_var(env,"PATH=/sbin:/bin:/usr/sbin:/usr/bin");
                if (retval)goto exit;
                retval = init_uevent_argv(env, subsystem);
                if (retval)goto exit;
                retval = -ENOMEM;
                //进一步建立参数
                info = call_usermodehelper_setup(env->argv[0], env->argv,
                                        env->envp, GFP_KERNEL,NULL, cleanup_uevent_env, env);
                if (info) {
                        retval = call_usermodehelper_exec(info, UMH_NO_WAIT);//启动应用程序
                        env = NULL;
                }
        }
#endif
}
//上面调用的 init_uevent_argv 函数用来初始化参数
static int init_uevent_argv(struct kobj_uevent_env *env, const char *subsystem)
{
        int len;
        ...
        env->argv[0] = uevent_helper;
        env->argv[1] = &env->buf[env->buflen];
        env->argv[2] = NULL;
        env->buflen += len + 1;
        return 0;
}
```

可见 call_usermodehelper_exec 函数启动了一个 uevent_helper 程序，该程序的路径保存在 uevent_helper 数组中。uevent_helper 程序可以通过/sys/kernel 的 uevent_helper 属性节点或/proc/sys/kernel/hotplug 节点来设置。下面的例子就是把 mdev 作为 uevent_helper 程序。

```
[root@urbetter kernel]# echo /sbin/mdev > /proc/sys/kernel/hotplug
[root@urbetter kernel]# pwd
/proc/sys/kernel
[root@urbetter kernel]# cat hotplug
/sbin/mdev
[root@urbetter kernel]# cd /sys/kernel/
[root@urbetter kernel]# ls
fscaps          notes           uevent_helper
mm              slab            uevent_seqnum
[root@urbetter kernel]# cat uevent_helper
/sbin/mdev
```

Linux 下设备管理通常使用 udev 工具。mdev 是 busybox 工具包中的设备管理工具，用来在嵌入式系统中替代 udev。udev 包含一个一直运行的 udevd 后台进程。与 udev 不同，mdev 不是一直运行的后台程序，它使用的是内核唤醒方式，在系统启动时必须将 mdev 设置成 uevent_helper 程序。

2.6.3　udev

udev 是一种应用层工具，提供一个基于用户空间的动态设备节点管理和命名的解决方案，它能够根据系统中的硬件设备的状态动态更新设备文件，包括设备文件的创建、删除、块设备的加载等。

udev 的主体部分在 udevd.c 文件中，它主要监控来自 udev 客户端的控制消息、内核的 hotplug 事件、配置文件变化的事件。当有设备插入/拔除（hotplug）时，udev 就会收到通知，它会根据事件中所带参数和 sysfs 中的信息，调用合适的事件处理程序，创建或删除/dev 节点。

udev 是通过 Netlink 机制获取内核的 uevent 事件的。注意在一些嵌入式系统中，由于资源有限，设备的变动也不频繁，所以使用 mdev 代替 udev 实现设备管理功能，而 mdev 是通过直接访问/sys/class/目录来获取设备信息的。

udev 按照规则文件中的规则处理 uevent 事件。udev 规则文件在目录/etc/udev/rules.d 下面。udev 通过文件系统的 inotify 功能，监控其规则文件目录/etc/udev/rules.d，一旦该目录中规则文件有变化，它就重新加载规则文件。udev 规则文件中一个不以"#"开头的行就是一条规则。每条规则包含匹配键与执行键。匹配键以"=="号与值连接；执行键用"="与值连接。常用的键如下：

```
SUBSYSTEM：匹配子系统
ACTION：匹配动作
KERNEL：匹配内核名
RUN：执行程序
NAME：设备节点命名
```

```
SYMLINK：创建软链接
```

下面截取一段规则文件作为示例：

```
# Media automounting
当子系统为"block"，动作为"add"或者"remove"，均执行/etc/udev/scripts/mount.sh
SUBSYSTEM=="block", ACTION=="add"       RUN+="/etc/udev/scripts/mount.sh"
SUBSYSTEM=="block", ACTION=="remove" RUN+="/etc/udev/scripts/mount.sh"
# Handle network interface setup
当子系统为"net"，动作为"add"或者"remove"，均执行/etc/udev/scripts/network.sh
SUBSYSTEM=="net", ACTION=="add" RUN+="/etc/udev/scripts/network.sh"
SUBSYSTEM=="net", ACTION=="remove" RUN+="/etc/udev/scripts/network.sh"
# SCSI devices
当子系统为" scsi "，内核名为 sr[0-9]*，均创建 scd 节点与 sr 软链接
SUBSYSTEMS=="scsi", KERNEL=="sr[0-9]*",   NAME="scd%n", SYMLINK+="sr%n"
```

2.7　设备树

设备树（Device Tree）用来描述板卡的板级硬件信息。Linux 源码的 arch 目录下有大量的设备板级信息描述文件，采用设备树后，内核不用再包含大量的硬件描述文件，当板卡的硬件接口信息变动而驱动逻辑没有变化时，只需要修改设备树，而不需要修改内核代码。设备树文件位于 Linux 内核源代码 arch/arm/boot/dts 目录下面，其中 dts 文件为板级定义，dtsi 文件为 Soc 级定义。编译 Linux 设备树的命令为 make dtbs，生成*.dtb 文件（Device Tree Blob)。设备树文件编译之后会被放到一个独立的存储区，bootloader 启动时会将设备树信息读入内存，并将该内存地址传递给 Linux 内核。内核在启动时会建立设备树节点：

```
void __init setup_arch(char **cmdline_p)
{
mdesc = setup_machine_fdt(__atags_pointer);        //建立设备树
unflatten_device_tree();     //扫描设备树，将设备树组织成 device_node 结构用于后面解析信息
arm_dt_init_cpu_maps();
psci_dt_init();
}
```

代码中的 fdt 即扁平设备树(Flat Device Tree)，在内存中连续存储。上面的__atags_pointer 参数就是 bootloader 传递给内核的设备树地址，放在处理器的 R2 寄存器中，在 Linux 源码的 arch/arm/kernel/head-common.S 文件中的__mmap_switched 里赋值给__atags_pointer。

设备树的基本框架如下：

```
//引自 http://elinux.org/Device_Tree_Usage#PCI_Address_Translation
{
    node1 {//节点名
        a-string-property = "A string";                          //字符串属性
        a-string-list-property = "first string", "second string";     //字符串表属性
        a-byte-data-property = [01 23 34 56];                    //字节数据属性，16 进制
```

```
        child-node1 {//子节点
            first-child-property;
            second-child-property = <1>;
            a-string-property = "Hello, world";
        };
        child-node2 {//子节点 2
        };
    };
    label：node2 {
        an-empty-property;
        a-cell-property = <1 2 3 4>; /*每个数字为无符号整型*/
        child-node1 {
        };
    };
};
```

节点名格式为 <name>[@<unit-address>]。每个节点必须有一个 compatible 属性，描述制造商与模块信息。compatible 属性是设备标识，它决定了设备将与哪个驱动绑定。公共的节点属性包括寄存器（reg）、中断（interrupts）、管脚控制（pinctrl-names、pinctrl-0）、时钟（clocks）等，此外还有一些设备特定的属性。下面是内核 at91sam9g45.dtsi 文件中的 I2C 控制器节点：

```
i2c0: i2c@fff84000 {
    compatible = "atmel,at91sam9g10-i2c";                //设备标识
    reg = <0xfff84000 0x100>;//内存映射型设备，寄存器，起始地址为 0xfff84000，长度为 0x100
    interrupts = <12 IRQ_TYPE_LEVEL_HIGH 6>;      //中断号与类型
    pinctrl-names = "default";
    pinctrl-0 = <&pinctrl_i2c0>;            //管脚控制采用 pinctrl_i2c0 节点
    #address-cells = <1>;                  //设置子节点 reg 属性的地址个数
    #size-cells = <0>;                     //设置子节点 reg 属性的长度信息，0 表示无长度信息
    clocks = <&twi0_clk>;时钟采用 twi0_clk 节点
    status = "disabled";                   //状态
};
```

内核源码中的 at91sam9m10g45ek.dts 文件包含了 at91sam9g45.dtsi 文件，下面是其中的 I2C 设备节点的描述：

```
#include "at91sam9g45.dtsi"
i2c0: i2c@fff84000 {
    status = "okay";              //状态
    ov2640: camera@30 {           //地址为 0x30 的摄像头
        compatible = "ovti,ov2640";                         //标识
        reg = <0x30>;       //非内存映射型设备，I2C 设备地址为 0x30
        pinctrl-names = "default";
        pinctrl-0 = <&pinctrl_pck1_as_isi_mck &pinctrl_sensor_power &pinctrl_sensor_reset>;
        resetb-gpios = <&pioD 12 GPIO_ACTIVE_LOW>;          //复位管脚
        pwdn-gpios = <&pioD 13 GPIO_ACTIVE_HIGH>;           //电源管理管脚
```

```
                clocks = <&pck1>;            //时钟采用 pck1 节点
                ...
        };
    };
```

ov2640 摄像头设备节点为 I2C 控制器节点的子节点，它的 reg 属性受到父节点的#address-cells 与#size-cells 约束。

device 结构的 of_node 成员指向设备关联的设备树。device 结构包含在其他设备结构中，如 platform_device 结构。假如已知平台设备 platform_device *op 结构，则可通过 op->dev. of_node 访问设备树。反之，通过设备树查找平台设备的函数如下：

```
struct platform_device *of_find_device_by_node(struct device_node *np);
```

内核中定义了一系列设备树 API，具体代码在/drivers/of 目录下。主要的设备树函数如下：

```
//判断节点的 compatible 属性是否包含 name
int of_device_is_compatible(const struct device_node *device,const char *name);
//根据设备节点的 compatible 属性寻找节点
struct device_node *of_find_compatible_node(struct device_node *from,const char *type,const char *compat);
//获取属性
void *of_get_property(const struct device_node *node,const char *name,int *lenp);
//获取字节型属性的值
int of_property_read_u8(const struct device_node *np,const char *propname,u8 *out_value);
//读字节数组型的属性
int of_property_read_u8_array(const struct device_node *np,const char *propname, u8 *out_values, size_t sz);
//读字符串型的属性
int of_property_read_string(struct device_node *np,const char *propname,const char **out_string);
//获取中断
unsigned int irq_of_parse_and_map(struct device_node *dev,int index);
```

第 3 章　Linux 内核同步机制

众所周知，Linux 是一个多用户多任务操作系统。在多处理器（SMP）情况下存在真正的并行运算，因为线程是同时执行的。而在单处理器（uniprocessor，UP）情形中，并行是通过抢占实现的，即通过临时中断一个线程以执行另一个线程的方式来实现。当存在并发访问的可能时，必须使用有效的机制来保证同步和保护资源。另外对中断的处理也会打断正在运行的任务。Linux 操作系统中包含众多的同步机制，包括信号量（semaphore）、自旋锁（spinlock）、原子操作（atomic operation）、读写锁（rwlock）、RCU 和 seqlock，每种机制应用在不同场合。随着 Linux 从单处理器内核发展到对称多处理器内核、从非抢占内核发展到抢占内核，这些机制越来越高效，也越来越复杂。本章主要介绍 Linux 内核的各种同步机制。

3.1　原子操作

原子操作是一系列不可中断的操作的集合，它的执行过程是封闭的，不可打断的。在单处理器系统中，能够在单条指令中完成的操作都可以认为是原子操作。在对称多处理器结构中，即使能在单条指令中完成的操作也有可能被打断。原子性不可能由软件单独保证，必须有硬件的支持，因此是和平台相关的，而且通常使用汇编语言实现。原子操作保护的资源通常被定义成原子型整数（atomic_t）类型：

```
typedef struct { volatile int counter; } atomic_t;
```

volatile 修饰符告诉编译器不要对该类型的数据做优化处理。

原子操作包含整数型和比特型，见表 3-1。

表 3-1　原子操作函数

类　型	函数原型	说　明
整数型	atomic_read(atomic_t * v);	原子读操作
	atomic_set(atomic_t * v, int i);	设置原子类型的变量 v 的值为 i
	void atomic_add(int i, atomic_t *v);	给原子类型的变量 v 增加值 i
	void atomic_sub(int i, atomic_t *v);	从原子类型的变量 v 中减去 i
比特型	int set_bit(int nr, void *addr) ;	对给定地址 addr 的第 nr bit 进行置位
	int clear_bit(int nr, void *addr);	对给定地址 addr 的第 nr bit 进行清位
	int test_bit(int nr，void *add) ;	检测给定地址 addr 的第 nr bit 的值
	int change_bit(int nr, void *addr) ;	使地址 addr 的第 nr bit 发生跳转(0 变为 1，1 变为 0)

3.2 锁机制

3.2.1 自旋锁

自旋的意思就是一直循环直到条件满足。自旋锁不会引起调用者睡眠，如果自旋锁已经被别的执行单元占有，调用者就一直循环查看是否该自旋锁的保持者已经释放了锁。如果不能在很短的时间内获得锁，这无疑会导致 CPU 效率降低。

ARM 体系下的自旋锁相关的结构如下：

```
typedef struct {
        volatile unsigned int lock;
} arch_spinlock_t;
typedef struct raw_spinlock {
        arch_spinlock_t raw_lock;
        …
} raw_spinlock_t;
typedef struct {
        raw_spinlock_t   raw_lock;
        …
} spinlock_t;
```

与自旋锁相关的函数主要包括以下几个：

```
spin_lock_init(lock);          //初始化自旋锁
spin_lock(lock);               //获得自旋锁
spin_trylock(lock);            //尝试获得自旋锁
spin_unlock(lock);             //释放自旋锁
```

spin_lock 函数在获得锁后将立即返回，否则在原地等待，直到获得锁。spin_trylock 函数尝试获得自旋锁 lock，如果能立即获得锁，则返回真，否则立即返回假。

中断安全的自旋锁函数如下：

```
//硬件中断安全
spin_lock_irq(lock);        spin_unlock_irq(lock);
spin_lock_irqsave (lock,flag);       spin_unlock_irqrestore (lock,flag);
//软件中断安全的自旋锁
spin_lock_bh(lock);       spin_unlock_bh(lock);
```

spin_lock_irq 函数获得自旋锁的同时会禁止本地 CPU 上的中断与内核抢占。当自旋锁需要用于中断上下文时，必须使用 spin_lock_irq 函数。spin_lock_irq 与 spin_unlock_irq 成对使用，spin_lock_irqsave 与 spin_unlock_irqsave 成对使用。spin_lock_irqsave 函数会保存本地中断的状态，在解锁时需用 spin_unlock_irqrestore 函数恢复中断的状态。

例 3.1　自旋锁实例

假设 simple_count 变量初始值为 0，并期望该变量的值不大于 1。在多 CPU 的情况和可抢占内核中，如下代码并不能保障 simple_count 不出现大于 1 的值：

```
int simple_count=0;
if (simple_count)
{
        return - EBUSY;
}
simple_count++;
```

下面这个例子演示使用自旋锁保护 simple_count 变量的加操作，确保该设备不被多个用户同时打开。代码见\samples\3synchronous\3-1spinlock。

设备打开与关闭函数代码如下：

```
static int simplespin_count = 0;
static spinlock_t spin = SPIN_LOCK_UNLOCKED;
static int simplespin_open(struct inode *inode, struct file *filp)
{
        /*获得自旋锁*/
        spin_lock(&spin);
        /*临界资源访问*/
        if (simplespin_count)
        {
                spin_unlock(&spin);
                return - EBUSY;
        }
        simplespin_count++;
        /*释放自旋锁*/
        spin_unlock(&spin);
        return 0;
}
static int simplespin_release(struct inode *inode, struct file *filp)
{
        simplespin_count--;
        return 0;
}
```

应用层参考代码如下：

```
void main()
{
        int fd;
        fd=open("/dev/fgj",O_RDWR);
        if(fd==-1)
        {
                perror("error open\n");
                exit(-1);
        }
```

```
        printf("open /dev/fgj successfully\n");

        while(1);
        close(fd);
    }
```

本例运行结果如下：

```
[root@urbetter drivers]# insmod spinlock.ko
chardev register success
[root@urbetter drivers]# mknod /dev/fgj c 224 0
[root@urbetter drivers]# ./test&
[root@urbetter drivers]# open /dev/fgj successfully
再次打开会失败
[root@urbetter drivers]# ./test
error open
: Device or resource busy
[root@urbetter drivers]#
```

3.2.2　读写锁

读写锁（rwlock）实际是一种特殊的自旋锁。在实际应用中如果需要对某个数据的读操作和写操作进行有区别的加锁时，可以使用读写锁。读写锁把对共享资源的访问者划分成读者和写者，读者只对共享资源进行读访问，写者则需要对共享资源进行写操作。

读写锁相对于普通自旋锁而言，能提高并发性，因为在多处理器系统中，它允许同时有多个读者来访问共享资源。写者是排他性的，一个读写锁同时只能有一个写者或多个读者，但不能同时既有读者又有写者。在读写锁保持期间也是抢占失效的。如果读写锁当前没有读者也没有写者，那么写者可以立刻获得读写锁，否则它必须自旋，直到没有任何写者或读者。如果读写锁没有写者，那么读者可以立即获得该读写锁，否则读者必须自旋，直到写者释放该读写锁。在 ARM 平台上，内核用 32bit 的数据来记录读写锁中读写线程的数量，最高位为写者的数量，只允许一个；0～30bit 记录读者的数量（具体见内核 arch_read_lock 与 arch_write_lock 代码）。

读写锁的类型是 rwlock_t。初始化读写锁的方法有两种，一种是动态初始化，一种是静态初始化。

```
rwlock_t   x;
rwlock_init(x) ;                               //动态初始化读写锁 x
rwlock_t   x = RW_LOCK_UNLOCKED  //静态初始化
```

读锁最基本的函数组合如下：

```
//获得读锁。如果不能获得锁，它将自旋，直到获得该读锁
read_lock(lock);
//释放读锁
read_unlock(lock);
```

写锁最基本的函数组合如下：

```
//获得写锁，如果不能获得锁，它将自旋，直到获得该写锁
write_lock(lock);
//释放读写锁
write_unlock(lock);
```

与自旋锁一样，读写锁中分别为读写提供了尝试获取锁，这两个函数立即返回，成功获得锁返回真，否则返回假：

```
read_trylock(lock) ;
write_trylock(lock);
```

使用读写锁的示例代码如下：

```
rwlock_t lock;
static ssize_t simple_read(struct file *filp, char *buf, size_t len, loff_t*off)
{
        int count=len;
        read_lock(&lock);               //加读锁
      if (copy_to_user(buf,demoBuffer,count))
        {
            count=-EFAULT;
        }
        read_unlock(&lock);             //释放读锁
        return count;
}
static ssize_t simple_write(struct file *filp, const char *buf, size_t len,loff_t *off)
{
        int count=len;
        write_lock(&lock);              //加写锁
      if (copy_from_user(demoBuffer, buf, count))
        {
                count = -EFAULT;
        }
        write_unlock(&lock);            //释放写锁
        return count;
}
static int __init simplerwlock_init(void)
{
        rwlock_init(&lock);
}
```

3.2.3 RCU

RCU 就是读-复制-修改(Read-Copy-Update)的意思，它是一种高性能的锁机制，具有很好的扩展性。但是这种锁机制的使用范围比较窄，只适用于读多写少的情况。RCU 的原理是对于被 RCU 保护的共享数据结构，读者不需要获得任何锁就可以访问它，但写者在访问它时需要先复制一个副本，然后对副本进行修改，最后调用一个回调（callback）函数在适

当的时机把指向原来数据的指针指向新的被修改的数据。这个时机就是所有引用该数据的任务都退出对共享数据的操作。

RCU 读者最基本的函数组合如下：

```
#define rcu_read_lock()    preempt_disable()    //进入读操作临界区标记
#define rcu_read_unlock()  preempt_enable()     //退出读操作临界区
```

RCU 写者一般先对副本进行操作，然后将副本设定为新正本，最后同步或者异步地释放旧的正本。call_rcu 函数为异步机制；synchronize_rcu 函数为同步机制。函数原型如下：

```
struct rcu_head {
        struct rcu_head *next;                          //下一个 rcu_head
        void (*func)(struct rcu_head *head);            //获得竞争条件后的处理函数
};
//添加回调函数，保护期结束后会调用该回调函数
void call_rcu(struct rcu_head *head, rcu_callback_t func) ;
//同步 rcu，等待直到保护期结束
void synchronize_rcu(void);
```

call_rcu 函数调用后，直接返回，RCU 软中断会调用回调函数释放旧数据指针。synchronize_rcu 函数则会原地等待，它被唤醒时，即可释放旧数据指针。

例 3.2　RCU 实例

代码见\samples\3synchronous\3-2rcu。核心代码如下：

```
//保护的数据
#define DATA_SIZE 16
struct protectRcu
{
      char protect[DATA_SIZE];
      struct rcu_head rcu;
};
struct protectRcu*global_pr=NULL;
//回调函数，一般用来释放旧数据
void callback_function(struct rcu_head *r)
{
        struct protectRcu *t;
        t = container_of (r, struct protectRcu, rcu );
        kfree (t);
        printk("callback_function kfree\n");
}
struct DEMO_dev *DEMO_devices;
static unsigned char demo_inc=0;
static u8 writeBuffer[DATA_SIZE];
static spinlock_t rcu_spinlock;
int DEMO_open(struct inode *inode, struct file *filp)
{
        struct DEMO_dev *dev;
```

```
        demo_inc++;
        dev = container_of(inode->i_cdev, struct DEMO_dev, cdev);
        filp->private_data = dev;
        return 0;
}
int DEMO_release(struct inode *inode, struct file *filp)
{
        demo_inc--;
        return 0;
}
ssize_t DEMO_read(struct file *filp, char __user *buf, size_t count,loff_t *f_pos)
{
        int readsize=count;
        if(global_pr==NULL)return 0;
        if(readsize>DATA_SIZE)readsize=DATA_SIZE;
        rcu_read_lock ();
        if (copy_to_user(buf,global_pr->protect,count))
        {
            readsize=-EFAULT;        /*把数据写到应用程序空间*/
            goto out;
        }
    out:
        rcu_read_unlock ();
        return readsize;
}
ssize_t DEMO_write(struct file *filp, const char __user *buf, size_t count,loff_t *f_pos)
{
        struct protectRcu *t,*old;
        int witesize=count;
        if(witesize>DATA_SIZE)witesize=DATA_SIZE;
              if(copy_from_user(writeBuffer, buf,witesize))return -EFAULT;
        t = kmalloc (sizeof (*t), GFP_KERNEL );                //副本
        spin_lock (&rcu_spinlock);
        memcpy(t-> protect,writeBuffer,witesize);              //操作副本
        old= global_pr;
        global_pr=t;                                           //更新正本
        spin_unlock (&rcu_spinlock);
        if(old!=NULL)
              call_rcu (&old->rcu , callback_function);        //异步回调设置
        else
              printk("old pr is NULL\n");
        return witesize;
}
struct file_operations DEMO_fops = {
        .owner =        THIS_MODULE,
        .read =         DEMO_read,
```

```
        .write =       DEMO_write,
        .open =        DEMO_open,
        .release =   DEMO_release,
};
```

应用层核心代码如下：

```
void main()
{
        int fd;
        char data[256];
        int retval;
      //打开设备
        fd=open("/dev/fgj",O_RDWR);
        if(fd==-1)
        {
                perror("error open\n");
                exit(-1);
        }
        printf("open /dev/fgj successfully\n");
        //写操作
        retval=write(fd,"fgj",3);
        if(retval==-1)
        {
                perror("write error\n");
                exit(-1);
        }
        //读操作
        retval=read(fd,data,3);
        if(retval==-1)
        {
                perror("read error\n");
                exit(-1);
        }
        data[retval]=0;
        printf("read successfully:%s\n",data);
        close(fd);
}
```

本例运行结果如下：

```
[root@urbetter drivers]# insmod rcu.ko
[root@urbetter drivers]# mknod /dev/fgj c 224 0
[root@urbetter drivers]# ./test
open /dev/fgj successfullyold pr is NULL
read successfully:fgj
[root@urbetter drivers]# ./test
open /dev/fgj successfullycallback_function kfree
```

```
read successfully:fgj
```

3.2.4　信号量

信号量是一种睡眠锁。假如有一个任务想要获得已被占用的信号量，信号量就会将其放入一个等待队列然后让其睡眠，这样 CPU 可以去处理其他事情。持有信号量的进程将信号释放后，处于等待队列中的一个任务将被唤醒并获得信号量。自旋锁与信号量的第一个区别是前者不会引起调用者睡眠。自旋锁与信号量的选用应该取决于锁被持有的时间长短。如果锁的持有时间较短，使用自旋锁是更好的选择。自旋锁与信号量的第二个区别是信号量允许有多个持有者，而自旋锁只能有一个持有者。

信号量（semaphore）的实现也是和平台相关的。信号量使用 semaphore 结构描述，它的结构成员 count 会被初始化为最多的信号量持有者数量。

```
struct semaphore {
        raw_spinlock_t          lock;
        unsigned int   count;
        struct list_head        wait_list;//等待列表
};
```

注意不要直接访问该结构的成员。信号量所允许的并行访问的数目是在信号量创建时定义的，即 sema_init 函数中的参数 val。

```
void sema_init (struct semaphore *sem, int val); //初始化信号量
```

信号量最基本的函数组合如下：

```
void down(struct semaphore * sem); //获得信号量
void up(struct semaphore * sem);//释放信号量，唤醒等待者
```

获取信号量的函数包括 down、down_trylock、down_interruptible。down 函数会一直等待信号量。down_trylock 函数会尝试获取信号量，假如信号量被占有则立即返回。down 函数会导致睡眠，因此不能在中断上下文中使用。在中断上下文中应该选用 down_trylock 函数：

```
int down_trylock(struct semaphore * sem);
```

down_interruptible 函数能被信号打断，它的返回值如果是 0，表示获得信号量正常返回；如果是-EINTR，表示被信号打断。函数原型如下：

```
int down_interruptible(struct semaphore * sem);
```

例 3.3　信号量实例

本例使用信号量实现读写互斥，在写过程中特意增加了写延迟，以方便观察代码运行结果。代码见\samples\3synchronous\3-3sem。核心代码如下：

```
//设备结构
struct DEMO_dev
{
        struct semaphore sem;
```

```
        struct cdev cdev;
};
ssize_t DEMO_read(struct file *filp, char __user *buf, size_t count,loff_t *f_pos)
{
        struct DEMO_dev *dev = filp->private_data;
        if (down_interruptible(&dev->sem))
                return -ERESTARTSYS;
      /*把数据复制到应用程序空间*/
        if (copy_to_user(buf,demoBuffer,count))
        {
           count=-EFAULT;
        }
        up(&dev->sem);
        return count;
}
ssize_t DEMO_write(struct file *filp, const char __user *buf, size_t count,loff_t *f_pos)
{
        struct DEMO_dev *dev = filp->private_data;
        ssize_t retval = -ENOMEM; /*value used in "goto out" statements*/
        if (down_interruptible(&dev->sem))
        {
                return -ERESTARTSYS;
        }
        /*把数据复制到内核空间*/
        if (copy_from_user(demoBuffer+*f_pos, buf, count))
        {
                count = -EFAULT;
        }
        printk("write delay\n");
        msleep(1000*10);//模拟比较耗时的写动作
        printk("write delay ok\n");
        up(&dev->sem);
        return count;
}
int DEMO_init_module(void)
{
sema_init(&DEMO_devices->sem,1);//初始化信号量
}
```

本例运行结果如下：

```
[root@urbetter drivers]# insmod demo.ko
[root@urbetter drivers]#    mknod /dev/fgj c 224 0
[root@urbetter drivers]# ./write    &
open /dev/fgj successfully
write delay
/*等待过程中立即启动读*/
[root@urbetter drivers]# ./read
```

```
open /dev/fgj successfully
/*此处会等待写完成*/
write delay ok
read successfully:fgj
[1]+  Done                        ./write
```

3.2.5 读写信号量

信号量也衍生出了一种区分读写操作的同步机制，即读写信号量(rw_semaphore)。它的原理与读写锁差不多，读写信号量相关的函数如下，相信读者不难看出它们的用法。

```
void init_rwsem(struct rw_semaphore *sem);
void down_read(struct rw_semaphore *sem);
int down_read_trylock(struct rw_semaphore *sem);
void up_read(struct rw_semaphore *sem);
void down_write(struct rw_semaphore *sem);
int down_write_trylock(struct rw_semaphore *sem);
void up_write(struct rw_semaphore *sem);
```

读写信号量允许将写者降级为读者，这样能增强并发性，提高效率。

```
void downgrade_write(struct rw_semaphore *sem);
```

downgrade_write 使用的伪代码如下：

```
struct rw_semaphore rw_sp;
down_write(&rw_sp);
…
downgrade_write(&rw_sp);//降级写为读
…
up_read(&rw_sp);
```

3.2.6 互斥量

互斥量用 mutex 结构描述，同一时间只允许一个访问者。互斥量加锁失败会进入睡眠等待唤醒，不能用于中断上下文。

```
struct mutex {
        atomic_t            count;//1=未加锁；0=已加锁；负数=已加锁，表示可能的等待者数目
        spinlock_t          wait_lock;
        struct list_head    wait_list;
        …
};
```

互斥量相关的函数如下：

```
void mutex_init(mutex);
void mutex_lock(struct mutex *lock);
int mutex_trylock(struct mutex *lock);
void mutex_unlock(struct mutex *lock);
```

其用法与上面几个锁非常相似，从略。

3.3　等待队列

3.3.1　等待队列原理

等待队列常用于异步通知和阻塞式访问。如果进程需要等待某些条件发生才能继续，则可以使用等待队列机制。在 Linux 内核中通常使用等待队列来实现阻塞式访问。

- 初始化一个等待队列头

```
void init_waitqueue_head(wait_queue_head_t *q);
```

- 等待事件发生的函数

```
wait_event(wq, condition)//不可中断的等待
wait_event_interruptible(wq, condition)//可中断的等待
wait_event_timeout(wq, condition, timeout)//带超时返回的等待
wait_event_interruptible_timeout(wq, condition, timeout)//可中断并超时返回的等待
```

- 唤醒等待队列

```
wake_up(wait_queue_head_t *q) ;//唤醒所有等待 q 的进程
wake_up_interruptible(wait_queue_head_t *q);//只唤醒执行可中断休眠的进程
```

- 加入或退出等待队列

```
void add_wait_queue(wait_queue_head_t *q, wait_queue_t *wait)
void add_wait_queue_exclusive(wait_queue_head_t *q, wait_queue_t *wait)
void remove_wait_queue(wait_queue_head_t *q, wait_queue_t *wait)
```

加入等待队列的线程将等待唤醒（wake_up）。阻塞式字符驱动程序一般在读函数中等待，并在中断或内核线程中使用 wake_up 函数唤醒等待队列。

3.3.2　阻塞模式读实例

非阻塞模式下，如果没有数据可读或者设备不可写，读写函数会立即返回。阻塞模式下，如果没有数据可读或者设备不可写，读写函数会等待，直到有数据可读或者设备可写。

例 3.4　阻塞式读驱动程序实例

代码见\samples\3synchronous\3-4block。核心代码如下：

```
//设备结构
struct simple_dev
{
	struct semaphore sem;
	wait_queue_head_t wq;
	struct cdev cdev;
```

```
};
int simple_init_module(void)
{
init_MUTEX(&simple_devices->sem);
init_waitqueue_head(&simple_devices->wq);
}
//阻塞式读
ssize_t simple_read(struct file *filp, char __user *buf, size_t count,loff_t *f_pos)
{
        struct simple_dev *dev = filp->private_data;
        //等待数据到达
        if(wait_event_interruptible(dev->wq, flag != 0))
        {
                return - ERESTARTSYS;
        }
        flag = 0;
      //获取信号量
        if (down_interruptible(&dev->sem))
                return -ERESTARTSYS;
        /*把数据写到应用程序空间*/
        if (copy_to_user(buf,demoBuffer,count))
        {
            count=-EFAULT;
            goto out;
        }
   out:
        up(&dev->sem);
        return count;
}
//写函数中唤醒
ssize_t simple_write(struct file *filp, const char __user *buf, size_t count,loff_t *f_pos)
{
        struct simple_dev *dev = filp->private_data;
        ssize_t retval = -ENOMEM; /*value used in "goto out" statements*/
        if (down_interruptible(&dev->sem))
        {
                return -ERESTARTSYS;
        }
        if (copy_from_user(demoBuffer, buf, count)) {
                retval = -EFAULT;
                goto out;
        }
        up(&dev->sem);
        flag = 1;
        //唤醒等待队列，通知数据可获得
        wake_up_interruptible(&dev->wq);
        return count;
```

```
    out:
        up(&dev->sem);
        return retval;
}
```

本例运行结果如下：

```
[root@/home]$insmod demo.ko
Using demo.ko
[root@/home]$mknod /dev/fgj c 224 0
[root@/home]$./read &
[1] 335
[root@/home]$./write
The data is FG
```

下面介绍采用 add_wait_queue 与 remove_wait_queue 函数实现阻塞读的版本。代码见\samples\3synchronous\3-5block2。核心代码如下：

```
static atomic_t flag;
ssize_t simple_read(struct file *filp, char __user *buf, size_t count,loff_t *f_pos)
{
        int ret=0;
        struct simple_dev *dev = filp->private_data;
        DECLARE_WAITQUEUE(wait, current);
        //加入等待队列
        add_wait_queue(&dev->wq, &wait);
        set_current_state(TASK_INTERRUPTIBLE);
        for(;;)//不断查询数据到达标识
        {
                if(atomic_read(&flag)==1)//flag==1 表示数据就绪
                {
                        break;
                }
                if (signal_pending(current))//查看是否有信号正等待处理
                {
                        ret = -ERESTARTSYS;
                        break;
                }
                schedule();//主动调度其他进程
        }
        set_current_state(TASK_RUNNING);
        remove_wait_queue(&dev->wq, &wait);
        if(ret)return ret;
        //获取信号量
        if (down_interruptible(&dev->sem))
                return -ERESTARTSYS;
        if (copy_to_user(buf,demoBuffer,count)) /*把数据写到应用程序空间*/
        {
```

```
                count=-EFAULT;
                goto out;
            }
            atomic_set(&flag ,0);
        out:
            up(&dev->sem);
            return count;
    }
    ssize_t simple_write(struct file *filp, const char __user *buf, size_t count,loff_t *f_pos)
    {
            struct simple_dev *dev = filp->private_data;
            ssize_t retval = -ENOMEM;
            if (down_interruptible(&dev->sem))
            {
                return -ERESTARTSYS;
            }
            if (copy_from_user(demoBuffer, buf, count)) {
                retval = -EFAULT;
                goto out;
            }
            up(&dev->sem);
            atomic_set(&flag ,1);//数据就绪
            //唤醒所有注册到该等待队列上的进程
            wake_up_interruptible(&dev->wq);
            return count;
        out:
            up(&dev->sem);
            return retval;
    }
```

运行结果与上一版本一样。

3.3.3　完成事件

完成事件（completion）是一种轻量级的同步机制，它允许一个进程告诉另一个进程某种工作已经完成。完成事件是基于等待队列的。完成事件使用下面的结构描述：

```
struct completion {
        unsigned int done; //等待完成的事件数量
        wait_queue_head_t wait;
};
```

完成事件初始化函数如下：

```
DECLARE_COMPLETION(my_comp);    //静态初始化
void init_completion(struct completion *x); 动态初始化完成事件
```

等待完成事件的函数如下：

```
wait_for_completion(struct completion *x);
//可中断的 wait_for_completion
wait_for_completion_interruptible(struct completion *x);
//带超时处理的 wait_for_completion
unsigned long wait_for_completion_timeout(struct completion *x, unsigned long timeout);
```

唤醒等待进程的函数包括 complete 和 complete_all：

```
complete(struct completion *x);             //唤醒一个等待完成事件的进程
complete_all(struct completion *);          //唤醒所有等待的进程。
```

例 3.5 完成事件实例

代码见\samples\3synchronous\3-6complete。核心代码如下：

```
struct completion comp;
int simple_init_module(void)
{
        init_completion(&comp);
}
```

读写函数代码如下：

```
ssize_t simple_read(struct file *filp, char __user *buf, size_t count,loff_t *f_pos)
{
        wait_for_completion(&comp);
        printk("simple_read: wait_for_completion\n");
        return 0;
}
ssize_t simple_write(struct file *filp, const char __user *buf, size_t count,loff_t *f_pos)
{
        complete(&comp);
        printk("simple_write: complete\n");
        return count;
}
```

应用层代码在同一目录。运行结果如下：

```
[root@/home]#insmod demo.ko
[root@/home]#mknod /dev/fgj c 224 0
[root@/home]#./read &
302
[root@/home]#
[root@/home]#./write
DEMO_write: complete
DEMO_read: wait_for_completion
The data is
[root@/home]#
[root@/home]#./write
```

```
DEMO_write: complete
DEMO_read: wait_for_completion
The data is
[root@/home]#
```

3.4　通知链

Linux 内核分为多个子系统，但这些子系统之间并非相互独立。当某个子系统中的某个状态发生变化时，有时候需要通知其他子系统做出相应的处理。为满足这种需求，内核出现了通知链（Notifier Chain）机制。notifier_block 结构描述一个通知单元：

```
typedef    int (*notifier_fn_t)(struct notifier_block *nb,unsigned long action, void *data);
struct notifier_block {
        notifier_fn_t notifier_call;
        struct notifier_block __rcu *next;
        int priority;
};
```

通知链有四种类型，分别是原子通知链、可阻塞通知链、原始通知链、SRCU 通知链：

```
struct atomic_notifier_head {
        spinlock_t lock;
        struct notifier_block __rcu *head;
};
struct blocking_notifier_head {
        struct rw_semaphore rwsem;
        struct notifier_block __rcu *head;
};
struct raw_notifier_head {
        struct notifier_block __rcu *head;
};
struct srcu_notifier_head {
        struct mutex mutex;
        struct srcu_struct srcu;
        struct notifier_block __rcu *head;
};
```

原子通知链的回调函数在中断或原子上下文中运行，不允许阻塞。可阻塞通知链的回调函数在进程上下文中运行，允许阻塞。原始通知链不限制回调运行环境，保护措施由调用者自己维护。SRCU 通知链是可阻塞通知链的变种，它使用可睡眠的 RCU 机制(Sleepable Read-Copy Update)而不是 rw-semaphores 来保护通知链。这四种通知链对应的通知单元注册函数如下：

```
int atomic_notifier_chain_register(struct atomic_notifier_head *nh,struct notifier_block *nb);
int blocking_notifier_chain_register(struct blocking_notifier_head *nh,struct notifier_block *nb);
int raw_notifier_chain_register(struct raw_notifier_head *nh,struct notifier_block *nb);
int srcu_notifier_chain_register(struct srcu_notifier_head *nh,struct notifier_block *nb);
```

下面以内核自带的网络设备通知链来说明通知链的用法。首先定义一个通知链：

```
static RAW_NOTIFIER_HEAD(netdev_chain);
```

其次提供一个网络设备通知链注册接口以及一个状态变化通知接口：

```
int register_netdevice_notifier(struct notifier_block *nb)
{
        err = raw_notifier_chain_register(&netdev_chain, nb);
        …
}
static int call_netdevice_notifiers_info(unsigned long val,struct net_device *dev,
                                         struct netdev_notifier_info *info)
{
        ASSERT_RTNL();
        netdev_notifier_info_init(info, dev);
        return raw_notifier_call_chain(&netdev_chain, val, info);
}
int call_netdevice_notifiers(unsigned long val, struct net_device *dev)
{
        struct netdev_notifier_info info;
        return call_netdevice_notifiers_info(val, dev, &info);
}
EXPORT_SYMBOL(call_netdevice_notifiers);
```

需要接收通知的模块要在网络设备通知链上注册通知单元，如 ARP 模块的通知单元注册代码如下：

```
static int arp_netdev_event(struct notifier_block *this, unsigned long event,void *ptr)
{
        struct net_device *dev = netdev_notifier_info_to_dev(ptr);//获取网络设备指针
        struct netdev_notifier_change_info *change_info;
        //区分网络设备事件，做出相应处理
        switch (event) {
        case NETDEV_CHANGEADDR:
                neigh_changeaddr(&arp_tbl, dev);
                rt_cache_flush(dev_net(dev));
                break;
        case NETDEV_CHANGE:
                change_info = ptr;
                if (change_info->flags_changed & IFF_NOARP)
                        neigh_changeaddr(&arp_tbl, dev);
                break;
        default:
                break;
        }
        return NOTIFY_DONE;
}
```

```
static struct notifier_block arp_netdev_notifier = {
        .notifier_call = arp_netdev_event,
};
void __init arp_init(void)
{
        …
        register_netdevice_notifier(&arp_netdev_notifier);
}
```

需要发送网络设备通知的模块会调用 call_netdevice_notifiers，在网络设备通知链上注册过的通知单元的回调函数都会被调用。例如网卡 MAC 地址变更函数：

```
int dev_set_mac_address(struct net_device *dev, struct sockaddr *sa)
{
        const struct net_device_ops *ops = dev->netdev_ops;
        int err;
        …
        err = ops->ndo_set_mac_address(dev, sa);
        if (err)
                return err;
        dev->addr_assign_type = NET_ADDR_SET;
        call_netdevice_notifiers(NETDEV_CHANGEADDR, dev);
        add_device_randomness(dev->dev_addr, dev->addr_len);
        return 0;
}
```

Linux 内核另一个重要的通知链就是 CPU 频率通知链，CPU 频率通知链有两种类型，即转变通知链和策略通知链：

```
#define CPUFREQ_TRANSITION_NOTIFIER     (0)
#define CPUFREQ_POLICY_NOTIFIER         (1)
/*转变通知链*/
#define CPUFREQ_PRECHANGE               (0)
#define CPUFREQ_POSTCHANGE              (1)
/*策略通知链*/
#define CPUFREQ_ADJUST                  (0)
#define CPUFREQ_NOTIFY                  (1)
#define CPUFREQ_START                   (2)
#define CPUFREQ_CREATE_POLICY           (3)
#define CPUFREQ_REMOVE_POLICY           (4)
static BLOCKING_NOTIFIER_HEAD(cpufreq_policy_notifier_list);
static struct srcu_notifier_head cpufreq_transition_notifier_list;
```

注册 CPU 频率通知链的函数为：

```
int cpufreq_register_notifier(struct notifier_block *nb, unsigned int list);
```

list 参数就是 CPU 频率通知链类型。

第 4 章　内存管理与链表

Linux 内核代码非常庞大，主要由进程调度、内存管理、虚拟文件系统、网络子系统、进程通信、设备管理等几个子系统组成，各个子系统相互依赖。本章将介绍 Linux 内核中的内存管理与链表。

4.1　物理地址和虚拟地址

处理器通过地址来访问内存中的单元，地址有虚拟地址和物理地址之分。如果处理器没有 MMU（Memory Management Unit，内存管理单元），它发出的地址将直接传到处理器芯片的外部地址引脚上，直接被内存芯片接收，这种地址称为物理地址。如果处理器启用了 MMU，它发出的地址将被 MMU 截获，这个地址称为虚拟地址。MMU 会将虚拟地址映射成物理地址。引入虚拟地址到物理地址的映射会给分配和释放内存带来方便，物理上不连续的空间可以映射为逻辑上连续的虚拟地址空间。使用虚拟地址可以简化程序的链接与加载过程，并很好地实现进程之间的地址隔离。另外各进程分配的内存之和可能会大于实际可用的物理内存，虚拟内存管理使得这种情况下各进程仍然能够正常运行。

32 位系统的虚拟地址总大小为 4GB。Linux 将这 4GB 虚拟地址空间分为两个部分，0～3GB 为用户空间，3～4GB 为内核空间。Linux 下的虚拟地址相关的结构和函数定义如下：

```
struct vm_struct {
        struct vm_struct        *next;          //指向下一虚拟地址，加速查询
        void                    *addr;          //地址
        unsigned long           size;           //大小
        unsigned long           flags;          //标志
        struct page             **pages;        //页指针
        unsigned int  nr_pages;
        phys_addr_t  phys_addr;                 //物理地址
        const void              *caller;
};
//内存映射区
struct vmap_area {
        unsigned long va_start;                 //起始地址
        unsigned long va_end;                   //结束地址
        unsigned long flags;
        struct rb_node rb_node;
        struct list_head list; /*地址列表*/
        struct list_head purge_list;
        struct vm_struct *vm;
```

```
        struct rcu_head rcu_head;
    };
    struct vm_struct *alloc_vm_area(size_t size); //分配虚拟地址结构
    void free_vm_area(struct vm_struct *area); //释放虚拟地址结构
```

MMU 将虚拟地址映射到物理地址是以页（Page）为单位的，对于 32 位 CPU，通常一页为 4KB。物理内存中的页称为物理页面或者页帧（Page Frame）。MMU 使用页表（Page Table）来记录虚拟地址页面与物理内存页面之间的映射关系。

4.2　内存分配与释放

同 printf 函数一样，应用层的 malloc 和 free 函数不能在内核态使用。在内核态，最常用的内存申请和释放函数为 kmalloc 和 kfree，其原型为：

```
void *kmalloc(size_t size, gfp_t flags)
void *kzalloc(size_t size, gfp_t flags);//调用 kmalloc 分配内存并将内存清零
void kfree(const void *x);
```

Kmalloc 函数分配的地址空间是线性映射的，它一般用来分配小于 128KB 的内存。kmalloc 函数分配的内存必须用 kfree 函数释放。参数 size 为申请的内存大小。参数 flags 的值见表 4-1。

表 4-1　kmalloc 的 flags 参数

参 数 值	含　义	备　注
GFP_KERNEL	运行在内核空间的进程使用。当空闲内存较少时，可能进入休眠来等待一个页面	使用 GFP_KERNEL 来分配内存的函数必须是可重入，且不能在原子上下文中运行
GFP_ATOMIC	原子性的内核空间分配。进程不能被置为睡眠时，应使用 GFP_ATOMIC	常用来从中断处理和进程上下文之外的其他代码中分配内存，不会导致睡眠
GFP_USER	为用户空间分配内存页	可能导致睡眠
GFP_HIGHUSER	类似 GFP_USER，如果有高端内存，就从高端内存分配	
GFP_NOIO	类似 GFP_KERNEL。但禁止任何 I/O 初始化	
GFP_NOFS	类似 GFP_KERNEL。但不允许执行任何文件系统调用	主要用于文件系统

如果要分配大块的内存，应使用面向页的技术。面向页内存分配函数如下：

```
//返回一个单个的，零填充的页。
unsigned long get_zeroed_page(gfp_t gfp_mask);
//直接获取整页的内存（页数是 2 的幂）。
unsigned long __get_free_pages(gfp_t gfp_mask, unsigned int order);
//释放面向页分配的函数。
void free_pages(unsigned long addr, unsigned int order);
```

如果要申请一片连续的虚拟内存，需要使用 vmalloc 函数。vmalloc 返回的虚拟内存虽然是连续的，但是映射到的物理内存是不连续的，而且可能与物理地址不是一一对应的（不同于 kmalloc 和__get_free_pages）。因此在使用它分配到的内存时，页表的查询比较频繁，所以效率相对较低。申请连续虚拟内存的函数原型如下：

```
void *vmalloc(unsigned long size);
void *vmalloc_user(unsigned long size);     //为用户空间分配内存
void vfree(void *addr);                     //释放由 vmalloc 分配的内存
```

4.3 cache

CPU 的运行速度比内存速度快很多，通常 CPU 需要等待内存的响应。为解决这个问题，cache 诞生了。cache 即高速缓存，是一种特殊的存储器，速度与 CPU 差不多，能极大提高 CPU 的效率。Linux 内核使用 slab 机制管理 cache。kmem_cache_create 函数用来创建 slab 缓存：

```
struct kmem_cache *kmem_cache_create(const char *name, size_t size, size_t align,
                unsigned long flags, void (*ctor)(void *));
```

name 表示所创建的新缓存的名字，size 为缓存所分配对象的大小，align 为对象的对齐值，flags 为创建标识，ctor 为创建 cache 时的构造函数，可以为 NULL。

kmem_cache_alloc 函数从 cache 中分配内存：

```
void *kmem_cache_alloc(struct kmem_cache *s, gfp_t gfpflags);
```

kmem_cache_free 函数用于释放 cache 内存：

```
void kmem_cache_free(struct kmem_cache *cachep, void *objp);
```

kmem_cache_destroy 函数用于销毁 slab 缓存：

```
void kmem_cache_destroy(struct kmem_cache *s);
```

4.4 IO 端口到虚拟地址的映射

在 PowerPC、m68k 和 ARM 等体系中，外设 I/O 端口具有与内存一样的物理地址，外设的 I/O 内存资源的物理地址是已知的，由硬件的设计决定。Linux 的驱动程序并不能直接通过物理地址访问 I/O 内存资源，而必须将物理地址映射到内核虚拟地址空间。

4.4.1 静态映射

在 ARM 存储系统中，使用内存管理单元(MMU)实现虚拟地址到实际物理地址的映射。MMU 的实现过程，实际上就是一个查表映射的过程。建立页表是实现 MMU 功能不可缺少的一步。页表位于系统的内存中，页表的每一项对应于一个虚拟地址到物理地址的映射。每一项的长度即是一个字的长度(在 ARM 中，一个字的长度被定义为 4B)。页表项除完成虚拟地址到物理地址的映射功能之外，还定义了访问权限和缓冲特性等。

Linux 内核的 create_mapping 函数就是用来创建线性映射表的。采用 create_mapping 函数建立的映射是静态映射方式。

```
struct map_desc {
    unsigned long virtual;//虚拟地址
```

```
        unsigned long pfn;// __phys_to_pfn(phy_addr)
        unsigned long length;//长度
        unsigned int type;//类型 MT_DEVICE、MT_MEMORY 等
};
void __init create_mapping(struct map_desc *md);
```

ARM 平台下使用 iotable_init 来创建平台专用的映射：

```
void __init iotable_init(struct map_desc *io_desc, int nr);
```

例如 S3C6410X 平台的启动代码中的内存映射如下：

```
static struct map_desc smdk6410_iodesc[] = {};//需要建立的映射在此添加
s3c64xx_init_io(smdk6410_iodesc, ARRAY_SIZE(smdk6410_iodesc));
void __init s3c64xx_init_io(struct map_desc *mach_desc, int size)
{
        iotable_init(s3c_iodesc, ARRAY_SIZE(s3c_iodesc));
        iotable_init(mach_desc, size);
        ...
}
```

4.4.2 ioremap

如果需要在模块中动态映射 IO，可以采用 ioremap 函数。函数 ioremap 用来将 I/O 内存资源的物理地址映射到核心虚拟地址空间。ARM 体系下的 ioremap 函数原型如下：

```
typedef phys_addr_t resource_size_t;
void __iomem *ioremap(resource_size_t res_cookie, size_t size);
```

res_cookie 为物理地址，size 为地址空间大小。ioremap 函数返回映射后的虚拟地址。
取消 ioremap 所做的地址映射应使用 iounmap 函数：

```
void iounmap(volatile void __iomem *iomem_cookie);
```

例 4.1　ioremap 映射实例

代码见\samples\4memory\4-1ioremap。核心代码如下：

```
static int mem_start = 101, mem_size = 10;
static char *reserve_virt_addr;
static int major;
int init_moduleiomap(void)
{
        if ((major = register_chrdev(0, "mmapdrv", &mmapdrv_fops)) < 0)
        {
                printk("mmapdrv: unable to register character device\n");
                return ( - EIO);
        }
        printk("mmap device major = %d\n", major);
        //物理地址映射到核心虚拟地址空间
```

```
        reserve_virt_addr = ioremap(mem_start *1024 * 1024, mem_size *1024 * 1024);
        printk("reserve_virt_addr = 0x%lx\n", (unsigned long)reserve_virt_addr);
        if (reserve_virt_addr)
        {
            int i;
            for (i = 0; i < mem_size *1024 * 1024; i += 4)
            {
                reserve_virt_addr[i] = 'a';
                reserve_virt_addr[i + 1] = 'b';
                reserve_virt_addr[i + 2] = 'c';
                reserve_virt_addr[i + 3] = 'd';
            }
        }
        else
        {
            unregister_chrdev(major, "mmapdrv");
            return - ENODEV;
        }
        return 0;
    }
```

本例把从 101MB 开始的 10MB 物理地址空间映射到虚拟地址空间，运行结果如下：

```
[root@urbetter drivers]# insmod ioremap.ko
mmap device major = 252
reserve_virt_addr = 0xc9000000
```

4.5　内核空间到用户空间的映射

4.5.1　mmap 接口

在内核中将内核地址映射到用户地址之后，应用程序可以直接访问内核地址，这就是 mmap 操作。mmap 最典型的应用就是在 framebuffer 驱动中，应用程序可以直接操作显卡缓存。文件操作结构 file_operations 的 mmap 接口就是用来进行这种地址映射的。为了支持 mmap，驱动必须实现 mmap 接口：

```
int (*mmap) (struct file *, struct vm_area_struct *);
```

内核中的 remap_pfn_range 函数用于将内核地址映射到用户地址：

```
int remap_pfn_range(struct vm_area_struct *vma, unsigned long addr,unsigned long pfn,
        unsigned long size, pgprot_t prot);
```

其中参数 vma 是用户空间传递过来的映射参数。参数 addr 表示目标用户开始地址。pfn 为内核物理地址，确切地说应该是虚拟地址应该映射到的物理地址的页面号，实际上就是物理地址右移 PAGE_SHIFT 位。size 为映射大小。prot 为新页所要求的保护属性。如果想把 kmalloc 申请的内存映射到用户空间，通常要把相应的内存设置为保留。

4.5.2　mmap 系统调用

应用程序通过内存映射可以直接访问设备的 I/O 存储区或 DMA 缓冲。内存映射使用户空间的一段地址关联到设备内存上，程序在映射的地址范围内进行读取或者写入，实际上就是对设备的访问。mmap 系统调用的原型如下：

```
unsigned long mmap (unsigned long addr, unsigned long len, int prot, int flags, int fd, long off);
```

addr 是内存块的建议位置，不能确保 mmap()函数就一定使用这块内存区域，因此通常将其设置成 NULL。len 是映射到调用进程地址空间的字节数，它从被映射文件开头 off 个字节开始算起。prot 参数指定共享内存的访问权限。可取如下几个值：PROT_READ（可读）、PROT_WRITE（可写）、PROT_EXEC（可执行）、PROT_NONE（不可访问）。flags 由以下几个常值指定：MAP_SHARED、MAP_PRIVATE、MAP_FIXED。其中，MAP_SHARED 和 MAP_PRIVATE 必选其一，而 MAP_FIXED 则不推荐使用。如果指定为 MAP_SHARED，则对映射的内存所做的修改同样影响到文件。如果是 MAP_PRIVATE，则对映射的内存所做的修改仅对该进程可见，对文件没有影响。fd 是设备的文件描述符。off 参数一般设为 0，表示从文件头开始映射。不是所有的设备都可以进行 mmap 映射，如串口和面向流的设备就不可以。

如果应用程序要取消 mmap 建立的映射，可以使用 munmap 函数：

```
int munmap(void *addr, size_t len);
```

例 4.2　mmap 驱动程序实例

代码见\samples\4memory\4-2mmap。核心代码如下：

```
struct file_operations mmapmem_fops = {
        .owner =        THIS_MODULE,
        .open =         mmapmem_open,
        .mmap =         mmapmem_mmap, // mmap 接口
        .release =      mmapmem_release,
};
```

在初始化时分配内存，代码如下：

```
static char*buffer=NULL;
static char*buffer_area=NULL;
buffer = kmalloc(MAP_BUFFER_SIZE,GFP_KERNEL);
printk(" mmap buffer = %p\n",buffer);
buffer_area=(int *)(((unsigned long)buffer + PAGE_SIZE -1) & PAGE_MASK);
for (virt_addr=(unsigned long)buffer_area;
virt_addr<(unsigned long)buffer_area+MAP_BUFFER_SIZE;virt_addr+=PAGE_SIZE)
{
        SetPageReserved(virt_to_page(virt_addr)); /*将页设置为保留*/
}
memset(buffer,0,MAP_BUFFER_SIZE);
```

mmapmem_mmap 函数实现 mmap 文件接口：

```
static int mmapmem_mmap(struct file *filp, struct vm_area_struct *vma)
{
    int ret;
    ret = remap_pfn_range(vma,vma->vm_start,
            virt_to_phys((void*)((unsigned long)buffer_area)) >> PAGE_SHIFT,
            vma->vm_end-vma->vm_start,PAGE_SHARED);
    if(ret != 0) {
        return -EAGAIN;
    }
    return 0;
}
```

virt_to_phys 函数用于将虚拟地址转换为物理地址。测试程序参考代码如下：

```
int main(void)
{
    int fd;
    char *addr=NULL;
    fd = open("/dev/mmap",O_RDWR);
    if(fd < 0)
    {
        perror("open");
        return 1;
    }
    addr = mmap(NULL, 4096, PROT_READ|PROT_WRITE, MAP_SHARED,fd, 0);
    if(addr == MAP_FAILED)
    {
        perror("mmap");
        return 1;
    }
    memset(addr,0,101);
    printf("%s\n", addr);
    sleep(2);
    memset(addr,'f',100);
    addr[0]='p';
    printf("%s\n", addr);
    munmap(addr,4096);
    addr=NULL;
    close(fd);
    //再次打开验证刚才的修改
    fd = open("/dev/mmap",O_RDWR);
    if(fd < 0)
    {
        perror("open");
        return 1;
    }
    addr = mmap(NULL, 4096, PROT_READ|PROT_WRITE, MAP_SHARED,fd, 0);
```

```
        if(addr == MAP_FAILED)
        {
                perror("mmap");
                return 1;
        }
        printf("%s\n", addr);
        munmap(addr,4096);
        close(fd);
        return(0);
}
```

本例运行结果如下：

```
[root@urbetter drivers]# insmod mapmem_kmalloc.ko
 mmap buffer = c6800000
[root@urbetter drivers]# mknod /dev/mmap c 224 0
[root@urbetter drivers]# ./test

pffffffffffffffffffffffffffffffffffffffffffffffffffffffffffffffffffffffffffffffffffffffffffffffffffffffff
pffffffffffffffffffffffffffffffffffffffffffffffffffffffffffffffffffffffffffffffffffffffffffffffffffffffff
```

4.6　DMA 映射

DMA 即直接内存访问(Direct Memory Access)，是一种无需 CPU 干预的数据传输方式。这种数据传输方式不仅速度快，并且可以不消耗 CPU，目前在很多外设中使用。Linux 内核提供了两种 DMA 内存映射函数：

```
void *dma_alloc_coherent(struct device *dev, size_t size,dma_addr_t *dma_handle, gfp_t flag);
void *dma_alloc_noncoherent(struct device *dev, size_t size,dma_addr_t *dma_handle, gfp_t gfp);
```

dma_alloc_coherent 用来建立一致性 DMA 映射。dma_alloc_noncoherent 用来建立非一致性 DMA 映射。一致性内存确保处理器与设备之间看到的数据是一致的。当系统中存在 cache，特别是多个 cache 时，一个数据将会有多个副本，导致数据的一致性难以保证。例如同一个数据可能既存放在 cache 中，也存放在主内存中，假如这两个地方的值不相同，就说明数据不一致。如果 DMA 地址与 cache 地址有重叠，可能会导致传输错误。在 ARM 体系中，dma_alloc_coheren 会禁用页表的 Cacheable 项与 Bufferable 项，以确保 DMA 内存的一致性。

4.7　内核链表

4.7.1　Linux 内核中的链表

Linux 内核中的链表为双向链表，双向链表可以从两个方向遍历。

```
struct list_head {
```

```
        struct list_head *next, *prev;
};
```

● 链表初始化

```
static inline void INIT_LIST_HEAD(struct list_head *list)
{
        list->next = list;
        list->prev = list;
}
```

INIT_LIST_HEAD 函数会初始化一个空链表，并把链表的 next、prev 指针都初始化为指向自己。

● 链表表头插入

```
static inline void list_add(struct list_head *new, struct list_head *head)
{
        __list_add(new, head, head->next);
}
```

● 链表表尾插入

```
static inline void list_add_tail(struct list_head *new, struct list_head *head)
{
        __list_add(new, head->prev, head);
}
```

● 删除链表元素

```
static inline void list_del(struct list_head *entry)
{
        __list_del(entry->prev, entry->next);
        entry->next = LIST_POISON1;
        entry->prev = LIST_POISON2;
}
```

● 链表搬移

```
static inline void list_move(struct list_head *list, struct list_head *head)
{
        __list_del(list->prev, list->next);
        list_add(list, head);
}
```

list_move 函数用来将链表元素 list 搬移到另一个链表中。

● 链表节点替换

```
static inline void list_replace(struct list_head *old,struct list_head *new)
{
```

```
        new->next = old->next;
        new->next->prev = new;
        new->prev = old->prev;
        new->prev->next = new;
}
```

● 链表遍历

```
#define list_first_entry(ptr, type, member) \
        list_entry((ptr)->next, type, member)
#define list_for_each(pos, head) \
        for (pos = (head)->next; prefetch(pos->next), pos != (head); \
                pos = pos->next)
#define list_for_each_entry(pos, head, member)                    \
        for (pos = list_entry((head)->next, typeof(*pos), member);      \
                prefetch(pos->member.next), &pos->member != (head);       \
                pos = list_entry(pos->member.next, typeof(*pos), member))
```

4.7.2 内核链表实例

例 4.3　内核链表实例

代码见目录\samples\4memory\4-3list。本例演示链表的节点从表尾插入与链表遍历。核心代码如下：

```
struct simplelist
{
        struct list_head node;
        char buffer;
};
LIST_HEAD(mylist);
static int demo_module_init(void)
{
        int i=0;
        printk("demo_module_init\n");
        for(i=0;i<5;i++)
        {
                struct simplelist*p=(struct simplelist *)kmalloc(sizeof(struct simplelist),GFP_KERNEL);
                p->buffer=0x31+i;
                list_add_tail(&p->node,&mylist);
        }
        struct simplelist*slistp;
        list_for_each_entry(slistp,&mylist,node){
                printk("find a list buffer is %c\n",slistp->buffer);
        }
        return 0;
}
static void demo_module_exit(void)
```

```
{
        printk("demo_module_exit\n");
}
module_init(demo_module_init);
module_exit(demo_module_exit);
```

运行结果如下：

```
[root@urbetter /home]# insmod smodule.ko
demo_module_init
find a list buffer is 1
find a list buffer is 2
find a list buffer is 3
find a list buffer is 4
find a list buffer is 5
```

例 4.4　内核链表实例二

代码见目录\samples\4memory\4-4module_listhead。本例演示链表的节点从表头插入与链表遍历、链表节点删除等。核心代码如下：

```
struct buffer_head_test{
        int iflag;
        struct list_head bh_list;
};
struct buffer_head_test a;
static int __init list_head_init(void)
{
        struct buffer_head_test * bhg=NULL;
        struct buffer_head_test * p=NULL;
        struct list_head *pos;
        int i=0;
        //初始化链表
        INIT_LIST_HEAD(&a.bh_list);
        for(i=0;i<5;i++)
        {
                bhg=kmalloc(sizeof(struct buffer_head_test),GFP_KERNEL);
                if(bhg==NULL) return -1;
                bhg->iflag=i;
                list_add(&bhg->bh_list,&a.bh_list);
        }
        printk("list_head_init ok\n");
        list_for_each(pos,&a.bh_list)//遍历元素
        {
                p=list_entry(pos, struct buffer_head_test, bh_list);
                printk("initfind the %d list element\n",p->iflag);
        }
        return 0;
```

```
}
static void __exit list_head_exit(void)
{
    struct buffer_head_test * p=NULL;
    struct buffer_head_test * from,*scratch;
    struct list_head *pos;
    //退出时清理链表
    list_for_each_entry_safe(from,scratch,&a.bh_list,bh_list)
    {
        printk("del the %d list element\n",from->iflag);
        list_del(&from->bh_list);
        kfree(from);
    }
    //验证删除结果
    list_for_each(pos,&a.bh_list)
    {
        p=list_entry(pos, struct buffer_head_test, bh_list);
        printk("delfind the %d list element\n",p->iflag);
    }
}
```

本例运行结果如下：

```
[root@urbetter drivers]# insmod hello.ko
list_head_init ok
initfind the 4 list element
initfind the 3 list element
initfind the 2 list element
initfind the 1 list element
initfind the 0 list element
[root@urbetter drivers]# rmmod hello
del the 4 list element
del the 3 list element
del the 2 list element
del the 1 list element
del the 0 list element
```

第 5 章　任务与调度

Linux 是一个多任务多线程操作系统。任务调度是 Linux 内核的核心功能之一。另外很多时候由于资源尚未就绪，需要一定的延迟机制来延迟代码的执行。本章介绍内核线程、定时器、延迟处理机制等内容。

5.1　schedule

Linux 进程的状态包括如下类型：

```
#define TASK_RUNNING              0//运行中
#define TASK_INTERRUPTIBLE        1//等待中，可以被信号唤醒
#define TASK_UNINTERRUPTIBLE      2//等待中，不可以被信号唤醒，wakeup 才能唤醒
#define __TASK_STOPPED            4
#define __TASK_TRACED             8
/*in tsk->exit_state*/
#define EXIT_DEAD                 16//死亡
#define EXIT_ZOMBIE               32//僵死
#define EXIT_TRACE                (EXIT_ZOMBIE | EXIT_DEAD)
/*in tsk->state again*/
#define TASK_DEAD                 64
#define TASK_WAKEKILL             128
#define TASK_WAKING               256
#define TASK_PARKED               512
#define TASK_NOLOAD               1024
#define TASK_STATE_MAX            2048
```

Linux 进程在等待资源就绪的过程中，可以主动让出 CPU，自身进入睡眠状态，等待唤醒后继续检测资源是否就绪。进程可以调用 schedule 函数来让出 CPU，进程被唤醒后将从 schedule 函数的下一条代码开始执行。

```
void __sched schedule(void)
signed long __sched schedule_timeout(signed long timeout)//带超时的调度
```

这个过程特别要注意避免唤醒失败。假设进程 A 等待链表数据，其代码如下：

```
//Process A:
spin_lock(&list_lock);
if(list_empty(&list_head)) {
        spin_unlock(&list_lock);
        set_current_state(TASK_INTERRUPTIBLE);
```

```
        schedule();
        spin_lock(&list_lock);
}
spin_unlock(&list_lock);
```

而进程 B 生产数据，并将数据插入链表，唤醒等待进程 A，代码如下:

```
//Process B:
spin_lock(&list_lock);
list_add_tail(&list_head, new_node);
spin_unlock(&list_lock);
wake_up_process(processA);
```

假设进程 A 运行到第 3 行后，进程 B 正好运行到唤醒函数，此时 A 尚未睡眠，所以错过 B 的唤醒，并继续往下进入睡眠。这可能会导致进程 A 只能等待进程 B 再次调用唤醒函数才能唤醒。假如进程 B 不再调用唤醒函数，则进程 A 可能会一直睡眠下去。所以修订进程 A 代码为：

```
//Process A:
set_current_state(TASK_INTERRUPTIBLE);
spin_lock(&list_lock);
if(list_empty(&list_head)) {
        spin_unlock(&list_lock);
        schedule();
        spin_lock(&list_lock);
}
set_current_state(TASK_RUNNING);
spin_unlock(&list_lock);
```

这样进程 A 检测链表之前就处于 TASK_INTERRUPTIBLE 状态，假如进程 A 运行到第 4 行后，B 调用唤醒函数，会将进程 A 的状态变成 TASK_RUNNING，则进程 A 调用 schedule 函数不会进入睡眠。读者可以回头看看第 3 章的阻塞式读的例程代码，理解会更透彻。

5.2 内核线程

内核线程是运行在内核态的线程，一般用来完成一些周期性的任务。创建内核线程使用 kthread_create 函数：

```
struct task_struct *kthread_create(int (*threadfn)(void *data),void *data,const char namefmt[],...);
```

threadfn 为线程函数。data 和 namefmt 为传递给线程的参数。kthread_create 函数创建的线程不会马上运行，要使用 wake_up_process 函数唤醒，kthread_run 宏完成了 kthread_create 与 wake_up_process 两步，其定义如下：

```
//创建并唤醒一个线程
#define kthread_run(threadfn, data, namefmt, ...)                    \
```

```
({                                                          \
        struct task_struct *__k                                     \
                = kthread_create(threadfn, data, namefmt, ## __VA_ARGS__); \
        if (!IS_ERR(__k))                                   \
                wake_up_process(__k);                       \
        __k;                                                \
})
```

kthread_stop 函数用来结束内核线程：

```
int kthread_stop(struct task_struct *k);
```

在调用 kthread_stop 函数时，应该确保线程函数 threadfn 尚未结束运行，否则 kthread_stop 函数会一直等待。

例 5.1　内核线程实例

本例实现一个基本的内核线程。代码见\samples\5schedule\5-1kthread。核心代码如下：

```
static struct task_struct *simple_thread;
int threadfunc(void *data)
{
        while(1)
        {
                set_current_state(TASK_UNINTERRUPTIBLE);//设置线程状态为不可被信号唤醒
                if(kthread_should_stop())break;//检查线程是否应该退出
                printk("threadfunc\n");
                schedule_timeout(HZ);//主动调度，进入等待，直到超时
        }
        return 0;
}
void simple_cleanup_module(void)
{
        if(simple_thread)
        {
            //停止内核线程
                kthread_stop(simple_thread);
                simple_thread = NULL;
        }
}
//模块初始化
int simple_init_module(void)
{
        int err;
        simple_thread = kthread_run(threadfunc, NULL, "simple_thread");//创建内核线程并唤醒
        if(IS_ERR(simple_thread))
        {
                printk("kthread_create failed.\n");
                err = PTR_ERR(simple_thread);
```

```
            simple_thread = NULL;
            return err;
        }
        return 0;
}

module_init(simple_init_module);
module_exit(simple_cleanup_module);
```

本例运行结果如下：

```
[root@urbetter /home]# insmod kthreaddemo.ko
[root@urbetter /home]# threadfunc
threadfunc
threadfunc
threadfunc
threadfunc
threadfunc
threadfunc
threadfunc
threadfunc
...
[root@urbetter /home]#ps
  PID USER       VSZ STAT COMMAND
    1 root      3104 S    init
 1089 root      3104 S    init
 1091 root      3104 S    init
 1092 root      3104 S    init
 1109 root      8708 S <  /opt/Qtopia/bin/qss
 1110 root     13552 S N  /opt/Qtopia/bin/quicklauncher
 1138 root      1552 R    ./test
 1147 root         0 DW<  [simple_thread]
 1148 root      3428 R    ps
```

5.3　内核调用应用程序

内核态可以使用 call_usermodehelper 函数调用应用程序：

```
int call_usermodehelper(char *path, char **argv, char **envp, int wait);
```

其中 path 为程序路径；argv 为参数；envp 为环境变量；wait 参数为是否等待结束标志。call_usermodehelper 函数实际上调用了 call_usermodehelper_exec 函数。

```
struct subprocess_info {
        struct work_struct work;
        struct completion *complete;
        char *path;//路径
```

```
        char **argv;//参数
        char **envp;//环境变量
        int wait;//是否等待结束
        int retval;
        int (*init)(struct subprocess_info *info, struct cred *new);
        void (*cleanup)(struct subprocess_info *info);
        void *data;
};
int call_usermodehelper_exec(struct subprocess_info *sub_info, int wait);
```

例 5.2　内核启动应用程序实例

本例实现在内核态启动应用程序。

具体代码见\samples\5schedule\5-2module_call_usermodehelper。核心代码如下：

```
static int demo_module_init(void)
{
        int ret;
        char *argv[5], *envp[3];
        argv[0] = "/bin/mkdir";         //程序路径
        argv[1] = "/home/a/a";          //参数
        argv[2] = NULL;
        argv[3] = NULL;
        argv[4] = NULL;
        envp[0] = "HOME=/";             //环境变量设置
        envp[1] = "PATH=/sbin:/bin:/usr/sbin:/usr/bin";
        envp[2] = NULL;
        ret = call_usermodehelper(argv[0], argv, envp, UMH_WAIT_PROC);
        if (ret < 0) {
                printk(KERN_ERR"Error %d running user helper "
                        "\"%s %s %s %s\"\n",ret, argv[0], argv[1], argv[2], argv[3]);
        }
        return 0;
}
```

运行结果如下：

```
[root@urbetter a]# pwd
/home/a
[root@urbetter a]# ls
[root@urbetter a]# insmod /home/drivers/smodule.ko
[root@urbetter a]# ls
a
[root@urbetter a]#
```

可见加载模块后创建了一个目录。

5.4　软中断机制

5.4.1　软中断原理

硬件中断是硬件产生的中断信号，软中断是软件模拟的中断。硬件产生中断后，会将中断通知给 CPU，CPU 查询向量表将中断映射成具体的服务程序。软中断完全在操作系统内部实现，内核运行一个守护线程来实现中断查询与执行，这个线程的功能类似于处理器的中断控制器功能。构成软中断机制的核心元素包括：软中断状态（soft interrupt state）、 软中断向量表（softirq_vec）、软中断线程（softirq thread）。软中断机制的实现原理如图 5-1 所示。

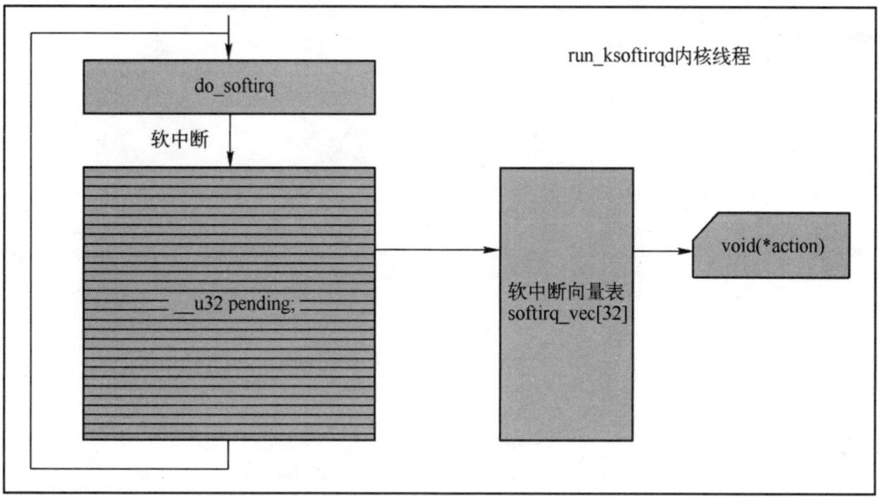

图 5-1　Linux 中的软中断机制

Linux 下的软中断机制在 Linux 内核代码的/kernel/softirq.c 中实现。软中断的行为用 softirq_action 描述。软中断存放在软中断向量表中。Linux 4.5 内核目前最多可以有 10 种软中断，包括定时器、网络软中断、tasklet 等。

```
struct softirq_action
{
        void (*action)(struct softirq_action *);
};
static struct softirq_action softirq_vec[NR_SOFTIRQS] __cacheline_aligned_in_smp; //软中断向量表
```

系统在 ksoftirqd 内核进程中调用__do_softirq 循环检测软中断是否处于 pending 状态，如果是，则执行相应的处理函数。

```
asmlinkage __visible void __do_softirq(void)
{
        unsigned long end = jiffies + MAX_SOFTIRQ_TIME;
        unsigned long old_flags = current->flags;
        int max_restart = MAX_SOFTIRQ_RESTART;
```

```
        struct softirq_action *h;
        bool in_hardirq;
        __u32 pending;
        int softirq_bit;
        current->flags &= ~PF_MEMALLOC;
        pending = local_softirq_pending();
        account_irq_enter_time(current);
        __local_bh_disable_ip(_RET_IP_, SOFTIRQ_OFFSET);
        in_hardirq = lockdep_softirq_start();
restart:
        /*在使能中断前复位 pending 掩码*/
        set_softirq_pending(0);
        local_irq_enable();
        h = softirq_vec;
        while ((softirq_bit = ffs(pending))) {
                unsigned int vec_nr;
                int prev_count;
                h += softirq_bit - 1;
                vec_nr = h - softirq_vec;
                prev_count = preempt_count();
                kstat_incr_softirqs_this_cpu(vec_nr);
                trace_softirq_entry(vec_nr);
                h->action(h);//调用软中断函数
                trace_softirq_exit(vec_nr);
                if (unlikely(prev_count != preempt_count())) {
                        pr_err("huh, entered softirq %u %s %p with preempt_count %08x, exited with %08x?\n",
                                vec_nr, softirq_to_name[vec_nr], h->action,
                                prev_count, preempt_count());
                        preempt_count_set(prev_count);
                }
                h++;
                pending >>= softirq_bit;
        }
        rcu_bh_qs();
        local_irq_disable();
        pending = local_softirq_pending();
        if (pending) {
                if (time_before(jiffies, end) && !need_resched() &&
                    --max_restart)
                        goto restart;
                wakeup_softirqd();
        }
        lockdep_softirq_end(in_hardirq);
        account_irq_exit_time(current);
        __local_bh_enable(SOFTIRQ_OFFSET);
        WARN_ON_ONCE(in_interrupt());
```

```
    tsk_restore_flags(current, old_flags, PF_MEMALLOC);
}
```

Linux 内核中定义了下列软中断优先级：

```
enum
{
    HI_SOFTIRQ=0,           //高优先软中断
    TIMER_SOFTIRQ,          //定时器
    NET_TX_SOFTIRQ,         //网络发送
    NET_RX_SOFTIRQ,         //网络接收
    BLOCK_SOFTIRQ,          //块层设备
    IRQ_POLL_SOFTIRQ,
    TASKLET_SOFTIRQ,        // TASKLET
    SCHED_SOFTIRQ,          //调度
    HRTIMER_SOFTIRQ,
    RCU_SOFTIRQ,            /*RCU 中断*/
    NR_SOFTIRQS
};
```

表 5-1 为各种软中断的优先级与处理函数。

表 5-1　各种软中断的优先级与处理函数

软中断	优先级	处理函数
HI_SOFTIRQ	0	tasklet_hi_action
TIMER_SOFTIRQ	1	run_timer_softirq
NET_TX_SOFTIRQ	2	net_tx_action
NET_RX_SOFTIRQ	3	net_rx_action
BLOCK_SOFTIRQ	4	blk_done_softirq
IRQ_POLL_SOFTIRQ	5	irq_poll_softirq
TASKLET_SOFTIRQ	6	tasklet_action
SCHED_SOFTIRQ	7	run_rebalance_domains
HRTIMER_SOFTIRQ	8	run_hrtimer_softirq
RCU_SOFTIRQ	9	rcu_process_callbacks

内核在软中断子系统初始化时启动了 tasklet 与高优先软中断：

```
void __init softirq_init(void)
{
    int cpu;
    for_each_possible_cpu(cpu) {
        per_cpu(tasklet_vec, cpu).tail =
            &per_cpu(tasklet_vec, cpu).head;
        per_cpu(tasklet_hi_vec, cpu).tail =
            &per_cpu(tasklet_hi_vec, cpu).head;
    }
```

```
        启动 tasklet 与高优先软中断
        open_softirq(TASKLET_SOFTIRQ, tasklet_action);
        open_softirq(HI_SOFTIRQ, tasklet_hi_action);
    }
```

5.4.2 tasklet

软中断是利用软件模拟的中断机制，常用来执行异步任务。tasklet 是利用软中断实现的一种下半部机制。tasklet 结构体定义如下：

```
struct tasklet_struct
{
    struct tasklet_struct *next;     /*队列指针*/
    unsigned long state;             /*tasklet 的状态*/
    atomic_t count;                  /*引用计数，通常用 1 表示 disabled*/
    void (*func)(unsigned long); /*执行函数指针*/
    unsigned long data;
};
```

tasklet 初始化函数如下：

```
void tasklet_init(struct tasklet_struct *t,void (*func)(unsigned long), unsigned long data);
#define DECLARE_TASKLET(name, func, data)
```

调度 tasklet 使用 tasklet_schedule 函数：

```
void tasklet_schedule(struct tasklet_struct *t);
void tasklet_hi_schedule(struct tasklet_struct *t); //和 tasklet_schedule 类似，优先级更高
```

使用 tasklet_kill 函数可删除 tasklet：

```
void tasklet_kill(struct tasklet_struct *t);
```

如果 tasklet 正在运行, tasklet_kill 函数将等待直到它执行完毕。

使能和禁止 tasklet 的函数如下：

```
    //禁止 tasklet 被 tasklet_schedule 调度，如果该 tasklet 当前正在执行，这个函数会等到它执行完
毕再返回。
    void tasklet_disable(struct tasklet_struct *t);
    //和 tasklet_disable 类似，但是它不等待 tasklet 执行完就返回。
    void tasklet_disable_nosync(struct tasklet_struct *t);
    //使能一个之前被 disable 的 tasklet
    void tasklet_enable(struct tasklet_struct *t);
```

使用 tasklet 机制的三个步骤是：

（1）编写 tasklet 处理程序：

```
static void tasklet_callback(unsigned long data)
{
```

```
        printk(KERN_ALERT "received a interrupt.\n");
}
```

（2）声明 tasklet：

```
DECLARE_TASKLET(tasklet, tasklet_callback, 0);
```

（3）调度 tasklet：

```
static irqreturn_t irq_handler(int irq, void *arg)
{
        tasklet_schedule(&tasklet);
        return IRQ_HANDLED;
}
```

例 5.3　Tasklet 实例

代码见\samples\5schedule\5-3tasklet。核心代码如下：

```
int myint_for_something=1;
void tasklet_function(unsigned long);
char tasklet_data[64];
//tasklet 初始化
DECLARE_TASKLET(test_tasklet,tasklet_function, (unsigned long) &tasklet_data);
void tasklet_function(unsigned long data)
{
        struct timeval now;
        do_gettimeofday(&now);
        printk("%s at %ld,%ld\n", (char *) data,now.tv_sec,now.tv_usec);
}
int init_module_task(void)
{
        sprintf(tasklet_data,"%s\n","Linux tasklet called in init_module");
        tasklet_schedule(&test_tasklet);
}
void cleanup_moduletask(void)
{
        return ;
}
module_init(init_module_task);
module_exit(cleanup_moduletask);
```

本例运行结果如下：

```
[root@/home]#insmod tasklet.ko
tasklet: module license 'unspecified' taints kernel.
Linux tasklet called in init_module
 at 739,210617
```

5.5　工作队列

5.5.1　工作队列原理

工作队列（work queue）类似 tasklet，允许调用者请求在将来某个时间调用一个函数。tasklet 在软件中断上下文中运行，所以 tasklet 执行很快，持续短，并且一般在原子态。tasklet 一般只能在最初被提交的处理器上运行。工作队列在一个特殊内核进程上下文运行，有更多的灵活性，并且能够休眠。工作队列包括一系列将要执行的任务和执行这些任务的内核线程。每个工作队列有一个专门的线程，所有的任务必须在进程的上下文中运行，这样它们可以安全休眠。Linux 内核提供了一系列全局 work queue，包括 system_wq、system_highpri_wq 等。驱动程序可以创建并使用它们自己的工作队列，或者使用内核的一个全局工作队列。工作队列用 workqueue_struct 结构描述，而任务用 work_struct 结构描述。工作队列初始化接口如下：

```
//创建工作队列，在这里 name 是工作队列的名字。
#define create_workqueue(name)                                    \
        alloc_workqueue("%s", __WQ_LEGACY | WQ_MEM_RECLAIM, 1, (name))
#define create_singlethread_workqueue(name)                       \
        alloc_ordered_workqueue("%s", __WQ_LEGACY | WQ_MEM_RECLAIM, name)
//在编译期初始化一个任务
DECLARE_WORK(struct work_struct *work, void (*function)( struct work_struct *));
//在运行期初始化一个任务
INIT_WORK(struct work_struct *work, void (*function)( struct work_struct *));
```

create_workqueue 宏用于创建一个工作队列，它在系统的每个处理器上有一个专用的线程。在很多情况下，过多线程对系统性能有影响，如果单个线程就足够则使用 create_singlethread_workqueue 宏来创建工作队列。

可以用下面的函数调用把一个任务加入到工作队列中：

```
bool queue_work(struct workqueue_struct *wq,struct work_struct *work)
int fastcall queue_delayed_work(struct workqueue_struct *wq,struct work_struct *work, unsigned long delay);
```

在 queue_delayed_work()中指定 delay，是为了保证至少在经过一段给定的最小延迟时间以后，工作队列中的任务才可以真正执行。

取消工作队列中没有运行的任务：

```
int cancel_delayed_work(struct work_struct *work);
```

如果当一个取消操作的调用返回时，任务正在执行中，那么这个任务将继续执行下去，但不会再加入到队列中。

```
//确保调度队列中的工作队列执行完毕，这个函数会等待工作队列执行完毕再返回。
void fastcall flush_workqueue(struct workqueue_struct *wq);
//销毁工作队列
```

```
void destroy_workqueue(struct workqueue_struct *wq);
//将工作置入全局工作队列
int fastcall schedule_work(struct work_struct *work);
//延迟一段时间后将任务置入全局工作队列
int fastcall schedule_delayed_work(struct work_struct *work, unsigned long delay);
```

表 5-2 是软中断、tasklet 和工作队列等机制的比较。

表 5-2　软中断、tasklet 和工作队列对比

比较点	软中断	Tasklet	工作队列
执行上下文	延后的工作，运行于中断上下文	延后的工作，运行于中断上下文	延后的工作，运行于进程上下文
可重用	可以在不同的 CPU 上同时运行	不能在不同的 CPU 上同时运行，但是不同的 CPU 可以运行不同的 tasklet	可以在不同的 CPU 上同时运行
睡眠	不能睡眠	不能睡眠	可以睡眠
抢占	不能抢占/调度	不能抢占/调度	可以抢占/调度
易用性	不容易使用	容易使用	容易使用
使用场合	如果延后的工作不会睡眠，而且有严格的可扩展性或速度要求	如果延后的工作不会睡眠	如果延后的工作会睡眠

例 5.4　工作队列实例

代码见\samples\5schedule\5-4work。核心代码如下：

```
static struct work_struct task;
static struct workqueue_struct *my_workqueue;
static int flag = 0;
static void DemoTask(struct work_struct *work)
{
        printk("DemoTask run...\n");
        memset(demoBuffer,0x31,256);
        wake_up_interruptible(&simple_devices->wq);
        flag=1;
        printk("DemoTask end...\n");
}
int simple_init_module(void)
{
        init_waitqueue_head(&simple_devices->wq);
        my_workqueue = create_workqueue("MYQUENU");
        INIT_WORK(&task,DemoTask);
        queue_work(my_workqueue, &task);
        return 0;
fail:
        simple_cleanup_module();
        return result;
}
```

本例运行结果如下：

```
[root@/home]#insmod demo.ko
DemoTask run...
DemoTask end...
[root@/home]#mknod /dev/fgj    c 224 0
[root@/home]#./read
The data is 11
```

5.5.2　延迟工作队列

延迟工作队列基于工作队列，可以实现延迟一段时间再将工作加入到工作队列：

```
struct delayed_work {
        struct work_struct work;
        struct timer_list timer;//延迟时间
        struct workqueue_struct *wq;
        int cpu;
};
```

延迟工作队列相关的函数如下：

```
INIT_DELAYED_WORK(struct delayed_work*dw, void (*function)(struct work_struct *));
bool queue_delayed_work(struct workqueue_struct *wq,struct delayed_work *dwork,unsigned long delay);
bool schedule_delayed_work(struct delayed_work *dwork,unsigned long delay);
bool cancel_delayed_work(struct delayed_work *dwork);
```

5.6　内核时间

5.6.1　Linux 下的时间概念

下面介绍几个 Linux 下的时间概念。

（1）时钟周期（clock cycle）：晶体振荡器在 1s 内产生的时钟脉冲个数就是时钟周期的频率。Linux 用宏 CLOCK_TICK_RATE 来表示计时器的输入时钟脉冲的频率。

（2）时钟滴答（clock tick）：一次时钟中断即产生一次时钟滴答。系统每个时钟周期产生一次时钟中断。

（3）时钟滴答的频率：1s 内的时钟滴答次数。Linux 内核用宏 HZ 来表示时钟滴答的频率，而且在不同的平台上 HZ 有不同的定义值，而 HZ 通常表示 1s 的时间。

（4）全局变量（jiffies）：这是一个 32 位的无符号整数，用来表示自内核上一次启动以来的时钟滴答次数。每发生一次时钟滴答，内核的时钟中断处理函数 timer_interrupt 会将该全局变量 jiffies 加 1。

```
extern unsigned long volatile jiffies;
```

（5）xtime：timeval 结构全局变量,记载系统自开机以来的当前时间，精确度为纳秒,基准时间是 1970 年 1 月 1 日零点。

（6）系统时钟：也叫软件时钟，是由软件根据时间中断来计时的。系统时钟在系统关机的情况下是不存在的，当操作系统启动的时候，默认系统时间一般为 1970 年 1 月 1 日零点。系统时间可以根据 RTC 时间来进行同步。

在内核中可以使用下面的函数获取或设置系统时间：

```
void do_gettimeofday(struct timeval *tv);   //获取系统时间
int do_settimeofday(struct timespec *tv);   //设置系统
```

Linux 中用来描述时间的结构是 timeval 和 timespec：

```
struct timespec {
    time_t      tv_sec; //秒
    long      tv_nsec;   /*10 亿分之一秒*/
};
struct timeval {
    time_t        tv_sec; //秒
    suseconds_t     tv_usec;   /*微秒*/
};
```

上面的结构和 jiffies 之间可以通过下列函数互相转换：

```
unsigned long timespec_to_jiffies(struct timespec *value);
void jiffies_to_timespec(unsigned long jiffies, struct timespec *value);
unsigned long timeval_to_jiffies(struct timeval *value);
void jiffies_to_timeval(unsigned long jiffies, struct timeval *value);
```

5.6.2 Linux 下的延迟

延后一段时间执行一个特定片段的代码就是延迟。内核中定义了几个时间比较的宏：

```
#define time_after(a,b)                 \
        (typecheck(unsigned long, a) && \
         typecheck(unsigned long, b) && \
         ((long)((b) - (a)) < 0))
#define time_before(a,b)    time_after(b,a)
#define time_after_eq(a,b)  \
        (typecheck(unsigned long, a) && \
         typecheck(unsigned long, b) && \
         ((long)((a) - (b)) >= 0))
#define time_before_eq(a,b)          time_after_eq(b,a)
```

如果要实现长延迟，可以使用下面的代码：

```
while(time_after(jiffies,j1));//如果 jiffies 大于 j1，则一直循环
```

毫秒级别的延迟为短延迟。短延迟一般使用下面的函数实现：

```
#define ndelay(n)    //纳秒级延迟
#define udelay(n)    //微秒级延迟
#define mdelay(n)  //毫秒级延迟
```

以上几种延迟方法均是忙等待形式的延迟，会导致其他任务此时无法使用 CPU 资源，所以要慎重考虑是否调用这些函数实现延迟。下面是不必忙等的短延迟方法：

```
void msleep(unsigned int msecs) ;
unsigned long msleep_interruptible(unsigned int msecs);
```

其中 msecs 参数的单位为 milliseconds。

5.6.3　内核定时器

内核如果要在以后某一个规定的时刻运行一段程序或进程就要用到内核定时器。内核定时器是一种软件定时器，它可以在一个确切的时间点上激活相应的程序段或进程。Linux 内核中定义了一个 timer_list 结构，利用它可以实现内核定时器功能：

```
struct timer_list {
    struct list_head list;
    unsigned long expires;    //定时器到期时间
    unsigned long data;       //作为参数被传入定时器处理函数
    void (*function)(unsigned long); //回调处理函数
};
```

与定时器相关的函数包括：

```
//增加定时器
void add_timer(struct timer_list * timer);
//删除未到期的定时器。到期的定时器会自动删除
int del_timer(struct timer_list * timer);
//修改定时器的 expire 值
int mod_timer(struct timer_list *timer, unsigned long expires);
```

例 5.5　内核定时器实例

本例演示内核定时器的基本用法，安装模块会启动定时器，卸载模块会停止定时器。代码见\samples\5schedule\5-5time。核心代码如下：

```
#define SIMPLE_TIMER_DELAY 2*HZ//2Second
struct simple_dev *simple_devices;
static unsigned char simple_inc=0;
struct timeval start,stop,diff;
static struct timer_list simple_timer;
static void simple_timer_handler(unsigned long data);
//计算时间差
int timeval_subtract(struct timeval* result, struct timeval* x, struct timeval* y)
{
        if(x->tv_sec>y->tv_sec)
            return -1;
        if((x->tv_sec==y->tv_sec)&&(x->tv_usec>y->tv_usec))
            return -1;
        result->tv_sec = ( y->tv_sec-x->tv_sec );
```

```
        result->tv_usec = ( y->tv_usec-x->tv_usec );
        if(result->tv_usec<0)
        {
          result->tv_sec--;
          result->tv_usec+=1000000;
        }
        return 0;
}
//定时器处理函数
static void simple_timer_handler( unsigned long data)
{
        do_gettimeofday(&stop);
        timeval_subtract(&diff,&start,&stop);
        printk("%d S %d MS elapsed\n",diff.tv_sec,diff.tv_usec);
         mod_timer(&simple_timer, jiffies + HZ);
         return ;
}
void simple_cleanup_module(void)
{
         del_timer(&simple_timer);
}
int simple_init_module(void)
{
         int result;
         //初始化定时器
         init_timer(&simple_timer);
         simple_timer.function = &simple_timer_handler;
         simple_timer.expires = jiffies + SIMPLE_TIMER_DELAY;
         add_timer (&simple_timer);
         do_gettimeofday(&start);
         return 0; /*succeed*/
}
```

运行结果如下：

```
[root@urbetter drivers]# insmod timedemo.ko
[root@urbetter drivers]# 1 S 994727 MS elapsed
2 S 994726 MS elapsed
3 S 994725 MS elapsed
4 S 994726 MS elapsed
5 S 994727 MS elapsed
6 S 994725 MS elapsed
7 S 994726 MS elapsed
8 S 994726 MS elapsed
9 S 994727 MS elapsed
10 S 994729 MS elapsed
11 S 994726 MS elapsed
```

```
[root@urbetter drivers]# rmmod timedemo
[root@urbetter drivers]#
```

另外，timer_list->function 有一个参数，这个参数存放在 timer_list->Data 中，使用方法如下：

```
simple_timer. Data=5;
simple_timer.function = &simple_timer_handler;
add_timer (&simple_timer);
```

修改之后 simple_timer_handler 函数的参数 data 的值应为 5。

第 6 章　简单硬件设备驱动程序

前几章介绍了 Linux 下编写设备驱动程序的最基本的知识点，接下来接触实际的硬件驱动程序开发。硬件设备驱动程序不外乎时序控制、寄存器访问与中断处理。本章以三星 S3C6410X 处理器为例介绍最简单的硬件设备驱动程序开发方法。

6.1　硬件基础知识

6.1.1　硬件设备原理

通常一个 Linux 运行的硬件平台包括一个处理器以及各种外围芯片。处理器与外围芯片之间通过接口连接。总线是传输通道。接口是连接规范。常用的接口包括 I2C、SPI、并行接口、PCI、MDIO、I2S、串口等。处理器为各种接口提供了控制器，当然每种处理器提供的控制器的数量是不一样的。外围芯片通过标准接口协议与处理器通信。同一个总线上也可能挂载多个外围芯片，处理器对这些芯片进行分时控制。

为了提升代码的灵活性与扩展性，Linux 的内核驱动代码的架构也遵循了功能分离原则，将处理器的接口控制器驱动与外围芯片驱动进行了分离。这样更换处理器只需要更换处理器对应的驱动，外围芯片不动；更换外围芯片，只需要更换外围芯片对应的驱动，处理器的接口控制器驱动不动，这给驱动开发人员带来了很多便利。另外，Linux 驱动层可以划分为很多子系统，这些子系统有的是针对接口的，例如 I2C 驱动、USB 驱动；也有的是针对功能的，例如 RTC 驱动、Framebuffer 驱动。表 6-1 是 Linux 驱动层的子系统列表。

表 6-1　Linux 驱动层的子系统

类别	驱动子系统	说明
接口通信类	I2C	
	SPI	
	USB	
	PCI	
	SCSI	支持硬盘、光驱等
功能类	Watchdog	看门狗
	RTC	实时时钟驱动
	Framebuffer	帧缓存驱动，用于支持显示设备
	TTY	TTY 设备驱动，包括串口驱动
	MTD	用于支持 Flash 等存储设备
	V4L2	视频类设备驱动
	网络设备驱动	包括 MAC 层驱动、PHY 驱动、CAN 驱动等

（续）

类别	驱动子系统	说明
功能类	Sound	音频驱动，主要是 ALSA 架构
	Backlight	屏幕背光控制（/drivers/video/backlight）
	Input	输入子系统，用于支持鼠标、键盘、触摸屏、红外遥控等设备
	IIO	工业 I/O 子系统，用于支持 ADC、加速度传感器、陀螺仪、IMU(惯性测量单位)、CDC (电容-数字转换器)、压力、温度和光线传感器

处理器访问硬件设备主要通过以下几种方式：

（1）内存方式。外设的内存空间被映射到处理器的地址空间，处理器通过访问映射地址来访问硬件。

（2）I/O 接口。处理器与 I/O 设备之间通过一定的接口连接，这个接口就是 I/O 接口。I/O 接口中包括一组寄存器（Register）以及控制电路。这些寄存器可用来获取设备的状态信息，并设置参数。

（3）管脚（Pin）。管脚可以用来对芯片进行复位，并接收来自设备的中断信号。另外有些芯片还可以通过管脚进行简单的模式配置。

在 x86 体系中，I/O 地址空间与内存地址空间是分开的，寄存器位于 I/O 空间时，称为 I/O 端口。在 ARM 等体系中，I/O 通常是和内存统一编址的，也称为 I/O 内存，是系统中访问速度最快的内存。

6.1.2　时序图原理

时序图描述的是总线上的电平与时间的关系，总线上的设备总是按照规定的时序来收发数据。假如总线上包含两根信号线 CS 与 DAT，当 CS 线为高电平时 DAT 线上发送的数据有效，这个约定可以用图 6-1 所示的时序图表示。

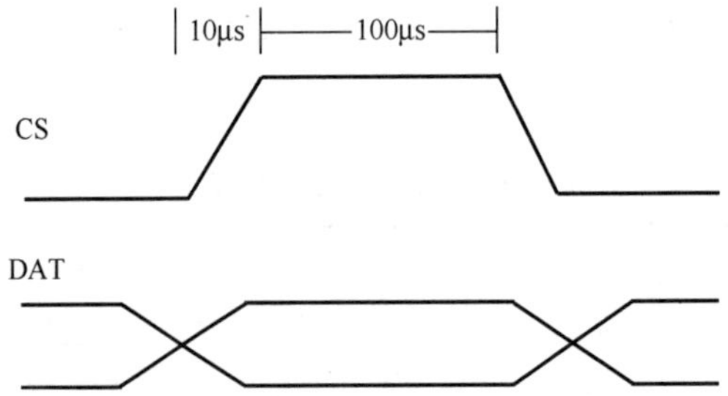

图 6-1　简单时序图

利用这个时序图发送数据的 C 语言伪代码如下：

```
void senddata(unsigned bdata)
{
    CS=0;
    DAT= bdata;
    udelay(10);
    CS=1;
    udelay(100);
```

```
        CS=0;
    }
```

6.1.3　嵌入式 Linux 系统构成

一个典型的嵌入式 Linux 系统按存储空间划分通常包括引导区、内核区与文件系统区，引导区存放 BootLoader 与系统参数；内核区存放特定嵌入式平台的定制 Linux 内核；文件系统区包括根文件系统和建立于 Flash 内存设备之上的文件系统。图形界面系统和用户应用程序就放在文件系统中。图 6-2 就是一个同时装有 BootLoader、系统启动参数、内核映像和根文件系统映像的固态存储设备的典型空间分配结构图。

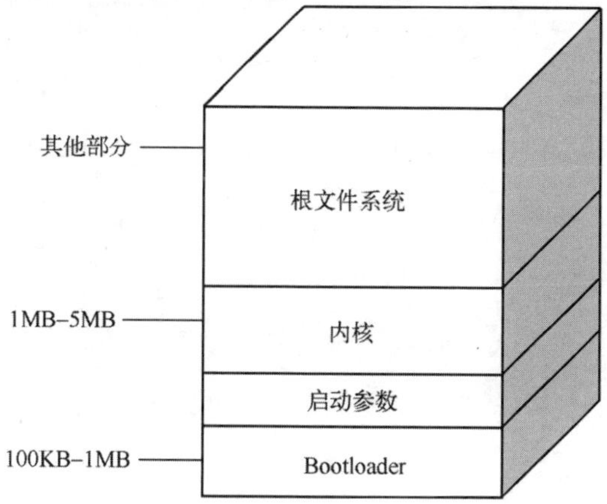

图 6-2　嵌入式 Linux 系统的典型存储结构

BootLoader 占用的空间一般比较小，它后面紧接着一个启动参数区，用来保存 Linux 内核启动参数和用户启动设置。Bootloader 程序是嵌入式系统的引导加载程序，是系统加电后运行的第一段软件代码。Bootloader 程序是硬件相关的。在基于 ARM 的嵌入式系统中，系统在上电或复位时通常从地址 0x00000000 处开始执行，Bootloader 程序一般就安装在这个地址。Bootloader 程序的主要任务是初始化硬件设备、建立内存空间的映射图，从而将系统的软硬件环境带到一个合适的状态。Bootloader 程序最重要的任务就是启动 Linux 内核。

Linux 内核一般占用 1～5MB 空间。Linux 内核的启动部分与驱动部分也是硬件相关的，需要针对特定硬件进行移植。

文件系统是嵌入式 Linux 系统中占用空间最大的部分，它通常占据了 BootLoader 和内核之外的所有空间。Linux 启动完毕会加载一个根文件系统，根文件系统包含了系统的必备的配置信息、函数库和 shell 解释器、核心目录等。其他的文件系统可以挂载在根文件系统下面。

BootLoader 一般通过 JTAG 接口和仿真器烧写到存储器，而内核和文件系统则可以通过串口和网口烧写到存储器。

6.1.4　硬件初始化

内核启动时，各种硬件资源要进行初始化。每种硬件体系的初始化代码不一样，内核采用 MACHINE_START 宏来设置各种体系的初始化代码。例如对 SMDK6410 的初始化设置在 /arch/arm/mach-s3c6410/mach-smdk6410.c 中：

```
MACHINE_START(SMDK6410, "SMDK6410")
	/*Maintainer: Ben Dooks <ben-linux@fluff.org>*/
	.atag_offset	= 0x100,
	.nr_irqs	= S3C64XX_NR_IRQS,
	.init_irq	= s3c6410_init_irq,
	.map_io	= smdk6410_map_io,
	.init_machine= smdk6410_machine_init,
	.init_time	= samsung_timer_init,
	.restart	= s3c64xx_restart,
MACHINE_END
```

s3c6410_init_irq 用来初始化中断，它调用了 s3c64xx_init_irq 函数：

```
void __init s3c6410_init_irq(void)
{
	/*VIC0 is missing IRQ7, VIC1 is fully populated.*/
	s3c64xx_init_irq(~0 & ~(1 << 7), ~0);
}
//中断初始化
void __init s3c64xx_init_irq(u32 vic0_valid, u32 vic1_valid)
{
	//初始化时钟与看门狗
	s3c64xx_clk_init(NULL, xtal_f, xusbxti_f, soc_is_s3c6400(), S3C_VA_SYS);
	samsung_wdt_reset_init(S3C_VA_WATCHDOG);
	printk(KERN_DEBUG "%s: initialising interrupts\n", __func__);
	/*初始化中断向量表*/
	vic_init(VA_VIC0, IRQ_VIC0_BASE, vic0_valid, IRQ_VIC0_RESUME);
	vic_init(VA_VIC1, IRQ_VIC1_BASE, vic1_valid, IRQ_VIC1_RESUME);
}
```

smdk6410_map_io 函数用来映射 IO，初始化一些外围设备:

```
static void __init smdk6410_map_io(void)
{
	u32 tmp;
	s3c64xx_init_io(smdk6410_iodesc, ARRAY_SIZE(smdk6410_iodesc));
	s3c64xx_set_xtal_freq(12000000);
	s3c24xx_init_uarts(smdk6410_uartcfgs, ARRAY_SIZE(smdk6410_uartcfgs));
	samsung_set_timer_source(SAMSUNG_PWM3, SAMSUNG_PWM4);
	/*设置 LCD 类型*/
	tmp = __raw_readl(S3C64XX_SPCON);
	tmp &= ~S3C64XX_SPCON_LCD_SEL_MASK;
	tmp |= S3C64XX_SPCON_LCD_SEL_RGB;
```

```
        __raw_writel(tmp, S3C64XX_SPCON);
        /*去除 LCD 旁路*/
        tmp = __raw_readl(S3C64XX_MODEM_MIFPCON);
        tmp &=  ~MIFPCON_LCD_BYPASS;
        __raw_writel(tmp, S3C64XX_MODEM_MIFPCON);
}
```

smdk6410_machine_init 函数用来初始化硬件设备：

```
static void __init smdk6410_machine_init(void)
{
        u32 cs1;
        //初始化 I2C
        s3c_i2c0_set_platdata(NULL);
        s3c_i2c1_set_platdata(NULL);
        s3c_fb_set_platdata(&smdk6410_lcd_pdata);
        dwc2_hsotg_set_platdata(&smdk6410_hsotg_pdata);
        samsung_keypad_set_platdata(&smdk6410_keypad_data);
        s3c64xx_ts_set_platdata(NULL);
        /*配置 nCS1 为 16bit 线宽*/
        cs1 = __raw_readl(S3C64XX_SROM_BW) &
                    ~(S3C64XX_SROM_BW__CS_MASK << S3C64XX_SROM_BW__NCS1__SHIFT);
        cs1 |= ((1 << S3C64XX_SROM_BW__DATAWIDTH__SHIFT) |
                (1 << S3C64XX_SROM_BW__WAITENABLE__SHIFT) |
                (1 << S3C64XX_SROM_BW__BYTEENABLE__SHIFT)) <<
                                                S3C64XX_SROM_BW__NCS1__SHIFT;
        __raw_writel(cs1, S3C64XX_SROM_BW);
        /*设置适合网络芯片的 nCS1 时序*/
        __raw_writel((0 << S3C64XX_SROM_BCX__PMC__SHIFT) |
                     (6 << S3C64XX_SROM_BCX__TACP__SHIFT) |
                     (4 << S3C64XX_SROM_BCX__TCAH__SHIFT) |
                     (1 << S3C64XX_SROM_BCX__TCOH__SHIFT) |
                     (0xe << S3C64XX_SROM_BCX__TACC__SHIFT) |
                     (4 << S3C64XX_SROM_BCX__TCOS__SHIFT) |
                     (0 << S3C64XX_SROM_BCX__TACS__SHIFT), S3C64XX_SROM_BC1);
        //为 LCD 电源控制申请 GPIO
        gpio_request(S3C64XX_GPN(5), "LCD power");
        gpio_request(S3C64XX_GPF(13), "LCD power");
        //注册 I2C 板级设备
        i2c_register_board_info(0, i2c_devs0, ARRAY_SIZE(i2c_devs0));
        i2c_register_board_info(1, i2c_devs1, ARRAY_SIZE(i2c_devs1));
        s3c_ide_set_platdata(&smdk6410_ide_pdata);
        //注册平台设备
        platform_add_devices(smdk6410_devices, ARRAY_SIZE(smdk6410_devices));
        pwm_add_table(smdk6410_pwm_lookup, ARRAY_SIZE(smdk6410_pwm_lookup));
        samsung_bl_set(&smdk6410_bl_gpio_info, &smdk6410_bl_data);
}
```

smdk6410_devices 中定义了需要注册的设备列表：

```
static struct platform_device *smdk6410_devices[] __initdata = {
#ifdef CONFIG_SMDK6410_SD_CH0
	&s3c_device_hsmmc0,
#endif
#ifdef CONFIG_SMDK6410_SD_CH1
	&s3c_device_hsmmc1,
#endif
	&s3c_device_i2c0,
	&s3c_device_i2c1,
	&s3c_device_fb,
	&s3c_device_ohci,
	&samsung_device_pwm,
	&s3c_device_usb_hsotg,
	&s3c64xx_device_iisv4,
	&samsung_device_keypad,
#ifdef CONFIG_REGULATOR
	&smdk6410_b_pwr_5v,
#endif
	&smdk6410_lcd_powerdev,
	&smdk6410_smsc911x,
	&s3c_device_adc,
	&s3c_device_cfcon,
	&s3c_device_rtc,
	&s3c_device_wdt,
};
```

6.1.5　clk 体系

时钟就像人的心跳，没有时钟，外设就无法运行。时钟相关的内核代码在/drivers/clk 目录。devm_clk_get 函数用来获取外设时钟：

```
struct clk *devm_clk_get(struct device *dev, const char *id);
```

使能/禁止时钟的函数如下：

```
int clk_prepare_enable(struct clk *clk);
void clk_disable_unprepare(struct clk *clk);
```

时钟必须初始化才能获取。s3c64xx_init_irq 函数调用了 s3c64xx_clk_init 来初始化时钟：

```
s3c64xx_clk_init(NULL, xtal_f, xusbxti_f, soc_is_s3c6400(), S3C_VA_SYS);
```

s3c64xx_clk_init 代码在/drivers/clk/samsung/clk-s3c64xx.c 中：

```
void __init s3c64xx_clk_init(struct device_node *np, unsigned long xtal_f,
				unsigned long xusbxti_f, bool s3c6400,void __iomem *base)
{
```

```
        struct samsung_clk_provider *ctx;
        reg_base = base;
        is_s3c6400 = s3c6400;
        if (np) {
                reg_base = of_iomap(np, 0);
                if (!reg_base)
                        panic("%s: failed to map registers\n", __func__);
        }
        ctx = samsung_clk_init(np, reg_base, NR_CLKS);
        if (!ctx)
                panic("%s: unable to allocate context.\n", __func__);
        /*注册外部时钟*/
        if (!np)
                s3c64xx_clk_register_fixed_ext(ctx, xtal_f, xusbxti_f);
        /*注册 PLL*/
        samsung_clk_register_pll(ctx, s3c64xx_pll_clks,ARRAY_SIZE(s3c64xx_pll_clks), reg_base);
        /*注册通用内部时钟*/
        samsung_clk_register_fixed_rate(ctx, s3c64xx_fixed_rate_clks,ARRAY_SIZE(s3c64xx_fixed_rate_clks));
        samsung_clk_register_mux(ctx, s3c64xx_mux_clks,ARRAY_SIZE(s3c64xx_mux_clks));
        samsung_clk_register_div(ctx, s3c64xx_div_clks,ARRAY_SIZE(s3c64xx_div_clks));
        samsung_clk_register_gate(ctx, s3c64xx_gate_clks,ARRAY_SIZE(s3c64xx_gate_clks));
        /*注册 SOC 相关的时钟*/
        samsung_clk_register_mux(ctx, s3c6410_mux_clks,ARRAY_SIZE(s3c6410_mux_clks));
        samsung_clk_register_div(ctx, s3c6410_div_clks,ARRAY_SIZE(s3c6410_div_clks));
        samsung_clk_register_gate(ctx, s3c6410_gate_clks,ARRAY_SIZE(s3c6410_gate_clks));
        samsung_clk_register_alias(ctx, s3c6410_clock_aliases,ARRAY_SIZE(s3c6410_clock_aliases));
        samsung_clk_register_alias(ctx, s3c64xx_clock_aliases,ARRAY_SIZE(s3c64xx_clock_aliases));
        s3c64xx_clk_sleep_init();
        samsung_clk_of_add_provider(np, ctx);
        pr_info("%s clocks: apll = %lu, mpll = %lu\n"
                "\tepll = %lu, arm_clk = %lu\n",
                is_s3c6400 ? "S3C6400" : "S3C6410",
                _get_rate("fout_apll"), _get_rate("fout_mpll"),
                _get_rate("fout_epll"), _get_rate("armclk"));
}
```

S3C6410X 外围设备需要的时钟均在此注册。

6.2　dev/mem 与 dev/kmem

/dev 目录下有两个特殊的节点：/dev/mem 与/dev/kmem。/dev/mem 是物理内存的映射，可以用来访问物理 I/O 设备，例如接口控制器的寄存器。/dev/kmem 是虚拟内存的映射，可以用来查看 kernel 的变量等信息。

例 6.1　devmem2 实例

代码见\samples\6hardsimple\6-1devmem\devmem2。核心代码如下：

```
int main(int argc, char **argv) {
        int fd;
        void *map_base, *virt_addr;
        unsigned long read_result, writeval;
        off_t target;
        int access_type = 'w';
        if(argc < 2) {
                fprintf(stderr, "\nUsage:\t%s { address } [ type [ data ] ]\n"
                        "\taddress : memory address to act upon\n"
                        "\ttype    : access operation type : [b]yte, [h]alfword, [w]ord\n"
                        "\tdata    : data to be written\n\n",
                        argv[0]);
                exit(1);
        }
        target = strtoul(argv[1], 0, 0);
        if(argc > 2)
                access_type = tolower(argv[2][0]);
        //打开内存设备
        if((fd = open("/dev/mem", O_RDWR | O_SYNC)) == -1) FATAL;
        printf("/dev/mem opened.\n");
        fflush(stdout);
        /*映射 1 个页面*/
        map_base = mmap(0, MAP_SIZE, PROT_READ | PROT_WRITE, MAP_SHARED, fd, target
& ~MAP_MASK);
        if(map_base == (void *) -1) FATAL;
        printf("Memory mapped at address %p.\n", map_base);
        fflush(stdout);
        //根据数据类型获取内存的值
        virt_addr = map_base + (target & MAP_MASK);
        switch(access_type) {
                case 'b':
                        read_result = *((unsigned char *) virt_addr);
                        break;
                case 'h':
                        read_result = *((unsigned short *) virt_addr);
                        break;
                case 'w':
                        read_result = *((unsigned long *) virt_addr);
                        break;
                default:
                        fprintf(stderr, "Illegal data type '%c'.\n", access_type);
                        exit(2);
        }
        printf("Value at address 0x%X (%p): 0x%X\n", target, virt_addr, read_result);
        fflush(stdout);
        if(argc > 3) {
```

```
            writeval = strtoul(argv[3], 0, 0);
            switch(access_type) {
                case 'b':
                    *((unsigned char *) virt_addr) = writeval;
                    read_result = *((unsigned char *) virt_addr);
                    break;
                case 'h':
                    *((unsigned short *) virt_addr) = writeval;
                    read_result = *((unsigned short *) virt_addr);
                    break;
                case 'w':
                    *((unsigned long *) virt_addr) = writeval;
                    read_result = *((unsigned long *) virt_addr);
                    break;
            }
            printf("Written 0x%X; readback 0x%X\n", writeval, read_result);
            fflush(stdout);
        }
        //取消映射
        if(munmap(map_base, MAP_SIZE) == -1) FATAL;
      close(fd);
      return 0;
}
```

下面的实例使用 devmem2 控制 RTC 相关的寄存器。

```
[root@urbetter drivers]# ./devmem2    0x70000000
/dev/mem opened.
Memory mapped at address 0xb6f64000.
Value at address 0x70000000 (0xb6f64000): 0xD0

RTCCON 寄存器地址=0x7E005040
[root@urbetter drivers]# ./devmem2    0x7E005040
/dev/mem opened.
Memory mapped at address 0xb6f6f000.
Value at address 0x7E005040 (0xb6f6f040): 0x1

BCDSEC 寄存器地址=0x7E005070，秒寄存器
从下面的结果可以看出秒寄存器的变化，由于秒在走，所以 date 命令与寄存器的值有一定的差异。
[root@urbetter drivers]# date
Mon May 31 03:27:22 CST 2004
[root@urbetter drivers]# ./devmem2    0x7E005070
/dev/mem opened.
Memory mapped at address 0xb6f73000.
Value at address 0x7E005070 (0xb6f73070): 0x25
[root@urbetter drivers]# date
Mon May 31 03:27:27 CST 2004
[root@urbetter drivers]# ./devmem2    0x7E005070
```

```
/dev/mem opened.
Memory mapped at address 0xb6f88000.
Value at address 0x7E005070 (0xb6f88070): 0x29
[root@urbetter drivers]#

BCDMIN 寄存器地址=0x7E005074，分钟寄存器
[root@urbetter drivers]# date
Mon May 31 03:29:15 CST 2004
[root@urbetter drivers]#   ./devmem2   0x7E005074
/dev/mem opened.
Memory mapped at address 0xb6f74000.
Value at address 0x7E005074 (0xb6f74074): 0x29
```

下面的实例使用 devmem2 写 GPIO 寄存器，并控制 LED 灯。LED 灯接在 S3C6410X 的 GM0～GM3 上，控制 LED 灯只需要控制 GPMCON(0x7F008820)与 GPMDAT(0x7F008824)两个寄存器即可。

```
[root@urbetter home]#   ./devmem2   0x7F008820 w 0x111111
/dev/mem opened.
Memory mapped at address 0xb6fef000.
Value at address 0x7F008820 (0xb6fef820): 0x0
Written 0x111111; readback 0x111111
点亮 LED
[root@urbetter home]#   ./devmem2   0x7F008824 w 0x0000001F
/dev/mem opened.
Memory mapped at address 0xb6fd0000.
Value at address 0x7F008824 (0xb6fd0824): 0x0
Written 0x1F; readback 0x1F
熄灭 LED
[root@urbetter home]#   ./devmem2   0x7F008824 w 0x00000000
/dev/mem opened.
Memory mapped at address 0xb6fdb000.
Value at address 0x7F008824 (0xb6fdb824): 0x1F
Written 0x0; readback 0x0
[root@urbetter home]#
```

6.3 寄存器访问

6.3.1 S3C6410X 地址映射

本书实例都是基于三星的 S3C6410X 处理器。由于 S3C6410X 有部分架构继承于 S3C24XX 系列，所以部分代码也能看到 S3C24XX 的影子。S3C6410X 支持 32 位物理地址空间，这些地址空间分成两部分，一部分用于存储，另一部分用于外设。

S3C6410X 处理器通过 SPINE 总线访问主存区，主存区的地址范围是 0x0000_0000～0x6FFF_FFFF，分为四个区域，见表 6-2。

表 6-2　S3C6410X 处理器的地址映射

分区	地址范围	说明
引导镜像区	0x0000_0000～0x07FF_FFFF	没有真实映射的内存，但包含一个指向内部存储区或静态存储区的一部分的启动镜像
内部存储区	0x0800_0000～0x0FFF_FFFF	用于启动代码访问内部 ROM 和内部 SRAM。内部 ROM 的地址范围是 0x0800_0000～0x0BFF_FFFF，内部 SRAM 的地址范围是 0x0C00_0000～0x0FFF_FFFF
静态存储区	0x1000_0000～0x3FFF_FFFF	用来访问 SROM、SRAM、NOR Flash、同步 NOR 接口设备和 Steppingstone。有 6 个 bank，每个 bank 有 128MB，每一块区域代表一个芯片选择
动态存储区	0x4000_0000～0x6FFF_FFFF	0x4000_0000～0x4FFF_FFFF 为保留地址，0x5000_0000～0x6FFF_FFFF 供 DRAM 内存控制器 1(DMC1)使用

外设区域通过 PERI 总线被访问，它的地址范围是 0x7000_0000～0x7FFF_FFFF。这个地址范围的所有的特殊功能寄存器（SFR）都能被访问。S3C6410X 处理器的主要外设如图 6-3 所示。

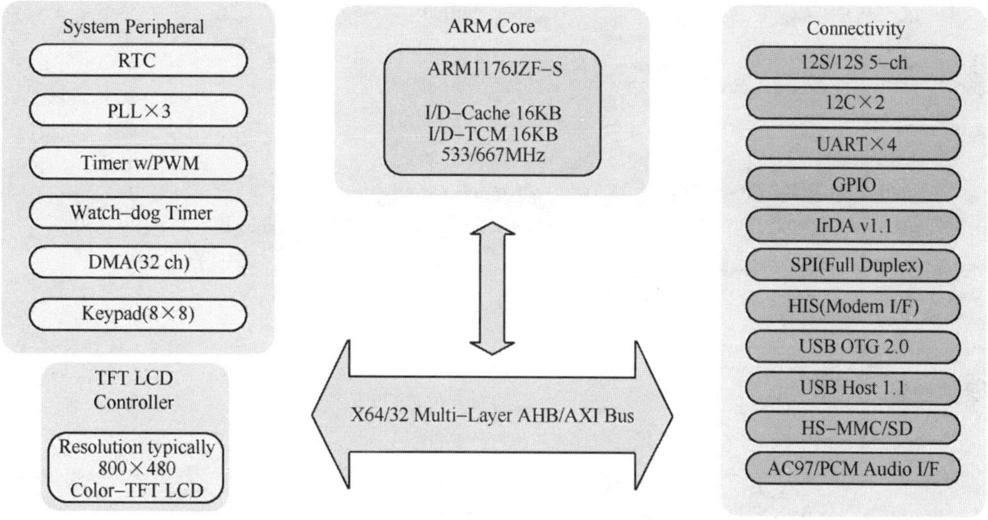

图 6-3　S3C6410X 处理器的主要外设

S3C6410X 的外设地址在/arch/arm/mach-s3c64xx/include/mach/map.h 中定义。

```
//MMC 地址
#define S3C64XX_PA_HSMMC(x)          (0x7C200000 + ((x) * 0x100000))
#define S3C64XX_PA_HSMMC0            S3C64XX_PA_HSMMC(0)
#define S3C64XX_PA_HSMMC1            S3C64XX_PA_HSMMC(1)
#define S3C64XX_PA_HSMMC2            S3C64XX_PA_HSMMC(2)
//串口地址
#define S3C_PA_UART                  (0x7F005000)
#define S3C_PA_UART0                 (S3C_PA_UART + 0x00)
#define S3C_PA_UART1                 (S3C_PA_UART + 0x400)
#define S3C_PA_UART2                 (S3C_PA_UART + 0x800)
#define S3C_PA_UART3                 (S3C_PA_UART + 0xC00)
#define S3C_UART_OFFSET              (0x400)
#define S3C_VA_UART0                 S3C_VA_UARTx(0)
```

```
#define S3C_VA_UART1                  S3C_VA_UARTx(1)
#define S3C_VA_UART2                  S3C_VA_UARTx(2)
#define S3C_VA_UART3                  S3C_VA_UARTx(3)
//外设物理地址
#define S3C64XX_PA_NAND               (0x70200000)
#define S3C64XX_PA_FB                 (0x77100000)
#define S3C64XX_PA_USB_HSOTG          (0x7C000000)
#define S3C64XX_PA_WATCHDOG           (0x7E004000)
#define S3C64XX_PA_SYSCON             (0x7E00F000)
#define S3C64XX_PA_AC97               (0x7F001000)
#define S3C64XX_PA_IIS0               (0x7F002000)
#define S3C64XX_PA_IIS1               (0x7F003000)
#define S3C64XX_PA_TIMER              (0x7F006000)
#define S3C64XX_PA_IIC0               (0x7F004000)
#define S3C64XX_PA_PCM0               (0x7F009000)
#define S3C64XX_PA_PCM1               (0x7F00A000)
#define S3C64XX_PA_IISV4              (0x7F00D000)
#define S3C64XX_PA_IIC1               (0x7F00F000)
//GPIO 地址
#define S3C64XX_PA_GPIO               (0x7F008000)
#define S3C64XX_VA_GPIO               S3C_ADDR_CPU(0x00000000)
#define S3C64XX_SZ_GPIO               SZ_4K
//SDRAM 地址
#define S3C64XX_PA_SDRAM              (0x50000000)
//中断向量控制器物理地址
#define S3C64XX_PA_VIC0               (0x71200000)
#define S3C64XX_PA_VIC1               (0x71300000)
// MODEM 地址
#define S3C64XX_PA_MODEM              (0x74108000)
#define S3C64XX_VA_MODEM              S3C_ADDR_CPU(0x00100000)
//USB 地址
#define S3C64XX_PA_USBHOST            (0x74300000)
#define S3C64XX_PA_USB_HSPHY          (0x7C100000)
#define S3C64XX_VA_USB_HSPHY          S3C_ADDR_CPU(0x00200000)
//中断向量控制器虚拟地址
#define S3C_VA_VIC0                   (S3C_VA_IRQ + 0x00)
#define S3C_VA_VIC1                   (S3C_VA_IRQ + 0x10000)
```

在 Linux 中必须将外设的物理地址映射成虚拟地址才能访问。地址映射方式可以采用固定地址映射方式，下面是几个固定地址映射的宏：

```
#define S3C_ADDR_BASE         (0xF4000000)
#define S3C_ADDR(x)           (S3C_ADDR_BASE + (x))
#define S3C_ADDR_CPU(x)       S3C_ADDR(0x00500000 + (x))
```

下面是一些 S3C6410X 内部控制器的地址映射定义：

```
#define S3C_VA_IRQ          S3C_ADDR(0x00000000)     /*irq 控制器*/
#define S3C_VA_SYS          S3C_ADDR(0x00100000)     /*系统控制器*/
#define S3C_VA_MEM      S3C_ADDR(0x00200000)         /*内存控制器*/
#define S3C_VA_TIMER  S3C_ADDR(0x00300000)           /*时钟单元*/
#define S3C_VA_WATCHDOG   S3C_ADDR(0x00400000)       /*看门狗*/
#define S3C_VA_UART   S3C_ADDR(0x01000000)           /*串口*/
```

另一种地址映射方式就是采用 ioremap 函数，具体见第 4 章。

当 I/O 寄存器与内存统一编址时，I/O 寄存器也称为 I/O 内存。当 I/O 寄存器与内存分开编址时，I/O 寄存器也称为 I/O 端口。S3C6410X 采用 I/O 内存方式。在 I/O 内存资源的物理地址映射成核心虚拟地址后，理论上讲就可以像读写 RAM 那样直接读写 I/O 内存资源了。为了保证驱动程序的跨平台的可移植性，应该使用 Linux 中特定的函数来访问 I/O 内存资源，而不应该通过指向核心虚拟地址的指针来访问。例如在 ARM 平台上，读写 I/O 的函数，参见/arch/arm/include/asm/io.h 以及/include/asm-generic/io.h。

原始的 I/O 内存读写函数如下：

```
void __raw_writew(u16 val, volatile void __iomem *addr);
u16 __raw_readw(const volatile void __iomem *addr);
void __raw_writeb(u8 val, volatile void __iomem *addr);
u8 __raw_readb(const volatile void __iomem *addr);
void __raw_writel(u32 val, volatile void __iomem *addr);
u32 __raw_readl(const volatile void __iomem *addr);
```

下面的 I/O 内存函数在__raw_readl 与__raw_writel 函数基础上增加了内存屏障处理，以确保读写的安全性。

```
void writew(u16 val, volatile void __iomem *addr);
u16 readw(const volatile void __iomem *addr);
void writeb(u8 val, volatile void __iomem *addr);
u8 readb(const volatile void __iomem *addr);
void writel(u32 val, volatile void __iomem *addr);
u32 readl(const volatile void __iomem *addr);
u8   ioread8(u8 value, volatile void __iomem *addr);
u16 ioread16(u16 value, volatile void __iomem *addr);
u32 ioread32(u32 value, volatile void __iomem *addr);
void iowrite8(u8 value, volatile void __iomem *addr);
void iowrite16(u16 value, volatile void __iomem *addr);
void iowrite32(u32 value, volatile void __iomem *addr);
//连续的 I/O 内存读写
void ioread8_rep(const volatile void __iomem *addr, void *buffer,unsigned int count) ;
void ioread16_rep(const volatile void __iomem *addr,void *buffer, unsigned int count) ;
void ioread32_rep(const volatile void __iomem *addr,void *buffer, unsigned int count) ;
void iowrite8_rep(const volatile void __iomem *addr, void *buffer,unsigned int count) ;
void iowrite16_rep(const volatile void __iomem *addr,void *buffer, unsigned int count) ;
void iowrite32_rep(const volatile void __iomem *addr,void *buffer, unsigned int count) ;
```

6.3.2　S3C6410X 看门狗驱动程序实例

为保证当系统出现异常时能自动重启，处理器中均提供了看门狗功能。看门狗单元既可以产生复位信号，也可被用作一个普通的 16 位的间隔定时器来产生中断服务。图 6-4 是 S3C6410X 的看门狗单元的原理。

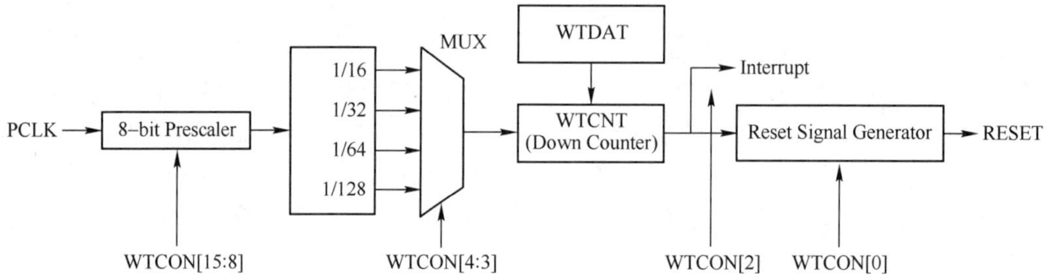

图 6-4　S3C6410X 的看门狗单元

看门狗单元使用 PCLK 作为它的时钟源。PCLK 时钟被 8bit 的预分频器分频，产生相应的看门狗定时器时钟，所得的频率被再次分频，分频因子可以选择 16、32、64 或 128。看门狗定时器时钟频率的计算公式如下：

看门狗定时器时钟频率 = 1/(PCLK / (预分频值 + 1) / 分频因子)

看门狗单元的寄存器见表 6-3。

表 6-3　看门狗单元的寄存器

寄存器	地址	R/W	描述	复位值
WTCON	0x7E004000	R/W	看门狗定时器控制寄存器	0x8021
WTDAT	0x7E004004	R/W	看门狗定时器数据寄存器	0x8000
WTCNT	0x7E004008	R /W	看门狗定时器计数寄存器	0x8000
WTCLRINT	0x7E00400C	W	看门狗定时器中断清除寄存器	-

WTDAT 保存看门狗定时器重载计数值。WTCNT 保存看门狗定时器当前的值。WTCLRINT 用来清除看门狗定时器中断，写入任意值将清除中断。WTCON 各位的具体含义见表 6-4。

表 6-4　WTCON 寄存器

WTCON	bit	说明	初始值
Prescaler value	[15:8]	预分频值，有效范围为 $0 \sim 2^8-1$	0x80
Reserved	[7:6]	常规操作下为 00	00
Watchdog timer	[5]	看门狗使能位：0=禁止；1=使能	1
Clock select	[4:3]	分频因子选择：00: 16；　01 : 32；10: 64 ；11 : 128	00
Interrupt generation	[2]	中断使能位：0=禁止；1=使能	0
Reserved	[1]	常规操作下为 0	0
Reset enable/disable	[0]	看门狗定时器复位信号使能位：0=禁止；1=使能	1

例 6.2　S3C6410X 看门狗驱动程序实例

代码见\samples\6hardsimple\6-2wdc。核心代码如下：

```
#define WDC_RESET_ENABLE          (1<<0)
#define WDC_INTERRUPT_ENABLE   (1<<2)
#define WDC_TIMER_ENABLE          (1<<5)
static void __iomem *s3c_wdc_base;
struct simple_dev *simple_devices;
static unsigned char simple_inc=0;
static int wdctimeout=0;
int simple_open(struct inode *inode, struct file *filp)
{
        struct simple_dev *dev;
        printk("simple_open\n");
        if(simple_inc>0)return -ERESTARTSYS;
        simple_inc++;
        dev = container_of(inode->i_cdev, struct simple_dev, cdev);
        filp->private_data = dev;
        int tmp=((0x67<<8)|(0x1<<4))|WDC_RESET_ENABLE|WDC_TIMER_ENABLE;
        wdctimeout=0xFFFF;
        writel(wdctimeout, s3c_wdc_base + S3C64XX_WDCNT);
        writel(tmp, s3c_wdc_base + S3C64XX_WDCON);
        printk("S3C64XX_WDCON 0x%x\n",readl(s3c_wdc_base + S3C64XX_WDCON));
        return 0;
}
//关闭设备
int simple_release(struct inode *inode, struct file *filp)
{
        simple_inc--;
        return 0;
}
//看门狗设置
int simple_ioctl(struct inode *inode, struct file *filp,unsigned int cmd, unsigned long arg)
{
        void __user *argp = (void __user *)arg;
        int __user *p = argp;
        if(cmd==WDIOC_KEEPALIVE)//喂狗
        {
                printk("S3C64XX_WDDAT 0x%x\n",readl(s3c_wdc_base + S3C64XX_WDDAT));
                printk("S3C64XX_WDCON 0x%x\n",readl(s3c_wdc_base + S3C64XX_WDCON));
                writel(wdctimeout, s3c_wdc_base + S3C64XX_WDCNT);
                printk("S3C64XX_WDCNT 0x%x\n",readl(s3c_wdc_base + S3C64XX_WDCNT));
        }
        if(cmd==WDIOC_SETTIMEOUT)//设置超时
        {
                //t_watchdog=0.0001s
```

```
            wdctimeout=(*p)*10000;
            printk("wdctimeout%d\n",wdctimeout);
            writel(wdctimeout, s3c_wdc_base + S3C64XX_WDDAT);
        }
        return -EFAULT;
}
struct file_operations simple_fops = {
        .owner =        THIS_MODULE,
        .open=  simple_open,
        .ioctl =        simple_ioctl,
        .release =      simple_release,
};
int simple_init_module(void)
{
        …
        s3c_wdc_base = ioremap(S3C64XX_PA_WDC,0xff);//看门狗寄存器地址空间映射
        if (s3c_wdc_base == NULL)
        {
            printk(KERN_NOTICE "ioremap Error\n");
            result = -EINVAL;
            goto fail;
        }
        printk("simple_init_module\n");
        return 0;
}
```

应用层参考代码如下：

```
int main(int argc, const char *argv[])
{
        int fd=open("/dev/watchdog",O_WRONLY);
        if (fd==1)
        {
            perror("watchdog"); exit(1);
        }
        int timeout =4;
        ioctl(fd, WDIOC_SETTIMEOUT, &timeout);
        while(1)
        {
            ioctl(fd, WDIOC_KEEPALIVE, 0);
            sleep(1);
        }
        close(fd);
}
```

应用程序启动后设置了喂狗超时时间，随后不断进行喂狗。假如应用程序退出，不再喂狗，则系统过一段时间会自动重启。本例运行结果如下：

```
[root@urbetter /home]# insmod    demo.ko
simple_init_module
[root@urbetter /home]# mknod /dev/watchdog c 224 0
[root@urbetter /home]# ./wdc
simple_open
S3C64XX_WDCON 0x6731
wdctimeout40000
S3C64XX_WDDAT 0x9c40
S3C64XX_WDCON 0x6731
S3C64XX_WDCNT 0x9c40
S3C64XX_WDDAT 0x9c40
S3C64XX_WDCON 0x6731
S3C64XX_WDCNT 0x9c40
S3C64XX_WDDAT 0x9c40
S3C64XX_WDCON 0x6731
S3C64XX_WDCNT 0x9c40
S3C64XX_WDDAT 0x9c40
S3C64XX_WDCON 0x6731
S3C64XX_WDCNT 0x9c40
S3C64XX_WDDAT 0x9c40
S3C64XX_WDCON 0x6731
S3C64XX_WDCNT 0x9c40
S3C64XX_WDDAT 0x9c40
S3C64XX_WDCON 0x6731
S3C64XX_WDCNT 0x9c40
S3C64XX_WDDAT 0x9c40
S3C64XX_WDCON 0x6731
^C
[root@urbetter /home]# j?
//关闭程序后 4 秒系统重启
U-Boot 1.1.6 (May 11 2009 - 10:23:24) for SMDK6410

****************************************
**      UT-S3C6410 Nand boot v0.18          **
**      ShenZhen Urbetter Technology       **
**      Http://www.urbetter.com             **
****************************************
```

6.4 电平控制

电平就是电压的范围。一般电平包括高电平和低电平两种，这种分类是按照二进制的方法。常用的电平种类包括 TTL 电平、CMOS 电平和 RS232 电平，各种电平规定的电压范围不同，TTL 电平信号用+5V 等价于逻辑“1”，0V 等价于逻辑“0”。当然实际情况没有这么理想，一般对于输出，<0.8V 为低电平，>2.4V 为高电平；对于输入，<1.2V 为低电平，>2.0V 为高电平。

电平控制离不开 GPIO 的控制。S3C6410X 内核中提供了一些 GPIO 接口函数：

```
//管脚号
#define S3C64XX_GPA(_nr)        (S3C64XX_GPIO_A_START + (_nr))
#define S3C64XX_GPB(_nr)        (S3C64XX_GPIO_B_START + (_nr))
#define S3C64XX_GPC(_nr)        (S3C64XX_GPIO_C_START + (_nr))
#define S3C64XX_GPD(_nr)        (S3C64XX_GPIO_D_START + (_nr))
#define S3C64XX_GPE(_nr)        (S3C64XX_GPIO_E_START + (_nr))
#define S3C64XX_GPF(_nr)        (S3C64XX_GPIO_F_START + (_nr))
#define S3C64XX_GPG(_nr)        (S3C64XX_GPIO_G_START + (_nr))
#define S3C64XX_GPH(_nr)        (S3C64XX_GPIO_H_START + (_nr))
#define S3C64XX_GPI(_nr)        (S3C64XX_GPIO_I_START + (_nr))
#define S3C64XX_GPJ(_nr)        (S3C64XX_GPIO_J_START + (_nr))
#define S3C64XX_GPK(_nr)        (S3C64XX_GPIO_K_START + (_nr))
#define S3C64XX_GPL(_nr)        (S3C64XX_GPIO_L_START + (_nr))
#define S3C64XX_GPM(_nr)        (S3C64XX_GPIO_M_START + (_nr))
#define S3C64XX_GPN(_nr)        (S3C64XX_GPIO_N_START + (_nr))
#define S3C64XX_GPO(_nr)        (S3C64XX_GPIO_O_START + (_nr))
#define S3C64XX_GPP(_nr)        (S3C64XX_GPIO_P_START + (_nr))
#define S3C64XX_GPQ(_nr)        (S3C64XX_GPIO_Q_START + (_nr))
//GPIO 操作函数
int s3c_gpio_cfgpin(unsigned int pin, unsigned int config);
int s3c_gpio_cfgpin_range(unsigned int start, unsigned int nr,unsigned int cfg);
int s3c_gpio_setpull(unsigned int pin, samsung_gpio_pull_t pull);
void gpio_set_value(unsigned gpio, int value);
int gpio_get_value(unsigned gpio);
```

6.4.1　S3C6410X LED 驱动程序实例

S3C6410X LED 灯电路原理如图 6-5 所示。四个 LED 灯分别接到 GPM0～GPM3 上。

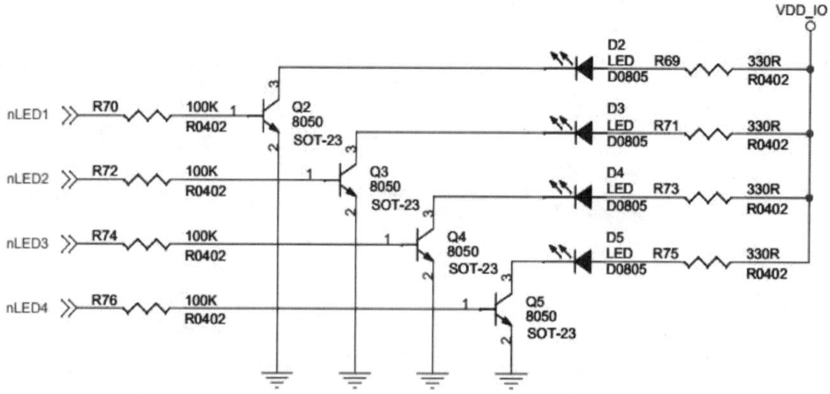

图 6-5　S3C6410X LED 灯原理图

例 6.3　S3C6410X LED 驱动程序实例

代码见\samples\6hardsimple\6-4led。核心代码如下：

```
#define S3C64XX_GPM0_OUTPUT        (0x01 << 0)
#define S3C64XX_GPM1_OUTPUT        (0x01 << 4)
#define S3C64XX_GPM2_OUTPUT        (0x01 << 8)
#define S3C64XX_GPM3_OUTPUT        (0x01 << 12)
//LED 管脚设置
#define LED_SI_OUT1     s3c_gpio_cfgpin(S3C64XX_GPM(0),S3C64XX_GPM0_OUTPUT)
#define LED_SI_OUT2     s3c_gpio_cfgpin(S3C64XX_GPM(1),S3C64XX_GPM1_OUTPUT)
#define LED_SI_OUT3     s3c_gpio_cfgpin(S3C64XX_GPM(2),S3C64XX_GPM2_OUTPUT)
#define LED_SI_OUT4     s3c_gpio_cfgpin(S3C64XX_GPM(3),S3C64XX_GPM3_OUTPUT)
//电平控制
#define LED_SI_H(i)     __raw_writel(__raw_readl(S3C64XX_GPMDAT)|(1<<i),S3C64XX_GPMDAT)
#define LED_SI_L(i)     __raw_writel(__raw_readl(S3C64XX_GPMDAT)&(~(1<<i)),S3C64XX_GPMDAT)
int simple_ioctl(struct inode *inode, struct file *filp,unsigned int cmd, unsigned long arg)
{
        void __user *argp = (void __user *)arg;
        int *p=(int*)argp;
        if(cmd==COMMAND_LEDON)
        {
                LED_SI_L(*p);
                printk("__raw_readl(S3C64XX_GPMDAT)=0x%x\n",
__raw_readl(S3C64XX_GPMDAT));
                return 0;
        }
        if(cmd==COMMAND_LEDOFF)
        {
                LED_SI_H(*p);
printk("__raw_readl(S3C64XX_GPMDAT)=0x%x\n",
__raw_readl(S3C64XX_GPMDAT));
                return 0;
        }
        return -EFAULT;
}
struct file_operations simple_fops = {
        .owner =        THIS_MODULE,
        .open=   simple_open,
        .ioctl =        simple_ioctl,
        .release =   simple_release,
};
```

上面的 LED_SI_H 与 LED_SI_L 两个宏也可直接调用 gpio_set_value 函数，具体见\samples\6hardsimple\6-4led_2：

```
#define LED_SI_H(i)     gpio_set_value(S3C64XX_GPM(i),1)
#define LED_SI_L(i)     gpio_set_value(S3C64XX_GPM(i),0)
```

应用层参考代码如下：

```
void main()
{
        int fd;
        int i=2;
        char data[256];
        int retval;
        fd=open("/dev/led",O_RDWR);
        if(fd==-1)
        {
                perror("error open\n");
                exit(-1);
        }
        printf("open /dev/led successfully\n");
        for(i=0;i<4;i++)
        {
                retval=ioctl(fd,COMMAND_LEDON,&i);
                if(retval==-1)
                {
                        perror("ioctl LEDON error\n");
                        exit(-1);
                }
                sleep(1);
                retval=ioctl(fd,COMMAND_LEDOFF,&i);
                if(retval==-1)
                {
                        perror("ioctl LEDOFF error\n");
                        exit(-1);
                }
        }
        close(fd);
}
```

本例运行结果如下：

```
[root@urbetter /home]# insmod demo.ko
[root@urbetter /home]# mknod /dev/led c 224 0
[root@urbetter /home]# ./test
open /dev/led successfully
__raw_readl(S3C64XX_GPMDAT)=0x1e
__raw_readl(S3C64XX_GPMDAT)=0x1f
__raw_readl(S3C64XX_GPMDAT)=0x1d
__raw_readl(S3C64XX_GPMDAT)=0x1f
__raw_readl(S3C64XX_GPMDAT)=0x1b
__raw_readl(S3C64XX_GPMDAT)=0x1f
__raw_readl(S3C64XX_GPMDAT)=0x17
__raw_readl(S3C64XX_GPMDAT)=0x1f
```

运行过程中将会看到 LED 灯依次闪灭。

6.4.2　扫描型按键驱动程序实例

S3C6410X 按键电路原理如图 6-6 所示。六个按钮分别接到 S3C6410X 的 GPN0～GPN5 上。

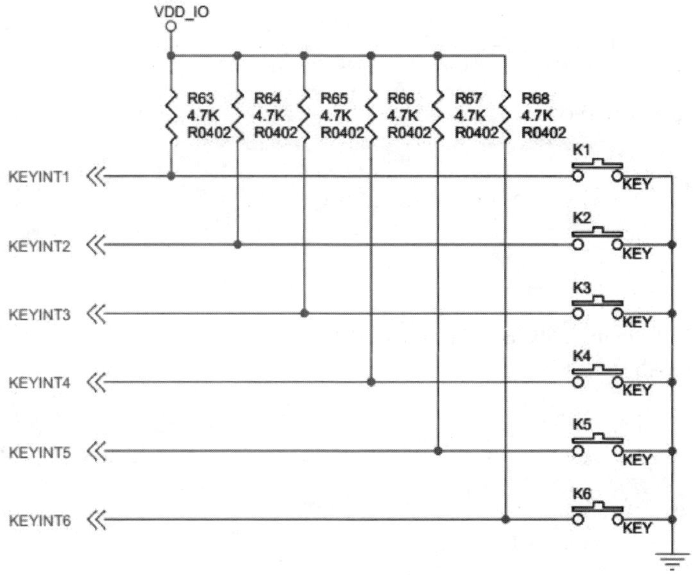

图 6-6　S3C6410X 按键电路原理

例 6.4　扫描型按键驱动程序实例

代码见\samples\6hardsimple\6-5scanbutton。核心代码如下：

```
void initButton(void)
{
        s3c_gpio_cfgpin(S3C64XX_GPN(0),0);
        s3c_gpio_cfgpin(S3C64XX_GPN(1),0);
        s3c_gpio_cfgpin(S3C64XX_GPN(2),0);
        s3c_gpio_cfgpin(S3C64XX_GPN(3),0);
        s3c_gpio_cfgpin(S3C64XX_GPN(4),0);
        s3c_gpio_cfgpin(S3C64XX_GPN(5),0);
}
ssize_t button_read(struct file *filp, char __user *buf, size_t count,loff_t *f_pos)
{
        int sum=1;
        struct button_dev *dev = filp->private_data;
        int value=__raw_readl(S3C64XX_GPNDAT);
        value=value&0x3F;
        if (copy_to_user(buf,&value,sizeof(int)))
        {
                sum=-EFAULT;
        }
```

```
        return sum;
}
struct file_operations button_fops = {
        .owner =        THIS_MODULE,
        .read =         button_read,
        .open =         button_open,
        .release =      button_release,
};
int button_init_module(void)
{
initButton();
}
```

应用层代码如下：

```
int offset[]={0x3E,0x3D,0x3B,0x37,0x2F,0x1F};
void main(void)
{
        int fd;
        int i;
        int retval=0,oldvalue=0;
        fd=open("/dev/fgj",O_RDWR);
        if(fd==-1)
        {
            perror("error open\n");
            exit(-1);
        }
        printf("open /dev/fgj successfully\n");
        while(1)
        {
            i=read(fd,&retval,4);
            if(i>0)
            {
                    if(retval!=oldvalue)
                    {
                            for(i=0;i<6;i++)
                            {
                                    if(offset[i]==retval)
                                    {
                                            printf("key%d is pressed\n",i+1);
                                    }
                            }
                    }
                    oldvalue=retval;
            }
            usleep(10);
        }
```

```
        close(fd);
    }
```

本例运行结果如下：

```
[root@urbetter /home]#insmod demo.ko
[root@urbetter /home]#mknod /dev/fgj c 224 0
[root@urbetter /home]# ./test
open /dev/fgj successfully          //此时依次按下不同的按钮
key2 is pressed
key1 is pressed
key4 is pressed
key3 is pressed
key5 is pressed
key6 is pressed
```

6.5 硬件中断处理

6.5.1 硬件中断处理原理

从物理学的角度看，硬件中断是一种电信号，由硬件设备产生，并直接送入中断控制器输入引脚上，再由中断控制器向处理器发送相应的信号。处理器一旦检测到该信号，便中断自己当前正在处理的工作，转而去处理中断。图 6-7 是中断处理原理图。

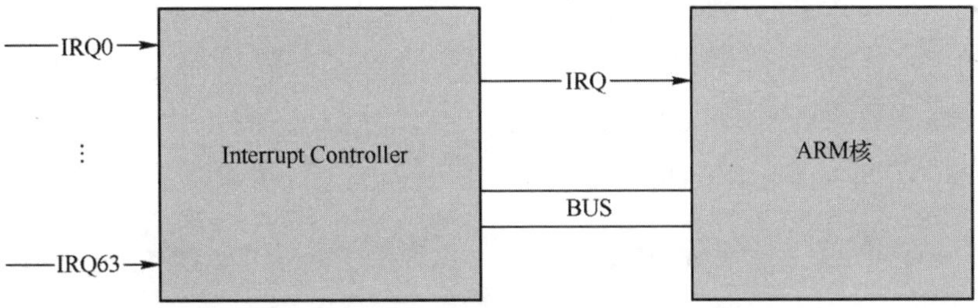

图 6-7　中断处理原理

如果中断处理过程非常复杂，可以分成两部分：上半部（top half）和下半部(bottom half)。上半部完成一些急需处理的事务，如从硬件读取信息，下半部完成余下的复杂的运算或逻辑处理。下半部是可中断的，而上半部是不可中断的，处理完毕立即返回。Linux 中的中断下半部包括软中断、tasklet 机制和工作队列等。

Linux 内核中的中断请求队列用 irq_desc 结构描述：

```
struct irq_desc {
        unsigned int  irq;                      //中断号
        struct timer_rand_state *timer_rand_state;
        unsigned int      *kstat_irqs;每个 CPU 的中断状态
#ifdef CONFIG_INTR_REMAP
        struct irq_2_iommu        *irq_2_iommu;
```

```
#endif
        irq_flow_handler_t  handle_irq;     //高级中断处理
        struct irq_chip         *chip;
        struct msi_desc         *msi_desc;
        void                    *handler_data;
        void                    *chip_data;
        struct irqaction        *action;        /*IRQ 服务列表*/
        unsigned int            status;         /*IRQ 状态*/
        unsigned int            depth;          /*禁止深度，用于 irq_disable()*/
        unsigned int            wake_depth;     /*允许深度，用于 set_irq_wake()*/
        unsigned int            irq_count;
        unsigned long           last_unhandled;
        unsigned int            irqs_unhandled;         //未处理的中断
        raw_spinlock_t          lock;
#ifdef CONFIG_SMP
        cpumask_var_t           affinity;
        unsigned int            node;
#ifdef CONFIG_GENERIC_PENDING_IRQ
        cpumask_var_t           pending_mask;
#endif
#endif
        atomic_t                threads_active;
        wait_queue_head_t               wait_for_threads;
#ifdef CONFIG_PROC_FS
        struct proc_dir_entry *dir;             //proc 路径
#endif
        const char              *name;          //名称
} ____cacheline_internodealigned_in_smp;
struct irq_desc irq_desc[NR_IRQS];
```

IRQ 服务列表的结构描述为：

```
struct irqaction {
        irq_handler_t handler;                  //设备中断处理函数
        unsigned long flags;
        const char *name;//设备名
        void *dev_id; //设备 ID
        struct irqaction *next;
        int irq; //中断号
        struct proc_dir_entry *dir;             //proc 路径
        irq_handler_t thread_fn;                //中断后处理线程
        struct task_struct *thread;
        unsigned long thread_flags;
};
```

不同的设备对应的中断都用一个唯一的整型数据标识，这个整型数据叫作中断号。request_irq 函数用于申请中断，原型如下：

```
int request_irq(unsigned int irq, irq_handler_t handler, unsigned long flags,const char *name, void *dev);
```

参数 irq 表示所要申请的硬件中断号。name 为中断名称。dev 为设备参数。handler 为中断处理函数，中断产生时系统会调用该函数：

```
typedef irqreturn_t (*irq_handler_t)(int, void *);
```

irq_handler_t 的第一个参数为中断号。

flags 是申请时的选项，它决定中断处理程序的一些特性：

```
#define IRQF_DISABLED           0x00000020   //处理中断时关闭中断
#define IRQF_SAMPLE_RANDOM      0x00000040   //对内核熵池有贡献
#define IRQF_SHARED             0x00000080   //多设备共享中断
#define IRQF_PROBE_SHARED       0x00000100
#define IRQF_TIMER              0x00000200   //定时器中断
#define IRQF_PERCPU             0x00000400
#define IRQF_NOBALANCING        0x00000800   //不受中断平衡影响
#define IRQF_IRQPOLL            0x00001000
#define IRQF_ONESHOT            0x00002000
```

中断触发方式包括以下类型：

```
#define IRQF_TRIGGER_NONE       0x00000000   //未设置触发方式
#define IRQF_TRIGGER_RISING     0x00000001   //上升沿
#define IRQF_TRIGGER_FALLING    0x00000002   //下降沿
#define IRQF_TRIGGER_HIGH       0x00000004   //高电平
#define IRQF_TRIGGER_LOW        0x00000008   //低电平
```

中断处理程序的返回值有三种：

```
enum irqreturn {
        IRQ_NONE,               //非本设备中断
        IRQ_HANDLED,            //中断处理完毕
        IRQ_WAKE_THREAD,        //唤醒处理线程，用于以线程来处理中断后半部的情况
};
```

申请中断时如果需要为设备建立一个中断后处理线程，可以使用 request threaded_irq 函数。

```
int request_threaded_irq(unsigned int irq, irq_handler_t handler,
                        irq_handler_t thread_fn, unsigned long irqflags,const char *devname, void *dev_id)
```

handler 为主处理函数，thread_fn 为中断处理线程函数。如果中断主处理函数 handler 返回 IRQ_WAKE_THREAD，则会唤醒中断线程。假如 handler 为空，则采用默认的主处理函数 irq_default_primary_handler：

```
static irqreturn_t irq_default_primary_handler(int irq, void *dev_id)
{
        return IRQ_WAKE_THREAD;
```

```
    }
```

free_irq 函数用来释放一个中断：

```
    void free_irq(unsigned int irq, void *dev_id);
```

ARM 体系中处理中断的函数为 asm_do_IRQ。asm_do_IRQ 函数在 entry-macro-multi.S 中被调用：

```
        .macro  arch_irq_handler_default
          get_irqnr_preamble r6, lr
    1:  get_irqnr_and_base r0, r2, r6, lr
          movne          r1, sp
          @
          @ routine called with r0 = irq number, r1 = struct pt_regs *
          @
          badrne         lr, 1b
          bne   asm_do_IRQ
```

asm_do_IRQ 定义如下：

```
    void arch_do_IRQ(unsigned int irq, struct pt_regs *regs)
    {
            struct pt_regs *old_regs = set_irq_regs(regs);
            irq_enter();
            generic_handle_irq(irq);
            irq_exit();
            set_irq_regs(old_regs);
    }
```

generic_handle_irq 函数调用了 generic_handle_irq_desc 函数，进而调用了中断处理函数。

```
    int generic_handle_irq(unsigned int irq)
    {
            struct irq_desc *desc = irq_to_desc(irq);
            if (!desc)
                    return -EINVAL;
            generic_handle_irq_desc(desc);
            return 0;
    }
    static inline void generic_handle_irq_desc(struct irq_desc *desc)
    {
            desc->handle_irq(desc);
    }
```

handle_irq 函数最终会调用 irqaction 结构的 handler 成员，也就是 request_irq 函数注册的中断处理函数。在中断上下文中，有一些需要注意的地方。中断处理函数应该快速退出并让出处理器，不能与用户空间交换数据，不能调用能引起睡眠的函数，并应确保其内部不会触发阻塞等待。在中断处理函数中保护临界区，不能使用互斥体，因为它们可能导致睡眠，真正需要保护临界区的时候应该使用自旋锁。中断处理函数不必是可重用的。当某中断被执行的时候，在它返回之前，相应的 IRQ 都被禁止了。因此，与进程上下文代码不同的是，同一中断处理函数的不同实例不可能同时运行在多个处理器上。另外中断处理函数可以被更高优先级 IRQ 的中断处理函数打断。

禁止与允许中断的函数包括：

```
void disable_irq(int irq);                    //禁止单个中断，等待成功返回
void disable_irq_nosync(int irq);             //禁止单个中断，不等待返回
void enable_irq(int irq);                     //允许单个中断
void local_irq_save(unsigned long flags);     //禁止所有中断，并保存标志
void local_irq_diable(void);                  //禁止所有中断
void local_irq_restore(unsigned long flags);//使能所有中断，并恢复标志
void loval_irq_enable(void);                  //使能所有中断
```

6.5.2　中断型按键驱动程序实例

S3C6410X 的中断控制单元由 2 个向量中断控制器（VIC）和 2 个信任区中断控制器(TZIC)组成。S3C6410X 的中断控制单元可支持 64 个中断源。S3C6410X 的中断控制单元具有中断优先级可编程、支持中断屏蔽、支持快中断和普通中断、支持软中断等特点。

例 6.5　中断型按键驱动程序实例

本例的电路原理同例 6.4。代码见\samples\6hardsimple\6-6interruptbutton。核心代码如下：

```
static int irqArray[6]=
{
        S3C_EINT(0),S3C_EINT(1),S3C_EINT(2),
        S3C_EINT(3),S3C_EINT(4),S3C_EINT(5)
};
struct button_dev *button_devices;
static unsigned char button_inc=0;
static int flag = 0;
struct timer_list polling_timer;
static unsigned long    polling_jffs=0;
//管脚初始化
void initButton(void)
{
        s3c_gpio_cfgpin(S3C64XX_GPN(0),S3C64XX_GPN0_EINT0);
        s3c_gpio_cfgpin(S3C64XX_GPN(1),S3C64XX_GPN1_EINT1);
        s3c_gpio_cfgpin(S3C64XX_GPN(2),S3C64XX_GPN2_EINT2);
        s3c_gpio_cfgpin(S3C64XX_GPN(3),S3C64XX_GPN3_EINT3);
        s3c_gpio_cfgpin(S3C64XX_GPN(4),S3C64XX_GPN4_EINT4);
        s3c_gpio_cfgpin(S3C64XX_GPN(5),S3C64XX_GPN5_EINT5);
      //取消上拉
        s3c_gpio_setpull(S3C64XX_GPN(0), S3C_GPIO_PULL_NONE);
        s3c_gpio_setpull(S3C64XX_GPN(1), S3C_GPIO_PULL_NONE);
```

```
        s3c_gpio_setpull(S3C64XX_GPN(2), S3C_GPIO_PULL_NONE);
        s3c_gpio_setpull(S3C64XX_GPN(3), S3C_GPIO_PULL_NONE);
        s3c_gpio_setpull(S3C64XX_GPN(4), S3C_GPIO_PULL_NONE);
        s3c_gpio_setpull(S3C64XX_GPN(5), S3C_GPIO_PULL_NONE);
       //设置中断触发类型
        s3c_irq_eint_set_type(0, IRQ_TYPE_EDGE_FALLING);
        s3c_irq_eint_set_type(1, IRQ_TYPE_EDGE_FALLING);
        s3c_irq_eint_set_type(2, IRQ_TYPE_EDGE_FALLING);
        s3c_irq_eint_set_type(3, IRQ_TYPE_EDGE_FALLING);
        s3c_irq_eint_set_type(4, IRQ_TYPE_EDGE_FALLING);
        s3c_irq_eint_set_type(5, IRQ_TYPE_EDGE_FALLING);
       //打开中断掩码
        s3c_irq_eint_unmask(0);
        s3c_irq_eint_unmask(1);
        s3c_irq_eint_unmask(2);
        s3c_irq_eint_unmask(3);
        s3c_irq_eint_unmask(4);
        s3c_irq_eint_unmask(5);
}
//中断后半段处理
void polling_handler(unsigned long data)
{
        int code=-1;
        int i;
        code=__raw_readl(S3C64XX_GPNDAT);
        code=code&0x3F;
        for (i = 0; i <6; i++)
        {
                enable_irq(irqArray[i]);
        }
        if(code>=0)
        {
                //避免中断连续出现
                if((jiffies-polling_jffs)>100)
                {
                        polling_jffs=jiffies;
                        //获取键盘值
                        button_devices->key=(unsigned char)code;
                        printk("get key %u\n",button_devices->key);
                        flag = 1;
                        wake_up_interruptible(&(button_devices->wq));
                }
        }
}
//中断处理函数
static irqreturn_t simplekey_interrupt(int irq, void *dummy, struct pt_regs *fp)
```

```
{
        int i;
        for (i = 0; i <6; i++)
        {
              disable_irq(irqArray[i]);
        }
        polling_timer.expires = jiffies + HZ/5;
        add_timer(&polling_timer);
        return IRQ_HANDLED;
}
ssize_t button_read(struct file *filp, char __user *buf, size_t count,loff_t *f_pos)
{
        struct button_dev *dev = filp->private_data;
        int sum=0;
        if(flag==1)
        {
              flag = 0;
              sum=1;
              if (copy_to_user(buf,&dev->key,1))
              {
                      sum=-EFAULT;
              }
        }
        else
        {
              if (filp->f_flags & O_NONBLOCK)
              {
                      return -EAGAIN;
              }
              else
              {
                      if(wait_event_interruptible(dev->wq, flag != 0))//等待数据就绪事件
                      {
                              return - ERESTARTSYS;
                      }
                      flag = 0;
                      sum=1;
                      if (copy_to_user(buf,&dev->key,1))
                      {
                              sum=-EFAULT;
                      }
              }
        }
        return sum;
}
unsigned int button_poll(struct file *filp, poll_table *wait)
```

```
{
        struct button_dev *dev = filp->private_data;
        poll_wait(filp, &dev->wq, wait);
        if (flag==1)//数据准备好
              return   POLLIN | POLLRDNORM;
        return 0;
}
struct file_operations button_fops = {
        .owner =       THIS_MODULE,
        .read =        button_read,
        .open =        button_open,
        .poll=         button_poll,
        .release =   button_release,
};
int button_init_module(void)
{
initButton();
for (i = 0; i <6; i++)
{
    //申请中断，中断类型在 initButton 函数中设置，此处未设置中断触发标志
if (request_irq(irqArray[i], &simplekey_interrupt, 0, "simplekey", NULL))
{
                printk("request button irq failed!\n");
                return -1;
}
}
        init_waitqueue_head(&button_devices->wq);
        init_timer(&polling_timer);
        polling_timer.data = (unsigned long)0;
        polling_timer.function = polling_handler;
        return 0;
}
```

应用层采用了 select 模型，参考代码如下：

```
unsigned char offset[]={0x3E,0x3D,0x3B,0x37,0x2F,0x1F};
int main(void)
{
        int buttons_fd;
        int i=0;
        unsigned char key_value;
        fd_set rds;
        buttons_fd = open("/dev/buttons", 0);
        if (buttons_fd < 0)
        {
              perror("open device buttons");
              exit(1);
```

```
        }
        while(1)
        {
                int ret;
                FD_ZERO(&rds);
                FD_SET(buttons_fd, &rds);
                ret = select(buttons_fd+1, &rds, NULL, NULL, NULL);
                if (ret < 0)
                {
                        perror("select");
                        exit(1);
                }
                else if (ret == 0)
                {
                        printf("select timeout.\n");
                }
                else if (FD_ISSET(buttons_fd, &rds))
                {
                        int ret = read(buttons_fd, &key_value, sizeof(key_value));
                        if (ret != sizeof(key_value))
                        {
                                if (errno != EAGAIN)
                                        perror("read buttons\n");
                                continue;
                        }
                        else
                        {
                                for(i=0;i<6;i++)
                                {
                                        if(offset[i]==key_value)
                                        {
                                                printf("key%d is pressed\n",i+1);
                                        }
                                }
                        }
                }
        }
        close(buttons_fd);
        return 0;
}
```

本例运行结果如下：

```
[root@urbetter /home]# insmod demo.ko
[root@urbetter /home]# mknod /dev/buttons c 224 0
[root@urbetter /home]# ./read
//此时依次按下不同的按钮
```

```
get key 61
key2 is pressed
get key 62
key1 is pressed
get key 55
key4 is pressed
get key 59
key3 is pressed
get key 63
get key 31
key6 is pressed
get key 47
key5 is pressed
```

6.6　看门狗驱动架构

上面的看门狗例程是用来演示寄存器读写的。实际上 Linux 内核提供了通用的看门狗驱动架构。Linux 内核中看门狗驱动在/drivers/watchdog 目录。看门狗设备结构如下：

```
struct watchdog_device {
        int id;
        struct device *parent;
        const struct attribute_group **groups;
        const struct watchdog_info *info;       //看门狗信息
        const struct watchdog_ops *ops;         //看门狗操作
        unsigned int bootstatus;
        unsigned int timeout;
        unsigned int min_timeout;
        unsigned int max_timeout;
        struct notifier_block reboot_nb;
        struct notifier_block restart_nb;
        void *driver_data;
        struct watchdog_core_data *wd_data;
        unsigned long status;
        struct list_head deferred;
};
```

注册与注销看门狗驱动的函数如下：

```
int watchdog_register_device(struct watchdog_device *wdd);
void watchdog_unregister_device(struct watchdog_device *wdd);
```

看门狗设备有一个重要的参数，即看门狗操作结构，定义如下：

```
struct watchdog_ops {
struct module *owner;
/*强制实现的操作*/
```

```
int (*start)(struct watchdog_device *);
int (*stop)(struct watchdog_device *);
/*可选操作*/
int (*ping)(struct watchdog_device *);
unsigned int (*status)(struct watchdog_device *);
int (*set_timeout)(struct watchdog_device *, unsigned int);//设置超时
unsigned int (*get_timeleft)(struct watchdog_device *);
int (*restart)(struct watchdog_device *);
	long (*ioctl)(struct watchdog_device *, unsigned int, unsigned long);
};
```

看门狗设备层代码见 watchdog_dev.c。调用 watchdog_register_device 函数会注册一个以 /dev/ watchdog 为节点的设备。

```
int watchdog_dev_register(struct watchdog_device *wdd)
{
	struct device *dev;
	dev_t devno;
	int ret;
	devno = MKDEV(MAJOR(watchdog_devt), wdd->id);
	ret = watchdog_cdev_register(wdd, devno);
	if (ret)
		return ret;
	dev = device_create_with_groups(&watchdog_class, wdd->parent,
					devno, wdd, wdd->groups,"watchdog%d", wdd->id);
	if (IS_ERR(dev)) {
		watchdog_cdev_unregister(wdd);
		return PTR_ERR(dev);
	}
	return ret;
}
```

其中 watchdog_cdev_register 函数会调用 misc_register 函数注册一个杂项设备驱动：

```
static const struct file_operations watchdog_fops = {
	.owner		= THIS_MODULE,
	.write		= watchdog_write,
	.unlocked_ioctl	= watchdog_ioctl,
	.open		= watchdog_open,
	.release	= watchdog_release,
};
static struct miscdevice watchdog_miscdev = {
	.minor		= WATCHDOG_MINOR,
	.name		= "watchdog",
	.fops		= &watchdog_fops,
};
misc_register(&watchdog_miscdev);
```

杂项设备驱动是一种特殊的字符设备驱动，其主设备号为 10，次设备号通过结构体 miscdevice 中的 minor 成员来设置，/dev 目录下的设备节点也会自动创建。这里读者看到了熟悉的 file_operations 结构，这就是通用的看门狗应用层访问接口。

S3C6410X 的看门狗与 S3C2410 是一样的。下面结合内核中的 s3c2410_wdc.c 文件做一些说明：

```
static const struct watchdog_info s3c2410_wdt_ident = {
        .options    = OPTIONS,
        .firmware_version =  0,
        .identity =     "S3C2410 Watchdog",
};
static struct watchdog_ops s3c2410wdt_ops = {
        .owner = THIS_MODULE,
        .start = s3c2410wdt_start,
        .stop = s3c2410wdt_stop,
        .ping = s3c2410wdt_keepalive,
        .set_timeout = s3c2410wdt_set_heartbeat,
        .restart = s3c2410wdt_restart,
};
static struct watchdog_device s3c2410_wdd = {
        .info = &s3c2410_wdt_ident,
        .ops = &s3c2410wdt_ops,
        .timeout = CONFIG_S3C2410_WATCHDOG_DEFAULT_TIME,
};
//注册 watchdog 设备
wdt->wdt_device = s3c2410_wdd;
ret = watchdog_register_device(&wdt->wdt_device);
```

6.7　RTC 驱动

嵌入式系统一般有两个时间，一个是 RTC 时间，一个是 Linux 系统时间。RTC 时间存储在 RTC 控制器中，系统断电后通过电池供电，保证系统下次重新上电时能读到正确的时间。通常在系统启动脚本中读取 RTC 时间，并将 RTC 时间设置为系统时间。Linux 中的 date 命令是用来读取与设置系统时间的；而 hwclock 命令是用来读取与设置 RTC 时间的。

注册与注销 RTC 驱动：

```
struct rtc_device *devm_rtc_device_register(struct device *dev,const char *name,
                                const struct rtc_class_ops *ops,struct module *owner);
```

RTC 设备类的操作接口如下：

```
struct rtc_class_ops {
        int (*open)(struct device *);
        void (*release)(struct device *);
        int (*ioctl)(struct device *, unsigned int, unsigned long);
```

```
        int (*read_time)(struct device *, struct rtc_time *);
        int (*set_time)(struct device *, struct rtc_time *);
        int (*read_alarm)(struct device *, struct rtc_wkalrm *);
        int (*set_alarm)(struct device *, struct rtc_wkalrm *);
        int (*proc)(struct device *, struct seq_file *);
        int (*set_mmss64)(struct device *, time64_t secs);
        int (*set_mmss)(struct device *, unsigned long secs);
        int (*read_callback)(struct device *, int data);
        int (*alarm_irq_enable)(struct device *, unsigned int enabled);
};
```

RTC 驱动也包含一个通用的设备层，负责创建/dev/rtc 设备，并向应用层提供统一的 RTC 操作接口。

```
static const struct file_operations rtc_dev_fops = {
        .owner          = THIS_MODULE,
        .llseek         = no_llseek,
        .read           = rtc_dev_read,
        .poll           = rtc_dev_poll,
        .unlocked_ioctl     = rtc_dev_ioctl,
        .open           = rtc_dev_open,
        .release        = rtc_dev_release,
        .fasync         = rtc_dev_fasync,
};
```

这里以内核中 RTC_RD_TIME 命令的实现为例说明 RTC 驱动的设计，代码如下：

```
static long rtc_dev_ioctl(struct file *file,unsigned int cmd, unsigned long arg)
{
        switch (cmd) {
        case RTC_RD_TIME:
                mutex_unlock(&rtc->ops_lock);
                err = rtc_read_time(rtc, &tm);
                if (err < 0)
                        return err;
                if (copy_to_user(uarg, &tm, sizeof(tm)))
                        err = -EFAULT;
                return err;
        }
}
int rtc_read_time(struct rtc_device *rtc, struct rtc_time *tm)
{
        int err;
        err = mutex_lock_interruptible(&rtc->ops_lock);
        if (err)return err;
        err = __rtc_read_time(rtc, tm);
        mutex_unlock(&rtc->ops_lock);
        return err;
```

```
}
static int __rtc_read_time(struct rtc_device *rtc, struct rtc_time *tm)
{
	int err;
	if (!rtc->ops)
		err = -ENODEV;
	else if (!rtc->ops->read_time)
		err = -EINVAL;
	else {
		memset(tm, 0, sizeof(struct rtc_time));
		err = rtc->ops->read_time(rtc->dev.parent, tm);
		if (err < 0) {
			dev_dbg(&rtc->dev, "read_time: fail to read: %d\n",
				err);
			return err;
		}
		err = rtc_valid_tm(tm);
		if (err < 0)
			dev_dbg(&rtc->dev, "read_time: rtc_time isn't valid\n");
	}
	return err;
}
```

可见 Linux 内核已经实现了 RTC 设备的文件操作层，具体的设备驱动层只需要实现 RTC 设备类的操作接口。

S3C6410X 的 RTC 单元能够在系统掉电的情况下使用备用电池工作。RTC 单元的时间数据包含秒、分、小时、日、月、年。RTC 单元使用外部的 32.768kHz 的晶振，并可提供报警功能。RTC 单元支持闰年，支持 RTOS 内核所需的毫秒级别的时钟中断。S3C6410X 的 RTC 驱动在/drivers/rtc/rtc-s3c.c 中。下面看看该文件中 read_time 函数的实现：

```
static const struct rtc_class_ops s3c_rtcops = {
	.read_time	= s3c_rtc_gettime,
	.set_time	= s3c_rtc_settime,
	.read_alarm	= s3c_rtc_getalarm,
	.set_alarm	= s3c_rtc_setalarm,
	.proc		= s3c_rtc_proc,
	.alarm_irq_enable = s3c_rtc_setaie,
};
static int s3c_rtc_gettime(struct device *dev, struct rtc_time *rtc_tm)
{
	struct s3c_rtc *info = dev_get_drvdata(dev);
	unsigned int have_retried = 0;
	s3c_rtc_enable_clk(info);
  retry_get_time:
	rtc_tm->tm_min  = readb(info->base + S3C2410_RTCMIN);
	rtc_tm->tm_hour = readb(info->base + S3C2410_RTCHOUR);
	rtc_tm->tm_mday = readb(info->base + S3C2410_RTCDATE);
```

```
        rtc_tm->tm_mon   = readb(info->base + S3C2410_RTCMON);
        rtc_tm->tm_year = readb(info->base + S3C2410_RTCYEAR);
        rtc_tm->tm_sec   = readb(info->base + S3C2410_RTCSEC);
        //如果秒为 0，且未尝试，则尝试重新获取时间
        if (rtc_tm->tm_sec == 0 && !have_retried) {
            have_retried = 1;
            goto retry_get_time;
        }
        rtc_tm->tm_sec = bcd2bin(rtc_tm->tm_sec);
        rtc_tm->tm_min = bcd2bin(rtc_tm->tm_min);
        rtc_tm->tm_hour = bcd2bin(rtc_tm->tm_hour);
        rtc_tm->tm_mday = bcd2bin(rtc_tm->tm_mday);
        rtc_tm->tm_mon = bcd2bin(rtc_tm->tm_mon);
        rtc_tm->tm_year = bcd2bin(rtc_tm->tm_year);
        s3c_rtc_disable_clk(info);
        rtc_tm->tm_year += 100;
        dev_dbg(dev, "read time %04d.%02d.%02d %02d:%02d:%02d\n",
             1900 + rtc_tm->tm_year, rtc_tm->tm_mon, rtc_tm->tm_mday,
             rtc_tm->tm_hour, rtc_tm->tm_min, rtc_tm->tm_sec);
        rtc_tm->tm_mon -= 1;
        return rtc_valid_tm(rtc_tm);
}
```

如果要让 S3C6410X 的 RTC 驱动运行起来，还要定义相应的平台资源。首先在 linux/arch/arm/plat-samsung/devs.c 中添加如下平台设备信息：

```
#define S3C_PA_RTC                (0x7E005000)
#ifdef CONFIG_S3C_DEV_RTC
static struct resource s3c_rtc_resource[] = {
        [0] = DEFINE_RES_MEM(S3C_PA_RTC, SZ_256),
        [1] = DEFINE_RES_IRQ(IRQ_RTC_ALARM),
        [2] = DEFINE_RES_IRQ(IRQ_RTC_TIC),
};
struct platform_device s3c_device_rtc = {
        .name                   = "s3c64xx-rtc",
        .id             = -1,
        .num_resources          = ARRAY_SIZE(s3c_rtc_resource),
        .resource       = s3c_rtc_resource,
};
#endif /*CONFIG_S3C_DEV_RTC*/
```

修改/drivers/rtc/rtc-s3c.c：

```
static struct platform_driver s3c_rtc_driver = {
        .probe                  = s3c_rtc_probe,
        .remove                 = s3c_rtc_remove,
        .driver                 = {
```

```
        .name   = "s3c64xx-rtc",
        .pm     = &s3c_rtc_pm_ops,
        .of_match_table         = of_match_ptr(s3c_rtc_dt_match),
    },
};
module_platform_driver(s3c_rtc_driver);
```

执行 make menuconfig 命令对内核进行配置，在【devices drivers】->【Real Time Clock】中配置 RTC 支持，如图 6-8 所示。

```
--- Real Time Clock
[*]   Set system time from RTC on startup and resume (NEW)
(rtc0)  RTC used to set the system time (NEW)
[ ]   RTC debug support (NEW)
      *** RTC interfaces ***
[*]   /sys/class/rtc/rtcN (sysfs) (NEW)
[*]   /proc/driver/rtc (procfs for rtc0) (NEW)
[*]   /dev/rtcN (character devices) (NEW)
[ ]     RTC UIE emulation on dev interface (NEW)
<*>   Samsung S3C series SoC RTC
```

图 6-8 Real Time Clock 支持

执行 Make zImage 生成内核，烧写完毕系统启动后可以看见/dev 目录下包含 rtc0 节点。

例 6.6 RTC 测试实例

本例演示如何设置与读取 RTC 时间。代码见\samples\6hardsimple\6-3rtc。核心代码如下：

```
int main(void)
{
    int rtc_fd;
    unsigned long data;
    int ret, i;
    struct rtc_time rtc_tm;
    char *rtc_dev = "/dev/rtc0";
    time_t t1, t2;
    rtc_fd = open(rtc_dev, O_RDONLY);
    if (rtc_fd == -1) {
        printf("failed to open '%s': %s\n", rtc_dev, strerror(errno));
        exit(1);
    } else
        printf("opened '%s': fd = %d\n", rtc_dev, rtc_fd);
    printf("Get RTC Time\n");
    ret = ioctl(rtc_fd, RTC_RD_TIME, &rtc_tm);
    if (ret == -1) {
        perror("rtc ioctl RTC_RD_TIME error");
    }
    printf("Current RTC date/time is %d-%d-%d, %02d:%02d:%02d\n",
        rtc_tm.tm_mday, rtc_tm.tm_mon + 1, rtc_tm.tm_year,
        rtc_tm.tm_hour, rtc_tm.tm_min, rtc_tm.tm_sec);
```

```
        /*设置时间与日期*/
        rtc_tm.tm_mday = 31;
        rtc_tm.tm_mon = 4;
        rtc_tm.tm_year = 104;
        rtc_tm.tm_hour = 2;
        rtc_tm.tm_min = 30;
        rtc_tm.tm_sec = 0;
        printf("Set RTC Time\n");
        ret = ioctl(rtc_fd, RTC_SET_TIME, &rtc_tm);
        if (ret == -1) {
                perror("rtc ioctl RTC_SET_TIME error");
        }
        printf("Set Current RTC date/time to %d-%d-%d, %02d:%02d:%02d\n",
                rtc_tm.tm_mday, rtc_tm.tm_mon + 1, rtc_tm.tm_year,
                rtc_tm.tm_hour, rtc_tm.tm_min, rtc_tm.tm_sec);
        printf("Get RTC time\n");
        //读 RTC 时间
        ret = ioctl(rtc_fd, RTC_RD_TIME, &rtc_tm);
        if (ret == -1) {
                perror("rtc ioctl RTC_RD_TIME error");
        }
        printf("Current RTC date/time is %d-%d-%d, %02d:%02d:%02d\n",
                rtc_tm.tm_mday, rtc_tm.tm_mon + 1, rtc_tm.tm_year,
                rtc_tm.tm_hour, rtc_tm.tm_min, rtc_tm.tm_sec);
        printf("RTC Tests done !!\n");
        close(rtc_fd);
        return 0;
}
```

本例运行结果如下：

```
[root@urbetter /]# ./test
opened '/dev/rtc0': fd = 3
Get RTC Time
Current RTC date/time is 9-1-100, 18:02:55
Set RTC Time
Set Current RTC date/time to 31-5-104, 02:30:00
Get RTC time
Current RTC date/time is 31-5-104, 02:30:00
RTC Tests done !!
```

6.8　LED 类设备

Linux 内核中定义了 LED 类设备专门处理各种外设的 LED 灯。LED 类设备定义如下：

```
struct led_classdev {
        const char              *name;
```

```
        enum led_brightness   brightness;
        enum led_brightness   max_brightness;
        int    flags;
        //设置 led 亮度
        void  (*brightness_set)(struct led_classdev *led_cdev,enum led_brightness brightness);
        //阻塞式设置设置 led 亮度，设置完毕才返回
        int (*brightness_set_blocking)(struct led_classdev *led_cdev,enum led_brightness brightness);
        enum led_brightness (*brightness_get)(struct led_classdev *led_cdev);//获取 led 亮度
        int              (*blink_set)(struct led_classdev *led_cdev,unsigned long *delay_on,
                                  unsigned long *delay_off);//闪烁
        struct device            *dev;
        const struct attribute_group    **groups;
        …
};
```

LED 类设备的注册与注销方法：

```
int led_classdev_register(struct device *parent, struct led_classdev *led_cdev);
void led_classdev_unregister(struct led_classdev *led_cdev);
```

要使用 LED 类设备，首先要配置内核 LED 支持，在内核 Device Drivers 配置项下选中 LED Support 与 LED Class Support。

例 6.7　LED classdev 实例

本例演示 LED 类设备的使用方法。代码见\samples\6hardsimple\6-7ledclass。核心代码如下：

```
static struct led_classdev    led_dev;
static void led_classdev_set1(struct led_classdev *led_cdev, enum led_brightness value)
{
        led_cdev->brightness = value;
        if(value)
        {
              LED_SI_H(0);
              printk("__raw_readl(S3C64XX_GPMDAT)=0x%x\n",__raw_readl(S3C64XX_GPMDAT));
        }
        else
        {
              LED_SI_L(0);
              printk("__raw_readl(S3C64XX_GPMDAT)=0x%x\n",__raw_readl(S3C64XX_GPMDAT));
        }
}
static enum led_brightness led_classdev_get1(struct led_classdev * led_cdev)
{
        return led_cdev->brightness;
}
static int    plate_test_probe(struct platform_device *pdev)
{
```

```
    int ret;
    led_dev.brightness_set = led_classdev_set1;
    led_dev.brightness_get = led_classdev_get1;
    led_dev.name = "fgjled";
    ret = led_classdev_register(&pdev->dev, &led_dev);
    if (ret < 0) {
        printk("led_classdev_register failed%d\n",ret);
        return ret;
    }
    return 0;
}
static int  plate_test_remove(struct platform_device *pdev)
{
    led_classdev_unregister(&led_dev);
    return 0;
}
static struct platform_driver plate_test_driver = {
    .probe   = plate_test_probe,
    .remove = plate_test_remove,
    .driver = {
        .name      = "leddevtest",
        .owner     = THIS_MODULE,
    },
};
static int __init plateform_test_init (void)
{
    platform_device_register(&plate_test_device);
    platform_driver_register(&plate_test_driver);
    return 0;
}
static void __exit plateform_test_exit (void)
{
    platform_driver_unregister(&plate_test_driver);
    platform_device_unregister(&plate_test_device);
}
module_init (plateform_test_init);
module_exit (plateform_test_exit);
```

本例运行结果如下：

```
[root@urbetter drivers]# insmod demo.ko
[root@urbetter drivers]# cd /sys/class/leds
[root@urbetter leds]# ls
fgjled    mmc0::
[root@urbetter leds]# cd fgjled/
[root@urbetter fgjled]# ls
brightness          max_brightness    subsystem
```

```
device                power                 uevent
[root@urbetter fgjled]# echo 0 >brightness      //灭灯
__raw_readl(S3C64XX_GPMDAT)=0x10
[root@urbetter fgjled]# echo 255 >brightness      //亮灯
__raw_readl(S3C64XX_GPMDAT)=0x11
[root@urbetter fgjled]# cat brightness
255
[root@urbetter fgjled]#
```

第 7 章　I2C 设备驱动程序

为提高代码的扩展性与灵活性，Linux 对所有设备驱动都进行了抽象，这种抽象大大提高了代码的可重用性。I2C 接口是嵌入式系统中最基本、最常用的串行接口，Linux 对其提供了很好的支持。本章重点介绍 I2C 接口原理与 Linux 内核的 I2C 设备驱动程序架构。

7.1　I2C 接口原理

I2C（Inter-Integrated Circuit）总线是一种由 Philips 公司开发的两线式串行总线，用于连接微控制器及其外围设备。在物理结构上，I2C 总线由数据线 SDA 和时钟 SCL 构成，每个器件都有一个唯一的地址识别。发送数据到总线的器件叫作发送器，从总线接收数据的器件叫作接收器。初始化发送产生时钟信号和终止发送的器件叫作主机，被主机寻址的器件叫作从机。

I2C 总线最主要的优点是简单性和有效性。由于接口集成在组件之上，因此 I2C 总线占用的空间非常小，减少了电路板的空间和芯片管脚的数量，降低了互联成本。总线的长度可达 25ft（7.62m），并且能够以 10kbit/s 的最大传输速率支持 40 个组件。

I2C 总线的另一个优点是支持多主控制，其中任何能够进行发送和接收的设备都可以成为主总线。I2C 总线上在任何时刻只能有一个主机，主机能够控制信号的传输和时钟频率。当有多于一个主机尝试控制总线时，通过仲裁只使能其中一个控制总线并使报文不被破坏。仲裁原则是当多个主器件同时想占用总线时，如果某个主器件发送高电平，而另一个主器件发送低电平，则发送电平与此时 SDA 总线电平不符的那个器件将自动关闭其输出级。总线竞争的仲裁是在两个层次上进行的。首先是地址位的比较，如果主器件寻址同一个从器件，则进入数据位的比较，从而确保了竞争仲裁的可靠性。由于是利用 I2C 总线上的信息进行仲裁，因此不会造成信息的丢失。

这里以 AT24Cxx EEPROM 为例说明 I2C 设备原理。AT24Cxx 系列 EEPROM 是由美国 Microchip 公司出品的支持 I2C 总线数据传送协议的串行 E2PROM，可用电擦除，自动擦除时间不超过 10ms。串行 E2PROM 一般具有两种写入方式，一种是字节写入方式，另一种是页写入方式。允许在一个写周期内同时对 1 个字节到一页的若干字节的编程写入，单页的大小取决于芯片内页寄存器的大小。AT24C02 具有 16B 数据的页面写能力。

AT24C02 包含 8 个管脚，SCL 为串行时钟，SDA 为串行数据/地址，A0、A1、A2 为器件地址输入端；WP 为写保护脚，电平为高则芯片只读，Vcc 为电源。如图 7-1 所示。

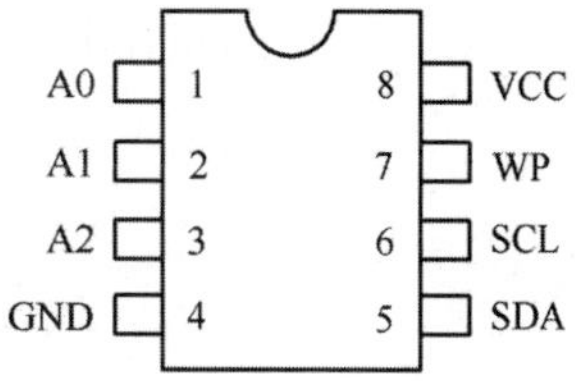

图 7-1　AT24Cxx 系列 EEPROM 管脚

AT24Cxx系列EEPROM的8位I2C地址的计算方法是前四位为固定的1010，后面三位由A2、A1、A0管脚决定，最后一位代表读写，为1表示读，为0表示写。如图7-2所示。

1	0	1	0	A_2	A_1	A_0	R/W
MSB							LSB

图 7-2　AT24Cxx 的 I2C 地址

下面具体说明 AT24Cxx 的 I2C 总线时序。

（1）开始条件（START）

在 SCL 线处于高电平时，SDA 线从高电平向低电平切换，表示一个开始信号。

（2）停止条件（STOP）

当 SCL 线处于高电平时，SDA 线由低电平向高电平切换，表示一个停止条件。

开始和停止条件如图 7-3 所示。

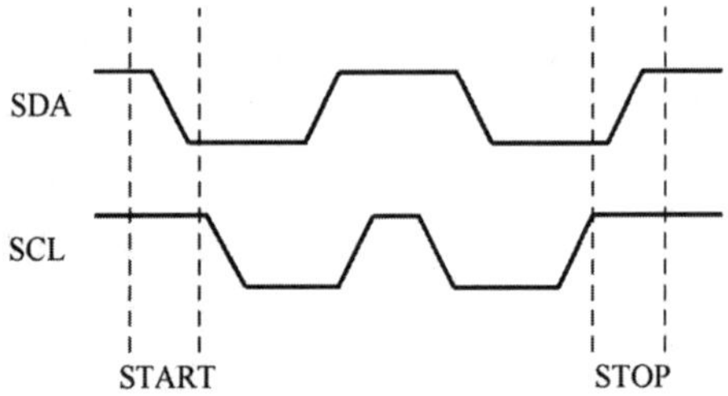

图 7-3　开始和停止条件

（3）数据传输

SDA 线上的数据必须在时钟的高电平周期保持稳定，数据线的高或低电平状态只有在 SCL 线的时钟信号是低电平时才能改变，否则将代表开始和停止条件出现。总线在起始条件后被认为处于忙的状态，在停止条件的某段时间后总线被认为再次处于空闲状态。

发送到 SDA 线上的每个字节必须为 8bit。每次传输可以发送的字节数量不受限制。每个字节后必须跟一个响应位(ACK)。首先传输的是数据的最高位 MSB。在响应时钟脉冲期间，接收器必须将 SDA 线拉低，使它在这个时钟脉冲的高电平期间保持稳定的低电平。图 7-4 是 I2C 数据传送时序图。

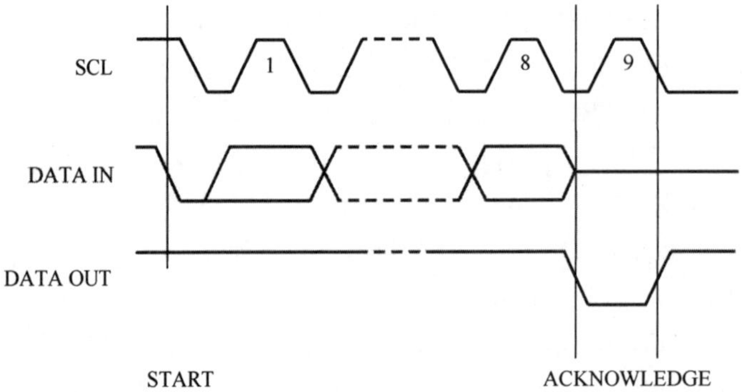

图 7-4　I2C 数据传送时序

（4）单字节写

单字节写的流程是开始条件后发送器件写地址，然后发送器件内部地址，最后发送数据，每发送一个字节都要有应答。图 7-5 是 I2C 单字节写时序图。

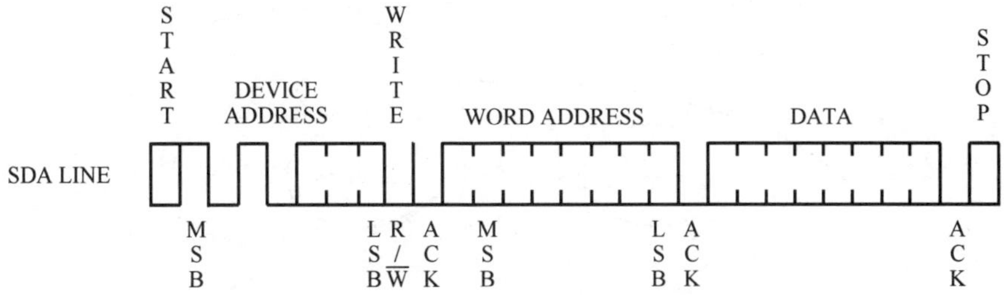

图 7-5　I2C 单字节写时序

（5）单字节读

单字节读的流程是开始条件后发送器件写地址，然后发送器件内部地址，结束后再发一个开始条件，接着发送器件读地址，最后接收数据，每发送一个字节都要有应答。图 7-6 是 I2C 单字节读时序图。

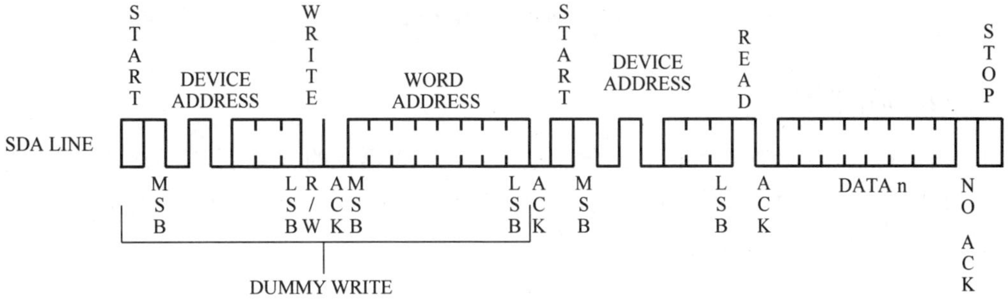

图 7-6　I2C 单字节读时序

7.2　Linux 的 I2C 驱动程序架构

典型的 I2C 接口的硬件架构如图 7-7 所示。

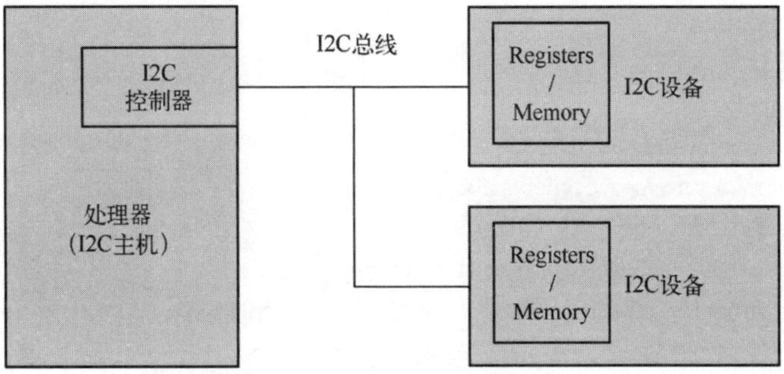

图 7-7　I2C 接口硬件架构

为了提高代码的扩展性与灵活性，Linux 对所有设备驱动都进行了抽象，这种抽象大大提高了代码的可重用性。针对 I2C 总线上相关的元素，内核抽象出了 i2c_adapter、i2c_algorithm、i2c_client 和 i2c_driver 等总线结构，如图 7-8 所示。

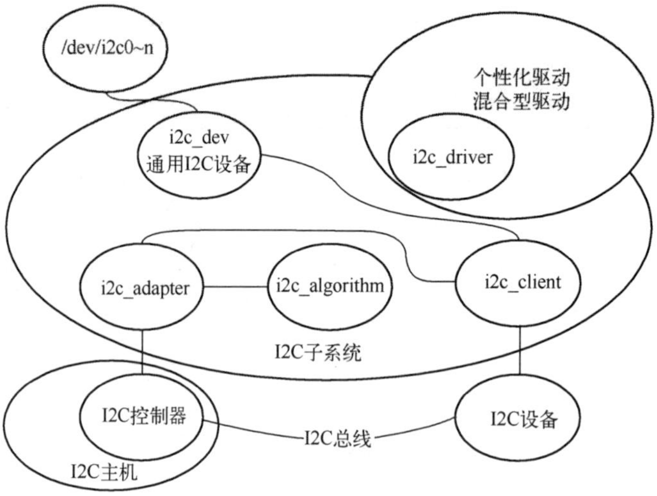

图 7-8　Linux I2C 子系统架构

7.2.1　I2C 适配器

I2C 总线适配器相当于一个 I2C 设备挂载点，处理器上的 I2C 控制器就是一个典型的 I2C 总线适配器。也有部分处理器平台上采用 GPIO 模拟 I2C 时序，可以看作是虚拟的 I2C 适配器。I2C 适配器用 i2c_adapter 结构描述：

```
struct i2c_adapter {
        struct module *owner;
        unsigned int class;
        const struct i2c_algorithm *algo; /*总线访问算法*/
        void *algo_data;
        struct rt_mutex bus_lock;
        int timeout;    /*超时时间，单位同 jiffies*/
        int retries; //重试次数
        struct device dev;/*适配器设备*/
        int nr; //总线号
        char name[48];
        struct completion dev_released;
        struct mutex userspace_clients_lock;
        struct list_head userspace_clients;
        struct i2c_bus_recovery_info *bus_recovery_info;
        const struct i2c_adapter_quirks *quirks;//I2C 适配器的缺陷或限制
};
```

向内核添加一个 i2c_adapter 的函数如下：

```
int i2c_add_adapter(struct i2c_adapter *adap); //使用动态 I2C 总线号
int i2c_add_numbered_adapter(struct i2c_adapter *adap) //使用指定 I2C 总线号
```

上面两个函数会调用 i2c_register_adapter 注册 I2C 适配器，并在/dev 目录产生一个主设备号为 I2C_MAJOR 的 I2C 设备节点。i2c_del_adapter 函数从内核删除一个 i2c_adapter：

```
int i2c_del_adapter(struct i2c_adapter *adap);
```

处理器中的 I2C 控制器均是 I2C 适配器。另外，适配器也可以采用 GPIO 端口模拟方式实现，具体参见内核中的 i2c-algo-bit.c。

7.2.2 I2C 算法

I2C 算法（i2c_algorithm）表示一套通信方法。一个 I2C 适配器(i2c_adapter)需要一个通信规则(i2c_algorithm)来控制适配器产生特定的时序。i2c_adapter 结构中包含一个 i2c_algorithm 成员。i2c_algorithm 结构如下：

```
struct i2c_algorithm {
    //I2C 总线传输函数
     int (*master_xfer)(struct i2c_adapter *adap, struct i2c_msg *msgs,int num);
     //SMBUS 总线传输函数
     int (*smbus_xfer) (struct i2c_adapter *adap, u16 addr,unsigned short flags, char read_write,
                        u8 command, int size, union i2c_smbus_data *data);
     u32 (*functionality) (struct i2c_adapter *);/*检测 adapter 支持的功能*/
#if IS_ENABLED(CONFIG_I2C_SLAVE)
     int (*reg_slave)(struct i2c_client *client);
     int (*unreg_slave)(struct i2c_client *client);
#endif
};
```

7.2.3 I2C 从设备

挂载在 I2C 总线上的不能控制总线的设备称为 I2C 从设备，通常是一个外围芯片。i2c_client 结构表示连接到 I2C 总线上的从设备。每个从设备具有一个或者多个 I2C 地址。处理器根据 I2C 地址访问 I2C 从设备，而 I2C 从设备则根据地址决定是否对 I2C 命令进行响应。

```
struct i2c_client {
//I2C_CLIENT_TEN 表示 10 位地址；I2C_CLIENT_PEC 表示使用 SMBUS 包错误检查
     unsigned short flags;
unsigned short addr;               //7 位芯片地址
     char name[I2C_NAME_SIZE];
     struct i2c_adapter *adapter;  /*关联的 adapter*/
     struct device dev;            /*设备结构*/
     int irq;                      /*中断号*/
     struct list_head detected;
#if IS_ENABLED(CONFIG_I2C_SLAVE)
```

```
        i2c_slave_cb_t slave_cb;        /*从模式回调*/
#endif
};
```

7.2.4　I2C 从设备驱动

i2c_driver 结构代表一个 I2C 从设备的驱动。I2C 从设备驱动主要负责与 I2C 核心交互，它往往与其他驱动子系统组合成一个混合型驱动。

```
struct i2c_driver {
        unsigned int class;
        int (*attach_adapter)(struct i2c_adapter *) __deprecated;//绑定适配器(即将作废)
        /*标准驱动模块接口*/
        int (*probe)(struct i2c_client *, const struct i2c_device_id *);//探测
        int (*remove)(struct i2c_client *);
        void (*shutdown)(struct i2c_client *);//停止
        void (*alert)(struct i2c_client *, unsigned int data);//警告回调，例如 SMBus 警告协议
        int (*command)(struct i2c_client *client, unsigned int cmd, void *arg);//命令处理，类似 ioctl
        struct device_driver driver;
        const struct i2c_device_id *id_table;
        /*设备探测回调*/
        int (*detect)(struct i2c_client *, struct i2c_board_info *);
        const unsigned short *address_list;
        struct list_head client;
};
```

添加一个 i2c_driver 的函数如下：

```
int i2c_add_driver(struct i2c_driver *driver);
```

删除一个 i2c_driver 的函数如下：

```
int i2c_del_driver(struct i2c_driver *driver);
```

i2c_driver 的快捷注册与注销接口如下：

```
#define module_i2c_driver(__i2c_driver) \
        module_driver(__i2c_driver, i2c_add_driver, \
                        i2c_del_driver)
```

例如 pcf8583 RTC 芯片驱动入口代码如下：

```
static struct i2c_driver pcf8583_driver = {
        .driver = {
                .name   = "pcf8583",
        },
        .probe          = pcf8583_probe,
        .id_table       = pcf8583_id,
};
```

```
//I2C 设备驱动模块入口
module_i2c_driver(pcf8583_driver);
```

7.2.5　I2C 从设备驱动开发

Linux I2C 从设备驱动有两种开发方法：

（1）个性化的从设备驱动。在内核中通过调用 i2c_add_driver 注册 I2C 从设备驱动，同时在 i2c_driver 结构的 probe 函数中注册一个功能类驱动，以实现具体的功能。I2C 从设备驱动仅实现通信功能，具体功能交给功能类驱动。

（2）使用内核通用的 I2C 从设备接口，通过应用层对设备进行访问。这相当于在内核中为应用层与设备搭建了一条高速通道。应用层通过/dev/i2c-*节点可以访问所有挂载在总线上的 I2C 设备，只要该设备没有使用方法 1 注册驱动。

后面将详细介绍这两种方法。

7.3　I2C 控制器驱动

7.3.1　S3C2410X 的 I2C 控制器

S3C2410X 的 I2C 控制器是通过 I2CSCL 和 I2CSDA 引脚和 I2C 芯片进行通信的。I2C 总线的开始和结束信号是由 S3C2410X 的 I2C 控制器完成的。S3C2410X 中采用统一编址方式，I2C 控制器与存储空间统一编址。图 7-9 是 S3C2410X 的 I2C 控制器原理图。

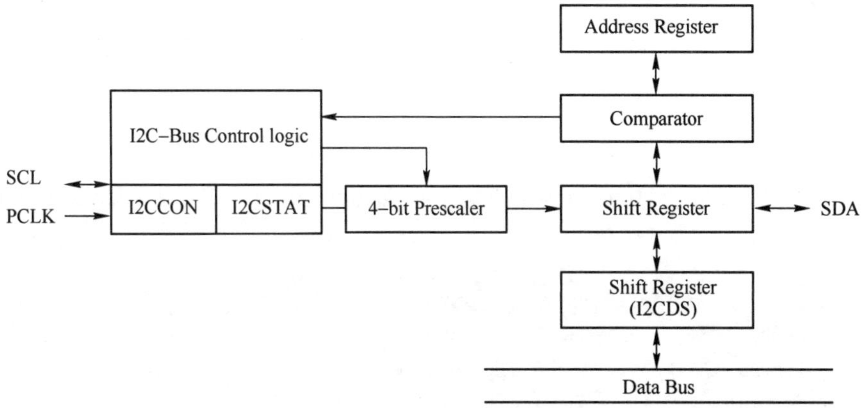

图 7-9　S3C2410X 的 I2C 控制器原理

S3C2410X 中包含 I2C 总线控制寄存器、I2C 状态寄存器、I2C 地址寄存器和 I2C 数据移位寄存器等寄存器。I2C 总线控制寄存器 I2CCON 主要用于设置发送时钟频率、I2C 总线应答、中断开关等。I2C 控制与状态寄存器 I2CSTAT 用来选择传输模式（主发送模式、主接收模式、从发送模式、从接收模式)和跟踪总线空闲状态、总线仲裁状态、作为从设备时的状态等信息。I2C 地址寄存器 I2CADD 用来存放从设备的地址。I2C 数据移位寄存器 I2CDS 用来存放输入输出的数据。表 7-1 和表 7-2 分别为 I2CCON 寄存器和 I2CSTAT 寄存器的描述。

表 7-1　I2CCON 寄存器

I2CON	Bit	描述	初始值
Acknowledge generation	[7]	ACK 使能位 0＝禁用；1＝使能	0
Tx clock source selection	[6]	IIC-bus 时钟选择 0 = IICCLK = fPCLK /16 1 = IICCLK = fPCLK /512	0
Tx/Rx Interrupt	[5]	Tx/Rx 中断使能位 0＝禁用；1＝使能	0
Interrupt pending flag	[4]	未处理中断标志	0
Transmit clock value	[3:0]	IIC-Bus 传输时钟分频因子	--

表 7-2　I2CSTAT 寄存器

I2CSTAT	Bit	描述	初始值
Mode selection	[7:6]	I2C 总线模式： 00：从接收 01：从发送 10：主接收 11：主发送	00
Busy signal status /START STOP condition	[5]	IIC-Bus 忙状态	0
Serial output	[4]	IIC-Bus 数据输出使能 0＝禁止 Rx/Tx,1＝使能 IIC-Bus	0
Arbitration status flag	[3]	IIC-bus 仲裁状态 0＝总线仲裁成功 1＝总线仲裁失败	0
Address-as-slave status flag	[2]	从设备地址匹配状态	0
Address zero status flag	[1]	0 地址状态 0＝检测到 START/STOP 条件 1＝从地址为 00000000b	0
Last-received bit status flag	[0]	最后一个接收到的位的状态	0

7.3.2　S3C2410X 的 I2C 控制器驱动

I2C 总线控制器即 I2C adapter，I2C 总线控制器驱动需要提供相应的 I2C 算法，以实现数据通信。本节以 i2c-s3c2410.c 为例，讲解总线类驱动程序的开发方法。S3C2410X 的 I2C 总线探测函数如下：

```
static struct platform_driver s3c24xx_i2c_driver = {
        .probe              = s3c24xx_i2c_probe,
        .remove             = s3c24xx_i2c_remove,
        .id_table           = s3c24xx_driver_ids,
        .driver             = {
                .name       = "s3c-i2c",
                .pm         = S3C24XX_DEV_PM_OPS,
                .of_match_table = of_match_ptr(s3c24xx_i2c_match),
        },
};
static int s3c24xx_i2c_probe(struct platform_device *pdev)
{
struct s3c24xx_i2c *i2c;
        struct s3c2410_platform_i2c *pdata = NULL;
```

```
    struct resource *res;
    int ret;
    if (!pdev->dev.of_node) {
        pdata = dev_get_platdata(&pdev->dev);//获取私有数据
        if (!pdata) {
            dev_err(&pdev->dev, "no platform data\n");
            return -EINVAL;
        }
    }
//分配 s3c24xx_i2c
    i2c = devm_kzalloc(&pdev->dev, sizeof(struct s3c24xx_i2c), GFP_KERNEL);
    if (!i2c)
        return -ENOMEM;
    i2c->pdata = devm_kzalloc(&pdev->dev, sizeof(*pdata), GFP_KERNEL);
    if (!i2c->pdata)
        return -ENOMEM;
    i2c->quirks = s3c24xx_get_device_quirks(pdev);
    i2c->sysreg = ERR_PTR(-ENOENT);
    if (pdata)
        memcpy(i2c->pdata, pdata, sizeof(*pdata));
    else
        s3c24xx_i2c_parse_dt(pdev->dev.of_node, i2c);
    //填充适配器信息
    strlcpy(i2c->adap.name, "s3c2410-i2c", sizeof(i2c->adap.name));
    i2c->adap.owner = THIS_MODULE;
    i2c->adap.algo = &s3c24xx_i2c_algorithm;//设置 I2C 算法
    i2c->adap.retries = 2;//重试次数
    i2c->adap.class = I2C_CLASS_DEPRECATED;
    i2c->tx_setup = 50;
    //初始化等待队列
    init_waitqueue_head(&i2c->wait);
    //获取时钟
    i2c->dev = &pdev->dev;
    i2c->clk = devm_clk_get(&pdev->dev, "i2c");
    if (IS_ERR(i2c->clk)) {
        dev_err(&pdev->dev, "cannot get clock\n");
        return -ENOENT;
    }
    dev_dbg(&pdev->dev, "clock source %p\n", i2c->clk);
    //获取内存资源
    res = platform_get_resource(pdev, IORESOURCE_MEM, 0);
    i2c->regs = devm_ioremap_resource(&pdev->dev, res);
    if (IS_ERR(i2c->regs))
        return PTR_ERR(i2c->regs);
    dev_dbg(&pdev->dev, "registers %p (%p)\n",
        i2c->regs, res);
```

```
/*填充适配器信息*/
i2c->adap.algo_data = i2c;
i2c->adap.dev.parent = &pdev->dev;
i2c->pctrl = devm_pinctrl_get_select_default(i2c->dev);
/*初始化 GPIO*/
if (i2c->pdata->cfg_gpio) {
        i2c->pdata->cfg_gpio(to_platform_device(i2c->dev));
} else if (IS_ERR(i2c->pctrl) && s3c24xx_i2c_parse_dt_gpio(i2c)) {
        return -EINVAL;
}
clk_prepare_enable(i2c->clk);//使能时钟
ret = s3c24xx_i2c_init(i2c); /*初始化 I2C 控制器*/
clk_disable(i2c->clk);
if (ret != 0) {
        dev_err(&pdev->dev, "I2C controller init failed\n");
        return ret;
}
//获取中断
if (!(i2c->quirks & QUIRK_POLL)) {
        i2c->irq = ret = platform_get_irq(pdev, 0);
        if (ret <= 0) {
                dev_err(&pdev->dev, "cannot find IRQ\n");
                clk_unprepare(i2c->clk);
                return ret;
}
//申请中断
ret = devm_request_irq(&pdev->dev, i2c->irq, s3c24xx_i2c_irq, 0,dev_name(&pdev->dev), i2c);
        if (ret != 0) {
                dev_err(&pdev->dev, "cannot claim IRQ %d\n", i2c->irq);
                clk_unprepare(i2c->clk);
                return ret;
        }
}
//申请接收 CPU 频率调节通知
ret = s3c24xx_i2c_register_cpufreq(i2c);
if (ret < 0) {
        dev_err(&pdev->dev, "failed to register cpufreq notifier\n");
        clk_unprepare(i2c->clk);
        return ret;
}
i2c->adap.nr = i2c->pdata->bus_num;//关联的总线号
i2c->adap.dev.of_node = pdev->dev.of_node;
platform_set_drvdata(pdev, i2c);
pm_runtime_enable(&pdev->dev);
//注册 I2C 适配器
ret = i2c_add_numbered_adapter(&i2c->adap);
```

```
        if (ret < 0) {
                dev_err(&pdev->dev, "failed to add bus to i2c core\n");
                pm_runtime_disable(&pdev->dev);
                s3c24xx_i2c_deregister_cpufreq(i2c);
                clk_unprepare(i2c->clk);
                return ret;
        }
        dev_info(&pdev->dev, "%s: S3C I2C adapter\n", dev_name(&i2c->adap.dev));
        return 0;
}
```

devm_request_irq 函数会调用 request_threaded_irq 函数注册中断：

```
int request_threaded_irq(unsigned int irq, irq_handler_t handler,
                        irq_handler_t thread_fn, unsigned long irqflags,const char *devname, void *dev_id)
```

当 thread_fn 不为 NULL，内核会创建线程来处理中断后半部，中断处理函数 handler 返回 IRQ_WAKE_THREAD 以唤醒线程处理。当 thread_fn 为 NULL，不创建线程处理中断。

在 i2c_algorithm 结构中的 master_xfer 成员是 I2C 核心通信函数接口：

```
static const struct i2c_algorithm s3c24xx_i2c_algorithm = {
        .master_xfer            = s3c24xx_i2c_xfer,
        .functionality          = s3c24xx_i2c_func,
};
static int s3c24xx_i2c_xfer(struct i2c_adapter *adap,struct i2c_msg *msgs, int num)
{
        struct s3c24xx_i2c *i2c = (struct s3c24xx_i2c *)adap->algo_data;
        int retry;
        int ret;
        ret = clk_enable(i2c->clk);
        if (ret)
                return ret;
        for (retry = 0; retry < adap->retries; retry++) {
                ret = s3c24xx_i2c_doxfer(i2c, msgs, num);
                if (ret != -EAGAIN) {
                        clk_disable(i2c->clk);
                        return ret;
                }
                dev_dbg(i2c->dev, "Retrying transmission (%d)\n", retry);
                udelay(100);
        }
        clk_disable(i2c->clk);
        return -EREMOTEIO;
}
```

s3c24xx_i2c_doxfer 函数负责启动 I2C 数据传输，并等待结束。

```
static int s3c24xx_i2c_doxfer(struct s3c24xx_i2c *i2c,struct i2c_msg *msgs, int num)
```

```
{
        unsigned long timeout;
        int ret;
        if (i2c->suspended)
                return -EIO;
        ret = s3c24xx_i2c_set_master(i2c);
        if (ret != 0) {
                dev_err(i2c->dev, "cannot get bus (error %d)\n", ret);
                ret = -EAGAIN;
                goto out;
        }
        i2c->msg = msgs;                              //把消息地址传递给 s3c24xx_i2c 结构
        i2c->msg_num = num;
        i2c->msg_ptr = 0;
        i2c->msg_idx = 0;
        i2c->state = STATE_START;                     //状态为 I2C 起始
        s3c24xx_i2c_enable_irq(i2c);                  //使能中断
        s3c24xx_i2c_message_start(i2c, msgs);         //启动传输
        if (i2c->quirks & QUIRK_POLL) {
                ret = i2c->msg_idx;
                if (ret != num)
                        dev_dbg(i2c->dev, "incomplete xfer (%d)\n", ret);
                goto out;
        }
        timeout = wait_event_timeout(i2c->wait, i2c->msg_num == 0, HZ * 5);//等待传输结束时间
        ret = i2c->msg_idx;
        //超时判断
        if (timeout == 0)
                dev_dbg(i2c->dev, "timeout\n");
        else if (ret != num)
                dev_dbg(i2c->dev, "incomplete xfer (%d)\n", ret);
        /*如果有 QUIRK_HDMIPHY 标记,总线已经禁止，直接退出*/
        if (i2c->quirks & QUIRK_HDMIPHY)
                goto out;
        s3c24xx_i2c_wait_idle(i2c);
        s3c24xx_i2c_disable_bus(i2c);
 out:
        i2c->state = STATE_IDLE;
        return ret;
}
```

s3c24xx_i2c_message_start 函数用来启动 I2C 传输：

```
static void s3c24xx_i2c_message_start(struct s3c24xx_i2c *i2c,struct i2c_msg *msg)
{
        unsigned int addr = (msg->addr & 0x7f) << 1;
        unsigned long stat;
```

```
    unsigned long iiccon;
    stat = 0;
    stat |=  S3C2410_IICSTAT_TXRXEN;
    if (msg->flags & I2C_M_RD) {//根据读写来确定发送地址
        stat |= S3C2410_IICSTAT_MASTER_RX;
        addr |= 1;
    } else
        stat |= S3C2410_IICSTAT_MASTER_TX;
    if (msg->flags & I2C_M_REV_DIR_ADDR)
        addr ^= 1;
    s3c24xx_i2c_enable_ack(i2c);
    iiccon = readl(i2c->regs + S3C2410_IICCON);
    writel(stat, i2c->regs + S3C2410_IICSTAT);
    dev_dbg(i2c->dev, "START: %08lx to IICSTAT, %02x to DS\n", stat, addr);
    writeb(addr, i2c->regs + S3C2410_IICDS);
    //这里延迟为确保数据在传输开始前到达总线上
    ndelay(i2c->tx_setup);
    dev_dbg(i2c->dev, "iiccon, %08lx\n", iiccon);
    writel(iiccon, i2c->regs + S3C2410_IICCON);
    stat |= S3C2410_IICSTAT_START;
    writel(stat, i2c->regs + S3C2410_IICSTAT); //开始传输
    if (i2c->quirks & QUIRK_POLL) {
        while ((i2c->msg_num != 0) && is_ack(i2c)) {
                i2c_s3c_irq_nextbyte(i2c, stat);
                stat = readl(i2c->regs + S3C2410_IICSTAT);
                if (stat & S3C2410_IICSTAT_ARBITR)
                        dev_err(i2c->dev, "deal with arbitration loss\n");
        }
    }
}
```

传送或接收成功后会收到中断，中断处理函数为 s3c24xx_i2c_irq：

```
static irqreturn_t s3c24xx_i2c_irq(int irqno, void *dev_id)
{
    struct s3c24xx_i2c *i2c = dev_id;
    unsigned long status;
    unsigned long tmp;
    status = readl(i2c->regs + S3C2410_IICSTAT);
    if (status & S3C2410_IICSTAT_ARBITR) {
        /*处理仲裁丢失*/
        dev_err(i2c->dev, "deal with arbitration loss\n");
    }
    if (i2c->state == STATE_IDLE) {
        dev_dbg(i2c->dev, "IRQ: error i2c->state == IDLE\n");
        tmp = readl(i2c->regs + S3C2410_IICCON);
        tmp &=  ~S3C2410_IICCON_IRQPEND;
```

```
                writel(tmp, i2c->regs +    S3C2410_IICCON);
                goto out;
        }
        i2c_s3c_irq_nextbyte(i2c, status);//下一字节
out:
        return IRQ_HANDLED;
```

i2s_s3c_irq_nextbyte 函数用来发送或接收下一个字节：

```
static int i2c_s3c_irq_nextbyte(struct s3c24xx_i2c *i2c, unsigned long iicstat)
{
        unsigned long tmp;
        unsigned char byte;
        int ret = 0;
        switch (i2c->state) {//根据传输所处的状态做出进一步的动作
        case STATE_IDLE:
                dev_err(i2c->dev, "%s: called in STATE_IDLE\n", __func__);
                goto out;
        case STATE_STOP:
                dev_err(i2c->dev, "%s: called in STATE_STOP\n", __func__);
                s3c24xx_i2c_disable_irq(i2c);
                goto out_ack;
        case STATE_START:
                if (iicstat & S3C2410_IICSTAT_LASTBIT &&
                    !(i2c->msg->flags & I2C_M_IGNORE_NAK)) {
                        /*未收到 ack*/
                        dev_dbg(i2c->dev, "ack was not received\n");
                        s3c24xx_i2c_stop(i2c, -ENXIO);
                        goto out_ack;
                }
                if (i2c->msg->flags & I2C_M_RD)
                        i2c->state = STATE_READ;
                else
                        i2c->state = STATE_WRITE;
                if (is_lastmsg(i2c) && i2c->msg->len == 0) {
                        s3c24xx_i2c_stop(i2c, 0);
                        goto out_ack;
                }
                if (i2c->state == STATE_READ)
                        goto prepare_read;
        case STATE_WRITE:
                if (!(i2c->msg->flags & I2C_M_IGNORE_NAK)) {
                        if (iicstat & S3C2410_IICSTAT_LASTBIT) {
                                dev_dbg(i2c->dev, "WRITE: No Ack\n");
                            //发送停止位
                                s3c24xx_i2c_stop(i2c, -ECONNREFUSED);
                                goto out_ack;
```

```
                }
            }
    retry_write:
            if (!is_msgend(i2c)) {
                byte = i2c->msg->buf[i2c->msg_ptr++];
                writeb(byte, i2c->regs + S3C2410_IICDS);//写一字节到总线
                ndelay(i2c->tx_setup);
            } else if (!is_lastmsg(i2c)) {
                /*we need to go to the next i2c message*/
                dev_dbg(i2c->dev, "WRITE: Next Message\n");
                i2c->msg_ptr = 0;
                i2c->msg_idx++;
                i2c->msg++;
                /*检查发送是否成功*/
                if (i2c->msg->flags & I2C_M_NOSTART) {
                    if (i2c->msg->flags & I2C_M_RD) {
                        s3c24xx_i2c_stop(i2c, -EINVAL);
                    }
                    goto retry_write;
                } else {
                    /*发送新的 start*/
                    s3c24xx_i2c_message_start(i2c, i2c->msg);
                    i2c->state = STATE_START;
                }
            } else {
                //发送停止位
                s3c24xx_i2c_stop(i2c, 0);
            }
            break;
        case STATE_READ:
            //读下一个字节
            byte = readb(i2c->regs + S3C2410_IICDS);
            i2c->msg->buf[i2c->msg_ptr++] = byte;
            /*更改消息长度*/
            if (i2c->msg->flags & I2C_M_RECV_LEN && i2c->msg->len == 1)
                i2c->msg->len += byte;
    prepare_read:
            if (is_msglast(i2c)) {
                /*缓冲最后一个字节*/
                if (is_lastmsg(i2c))
                    s3c24xx_i2c_disable_ack(i2c);
            } else if (is_msgend(i2c)) {
                if (is_lastmsg(i2c)) {
                    /*最后一个消息，停止*/
                    dev_dbg(i2c->dev, "READ: Send Stop\n");
                    s3c24xx_i2c_stop(i2c, 0);
```

```
                        } else {
                                /*下一个消息*/
                                dev_dbg(i2c->dev, "READ: Next Transfer\n");
                                i2c->msg_ptr = 0;
                                i2c->msg_idx++;
                                i2c->msg++;
                        }
                }
                break;
        }
out_ack:
        tmp = readl(i2c->regs + S3C2410_IICCON);
        tmp &=  ~S3C2410_IICCON_IRQPEND;
        writel(tmp, i2c->regs + S3C2410_IICCON);
out:
        return ret;
}
```

7.4 通用 I2C 从设备

7.4.1 通用 I2C 从设备驱动

/drivers/i2c/i2c-dev.c 为 I2C 设备提供了通用的应用层访问接口，即 read, write 以及 ioctl 等文件操作。应用层根据/dev/i2c-*的主设备号寻找 file_operations，根据/dev/i2c-*的次设备号寻找相应的 i2c_adapter 结构。

```
static const struct file_operations i2cdev_fops = {
        .owner          = THIS_MODULE,
        .llseek         = no_llseek,
        .read           = i2cdev_read,
        .write          = i2cdev_write,
        .unlocked_ioctl         = i2cdev_ioctl,
        .open           = i2cdev_open,
        .release        = i2cdev_release,
};
```

内核在 i2c_dev_init 函数中将 I2C_MAJOR 设备号与 i2cdev_fops 关联起来。

```
static int __init i2c_dev_init(void)
{
        int res;
        printk(KERN_INFO "i2c /dev entries driver\n");
        res = register_chrdev(I2C_MAJOR, "i2c", &i2cdev_fops);
        if (res)
                goto out;
        i2c_dev_class = class_create(THIS_MODULE, "i2c-dev");
```

```
        if (IS_ERR(i2c_dev_class)) {
                res = PTR_ERR(i2c_dev_class);
                goto out_unreg_chrdev;
        }
        i2c_dev_class->dev_groups = i2c_groups;
        /*跟踪适配器注册与注销通知*/
        res = bus_register_notifier(&i2c_bus_type, &i2cdev_notifier);
        if (res)
                goto out_unreg_class;
        /*绑定现有的适配器*/
        i2c_for_each_dev(NULL, i2cdev_attach_adapter);
        return 0;
out_unreg_class:
        class_destroy(i2c_dev_class);
out_unreg_chrdev:
        unregister_chrdev(I2C_MAJOR, "i2c");
out:
        printk(KERN_ERR "%s: Driver Initialisation failed\n", __FILE__);
        return res;
}
int i2c_for_each_dev(void *data, int (*fn)(struct device *, void *))
{
        int res;
        mutex_lock(&core_lock);
        res = bus_for_each_dev(&i2c_bus_type, NULL, data, fn);
        mutex_unlock(&core_lock);
        return res;
}
```

通用 I2C 设备打开的时候会根据次设备号寻找相应的 I2C 适配器，而适配器驱动提供了数据传输函数。

```
static int i2cdev_open(struct inode *inode, struct file *file)
{
        unsigned int minor = iminor(inode);
        struct i2c_client *client;
        struct i2c_adapter *adap;
        struct i2c_dev *i2c_dev;
        i2c_dev = i2c_dev_get_by_minor(minor);
        if (!i2c_dev)
                return -ENODEV;
        adap = i2c_get_adapter(i2c_dev->adap->nr);//获取适配器
        if (!adap)
                return -ENODEV;
        //分配一个 i2c_client
        client = kzalloc(sizeof(*client), GFP_KERNEL);
        if (!client) {
```

```
            i2c_put_adapter(adap);
            return -ENOMEM;
        }
        snprintf(client->name, I2C_NAME_SIZE, "i2c-dev %d", adap->nr);
        client->adapter = adap;
        file->private_data = client;
        return 0;
}
```

I2C 设备的节点还支持一些 IOCTL 命令，如表 7-3 所示。

表 7-3 I2C 节点支持的 IOCTL 命令

IOCTL 代码	说明
ioctl(file, I2C_SLAVE, long addr)	修改从设备地址
ioctl(file, I2C_TENBIT, long select)	Select＝0：从设备地址为 7 位，否则为 10 位
ioctl(file, I2C_TIMEOUT, long timeout)	超时时间设置
ioctl(file, I2C_PEC, long select)	SMBus 包错误校验(Packet Error Checking）使能； select ＝0 禁止，否则允许
ioctl(file, I2C_FUNCS, unsigned long *funcs)	获取 I2C 适配器功能
ioctl(file, I2C_RDWR, struct i2c_rdwr_ioctl_data *msgset)	连续的读写操作
ioctl(file, I2C_SMBUS, struct i2c_smbus_ioctl_data *args)	传输 SMBus 数据

7.4.2 通过 read 与 write 接口读写

通过 read、write 函数读写 I2C 设备，首先调用 IOCTL 设置 I2C 参数：

```
#define I2C_SLAVE              0x0703 /*从设备地址*/
#define I2C_SLAVE_FORCE        0x0706 /*强制使用本地址，即使这个地址被其他驱动使用*/
#define I2C_TENBIT             0x0704 /*地址长度设置，0 表示 7bit 地址，非 0 表示 10bit 地址*/
```

其次调用 read 或 write 函数进行读或者写，读写是分开的。下面来分析 i2cdev_write 的处理过程。i2cdev_write 代码如下：

```
static ssize_t i2cdev_write(struct file *file, const char __user *buf,size_t count, loff_t *offset)
{
        int ret;
        char *tmp;
        struct i2c_client *client = file->private_data;
        if (count > 8192)                    //最大的写字节数
            count = 8192;
        tmp = memdup_user(buf, count);       //复制应用层数据
        if (IS_ERR(tmp))
            return PTR_ERR(tmp);
        pr_debug("i2c-dev: i2c-%d writing %zu bytes.\n",
            iminor(file_inode(file)), count);
        ret = i2c_master_send(client, tmp, count);
        kfree(tmp);
```

```
    return ret;
}
```

显然，i2cdev_write 函数先将用户数据复制到内核空间后，再调用 i2c_master_send 函数：

```
int i2c_master_send(const struct i2c_client *client, const char *buf, int count)
{
    int ret;
    struct i2c_adapter *adap = client->adapter;
    struct i2c_msg msg;
    msg.addr = client->addr;
    msg.flags = client->flags & I2C_M_TEN;
    msg.len = count;
    msg.buf = (char *)buf;
    ret = i2c_transfer(adap, &msg, 1);
    //发送成功返回字节数，否则返回错误值
    return (ret == 1) ? count : ret;
}
```

i2c_master_send 函数中填写了 struct i2c_msg 结构，包含了从机地址、数据、数据长度等信息。i2c_master_send 函数最后调用了 i2c_transfer 函数：

```
int i2c_transfer(struct i2c_adapter *adap, struct i2c_msg *msgs, int num)
{
    int ret;
    if (adap->algo->master_xfer) {
        if (in_atomic() || irqs_disabled()) {
            ret = i2c_trylock_adapter(adap);
            if (!ret)
                return -EAGAIN; /*I2C 正忙，请重试*/
        } else {
            i2c_lock_adapter(adap);
        }
        ret = __i2c_transfer(adap, msgs, num);
        i2c_unlock_adapter(adap);
        return ret;
    } else {
        dev_dbg(&adap->dev, "I2C level transfers not supported\n");
        return -EOPNOTSUPP;
    }
}
```

__i2c_transfer 函数最终调用了 adap->algo->master_xfer 函数来实现数据收发。master_xfer 函数原型如下：

```
int master_xfer(struct i2c_adapter* adapter, struct i2c_msg *msg, int num)
```

master_xfer 实际上实现了 I2C 发送数据时序。master_xfer 的第二个参数是 i2c_msg 结构，第三个参数是消息的个数。i2c_msg 结构定义如下：

```
struct i2c_msg {
        __u16 addr;/*从设备地址*/
      __u16 flags;/*消息标志，芯片地址类型、读写标志、ACK 标志*/
        __u16 len;/*消息长度*/
      __u8 *buf;/*消息数据*/
};
```

i2cdev_read 的过程与 i2cdev_write 类似，不再赘述。

例 7.1 I2C 通用设备读写实例

本例为应用层代码，实现对 AT24C02 的读写。I2C 设备读写操作的数据格式要根据具体的芯片确定。AT24C02 的读写时序见本章第 1 节。

```
#define CHIP_ADDR 0x50           // 设备地址
#define PAGE_SIZE 8              //页写入大小
#define I2C_DEV     "/dev/i2c-1"
static int read_eeprom (int fd,char buff[],int addr,int count)
{
   int res;
   if (write(fd,&addr,1)!=1)           //写地址失败
       return -1;
   res=read(fd,buff,count);
   printf("read %d byte at 0x %x\n",res,addr);
   return res;
}
//缓冲区不能超过一页
static int write_eeprom (int fd, char buff[],int addr,int count)
{
   int res;
   int i;
   static char sendbuffer[PAGE_SIZE+1];
   memcpy(sendbuffer + 1,buff,count);
   sendbuffer[0] = addr;
   res = write(fd,&sendbuffer,count + 1);
   printf("write %d byte at 0x%x\n",res,addr);
}
int main(void)
{
    int fd,n,res;
    unsigned char buf[PAGE_SIZE]={1,2,3,4,5,6,7,8};
    fd = open(I2C_DEV,O_RDWR);
    if(fd<0)
     {
          printf("####i2c test device open failed ####\n");
          return(-1);
     }
```

```
        res = ioctl(fd,I2C_TENBIT,0);   //地址为 7 位模式
        res = ioctl(fd,I2C_SLAVE,CHIP_ADDR);//设置 I2C 从设备地址
        write_eeprom(fd,buf,0,sizeof(buf));
        memset(buf,0,sizeof(buf));
        read_eeprom(fd,buf,0,sizeof(buf));
        for(n= 0;n<sizeof(buf);n++)
        {
            printf("0x%x\n",buf[n]);
        }
        close(fd);
    }
```

7.4.3 通过 I2C_RDWR 命令读写

通过 I2C_RDWR 命令可以实现读写的混合操作，这样方便按照芯片时序的要求组装合适的 I2C 消息。先看看 I2Cdev 设备的 ioctl 实现：

```
static long i2cdev_ioctl(struct file *file, unsigned int cmd, unsigned long arg)
{
    switch (cmd) {
    case I2C_RDWR:
        return i2cdev_ioctl_rdwr(client, arg);
    }
}
static noinline int i2cdev_ioctl_rdwr(struct i2c_client *client,unsigned long arg)
{
    struct i2c_rdwr_ioctl_data rdwr_arg;
    struct i2c_msg *rdwr_pa;
    u8 __user **data_ptrs;
    int i, res;
    //先从用户空间获取 i2c_rdwr_ioctl_data 结构
    if (copy_from_user(&rdwr_arg, (struct i2c_rdwr_ioctl_data __user *)arg,sizeof(rdwr_arg)))
        return -EFAULT;
   //判断消息数据是否超标
    if (rdwr_arg.nmsgs > I2C_RDWR_IOCTL_MAX_MSGS)
        return -EINVAL;
   //进一步从用户空间复制消息数据
    rdwr_pa = memdup_user(rdwr_arg.msgs,rdwr_arg.nmsgs * sizeof(struct i2c_msg));
    if (IS_ERR(rdwr_pa))
        return PTR_ERR(rdwr_pa);
    data_ptrs = kmalloc(rdwr_arg.nmsgs * sizeof(u8 __user *), GFP_KERNEL);
    if (data_ptrs == NULL) {
        kfree(rdwr_pa);
        return -ENOMEM;
    }
    res = 0;
```

```
        for (i = 0; i < rdwr_arg.nmsgs; i++) {
            /*检查数据长度*/
            if (rdwr_pa[i].len > 8192) {
                res = -EINVAL;
                break;
            }
            data_ptrs[i] = (u8 __user *)rdwr_pa[i].buf;
            rdwr_pa[i].buf = memdup_user(data_ptrs[i], rdwr_pa[i].len);
            if (IS_ERR(rdwr_pa[i].buf)) {
                res = PTR_ERR(rdwr_pa[i].buf);
                break;
            }
            //确保缓冲足够
            if (rdwr_pa[i].flags & I2C_M_RECV_LEN) {
                if (!(rdwr_pa[i].flags & I2C_M_RD) ||
                    rdwr_pa[i].buf[0] < 1 ||
                    rdwr_pa[i].len < rdwr_pa[i].buf[0] +I2C_SMBUS_BLOCK_MAX) {
                        res = -EINVAL;
                        break;
                }
                rdwr_pa[i].len = rdwr_pa[i].buf[0];
            }
        }
        if (res < 0) {
            int j;
            for (j = 0; j < i; ++j)
                kfree(rdwr_pa[j].buf);
            kfree(data_ptrs);
            kfree(rdwr_pa);
            return res;
        }
        //传输数据
        res = i2c_transfer(client->adapter, rdwr_pa, rdwr_arg.nmsgs);
        while (i-- > 0) {
            if (res >= 0 && (rdwr_pa[i].flags & I2C_M_RD)) {
                if (copy_to_user(data_ptrs[i], rdwr_pa[i].buf,rdwr_pa[i].len))//返回结果给应用层
                    res = -EFAULT;
            }
            kfree(rdwr_pa[i].buf);
        }
        kfree(data_ptrs);
        kfree(rdwr_pa);
        return res;
    }
```

下面介绍应用层的编码。打开设备的方法与上一节相同。I2C_RDWR 传输的结构如下：

```
    struct i2c_rdwr_ioctl_data {
```

```
        struct i2c_msg __user *msgs;/*i2c_msgs 指针*/
        __u32 nmsgs;            /*i2c_msgs 数量*/
};
```

I2C 读写需要根据芯片的时序来编写代码。不同芯片的寄存器地址与数字类型不同。有的 I2C 设备是 8bit 寄存器 8bit 数据类型；有的则是 16bit 寄存器 8bit 数据类型。下面的代码是根据 AT24C02 的时序实现的：

```
struct i2c_rdwr_ioctl_data    i2c_data_r;
struct i2c_msg i2c_msgs_r[2];
struct i2c_msg i2c_msgs_w[2];
unsigned char ReadI2C(unsigned char dev,unsigned char addr)
{
        unsigned char bufp[2];
        int ret=0;
        memset(bufp,0,2);
        if(m_fd<0)return 0xFF;
        pthread_mutex_lock(&m_mux);
        bufp[0]=addr;
        i2c_msgs_r[0].buf =&bufp[0] ;
        i2c_msgs_r[0].len = 1;
        i2c_msgs_r[0].flags = 0;
        i2c_msgs_r[0].addr = dev;
        i2c_msgs_r[1].buf = &bufp[1];
        i2c_msgs_r[1].len = 1;
        i2c_msgs_r[1].flags = I2C_M_RD;
        i2c_msgs_r[1].addr = dev;
        i2c_data_r.msgs = i2c_msgs_r;
        i2c_data_r.nmsgs = 2;
        ret = ioctl(fd,I2C_RDWR,(unsigned long)&i2c_data_r);
        if(ret<0)
        {
                printf("read i2c device Error(%d):0x%.2x 0x%.2x",ret,dev,addr);
        }
        pthread_mutex_unlock(&m_mux);
        return bufp[1];
}
int WriteI2C(unsigned char dev,unsigned char addr,unsigned char value)
{
        unsigned char bufp[2];
        int ret=0;
        memset(bufp,0,2);
        if(m_fd<0)return -1;
        pthread_mutex_lock(&m_mux);
        bufp[0]=addr;
        bufp[1]=value;
        i2c_msgs_w[0].buf = bufp;
```

```
        i2c_msgs_w[0].len = 2;
        i2c_msgs_w[0].addr = dev;
        i2c_msgs_w[0].flags = 0;
        i2c_data_w.msgs = i2c_msgs_w;
        i2c_data_w.nmsgs = 1;
        ret = ioctl(m_fd,I2C_RDWR,(unsigned long)&i2c_data_w);
        if(ret<0)
        {
            print("write i2c device Error(%d):0x%.2x 0x%.2x",ret,dev,addr);
        }
        usleep(1);
        pthread_mutex_unlock(&m_mux);
        return ret;
}
```

7.4.4　I2Ctools

I2Ctools 工具包提供了一组 I2C 工具，包括 i2cdetect、i2cset、i2cget、i2cdump 等。通过 I2Ctools 工具可直接对 I2C 芯片进行操作。I2Ctools 利用的就是通用 I2C 从设备驱动。

i2cdetect 命令可扫描 I2C 适配器，用法如下：

```
[root@urbetter /home]# ./i2cdetect -l
i2c-0    i2c            s3c2410-i2c                     I2C adapter
i2c-1    i2c            s3c2410-i2c                     I2C adapter
```

i2cdetect 命令还可扫描 I2C 从设备，例如：

```
[root@urbetter /home]~# i2cdetect -y -r 1
     0  1  2  3  4  5  6  7  8  9  a  b  c  d  e  f
00:          -- -- -- -- -- -- -- -- -- -- -- -- --
10: -- -- -- -- UU -- -- -- UU -- -- -- -- -- -- --
20: -- -- -- -- -- -- -- -- -- -- -- -- -- -- -- --
30: -- -- -- -- -- -- -- -- 38 -- -- -- -- -- -- 3f
40: -- -- -- -- -- -- -- -- -- -- UU UU -- -- -- --
50: 50-- -- -- -- -- -- -- -- -- -- -- -- -- -- --
60: -- -- -- -- -- -- -- -- -- -- -- -- -- -- -- --
70: -- -- -- -- -- -- -- --
```

上面的结果中，检测到的数字（38、3f、50）代表挂载的 I2C 设备地址。UU 表示这个 I2C 设备地址存在，但已经注册为个性化 I2C 从设备，也就是被内核某个 I2C 驱动使用。

I2C 从设备读使用 i2cget 命令，从设备写使用 i2cset 命令，命令参数若未添加-y 参数，表示需要交互确认。I2C 从设备具有设备地址以及数据或寄存器地址。设备地址用来区分设备；数据或寄存器地址用来在从设备内部进行寻址。

```
[root@urbetter /home]:~# i2cset 1 0x50 0x18 0x00
WARNING! This program can confuse your I2C bus, cause data loss and worse!
I will write to device file /dev/i2c-1, chip address 0x50, data address
```

```
0x18, data 0x56, mode byte.
Continue? [Y/n] y
root@dm816x-evm:~# i2cget1 0x50 0x18
WARNING! This program can confuse your I2C bus, cause data loss and worse!
I will read from device file /dev/i2c-1, chip address 0x50, data address
0x18, using read byte data.
Continue? [Y/n] y
0x56
```

i2cdump 可批量导出 I2C 从设备数据：

```
[root@urbetter /home]./i2cdump -y 1 0x50
```

这个命令将导出 I2C 总线 1 上的 0x50 设备的从 0x00～0xFF 地址范围的数据。

7.5　个性化 I2C 从设备驱动

I2C 接口实际上只是一种通信接口，而 I2C 从设备具备自己的独特功能，这些功能包括 EEPROM、视频 AD 芯片、摄像头芯片、RTC 芯片、音频芯片。这就造成了很多 I2C 从设备虽然依赖 I2C 驱动，但放到了其他驱动程序代码下面，是一种混合型驱动。本书将在内核中注册的 I2C 从设备驱动称为个性化 I2C 从设备驱动，以区别于上面提及的通用 I2C 从设备驱动。本节以 pcf8583 芯片为例说明个性化 I2C 从设备驱动的开发方法。

```
static const struct rtc_class_ops pcf8583_rtc_ops = {
        .read_time     = pcf8583_rtc_read_time,
        .set_time      = pcf8583_rtc_set_time,
};
static int pcf8583_probe(struct i2c_client *client,const struct i2c_device_id *id)
{
        struct pcf8583 *pcf8583;
        //检查 I2C 适配器功能
        if (!i2c_check_functionality(client->adapter, I2C_FUNC_I2C))
                return -ENODEV;
        pcf8583 = devm_kzalloc(&client->dev, sizeof(struct pcf8583),GFP_KERNEL);
        if (!pcf8583)
                return -ENOMEM;
        i2c_set_clientdata(client, pcf8583);
        //注册 RTC 驱动
        pcf8583->rtc = devm_rtc_device_register(&client->dev,pcf8583_driver.driver.name,
                                &pcf8583_rtc_ops, THIS_MODULE);
        return PTR_ERR_OR_ZERO(pcf8583->rtc);
}
static struct i2c_driver pcf8583_driver = {
        .driver = {
                .name   = "pcf8583",
        },
```

```
        .probe          = pcf8583_probe,
        .id_table       = pcf8583_id,
};
module_i2c_driver(pcf8583_driver);
```

注册为 I2C 从设备之后，本驱动可以调用 I2C 驱动层的函数接口。可见 pcf8583_probe 函数中注册了一个 RTC 驱动程序。

```
static int pcf8583_rtc_read_time(struct device *dev, struct rtc_time *tm)
{
        struct i2c_client *client = to_i2c_client(dev);
        unsigned char ctrl, year[2];
        struct rtc_mem mem = {
                .loc = CMOS_YEAR,
                .nr = sizeof(year),
                .data = year
        };
        int real_year, year_offset, err;
        //确保 PCF8583 正常运行
        pcf8583_get_ctrl(client, &ctrl);
        if (ctrl & (CTRL_STOP | CTRL_HOLD)) {
                unsigned char new_ctrl = ctrl & ~(CTRL_STOP | CTRL_HOLD);
                dev_warn(dev, "resetting control %02x -> %02x\n",ctrl, new_ctrl);
                err = pcf8583_set_ctrl(client, &new_ctrl);
                if (err < 0)
                        return err;
        }
        //获取时间
        if (pcf8583_get_datetime(client, tm) ||pcf8583_read_mem(client, &mem))
                return -EIO;
        //RTC 只包含年份后的十位与个位，需要年份转换
        real_year = year[0];
        year_offset = tm->tm_year - (real_year & 3);
        if (year_offset < 0)
                year_offset += 4;
        //转换为公元年份
        tm->tm_year = (real_year + year_offset + year[1] * 100) - 1900;
        return 0;
}
```

pcf8583_rtc_read_time 调用了 pcf8583_get_datetime 函数：

```
static int pcf8583_get_datetime(struct i2c_client *client, struct rtc_time *dt)
{
        unsigned char buf[8], addr[1] = { 1 };
        struct i2c_msg msgs[2] = {
                {
                        .addr = client->addr,
```

```
                    .flags = 0,
                    .len = 1,
                    .buf = addr,
            }, {
                    .addr = client->addr,
                    .flags = I2C_M_RD,
                    .len = 6,
                    .buf = buf,
            }
        };
        int ret;
        memset(buf, 0, sizeof(buf));
        ret = i2c_transfer(client->adapter, msgs, 2);
        if (ret == 2) {
            dt->tm_year = buf[4] >> 6;
            dt->tm_wday = buf[5] >> 5;
            buf[4] &= 0x3f;
            buf[5] &= 0x1f;
            dt->tm_sec = bcd2bin(buf[1]);
            dt->tm_min = bcd2bin(buf[2]);
            dt->tm_hour = bcd2bin(buf[3]);
            dt->tm_mday = bcd2bin(buf[4]);
            dt->tm_mon = bcd2bin(buf[5]) - 1;
        }
        return ret == 2 ? 0 : -EIO;
}
```

看到了 i2c_transfer 函数，那就是 I2C 适配器层的事情了。那么这个 pcf8583 I2c 从设备是如何挂载到 I2C 控制器上的呢？在板级的初始化代码中要注册 I2C 板级设备信息。例如：

```
static struct i2c_board_info i2c_rtc = {
        I2C_BOARD_INFO("pcf8583", 0x50)
};
static int __init rpc_init(void)
{
        i2c_register_board_info(0, &i2c_rtc, 1);
        return platform_add_devices(devs, ARRAY_SIZE(devs));
}
```

i2c_register_board_info 函数将 I2C 板级设备信息添加到__i2c_board_list 中。i2c_register_board_info 函数第一个参数就是 I2C 总线号，这就表示设备会挂载到 busnum 所对应的 I2C 总线上。

```
int __init i2c_register_board_info(int busnum,struct i2c_board_info const *info, unsigned len)
{
        int status;
        down_write(&__i2c_board_lock);
```

```
        /*记录注册过的 I2C 总线号*/
        if (busnum >= __i2c_first_dynamic_bus_num)
                __i2c_first_dynamic_bus_num = busnum + 1;
        for (status = 0; len; len--, info++) {
                struct i2c_devinfo        *devinfo;
                devinfo = kzalloc(sizeof(*devinfo), GFP_KERNEL);
                if (!devinfo) {
                        pr_debug("i2c-core: can't register boardinfo!\n");
                        status = -ENOMEM;
                        break;
                }
                devinfo->busnum = busnum;
                devinfo->board_info = *info;
                list_add_tail(&devinfo->list, &__i2c_board_list);
        }
        up_write(&__i2c_board_lock);
        return status;
```

而在 i2c_register_adapter 函数中会调用 i2c_scan_static_board_info 扫描这些静态的板级设备：

```
static int i2c_register_adapter(struct i2c_adapter *adap)
{
    …
        if (adap->nr < __i2c_first_dynamic_bus_num)
                i2c_scan_static_board_info(adap);
}
static void i2c_scan_static_board_info(struct i2c_adapter *adapter)
{
        struct i2c_devinfo      *devinfo;
        down_read(&__i2c_board_lock);
        list_for_each_entry(devinfo, &__i2c_board_list, list) {
                if (devinfo->busnum == adapter->nr
                                && !i2c_new_device(adapter,&devinfo->board_info))
                        dev_err(&adapter->dev,"Can't create device at 0x%02x\n",devinfo->board_info.addr);
        }
        up_read(&__i2c_board_lock);
}
```

当从设备的总线号与适配器的总线号一致时，会调用 i2c_new_device 函数创建新的 i2c_client。有了 i2c_client，后面的 I2C 操作就顺理成章了。除了 i2c_transfer 函数，还有下面的函数可以读写 I2C 设备：

```
s32 i2c_smbus_read_byte(const struct i2c_client *client);
s32 i2c_smbus_write_byte(const struct i2c_client *client, u8 value);
s32 i2c_smbus_read_byte_data(const struct i2c_client *client, u8 command);
s32 i2c_smbus_write_byte_data(const struct i2c_client *client, u8 command,u8 value);
```

第 8 章　TTY 与串口驱动程序

TTY 是 Teletype 的缩写，Teletype 是一种由 Teletype 公司生产的电传打字机设备。电传打字机最终被键盘和显示器终端所取代。在 Linux 中 TTY 用来表示各种终端。终端通常都和硬件对应，例如串口终端。也有对应于虚拟设备的 pty 驱动程序。Linux 为众多的终端设备建立了统一的模型。本章介绍 Linux 中 TTY 设备驱动体系以及串口驱动开发的相关知识。

8.1　TTY 概念

Teletype 是最早的终端设备，TTY 是 Teletype 的缩写。在 Linux 操作系统中，TTY 代表终端设备。Linux 中主要包含控制台、串口和伪终端三类终端设备。

（1）串行端口终端（/dev/ttySACn）

串行端口终端（Serial Port Terminal）是使用串行端口连接的终端设备，这些串行端口所对应的设备名称是 /dev/ttySAC0（或/dev/tts/0）、/dev/ttySAC1（或/dev/tts/1）等。

（2）伪终端（/dev/pty）

伪终端（Pseudo Terminal）是不对应于具体硬件的终端，它的名称类似于/dev/ptypn、/dev/ttypn。通常伪终端用来作为程序间通信的逻辑设备，使用/dev/ttypn 的程序会认为自己正在与一个串行端口进行通信。

（3）控制台终端（/dev/ttyn, /dev/console）

控制台终端（Console）通常对应于计算机显示器，与之关联的设备文件是 tty0、tty1、tty2 等。控制台终端是操作系统的人机接口。

在 Linux 中，可以在系统启动命令行里指定当前的控制台终端，格式如下：

```
console=device, options
```

device 表示终端设备，可以是 tty0、ttySACn、lp0 等。options 是对 device 的设置的描述，它取决于具体的设备驱动程序。对于串口设备，参数用来定义波特率、校验位、位数，格式为 BBBBPN，其中 BBBB 表示波特率，P 表示校验（n/o/e），N 表示位数，默认 options 是 9600n8。下面是一个 Linux 启动命令行中控制台设置的例子：

```
console=ttySAC0,115200
```

8.2　Linux TTY 驱动程序体系

8.2.1　TTY 驱动程序架构

Linux 中 TTY 驱动程序代码目录在/drivers/tty 下面。TTY 的层次结构包括 TTY 应用层、TTY 文件层、TTY 线路规程层、TTY 驱动层、TTY 设备驱动层。TTY 应用层负责应用逻辑。TTY 文件层负责文件接口。TTY 线路规程负责串行通信协议处理，包括特定协议（例如 PPP 和 Bluetooth）的封装与解封。TTY 驱动层实现对各种 TTY 类型的分类与抽象。TTY 设备驱动层实现具体的 TTY 设备（芯片或控制器）的驱动，即设备配置与数据收发。图 8-1 为 Linux 的 TTY 驱动程序架构图。

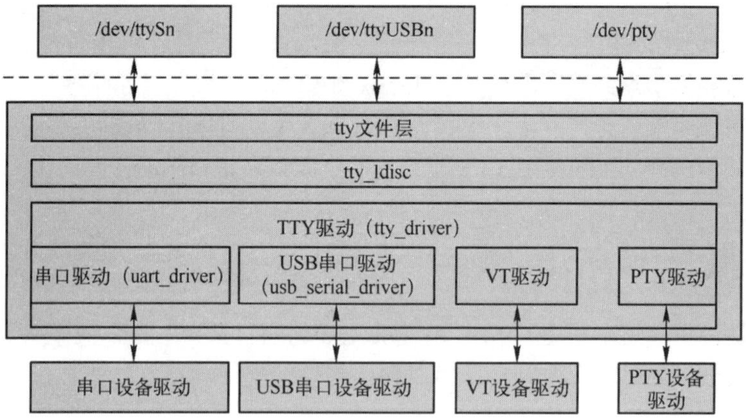

图 8-1　TTY 驱动程序架构

8.2.2　TTY 文件层

TTY 设备的文件操作接口如下：

```
static const struct file_operations tty_fops = {
	.llseek		= no_llseek,
	.read		= tty_read,
	.write		= tty_write,
	.poll		= tty_poll,
	.unlocked_ioctl	= tty_ioctl,
	.compat_ioctl= tty_compat_ioctl,
	.open		= tty_open,
	.release	= tty_release,
	.fasync			= tty_fasync,
};
static const struct file_operations console_fops = {
	.llseek		= no_llseek,
	.read		= tty_read,
	.write		= redirected_tty_write,
	.poll		= tty_poll,
	.unlocked_ioctl	= tty_ioctl,
	.compat_ioctl= tty_compat_ioctl,
	.open		= tty_open,
	.release	= tty_release,
	.fasync			= tty_fasync,
```

```
};
```

在 tty_init 函数中注册了 5 号（TTYAUX_MAJOR）TTY 设备，并设置了该 TTY 设备的文件操作接口：

```
int __init tty_init(void)
{
	//tty 设备
	cdev_init(&tty_cdev, &tty_fops);
	if (cdev_add(&tty_cdev, MKDEV(TTYAUX_MAJOR, 0), 1) ||
	    register_chrdev_region(MKDEV(TTYAUX_MAJOR, 0), 1, "/dev/tty") < 0)
		panic("Couldn't register /dev/tty driver\n");
	//创建设备节点
	device_create(tty_class, NULL, MKDEV(TTYAUX_MAJOR, 0), NULL, "tty");
	//控制台设备
	cdev_init(&console_cdev, &console_fops);
	if (cdev_add(&console_cdev, MKDEV(TTYAUX_MAJOR, 1), 1) ||
	    register_chrdev_region(MKDEV(TTYAUX_MAJOR, 1), 1, "/dev/console") < 0)
		panic("Couldn't register /dev/console driver\n");
	consdev = device_create_with_groups(tty_class, NULL,
					      MKDEV(TTYAUX_MAJOR, 1), NULL,
					      cons_dev_groups, "console");

	if (IS_ERR(consdev))
		consdev = NULL;
#ifdef CONFIG_VT
	vty_init(&console_fops);
#endif
	return 0;
}
```

device_create_with_groups 函数功能与 device_create 函数差不多，只是比 device_create 多一个 attribute_group 类型的参数。除了 tty_init 函数中会注册 TTY 字符设备外，当 tty_driver 结构的 flags 成员设置为动态分配（TTY_DRIVER_DYNAMIC_ALLOC）或者动态设备（TTY_DRIVER_DYNAMIC_DEV）时，TTY 驱动注册函数 tty_register_driver 会调用 tty_cdev_add 函数添加一个 tty 字符设备：

```
static int tty_cdev_add(struct tty_driver *driver, dev_t dev,unsigned int index, unsigned int count)
{
	int err;
	/*初始化字符设备*/
	driver->cdevs[index] = cdev_alloc();
	if (!driver->cdevs[index])
		return -ENOMEM;
	driver->cdevs[index]->ops = &tty_fops;
	driver->cdevs[index]->owner = driver->owner;
	err = cdev_add(driver->cdevs[index], dev, count);
	if (err)
```

```
		kobject_put(&driver->cdevs[index]->kobj);
	return err;
}
```

8.2.3 线路规程层

线路规程（line discipline）是 TTY 文件层与 TTY 驱动层的中间层，主要负责 TTY 的协议层。线路规程使用 tty_ldisc 结构描述，struct tty_ldisc 包含两类接口，一类是面向上层供 TTY 核心层调用的，另一类是面向下层供 TTY 驱动程序调用的。

```
struct tty_ldisc_ops {
	int	magic;
	char	*name;
	int	num;
	int	flags;
	//TTY 核心层调用
	int	(*open)(struct tty_struct *);
	void	(*close)(struct tty_struct *);
	void	(*flush_buffer)(struct tty_struct *tty);
	ssize_t		(*chars_in_buffer)(struct tty_struct *tty);
	ssize_t		(*read)(struct tty_struct *tty, struct file *file,unsigned char __user *buf, size_t nr);
	ssize_t		(*write)(struct tty_struct *tty, struct file *file,const unsigned char *buf, size_t nr);
	int	(*ioctl)(struct tty_struct *tty, struct file *file,unsigned int cmd, unsigned long arg);
	long	(*compat_ioctl)(struct tty_struct *tty, struct file *file,unsigned int cmd, unsigned long arg);
	void	(*set_termios)(struct tty_struct *tty, struct ktermios *old);
	unsigned int (*poll)(struct tty_struct *, struct file *,struct poll_table_struct *);
	int	(*hangup)(struct tty_struct *tty);
	//下层 TTY 驱动程序调用
	void	(*receive_buf)(struct tty_struct *, const unsigned char *cp,char *fp, int count);
	void	(*write_wakeup)(struct tty_struct *);
	void	(*dcd_change)(struct tty_struct *, unsigned int);
	void	(*fasync)(struct tty_struct *tty, int on);
	int	(*receive_buf2)(struct tty_struct *, const unsigned char *cp,char *fp, int count);
	struct	module *owner;
	int refcount;
};
struct tty_ldisc {
	struct tty_ldisc_ops *ops;
	struct tty_struct *tty;
};
```

注册一种线路规程使用 tty_register_ldisc 函数：

```
int tty_register_ldisc(int disc, struct tty_ldisc_ops *new_ldisc)
```

disc 是线路规程号，new_ldisc 是要注册的线路规程。内核中有一个线路规程表：

```
static struct tty_ldisc_ops *tty_ldiscs[NR_LDISCS];
```

tty_register_ldisc 函数将新的线路规程加入到线路规程表中。内核中已经定义的线路规程如下：

```
#define N_TTY              0
#define N_SLIP             1
#define N_MOUSE            2
#define N_PPP              3
#define N_STRIP            4
#define N_AX25             5
#define N_X25              6  /*X.25 async*/
#define N_6PACK            7
#define N_MASC             8  /*为 Mobitex module <kaz@cafe.net> 保留*/
#define N_R3964            9  /*为 Simatic R3964 module 保留*/
#define N_PROFIBUS_FDL     10 /*为 Profibus 保留*/
#define N_IRDA             11 /*IrDa*/
#define N_SMSBLOCK         12 /*SMS block mode - for talking to GSM data*/
#define N_HDLC             13 /*synchronous HDLC*/
#define N_SYNC_PPP         14 /*synchronous PPP*/
…
#define N_NCI          25      /*NFC NCI UART*/
```

TTY 设备在初始化时被绑定到 N_TTY 号线路规程。内核启动时会初始化 N_TTY 号线路规程：

```
void tty_ldisc_begin(void)
{
        /*建立默认的 TTY line discipline.*/
        (void) tty_register_ldisc(N_TTY, &tty_ldisc_N_TTY);
}
void __init console_init(void)
{
        initcall_t *call;
        tty_ldisc_begin();
        call = __con_initcall_start;
        while (call < __con_initcall_end) {
                (*call)();
                call++;
        }
}
asmlinkage void __init start_kernel(void)
{
        …
        console_init();
        if (panic_later)
                panic(panic_later, panic_param);
```

```
        lockdep_info();
        locking_selftest();
}
```

应用层可以通过使用 IOCTL 命令（TIOCSETD）切换驱动的线路规程。

8.2.4　TTY 驱动层

tty_driver 结构描述一种 TTY 驱动程序：

```
struct tty_driver {
        int     magic;              /*本结构的 magic number*/
        struct kref kref;           /*引用管理*/
        struct cdev **cdevs;  //字符设备
        struct module*owner;
        const char      *driver_name;
        const char      *name;
        int     name_base;          /*打印名称偏移*/
        int     major;              /*主设备号*/
        int     minor_start;        /*起始次设备号*/
        unsigned int  num;          /*分配的设备个数*/
        shorttype;                  /*tty driver  主类型*/
        shortsubtype;               /*tty driver  子类型*/
        struct ktermios init_termios;              /*初始  termios*/
        unsigned long           flags;             /*标志*/
        struct proc_dir_entry *proc_entry; /* /proc  文件系统路径*/
        struct tty_driver *other;                  /*PTY driver 专用*/
        struct tty_struct **ttys;
        struct tty_port **ports;                   //tty 端口
        struct ktermios **termios;
        void *driver_state;
const struct tty_operations *ops;                  //操作函数
        struct list_head tty_drivers;
};
```

Linux 内核实现的 TTY 驱动程序包含如下几种主类型：

```
#define TTY_DRIVER_TYPE_SYSTEM          0x0001
#define TTY_DRIVER_TYPE_CONSOLE         0x0002//控制台
#define TTY_DRIVER_TYPE_SERIAL          0x0003//串口
#define TTY_DRIVER_TYPE_PTY             0x0004
#define TTY_DRIVER_TYPE_SCC             0x0005/*SCC 驱动*/
#define TTY_DRIVER_TYPE_SYSCONS         0x0006
```

每种 TTY 主类型下面有各自的子类型。

TTY 驱动程序的操作接口用 tty_operations 结构描述：

```
struct tty_operations {
```

```
        struct tty_struct * (*lookup)(struct tty_driver *driver,struct inode *inode, int idx);
        int  (*install)(struct tty_driver *driver, struct tty_struct *tty);
        void (*remove)(struct tty_driver *driver, struct tty_struct *tty);
        int  (*open)(struct tty_struct * tty, struct file * filp);
        void (*close)(struct tty_struct * tty, struct file * filp);
        void (*shutdown)(struct tty_struct *tty);
        void (*cleanup)(struct tty_struct *tty);
        int  (*write)(struct tty_struct * tty,const unsigned char *buf, int count);
        int  (*put_char)(struct tty_struct *tty, unsigned char ch);
        void (*flush_chars)(struct tty_struct *tty);
        int  (*write_room)(struct tty_struct *tty);
        int  (*chars_in_buffer)(struct tty_struct *tty);
        int  (*ioctl)(struct tty_struct *tty,unsigned int cmd, unsigned long arg);
        long (*compat_ioctl)(struct tty_struct *tty,unsigned int cmd, unsigned long arg);
        void (*set_termios)(struct tty_struct *tty, struct ktermios * old);
        void (*throttle)(struct tty_struct * tty);
        void (*unthrottle)(struct tty_struct * tty);
        void (*stop)(struct tty_struct *tty);
        void (*start)(struct tty_struct *tty);
        void (*hangup)(struct tty_struct *tty);
        int (*break_ctl)(struct tty_struct *tty, int state);
        void (*flush_buffer)(struct tty_struct *tty);
        void (*set_ldisc)(struct tty_struct *tty);
        void (*wait_until_sent)(struct tty_struct *tty, int timeout);
        void (*send_xchar)(struct tty_struct *tty, char ch);
        int (*tiocmget)(struct tty_struct *tty);
        int (*tiocmset)(struct tty_struct *tty,unsigned int set, unsigned int clear);
        int (*resize)(struct tty_struct *tty, struct winsize *ws);
        int (*set_termiox)(struct tty_struct *tty, struct termiox *tnew);
        int (*get_icount)(struct tty_struct *tty,struct serial_icounter_struct *icount);
        const struct file_operations *proc_fops;
};
```

内核使用 tty_set_operations 函数来设置 tty_driver 的操作函数接口：

```
void tty_set_operations(struct tty_driver *driver,const struct tty_operations *op);
```

注册一个 TTY 驱动使用 tty_register_driver 函数：

```
int tty_register_driver(struct tty_driver *driver);
```

Linux 内核已经实现 TTY 核心层，编写 TTY 驱动主要是实现 tty_operations。

一个 TTY 设备可以有一个或多个端口，端口用 tty_port 结构描述。每个 TTY 端口对应于/dev 目录下一个设备节点。

```
struct tty_port {
        struct tty_bufhead      buf;     /*带锁缓冲*/
        struct tty_struct       *tty;
```

```
        struct tty_struct          *itty;
        const struct tty_port_operations *ops;          /*端口操作*/
        …
        unsigned long              flags;               /*TTY 标记 ASY_*/
        unsigned char              console:1,           /*端口是否 console*/
                                   low_latency:1;       /*低延迟支持*/
        struct mutex               mutex;               /*互斥锁*/
        struct mutex               buf_mutex;           /*缓冲分配锁*/
        unsigned char              *xmit_buf;           /*可选缓冲*/
        unsigned int               close_delay;         /*端口关闭延迟*/
        unsigned int               closing_wait;        /*关闭等待时间*/
        struct kref                kref;                /*引用计数*/
};
```

下面两个函数将 TTY 设备驱动接收到的数据放入 TTY 缓冲：

```
int tty_insert_flip_char(struct tty_port *port,unsigned char ch, char flag);//插入单个字符
int tty_insert_flip_string(struct tty_port *port,const unsigned char *chars, size_t size);//插入多个字符
```

例 8.1　定制 printk 函数

代码见\samples\8tty\8-1myprint。驱动层参考代码如下：

```
static void my_print(char *str)
{
        struct tty_struct *my_tty;
        my_tty = current->signal->tty;          //获取当前进程的 tty 结构
        if (my_tty != NULL)
        {
                ((my_tty->driver)->ops->write) (my_tty,str,strlen(str));
                ((my_tty->driver)->ops->write) (my_tty,"......\n",7);
        }
}
static int __init my_print_init(void)
{
        my_print("my_print_init!");
        return 0;
}
static void __exit my_print_exit(void)
{
        my_print("my_print_exit!");
}
```

运行结果如下：

```
[root@urbetter /home]# insmod myprint.ko
my_print_init!......
```

8.2.5　TTY 数据链路分析

TTY 设备打开函数 tty_open 会创建一个 tty_struct 结构，并调用 tty_add_file 函数将该结构与打开的文件（struct file）绑定。tty_struct 是 TTY 驱动各层的纽带，下面是其主要成员：

```
struct tty_struct {
        struct tty_driver *driver;
        const struct tty_operations *ops;
        struct tty_ldisc *ldisc;
        struct tty_port *port;
};
```

下面以 TTY 数据发送为例说明 TTY 数据链路。根据上面的分析，TTY 数据从应用层到达内核层，首先经过 TTY 文件层：

```
static ssize_t tty_write(struct file *file, const char __user *buf,size_t count, loff_t *ppos)
{
        struct tty_struct *tty = file_tty(file);//获取 tty 结构
      struct tty_ldisc *ld;
        ssize_t ret;
        …
        ld = tty_ldisc_ref_wait(tty);
        if (!ld->ops->write)//没有实现线路规程会返回错误
                ret = -EIO;
        else
                ret = do_tty_write(ld->ops->write, tty, file, buf, count);//调用线路规程层函数
        …
}
```

tty_write 函数调用了线路规程层的函数。默认的线路规程层写处理函数如下：

```
static ssize_t n_tty_write(struct tty_struct *tty, struct file *file,const unsigned char *buf, size_t nr)
{
const unsigned char *b = buf;
if (O_OPOST(tty)) {
                        …
                } else {
                        while (nr > 0) {
                                mutex_lock(&ldata->output_lock);
                                c = tty->ops->write(tty, b, nr);//调用 tty 驱动的 write 函数
                                mutex_unlock(&ldata->output_lock);
                                if (c < 0) {
                                        retval = c;
                                        goto break_out;
                                }
                                if (!c)break;
                                b += c;
                                nr -= c;
```

```
                        }
                }
        }
```

可见 TTY 数据一路经历了 TTY 文件层、TTY 线路规程层到 TTY 驱动层，最后被发送到总线上。

8.3 串口驱动层

8.3.1 uart_driver

串口驱动是一种 TTY 驱动，是对所有串口设备驱动的抽象。uart_driver 结构代表一个串口驱动：

```
struct uart_driver {
        struct module  *owner;
        const char              *driver_name;
        const char              *dev_name;
        int                      major;//主设备号
        int                      minor;//次设备号
        int                      nr;     //端口数
        struct console*cons;            //终端
        //私有数据，初始化为 NULL
        struct uart_state       *state;
        struct tty_driver       *tty_driver;
};
```

串口设备驱动会注册成串口驱动，注册函数为 uart_register_driver：

```
int uart_register_driver(struct uart_driver *drv)
{
        struct tty_driver *normal;
        int i, retval;
        BUG_ON(drv->state);//假如 state 不为 NULL，则打印错误信息
        //分配 state 内存
        drv->state = kzalloc(sizeof(struct uart_state) * drv->nr, GFP_KERNEL);
        if (!drv->state)
                goto out;
       //分配 tty 驱动结构
        normal = alloc_tty_driver(drv->nr);
        if (!normal)
                goto out_kfree;
        //填充 normal
        drv->tty_driver = normal;
        normal->driver_name             = drv->driver_name;
        normal->name                    = drv->dev_name;
```

```
        normal->major               = drv->major;
        normal->minor_start         = drv->minor;
        normal->type                = TTY_DRIVER_TYPE_SERIAL;//串口类型
        normal->subtype             = SERIAL_TYPE_NORMAL;
        normal->init_termios = tty_std_termios;
        normal->init_termios.c_cflag = B9600 | CS8 | CREAD | HUPCL | CLOCAL;
        normal->init_termios.c_ispeed = normal->init_termios.c_ospeed = 9600;
        normal->flags = TTY_DRIVER_REAL_RAW | TTY_DRIVER_DYNAMIC_DEV;//动态设备
        normal->driver_state        = drv;
        tty_set_operations(normal, &uart_ops);//设置串口设备的 tty_operations
        //初始化 tty 端口
        for (i = 0; i < drv->nr; i++) {
                struct uart_state *state = drv->state + i;
                struct tty_port *port = &state->port;
                tty_port_init(port);
                port->ops = &uart_port_ops;
        }
        //注册 tty 驱动
        retval = tty_register_driver(normal);
        if (retval >= 0)
                return retval;
        //注册失败后续处理
        for (i = 0; i < drv->nr; i++)
                tty_port_destroy(&drv->state[i].port);
        put_tty_driver(normal);
out_kfree:
        kfree(drv->state);
out:
        return -ENOMEM;
}
```

8.3.2　uart_port

一个串口控制器或串口芯片上往往有多个串行端口（serial ports，对应于一个物理上的串口）这些串行端口具备相同的操作机制。内核中将这些串行端口用 uart_port 结构描述。uart_port 用于描述一个 UART 端口的中断、I/O 内存地址、FIFO 大小、端口类型等信息：

```
struct uart_port {
        spinlock_t              lock;   /*锁*/
        unsigned long           iobase; /*IO 基地址*/
        unsigned char __iomem   *membase;       /*内存地址*/
        unsigned int            (*serial_in)(struct uart_port *, int);
        void                    (*serial_out)(struct uart_port *, int, int);
        void                    (*set_termios)(struct uart_port *,struct ktermios *new,truct ktermios *old);
        void                    (*set_mctrl)(struct uart_port *, unsigned int);
        int                     (*startup)(struct uart_port *port);
```

```
	void		(*shutdown)(struct uart_port *port);
	void		(*throttle)(struct uart_port *port);
	void		(*unthrottle)(struct uart_port *port);
	int		(*handle_irq)(struct uart_port *);
	void		(*pm)(struct uart_port *, unsigned int state,unsigned int old);
	void		(*handle_break)(struct uart_port *);
	int		(*rs485_config)(struct uart_port *,struct serial_rs485 *rs485);
	unsigned int		irq;		/*中断号*/
	unsigned long		irqflags;		/*中断标志*/
	unsigned int		uartclk;		/*时钟*/
	unsigned int		fifosize;		/*发送 fifo 大小*/
	unsigned char		x_char;		/*xon/xoff 握手字节*/
	unsigned char		regshift;		/*寄存器偏移*/
	unsigned char		iotype;		/*IO 访问类型*/
	unsigned char		unused1;
	unsigned int		read_status_mask;		/*读状态掩码*/
	unsigned int		ignore_status_mask;	/*忽略状态掩码*/
	struct uart_state	*state;			/*指向父设备的 state*/
	struct uart_icount	icount;			/*统计*/
	struct console		*cons;			/*控制台*/
	/*下面的标志在获得 mutex 后才能更新*/
	upf_t			flags;
	upstat_t		status;
	int			hw_stopped;
	unsigned int		mctrl;			/*当前 modem ctrl 设置*/
	unsigned int		timeout;		/*字符为单元的超时*/
	unsigned int		type;			/*端口类型*/
	const struct uart_ops	*ops;
	unsigned int		custom_divisor;
	unsigned int		line;			/*端口系数*/
	unsigned int		minor;
	resource_size_t		mapbase;		/*内存映射*/
	resource_size_t		mapsize;		/*内存映射大小*/
	struct device		*dev;			/*父设备*/
	unsigned char		hub6;			/*8250 驱动专用*/
	unsigned char		suspended;
	unsigned char		irq_wake;
	unsigned char		unused[2];
	struct attribute_group *attr_group;		/*端口属性*/
	const struct attribute_group **tty_groups;	/*tty 属性*/
	struct serial_rs485	rs485;
	void			*private_data;		/*平台数据*/
};
```

对串行端口操作的主要函数如下：

```
int uart_add_one_port(struct uart_driver *drv, struct uart_port *port)//添加一个端口
```

```
int uart_remove_one_port(struct uart_driver *drv, struct uart_port *port)//移除一个端口
int uart_match_port(struct uart_port *port1, struct uart_port *port2)//比较两个端口
int uart_suspend_port(struct uart_driver *drv, struct uart_port *port)//暂停端口
int uart_resume_port(struct uart_driver *drv, struct uart_port *port)//恢复端口
```

串口设备的文件操作最终转化为串行端口的操作接口（uart_ops 结构）：

```
struct uart_ops {
        unsigned int  (*tx_empty)(struct uart_port *);
        void          (*set_mctrl)(struct uart_port *, unsigned int mctrl);
        unsigned int  (*get_mctrl)(struct uart_port *);
        void          (*stop_tx)(struct uart_port *);            //停止传输
        void          (*start_tx)(struct uart_port *);           //开始传输
        void          (*throttle)(struct uart_port *);
        void          (*unthrottle)(struct uart_port *);
        void          (*send_xchar)(struct uart_port *, char ch);//发送字符
        void          (*stop_rx)(struct uart_port *);            //停止接收
        void          (*enable_ms)(struct uart_port *);
        void          (*break_ctl)(struct uart_port *, int ctl);
        int           (*startup)(struct uart_port *);
        void          (*shutdown)(struct uart_port *);
        void          (*flush_buffer)(struct uart_port *);
        void          (*set_termios)(struct uart_port *, struct ktermios *new,struct ktermios *old);
        void          (*set_ldisc)(struct uart_port *, struct ktermios *);
        void          (*pm)(struct uart_port *, unsigned int state,unsigned int oldstate);
        const char    *(*type)(struct uart_port *);              //返回端口类型
        void          (*release_port)(struct uart_port *);       //释放端口
        int           (*request_port)(struct uart_port *);
        void          (*config_port)(struct uart_port *, int);   //配置端口
        int           (*verify_port)(struct uart_port *, struct serial_struct *);
        int           (*ioctl)(struct uart_port *, unsigned int, unsigned long);
};
```

8.4　S3C6410X 串口设备驱动程序

编写串口驱动程序的重点在于实现串行端口的操作函数（struct uart_ops）。三星的 S3C24xx 系列与 S3C64xx 系列的串口驱动程序是统一的，代码参见/drivers/tty/serial/samsung.c。串口驱动程序入口代码如下：

```
static struct platform_driver samsung_serial_driver = {
        .probe          = s3c24xx_serial_probe,
        .remove         = s3c24xx_serial_remove,
        .id_table       = s3c24xx_serial_driver_ids,
        .driver         = {
                .name   = "samsung-uart",
                .pm     = SERIAL_SAMSUNG_PM_OPS,
```

```
		.of_match_table		= of_match_ptr(s3c24xx_uart_dt_match),
	},
};
//平台入口
module_platform_driver(samsung_serial_driver);
```

s3c24xx_serial_probe 串口探测函数如下：

```
static int probe_index;
static struct uart_driver s3c24xx_uart_drv = {
	.owner		= THIS_MODULE,
	.driver_name	= "s3c2410_serial",
	.nr		= CONFIG_SERIAL_SAMSUNG_UARTS,
	.cons		= S3C24XX_SERIAL_CONSOLE,
	.dev_name	= S3C24XX_SERIAL_NAME,
	.major		= S3C24XX_SERIAL_MAJOR,
	.minor		= S3C24XX_SERIAL_MINOR,
};
static int s3c24xx_serial_probe(struct platform_device *pdev)
{
	struct device_node *np = pdev->dev.of_node;
	struct s3c24xx_uart_port *ourport;
	int index = probe_index;
	int ret;
	if (np) {
		ret = of_alias_get_id(np, "serial");
		if (ret >= 0)index = ret;
	}
	dbg("s3c24xx_serial_probe(%p) %d\n", pdev, index);
	ourport = &s3c24xx_serial_ports[index];
	ourport->drv_data = s3c24xx_get_driver_data(pdev);
	if (!ourport->drv_data) {
		dev_err(&pdev->dev, "could not find driver data\n");
		return -ENODEV;
	}
	ourport->baudclk = ERR_PTR(-EINVAL);
	ourport->info = ourport->drv_data->info;
	ourport->cfg = (dev_get_platdata(&pdev->dev)) ?
			dev_get_platdata(&pdev->dev) :ourport->drv_data->def_cfg;
	if (np)of_property_read_u32(np,"samsung,uart-fifosize", &ourport->port.fifosize);
	if (ourport->drv_data->fifosize[index])
		ourport->port.fifosize = ourport->drv_data->fifosize[index];
	else if (ourport->info->fifosize)
		ourport->port.fifosize = ourport->info->fifosize;
	//DMA 大小必须与 cache 尺寸对齐
	ourport->min_dma_size = max_t(int, ourport->port.fifosize,dma_get_cache_alignment());
	probe_index++;
```

```
        dbg("%s: initialising port %p...\n", __func__, ourport);
        //初始化端口
        ret = s3c24xx_serial_init_port(ourport, pdev);
        if (ret < 0)
                return ret;
//多个串行端口共享一个串口驱动，注册过就不再注册
        if (!s3c24xx_uart_drv.state) {
                ret = uart_register_driver(&s3c24xx_uart_drv);
                if (ret < 0) {
                        pr_err("Failed to register Samsung UART driver\n");
                        return ret;
                }
        }
        dbg("%s: adding port\n", __func__);
        uart_add_one_port(&s3c24xx_uart_drv, &ourport->port);//添加端口
        platform_set_drvdata(pdev, &ourport->port);
                clk_disable_unprepare(ourport->clk);
        ret = s3c24xx_serial_cpufreq_register(ourport);//申请接收 CPU 频率调整通知
        if (ret < 0)
                dev_err(&pdev->dev, "failed to add cpufreq notifier\n");
        return 0;
}
```

s3c24xx_serial_probe 函数调用 uart_add_one_port 函数注册了一个串行端口设备。下面是三星 ARM 处理器的串口操作函数设置：

```
static struct uart_ops s3c24xx_serial_ops = {
        .pm             = s3c24xx_serial_pm,
        .tx_empty       = s3c24xx_serial_tx_empty,
        .get_mctrl      = s3c24xx_serial_get_mctrl,
        .set_mctrl      = s3c24xx_serial_set_mctrl,
        .stop_tx        = s3c24xx_serial_stop_tx,
        .start_tx       = s3c24xx_serial_start_tx,
        .stop_rx        = s3c24xx_serial_stop_rx,
        .break_ctl      = s3c24xx_serial_break_ctl,
        .startup        = s3c24xx_serial_startup,
        .shutdown       = s3c24xx_serial_shutdown,
        .set_termios    = s3c24xx_serial_set_termios,
        .type           = s3c24xx_serial_type,
        .release_port   = s3c24xx_serial_release_port,
        .request_port   = s3c24xx_serial_request_port,
        .config_port    = s3c24xx_serial_config_port,
        .verify_port    = s3c24xx_serial_verify_port,
        …
};
#define __PORT_LOCK_UNLOCKED(i) \
        __SPIN_LOCK_UNLOCKED(s3c24xx_serial_ports[i].port.lock)
```

```
static struct s3c24xx_uart_port s3c24xx_serial_ports[CONFIG_SERIAL_SAMSUNG_UARTS] = {
	[0] = {
		.port = {
			.lock		= __PORT_LOCK_UNLOCKED(0),
			.iotype = UPIO_MEM,
			.uartclk = 0,
			.fifosize	= 16,
			.ops		= &s3c24xx_serial_ops,
			.flags		= UPF_BOOT_AUTOCONF,
			.line		= 0,
		}
	},
…
};
```

s3c24xx_serial_startup 函数中申请了串口中断，发送中断与接收中断分开处理。

```
static int s3c24xx_serial_startup(struct uart_port *port)
{
	struct s3c24xx_uart_port *ourport = to_ourport(port);
	int ret;
	dbg("s3c24xx_serial_startup: port=%p (%08llx,%p)\n",
	    port, (unsigned long long)port->mapbase, port->membase);
	rx_enabled(port) = 1;
	//申请接收中断
	ret = request_irq(ourport->rx_irq, s3c24xx_serial_rx_chars, 0,s3c24xx_serial_portname(port), ourport);
	if (ret != 0) {
		dev_err(port->dev, "cannot get irq %d\n", ourport->rx_irq);
		return ret;
	}
	ourport->rx_claimed = 1;
	dbg("requesting tx irq...\n");
	tx_enabled(port) = 1;
	//申请发送中断
	ret = request_irq(ourport->tx_irq, s3c24xx_serial_tx_chars, 0,s3c24xx_serial_portname(port), ourport);
	if (ret) {
		dev_err(port->dev, "cannot get irq %d\n", ourport->tx_irq);
		goto err;
	}
	ourport->tx_claimed = 1;
	dbg("s3c24xx_serial_startup ok\n");
	return ret;
err:
	s3c24xx_serial_shutdown(port);
	return ret;
}
```

串口读写的底层函数为 s3c24xx_serial_rx_chars 和 s3c24xx_serial_tx_chars，有兴趣的读

者可以继续阅读内核代码，不再赘述。

8.5　TTY 应用层

TTY 设备的访问同文件的访问类似，不同的是 TTY 设备的操作模式的设置比一般文件烦琐。访问 TTY 设备需要包含 termios.h 头文件。最基本的 TTY 设备设置包括波特率设置、校验位和停止位设置。termios 结构描述 TTY 设备的操作模式：

```
struct termios
{   unsigned short   c_iflag;                /*输入模式标志*/
    unsigned short   c_oflag;                /*输出模式标志*/
    unsigned short   c_cflag;                /*控制模式标志*/
    unsigned short   c_lflag;                /*内部模式标志*/
    unsigned char   c_line;                  /*线路规则*/
    unsigned char   c_cc[NCC];               /*控制字符*/
};
```

下面以串口为例讲解 TTY 设备的基本访问步骤。

（1）打开串口

在 Linux 下串口文件是位于/dev 下的。串口一为/dev/ttyS0，串口二为/dev/ttyS1。打开串口可使用标准的文件打开函数操作：

```
int fd;
/*以读写方式打开串口*/
fd = open( "/dev/ttyS0", O_RDWR);
if (-1 == fd){
/*不能打开串口设备*/
perror(" 提示错误！");
}
```

（2）设置串口

串口设置相关的操作函数如下：

```
/*获取输出波特率*/
speed_t cfgetospeed (struct termios *termios_p);
/*获取输入波特率*/
speed_t cfgetispeed (struct termios *termios_p);
/*设置输出波特率*/
int cfsetospeed (struct termios *termios_p, speed_t speed) ;
/*设置输入波特率*/
int cfsetispeed (struct termios *termios_p, speed_t speed) ;
/*获取串口设置*/
int tcgetattr (int fd, struct termios *termios_p) ;
/*设置串口设置*/
int tcsetattr (int fd, int optional_actions, struct termios *termios_p);
```

修改波特率的实例代码：

```
struct   termios Opt;
tcgetattr(fd, &Opt);
cfsetispeed(&Opt,B19200);          /*设置输入为 19200Bps*/
cfsetospeed(&Opt,B19200);          /*设置输出为 19200Bps*/
tcsetattr(fd,TCANOW,&Opt);
```

设置校验位和停止位的实例：

```
struct   termios options;
tcgetattr(fd, &Opt);
options.c_cflag &=  ~CSIZE;
Option.c_cflag |=  ~CS8;            //数据位为 8
options.c_cflag &=  ~CSTOPB;   //停止位
Option.c_cflag &=  ~PARENB;
Option.c_cflag |=  ~PARODD;       // 偶校验
tcsetattr(fd,TCANOW,& options);
```

需要注意的是，如果不是开发终端类型的应用程序，只是使用串口来传输数据，那么应该使用原始模式(Raw Mode)方式来进行通信，设置方式如下：

```
options.c_lflag   &=  ~(ICANON | ECHO | ECHOE | ISIG);   /*输入*/
options.c_oflag   &=  ~OPOST;    /*输出*/
```

（3）读写串口

设置好串口之后，读写串口就很容易了，只需把串口当作文件读写即可。

1）发送数据

```
char   buffer[1024];
int       Length;
int       nByte;
nByte = write(fd, buffer ,Length)
```

2）读取串口数据

使用文件操作 read 函数读取，如果设置为原始模式(Raw Mode)传输数据，那么 read 函数返回的字符数是实际串口收到的字符数。也可以使用操作文件的函数来实现异步读取，如 fcntl 或 select 等。

```
char   buff[1024];
int   Len;
int   readByte = read(fd,buff,Len);
```

（4）关闭串口

```
close(fd);
```

第 9 章　Framebuffer 驱动程序

Framebuffer 驱动程序是 Linux 内核中显示设备驱动程序的标准。目前大多数 Linux 界面系统都支持 Framebuffer 驱动程序。本章重点介绍 Framebuffer 驱动程序的框架与开发方法，以及界面系统的架构。

9.1　Linux Framebuffer 驱动程序原理

Framebuffer 即帧缓存。内核将显示缓存映射（mmap）到用户地址，应用层操作该用户地址，内容直接映射到显示物理地址。图 9-1 为 Linux Framebuffer 驱动原理图。

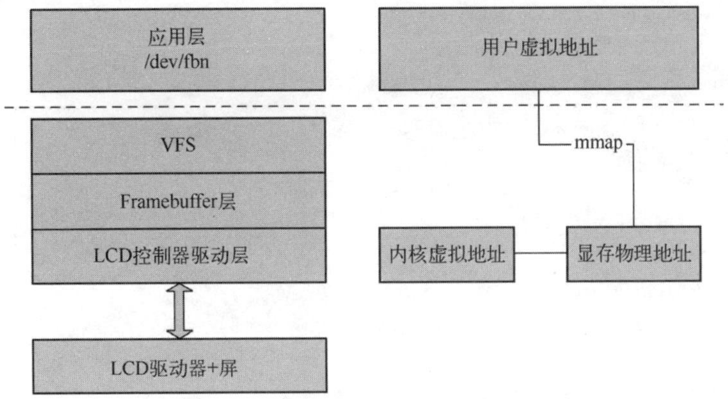

图 9-1　Linux Framebuffer 驱动原理

9.1.1　Framebuffer 核心数据结构

Framebuffer 设备是一种字符设备，使用主设备号 29，次设备号用于帧缓冲设备之间的区分。Framebuffer 驱动程序的设备文件一般是 /dev/fb0~fbn。假设显示模式是 1024×768 像素的分辨率，8 位色模式，可以通过如下的命令清空屏幕显示：

```
# dd if=/dev/zero of=/dev/fb0 bs=1024 count=768
```

framebuffer 驱动程序的核心数据结构是 fb_info，定义如下：

```
struct fb_info {
        atomic_t count;
        int node;
        int flags;
        struct mutex lock;          /*互斥锁*/
        struct mutex mm_lock;          /*fb_mmap and smem_* 的锁*/
```

```
	struct fb_var_screeninfo var; /*可变屏幕参数*/
	struct fb_fix_screeninfo fix;		/*固定屏幕参数*/
	struct fb_monspecs monspecs;		/*当前显示器规格*/
	struct work_struct queue;		/*Framebuffer 事件队列*/
	struct fb_pixmap pixmap;		/*图像映射表*/
	struct fb_pixmap sprite;		/*光标映射表*/
	struct fb_cmap cmap;		/*当前 cmap*/
	struct list_head modelist;	/*模式列表*/
	struct fb_videomode *mode;		/*当前模式*/
#ifdef CONFIG_FB_BACKLIGHT
	struct backlight_device *bl_dev; //背光设备
	struct mutex bl_curve_mutex;		/*背光电压曲线*/
	u8 bl_curve[FB_BACKLIGHT_LEVELS];
#endif
	struct fb_ops *fbops;	//framebuffer 操作函数
	struct device *device;		/*父设备*/
	struct device *dev;/*fb 设备*/
	int class_flag;	/*私有 sysfs 标志*/
#ifdef CONFIG_FB_TILEBLITTING
	struct fb_tile_ops *tileops;	/*图块操作*/
#endif
	union {
		char __iomem *screen_base;		/*虚拟地址*/
		char *screen_buffer;
	};
	unsigned long screen_size;		/*映射的 VRAM 大小*/
	void *pseudo_palette;			/*16 色假彩色表*/
	u32 state;		/*硬件状态如挂起等*/
	void *fbcon_par;		/*fbcon 使用的私有数据*/
	/*以下均与设备关联*/
	void *par;
	struct apertures_struct {
		unsigned int count;
		struct aperture {
			resource_size_t base;
			resource_size_t size;
		} ranges[0];
	} *apertures;
	bool skip_vt_switch;
};
```

fb_var_screeninfo 结构定义了视频硬件一些可变的特性。这些特性在程序运行期间可以由应用程序动态改变。成员变量 xres 和 yres 定义在显示屏上真实显示的分辨率。而 xres_virtual 和 yres_virtual 是虚拟分辨率，它们定义的是显存分辨率。如显示屏垂直分辨率是 400，而虚拟分辨率是 800，意味着在显存中存储着 800 行显示行，但是每次只能显示 400 行。这就需要另外一个成员变量 yoffset 来决定到底显示哪些行。当 yoffset＝0 时，从显存 0

行开始显示 400 行，如果 yoffset＝30，就从显存 30 行开始显示 400 行。fb_var_screeninfo 结构定义如下：

```
struct fb_var_screeninfo {
        __u32 xres; /*可视分辨率*/
        __u32 yres;
        __u32 xres_virtual;          /*虚拟分辨率*/
        __u32 yres_virtual;
        __u32 xoffset;          /*从虚拟到可见区的 X 偏移*/
        __u32 yoffset; /*从虚拟到可见区的 Y 偏移*/
        __u32 bits_per_pixel;/*每像素的比特*/
        __u32 grayscale; /*!=0 表示灰度图*/
        struct fb_bitfield red;
        struct fb_bitfield green;
        struct fb_bitfield blue;
        struct fb_bitfield transp;          /*透明度*/
        __u32 nonstd;          /*!= 0  非标准像素格式*/
        __u32 activate;/*FB_ACTIVATE_*标志*/
        __u32 height;          /*图像高度（mm）*/
        __u32 width;          /*图像宽度（mm）*/
        __u32 accel_flags;
        __u32 pixclock; /*像素时钟  (pico seconds)*/
        __u32 left_margin;          /*行同步信号到图像的时钟数*/
        __u32 right_margin;/*图像到同步信号的时钟数*/
        __u32 upper_margin; /*帧同步信号到图像的时钟数*/
        __u32 lower_margin;
        __u32 hsync_len;          /*水平同步长度*/
        __u32 vsync_len;          /*垂直同步长度*/
        __u32 sync;          /*FB_SYNC_*标志*/
        __u32 vmode;          /*FB_VMODE_*开头的标志*/
        __u32 rotate; //旋转
        __u32 colorspace;/*FOURCC 模式的颜色空间*/
        __u32 reserved[4];/*保留*/
};
```

固定屏幕参数结构 fb_fix_screeninfo 定义如下：

```
struct fb_fix_screeninfo {
        char id[16];/*标识字串*/
        unsigned long smem_start;          /*framebuffer 物理地址起点*/
        __u32 smem_len;          /*framebuffer 物理内存长度*/
        __u32 type; /*类型，FB_TYPE_开头*/
        __u32 type_aux;
        __u32 visual;          /*视频模式，FB_VISUAL_开头*/
        __u16 xpanstep;
        __u16 ypanstep;
        __u16 ywrapstep;
```

```
        __u32 line_length; /*行字节数*/
        unsigned long mmio_start;/*I/O 映射内存起点*/
        __u32 mmio_len; /*I/O 映射内存长度*/
        __u32 accel;
        __u16 capabilities/*见 FB_CAP_*宏定义*/
        __u16 reserved[2]; /*保留*/
};
```

register_framebuffer 函数用来注册一个 Framebuffer 驱动， unregister_framebuffer 函数用来注销一个 Framebuffer 驱动，两者原型如下：

```
int register_framebuffer(struct fb_info *fb_info); //注册
int unregister_framebuffer(struct fb_info *fb_info); //注销
```

9.1.2 Framebuffer 操作接口

fb_info 结构中的一个重要成员是 fb_ops 结构，它是开发 Framebuffer 驱动程序的核心结构，定义如下：

```
struct fb_ops {
        struct module *owner;
        int (*fb_open)(struct fb_info *info, int user);//打开
        int (*fb_release)(struct fb_info *info, int user);//释放
        //下面两个是为不支持 mmap 的设备提供的读写接口
        ssize_t (*fb_read)(struct fb_info *info, char __user *buf,size_t count, loff_t *ppos);
        ssize_t (*fb_write)(struct fb_info *info, const char __user *buf,size_t count, loff_t *ppos);
        int (*fb_check_var)(struct fb_var_screeninfo *var, struct fb_info *info);//参数检查
        int (*fb_set_par)(struct fb_info *info);//参数设置
        int (*fb_setcolreg)(unsigned regno, unsigned red, unsigned green,
                        unsigned blue, unsigned transp, struct fb_info *info);//设置颜色寄存器
        int (*fb_setcmap)(struct fb_cmap *cmap, struct fb_info *info);//设置色彩映射表
        int (*fb_blank)(int blank, struct fb_info *info);//清空显示
        int (*fb_pan_display)(struct fb_var_screeninfo *var, struct fb_info *info);//游动显示
        void (*fb_fillrect) (struct fb_info *info, const struct fb_fillrect *rect);//绘制矩形
        void (*fb_copyarea) (struct fb_info *info, const struct fb_copyarea *region);//区域复制
        void (*fb_imageblit) (struct fb_info *info, const struct fb_image *image);//绘制图像
        int (*fb_cursor) (struct fb_info *info, struct fb_cursor *cursor);//光标
        void (*fb_rotate)(struct fb_info *info, int angle); /*旋转显示*/
        int (*fb_sync)(struct fb_info *info);
        int (*fb_ioctl)(struct fb_info *info, unsigned int cmd,unsigned long arg);//命令接口
        int (*fb_compat_ioctl)(struct fb_info *info, unsigned cmd,unsigned long arg);//兼容性命令接口
        int (*fb_mmap)(struct fb_info *info, struct vm_area_struct *vma);//特殊映射接口
        void (*fb_get_caps)(struct fb_info *info, struct fb_blit_caps *caps,
                        struct fb_var_screeninfo *var);//获取驱动能力
        void (*fb_destroy)(struct fb_info *info);
        int (*fb_debug_enter)(struct fb_info *info);
```

```
    int (*fb_debug_leave)(struct fb_info *info);
};
```

编写帧缓冲驱动程序主要就是编写 fb_ops 各个成员函数。

9.1.3　Framebuffer 驱动的文件接口

Framebuffer 驱动程序集中放置在内核的/linux/drivers/video 目录下。linux/drivers/video/fbmem.c 文件提供了 Framebuffer 设备的通用文件操作接口，自定义的 Framebuffer 驱动程序可以使用 fbmem.c 中提供的默认文件接口，该接口定义如下：

```
static const struct file_operations fb_fops = {
    .owner =        THIS_MODULE,
    .read =         fb_read,
    .write =        fb_write,
    .unlocked_ioctl = fb_ioctl,
    .mmap =         fb_mmap,
    .open =         fb_open,
    .release =      fb_release,
    .llseek =       default_llseek,
};
static int __init fbmem_init(void)
{
    proc_create("fb", 0, NULL, &fb_proc_fops);
    if (register_chrdev(FB_MAJOR,"fb",&fb_fops))
        printk("unable to get major %d for fb devs\n", FB_MAJOR);
    fb_class = class_create(THIS_MODULE, "graphics");
    if (IS_ERR(fb_class)) {
        printk(KERN_WARNING "Unable to create fb class; errno = %ld\n", PTR_ERR(fb_class));
        fb_class = NULL;
    }
    return 0;
}
```

用户通过内存映射 mmap 函数将显示缓存映射到进程地址空间之后，就可以直接进行读写操作，且写操作可以立即反映在屏幕上。新注册的 Framebuffer 驱动会自动创建以 FB_MAJOR 为主设备号的/dev/fbn 节点。

```
int   register_framebuffer(struct fb_info *fb_info)
{
    int ret;
    mutex_lock(&registration_lock);
    ret = do_register_framebuffer(fb_info);
    mutex_unlock(&registration_lock);
    return ret;
}
static int do_register_framebuffer(struct fb_info *fb_info)
```

```
    {
        fb_info->dev = device_create(fb_class, fb_info->device,MKDEV(FB_MAJOR, i), NULL, "fb%d", i);
        …
    }
```

下面是 Framebuffer 设备的 mmap 接口的实现：

```
static int fb_mmap(struct file *file, struct vm_area_struct * vma)
{
    struct fb_info *info = file_fb_info(file);
    struct fb_ops *fb;
    unsigned long mmio_pgoff;
    unsigned long start;
    u32 len;
    if (!info)return -ENODEV;
    fb = info->fbops;
    if (!fb)return -ENODEV;
    mutex_lock(&info->mm_lock);
    if (fb->fb_mmap) {
        int res;
        res = fb->fb_mmap(info, vma);
        mutex_unlock(&info->mm_lock);
        return res;
    }
    start = info->fix.smem_start;
    len = info->fix.smem_len;
    mmio_pgoff = PAGE_ALIGN((start & ~PAGE_MASK) + len) >> PAGE_SHIFT;
    if (vma->vm_pgoff >= mmio_pgoff) {
        if (info->var.accel_flags) {
            mutex_unlock(&info->mm_lock);
            return -EINVAL;
        }
        vma->vm_pgoff -= mmio_pgoff;
        start = info->fix.mmio_start;
        len = info->fix.mmio_len;
    }
    mutex_unlock(&info->mm_lock);
    vma->vm_page_prot = vm_get_page_prot(vma->vm_flags);
    fb_pgprotect(file, vma, start);
    return vm_iomap_memory(vma, start, len);
}
```

vm_iomap_memory 函数调用 remap_pfn_range 函数来实现物理地址到用户地址的映射。fb_mmap 函数将 info->fix.smem_start 开始的 info->fix.smem_len 字节的地址空间映射到用户空间。在设计 framebuffer 驱动时，要设置好 smem_start 与 smem_len 参数。

9.1.4　Framebuffer 驱动框架代码分析

在 Linux 内核驱动程序代码下有一个 skeletonfb.c 文件，它演示了开发 Framebuffer 设备驱动程序的基本方法。下面分析这个文件。首先看 fb_fix_screeninfo 结构：

```
static struct fb_fix_screeninfo xxxfb_fix = {
        .id =           "FB's name",
        .type =                 FB_TYPE_PACKED_PIXELS,
        .visual =       FB_VISUAL_PSEUDOCOLOR,
        .xpanstep = 1,
        .ypanstep = 1,
        .ywrapstep =            1,
        .accel =        FB_ACCEL_NONE,
};
```

定义一个全局的 fb_info 结构，这个结构是 Framebuffer 驱动程序的核心。

```
static struct fb_info info;
```

接下来定义 Framebuffer 驱动程序自己的文件操作接口 xxxfb_ops：

```
static struct fb_ops xxxfb_ops = {
        .owner          = THIS_MODULE,
        .fb_open        = xxxfb_open,
        .fb_read        = xxxfb_read,
        .fb_write       = xxxfb_write,
        .fb_release     = xxxfb_release,
        .fb_check_var      = xxxfb_check_var,
        .fb_set_par        = xxxfb_set_par,
        .fb_setcolreg         = xxxfb_setcolreg,
        .fb_blank          = xxxfb_blank,
        .fb_pan_display         = xxxfb_pan_display,
        .fb_fillrect         = xxxfb_fillrect,          /*必需函数*/
        .fb_copyarea         = xxxfb_copyarea,          /*必需函数*/
        .fb_imageblit         = xxxfb_imageblit,        /*必需函数*/
        .fb_cursor      = xxxfb_cursor,                 /*可选函数*/
        .fb_rotate      = xxxfb_rotate,
        .fb_sync        = xxxfb_sync,
        .fb_ioctl       = xxxfb_ioctl,
        .fb_mmap        = xxxfb_mmap,
};
```

在 probe 函数中注册 Framebuffer 驱动，代码如下：

```
static int xxxfb_probe(struct pci_dev *dev, const struct pci_device_id *ent)
{
        struct fb_info *info;
        struct xxx_par *par;
```

```
        struct device *device = &dev->dev; /*or &pdev->dev*/
        int cmap_len, retval;
        info = framebuffer_alloc(sizeof(struct xxx_par), device);
        if (!info) {
                /*goto error path*/
        }
        par = info->par;
        info->screen_base = framebuffer_virtual_memory;
        info->fbops = &xxxfb_ops;
        info->fix = xxxfb_fix;
        info->pseudo_palette = pseudo_palette; /*调色板设置*/
        info->flags = FBINFO_DEFAULT;
        info->pixmap.addr = kmalloc(PIXMAP_SIZE, GFP_KERNEL);
        if (!info->pixmap.addr) {
                /*goto error*/
        }
        info->pixmap.size = PIXMAP_SIZE;
        info->pixmap.flags = FB_PIXMAP_SYSTEM;
        info->pixmap.scan_align = 4; //扫描字节对齐
        info->pixmap.buf_align = 4;//缓冲字节对齐
        info->pixmap.access_align = 32;//可访问字节对齐
        if (!mode_option)
                mode_option = "640x480@60";//默认视频模式
        retval = fb_find_mode(&info->var, info, mode_option, NULL, 0, NULL, 8);//查找视频模式
        if (!retval || retval == 4)
            return -EINVAL;
        if (fb_alloc_cmap(&info->cmap, cmap_len, 0))//分配映射表
            return -ENOMEM;
        info->var = xxxfb_var;
        xxxfb_check_var(&info->var, info);
        /*xxxfb_set_par(info);*/
        if (register_framebuffer(info) < 0) {//注册 framebuffer 驱动
            fb_dealloc_cmap(&info->cmap);
            return -EINVAL;
        }
        fb_info(info, "%s frame buffer device\n", info->fix.id);
        pci_set_drvdata(dev, info); /*or platform_set_drvdata(pdev, info)*/
        return 0;
}
```

由于篇幅原因，就不一一分析 xxxfb_ops 中的函数了，读者可以参看内核代码。

9.2 S3C6410X 显示控制器

S3C6410X 的显示控制单元可以将图像数据传送给外部的 LCD 驱动接口，图像数据可以来自后处理单元的内部总线或系统内存区的视频缓存。LCD 驱动接口可以是以下

四种：

（1）传统的 RGB 接口

（2）I80 接口

（3）NTSC/PAL 标准 TV 解码器

（4）IT-RBT.601 接口

S3C6410X 的显示控制单元支持 5 个层叠图像窗口，每个层叠窗口可以支持不同的颜色格式、16 级的 alpha 混色、x-y 位置控制、颜色键、软滚动、可变窗口尺寸等。显示控制单元支持的颜色格式包括 RGB（1BPP 到 24BPP）和 YCbCr4:4:4（限于内部总线）。S3C6410X 的显示控制的原理图如图 9-2 所示。

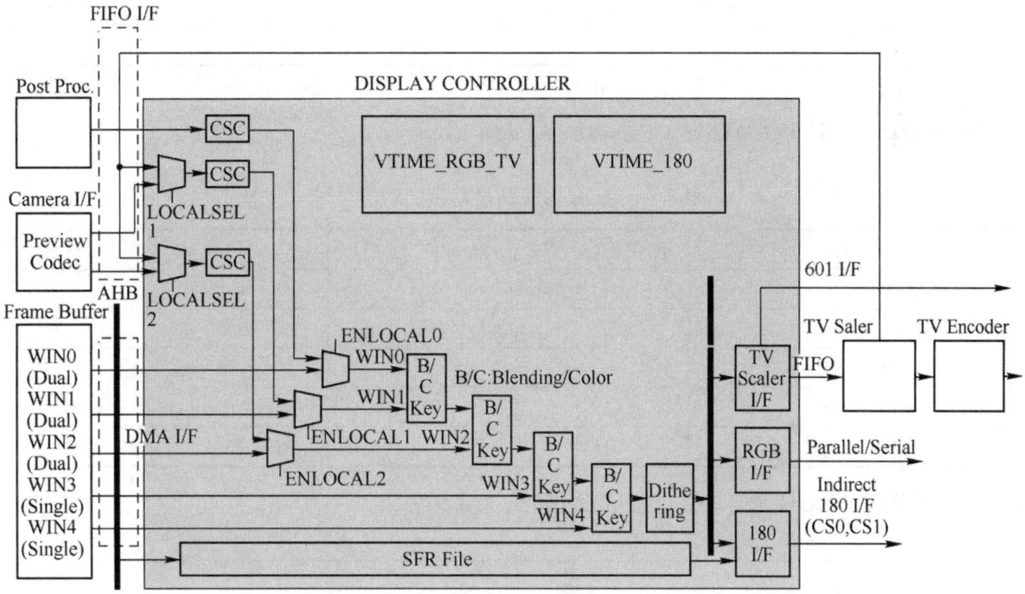

图 9-2　S3C6410X 的 LCD 控制器原理图

图 9-3 显示了 16BPP 模式下的 LCD 数据线与颜色的对应关系。

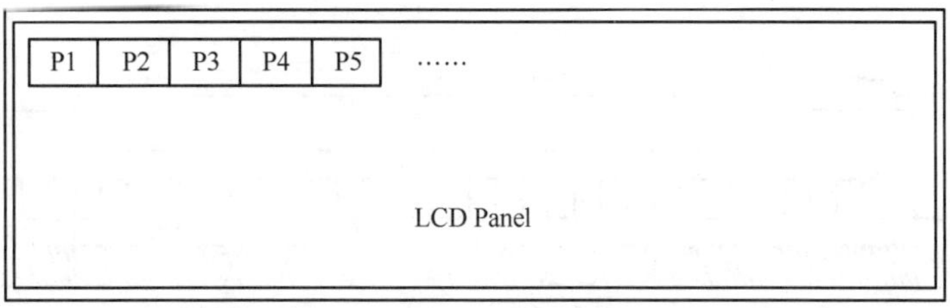

图 9-3　16BPP 模式下的屏幕像素分布

屏幕各点的像素在内存中的分布见表 9-1。

表 9-1　视频内存分布

	D[31]	D[30:16]	D[15]	D[14:0]
000H	AEN1	P1	AEN2	P2
004H	AEN3	P3	AEN4	P4
008H	AEN5	P5	AEN6	P6
…				

BSWP = 0, HWSWP = 0

	D[31]	D[30:16]	D[15]	D[14:0]
000H	AEN2	P2	AEN1	P1
004H	AEN4	P4	AEN3	P3
008H	AEN6	P6	AEN5	P5
…				

BSWP = 0, HWSWP = 1

S3C6410X 的 RGB 形式的显示接口的信号线见表 9-2。

表 9-2　RGB 形式的显示接口的信号线

名　　称	方　　向	描　　述
RGB_HSYNC	输出	水平同步信号
RGB_VSYNC	输出	帧同步信号
RGB_VCLK	输出	像素时钟
RGB_VDEN	输出	数据允许
RGB_VD[23:0]	输出	RGB 数据线

S3C6410X 的 RGB 形式的显示的时序如图 9-4 所示。

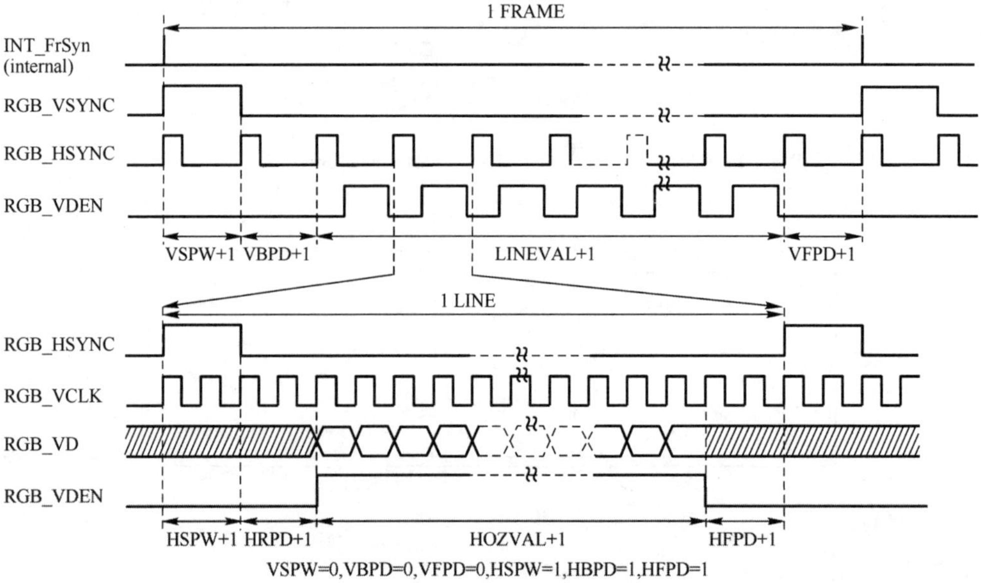

图 9-4　S3C6410X RGB 显示时序

VPRCS 模块的主要功能是窗口混合。显示控制器有 5 个窗口层，具体如下：

窗口 0（基本）：YCbCr，没有调色板的 RGB
窗口 1（覆盖 1）：RGB 调色板
窗口 2（覆盖 2）：RGB 调色板
窗口 3（菜单）：16 级颜色 LUT 的 RGB（1/2/4）
窗口 4（光标区）带 4 级颜色 LUT 的 RGB(1/2)

窗口 2、窗口 3 和窗口 4 有颜色限制，通过颜色 LUT 的索引进行设置，这个特性可减小整个系统的数据量，并提高系统的运行性能。5 个窗口的覆盖优先级如下：

窗口 4>窗口 3>窗口 2>窗口 1>窗口 0

S3C6410X 的 VTIME 单元主要分为两个模块。一个是 VTIME_RGB_TV 模块，用于 RGB 接口、ITU_R601 接口和 TV 编码器接口时序控制。另一个是用于 I80 接口时序控制的模块。在 VTIME_RGB_TV 模式下，VTIME 产生控制信号，如 RGB-VSYNC、RGB_HSYNC、RGB_VDEN 和 RGB_VCLK 信号。这些控制信号与 VSFR 寄存器内的 VIDTCON0/1/2 寄存器的配置有很大的关系。根据 VSFR 内显示控制寄存器的可编程配置，VTIME 模块可以产生相应的控制信号，这些控制信号适合多种类型的显示设备。

S3C6410X 寄存器中的水平像素数为 HOZVAL，垂直行数为 LINEVAL：

HOZVAL = (水平显示尺寸) -1
LINEVAL = (垂直显示尺寸) -1

RGB_VCLK 信号的速率可以由 VIDCON0 寄存器内的 CLKVAL 域控制，具体计算方法如下：

RGB_VCLK(Hz)=HCLK/(CLKVAL+1) CLKVAL>=1

至于帧频率，其实就是 VSYNC 信号的频率，它与 LCDCON1 和 LCDCON2 / 3 / 4 寄存器的 VSYNC、VB2PD、VFPD、LINEVAL、HSYNC、HBPD、HFPD、HOZVAL 和 CLKVAL 都有关系。大多数 LCD 驱动器都需要与显示器匹配的帧频率。S3C6410X 手册上给出的计算公式如下：

Frame Rate = 1/ { [(VSPW+1) + (VBPD+1) + (LIINEVAL + 1) + (VFPD+1)]×[(HSPW+1) + (HBPD +1)+ (HFPD+1) + (HOZVAL + 1)]× { [CLKVAL+1) / (Frequency of Clock source)] }

表 9-3～表 9-6 列出了 S3C6410X 的主要显示控制寄存器相关参数。

表 9-3　显示主控制寄存器 0

VIDCON0	位	描　述	初始值
Reserved	[31:30]	保留	0
INTERLACE_F	[29]	0：顺序的；1：交叉的	0
Reserved	[28]	保留	0
VIDOUT	[27:26]	显示输出格式： 00：RGB I/F　01：TV 10：I80 I/F for LDI0 11：I80 I/F for LDI1	00

（续）

VIDCON0	位	描 述	初 始 值
L1_DATA16	[25：23]	180 I/F LD1 的输出数据格式	0
L0_DATA16	[22：20]	180 I/F LD0 的输出数据格式	0
Reserved	[19]	保留	0
PNRMODE	[18：17]	RGB 显示模式	0
CLKVALUP	[16]	CLKVAL_F 更新时间控制	0
Reserved	[15：14]	保留	0
CLKVAL_F	[13：6]	决定 VCLK 与 CLKVAL[7:0]的比例	0
VCLKFREE	[5]	VCLK 自由运行控制	0
CLKDIR	[4]	时钟源选择	0
CLKSEL_F	[3：2]	视频时钟源	0
ENVID	[1]	视频输出和逻辑瞬态使能/禁止	0
ENVID_F	[0]	在当前帧末尾视频输出和逻辑瞬态使能/禁止	0

表 9-4 显示主控制寄存器 1

VIDCON1	位	描 述	初 始 值
LINECN	[26:16]	提供行计数器状态	0
FSTATUS	[15]	区域状态	0
VSTATUS	[14:13]	垂直状态	0
Reserved	[10:8]	保留	0
IVCLK	[7]	控制 VCLK 活动边沿的极性	0
IHSYNC	[6]	指明 HSYNC 脉冲极性	0
IVSYNC	[5]	指明 VSYNC 脉冲极性	0
IVDEN	[4]	指明 VDEN 脉冲极性	0
Reserved	[3:0]	保留	0

表 9-5 显示主控制寄存器 2

VIDCON2	位	描 述	初 始 值
-	[31:24]	保留	0
EN601	[23]	控制 ITU601 输出使能	0
-	[22:15]	保留	0
TVFORMATSEL0	[14]	指明 YUV 数据格式选择方式	0
TVFORMATSEL1	[13:12]	指明 YUV 数据输出格式	0
-	[11:9]	保留	0
OrgYCbCr	[8]	指明 YUV 数据的顺序	0
YUVOrd	[7]	指明 Chroma 数据的顺序	0
-	[6:0]	保留	0

表 9-6　Window0 控制寄存器

WINCON0	位	描　述	初 始 值
nWide/Narrow	[27:26]	根据输入值范围选择从 YCbCr 到 RGB 的颜色空间转换等式	00
Reserved	[25:23]	保留	0
ENLOCAL	[22]	数据传输方式选择	0
BUFSTATUS	[21]	缓冲状态	0
BUFSEL	[20]	缓冲区状态设置	0
BUFAUTOEN	[19]	双缓冲自动控制	0
BITSWP	[18]	位交换控制	0
BYTSWP	[17]	字节交换控制	0
HAWSWP	[16]	半字交换控制	0
reserved	[15:14]	保留	0
InRGB	[13]	指明源图像的输入颜色空间	0
reserved	[12:11]	保留	0
BURSTLEN	[10:9]	DMA 的突发最大长度选择	0
Reserved	[8:6]	保留	0
BPPMODE_F	[5:2]	选择 BPP 模式	0
Reserved	[1]	保留	0
ENWIN_F	[0]	视频输出与控制信号使能	0

9.3　S3C6410X LCD 驱动程序实例

9.3.1　注册与初始化

本节在 s3c-fb.c 的基础上分析 S3C6410X 的 LCD 驱动程序。S3C6410X 的 LCD 驱动程序的平台驱动结构定义如下：

```
static struct platform_driver s3c_fb_driver = {
        .probe          = s3c_fb_probe,
        .remove         = s3c_fb_remove,
        .id_table   = s3c_fb_driver_ids,
        .driver         = {
                .name    = "s3c-fb",
                .pm   = &s3cfb_pm_ops,
        },
};
//平台驱动入口
module_platform_driver(s3c_fb_driver);
```

平台探测函数 s3c_fb_probe 主要完成 LCD 控制器的初始化和显示缓存的分配，最后注册一个 Framebuffer 驱动：

```
static int s3c_fb_probe(struct platform_device *pdev)
{
	const struct platform_device_id *platid;
	struct s3c_fb_driverdata *fbdrv;
	struct device *dev = &pdev->dev;
	struct s3c_fb_platdata *pd;
	struct s3c_fb *sfb;
	struct resource *res;
	int win;
	int ret = 0;
	u32 reg;
	platid = platform_get_device_id(pdev);
	fbdrv = (struct s3c_fb_driverdata *)platid->driver_data;
	//判断窗口数量是否超标
	if (fbdrv->variant.nr_windows > S3C_FB_MAX_WIN) {
		dev_err(dev, "too many windows, cannot attach\n");
		return -EINVAL;
	}
	pd = dev_get_platdata(&pdev->dev);
	if (!pd) {
		dev_err(dev, "no platform data specified\n");
		return -EINVAL;
	}
	sfb = devm_kzalloc(dev, sizeof(struct s3c_fb), GFP_KERNEL);
	if (!sfb) {
		dev_err(dev, "no memory for framebuffers\n");
		return -ENOMEM;
	}
	dev_dbg(dev, "allocate new framebuffer %p\n", sfb);
	sfb->dev = dev;
	sfb->pdata = pd;
	sfb->variant = fbdrv->variant;
	spin_lock_init(&sfb->slock);//初始化锁
	//获取时钟
	sfb->bus_clk = devm_clk_get(dev, "lcd");
	if (IS_ERR(sfb->bus_clk)) {
		dev_err(dev, "failed to get bus clock\n");
		return PTR_ERR(sfb->bus_clk);
	}
	//使能时钟
	clk_prepare_enable(sfb->bus_clk);
	if (!sfb->variant.has_clksel) {
		sfb->lcd_clk = devm_clk_get(dev, "sclk_fimd");
		if (IS_ERR(sfb->lcd_clk)) {
			dev_err(dev, "failed to get lcd clock\n");
			ret = PTR_ERR(sfb->lcd_clk);
```

```
			goto err_bus_clk;
		}
		clk_prepare_enable(sfb->lcd_clk);
	}
	pm_runtime_enable(sfb->dev);
	//获取 I/O 资源
	res = platform_get_resource(pdev, IORESOURCE_MEM, 0);
	sfb->regs = devm_ioremap_resource(dev, res);
	if (IS_ERR(sfb->regs)) {
		ret = PTR_ERR(sfb->regs);
		goto err_lcd_clk;
	}
	//获取中断资源
	res = platform_get_resource(pdev, IORESOURCE_IRQ, 0);
	if (!res) {
		dev_err(dev, "failed to acquire irq resource\n");
		ret = -ENOENT;
		goto err_lcd_clk;
	}
	sfb->irq_no = res->start;
	ret = devm_request_irq(dev, sfb->irq_no, s3c_fb_irq,0, "s3c_fb", sfb);//申请中断
	if (ret) {
		dev_err(dev, "irq request failed\n");
		goto err_lcd_clk;
	}
	dev_dbg(dev, "got resources (regs %p), probing windows\n", sfb->regs);
	platform_set_drvdata(pdev, sfb);
	pm_runtime_get_sync(sfb->dev);
	/*设置 GPIO*/
	pd->setup_gpio();
	//以下初始化硬件设置
	writel(pd->vidcon1, sfb->regs + VIDCON1);
	if (sfb->variant.has_fixvclk) {
		reg = readl(sfb->regs + VIDCON1);
		reg &= ~VIDCON1_VCLK_MASK;
		reg |= VIDCON1_VCLK_RUN;
		writel(reg, sfb->regs + VIDCON1);
	}
	/*窗口清零*/
	for (win = 0; win < fbdrv->variant.nr_windows; win++)
		s3c_fb_clear_win(sfb, win);
	for (win = 0; win < (fbdrv->variant.nr_windows - 1); win++) {
		void __iomem *regs = sfb->regs + sfb->variant.keycon;
		regs += (win * 8);
		writel(0xffffff, regs + WKEYCON0);
		writel(0xffffff, regs + WKEYCON1);
```

```
        }
        s3c_fb_set_rgb_timing(sfb);
        /*初始化窗口*/
        for (win = 0; win < fbdrv->variant.nr_windows; win++) {
                if (!pd->win[win])continue;
                ret = s3c_fb_probe_win(sfb, win, fbdrv->win[win],&sfb->windows[win]);
                if (ret < 0) {
                        dev_err(dev, "failed to create window %d\n", win);
                        for (; win >= 0; win--)s3c_fb_release_win(sfb, sfb->windows[win]);
                        goto err_pm_runtime;
                }
        }
        platform_set_drvdata(pdev, sfb);
        pm_runtime_put_sync(sfb->dev);
        return 0;
err_pm_runtime:
        pm_runtime_put_sync(sfb->dev);
err_lcd_clk:
        pm_runtime_disable(sfb->dev);
        if (!sfb->variant.has_clksel)
                clk_disable_unprepare(sfb->lcd_clk);
err_bus_clk:
        clk_disable_unprepare(sfb->bus_clk);
        return ret;
}
```

S3C6410X 的 LCD 控制器包含多个窗口。每个窗口注册一个 Framebuffer 驱动：

```
static int s3c_fb_probe_win(struct s3c_fb *sfb, unsigned int win_no,
                            struct s3c_fb_win_variant *variant,struct s3c_fb_win **res)
{
        struct fb_var_screeninfo *var;
        struct fb_videomode initmode;
        struct s3c_fb_pd_win *windata;
        struct s3c_fb_win *win;
        struct fb_info *fbinfo;
        int palette_size;
        int ret;
        dev_dbg(sfb->dev, "probing window %d, variant %p\n", win_no, variant);
        init_waitqueue_head(&sfb->vsync_info.wait);
        palette_size = variant->palette_sz * 4;
        //分配 fb_info
        fbinfo = framebuffer_alloc(sizeof(struct s3c_fb_win) +palette_size * sizeof(u32), sfb->dev);
        if (!fbinfo) {
               dev_err(sfb->dev, "failed to allocate framebuffer\n");
               return -ENOENT;
        }
```

```
windata = sfb->pdata->win[win_no];
initmode = *sfb->pdata->vtiming;
win = fbinfo->par;
*res = win;
var = &fbinfo->var;
win->variant = *variant;
win->fbinfo = fbinfo;
win->parent = sfb;
win->windata = windata;
win->index = win_no;
win->palette_buffer = (u32 *)(win + 1);
ret = s3c_fb_alloc_memory(sfb, win);
if (ret) {
        dev_err(sfb->dev, "failed to allocate display memory\n");
        return ret;
}
//设置调色板
if (win->variant.palette_16bpp) {
        /*默认为 RGB 5:6:5 格式*/
        win->palette.r.offset = 11;win->palette.r.length = 5;win->palette.g.offset = 5;
        win->palette.g.length = 6;win->palette.b.offset = 0;win->palette.b.length = 5;
} else {
        /*RGB888 模式*/
        win->palette.r.offset = 16;win->palette.r.length = 8;win->palette.g.offset = 8;
        win->palette.g.length = 8;win->palette.b.offset = 0;win->palette.b.length = 8;
}
/*设置初始视频模式*/
initmode.xres = windata->xres;
initmode.yres = windata->yres;
fb_videomode_to_var(&fbinfo->var, &initmode);
fbinfo->fix.type        = FB_TYPE_PACKED_PIXELS;
fbinfo->fix.accel       = FB_ACCEL_NONE;
fbinfo->var.activate    = FB_ACTIVATE_NOW;
fbinfo->var.vmode       = FB_VMODE_NONINTERLACED;
fbinfo->var.bits_per_pixel = windata->default_bpp;
fbinfo->fbops           = &s3c_fb_ops;
fbinfo->flags           = FBINFO_FLAG_DEFAULT;
fbinfo->pseudo_palette  = &win->pseudo_palette;
/*检查参数*/
ret = s3c_fb_check_var(&fbinfo->var, fbinfo);
if (ret < 0) {
        dev_err(sfb->dev, "check_var failed on initial video params\n");
        return ret;
}
/*创建颜色映射表*/
ret = fb_alloc_cmap(&fbinfo->cmap, win->variant.palette_sz, 1);
```

```
        if (ret == 0)
                fb_set_cmap(&fbinfo->cmap, fbinfo);
        else
                dev_err(sfb->dev, "failed to allocate fb cmap\n");
        s3c_fb_set_par(fbinfo);
        dev_dbg(sfb->dev, "about to register framebuffer\n");
//注册 framebuffer 驱动
        ret = register_framebuffer(fbinfo);
        if (ret < 0) {
                dev_err(sfb->dev, "failed to register framebuffer\n");
                return ret;
        }
        dev_info(sfb->dev, "window %d: fb %s\n", win_no, fbinfo->fix.id);
        return 0;
}
```

9.3.2　fb_ops 实现

S3C6410X Framebuffer 驱动的 fb_ops 结构定义如下：

```
static struct fb_ops s3c_fb_ops = {
        .owner              = THIS_MODULE,
        .fb_check_var    = s3c_fb_check_var,
        .fb_set_par = s3c_fb_set_par,
        .fb_blank = s3c_fb_blank,
        .fb_setcolreg    = s3c_fb_setcolreg,
        .fb_fillrect       = cfb_fillrect,
        .fb_copyarea    = cfb_copyarea,
        .fb_imageblit   = cfb_imageblit,
        .fb_pan_display    = s3c_fb_pan_display,
        .fb_ioctl    = s3c_fb_ioctl,
};
```

其中 fb_fillrect、fb_copyarea、fb_imageblit 等几个函数采用了 Linux 内核中通用的操作函数 cfb_fillrect、cfb_fillrect、cfb_imageblit。图 9-5 为 Framebuffer 驱动接口的实现。

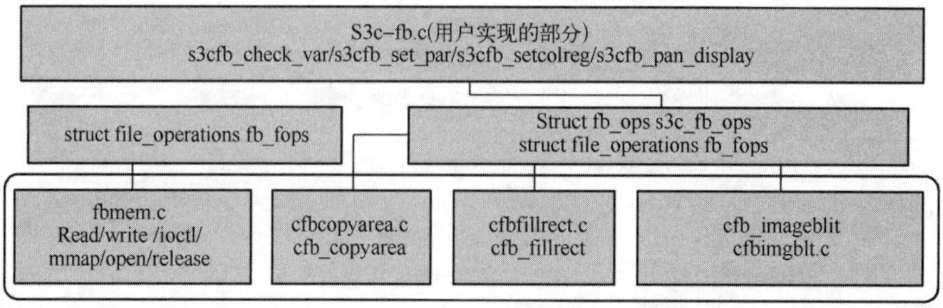

图 9-5　framebuffer 驱动程序接口实现

s3cfb_pan_display 函数用于处理虚拟屏的游动显示，如设置虚拟屏的显示偏移量等。

```
static int s3c_fb_pan_display(struct fb_var_screeninfo *var,struct fb_info *info)
{
	struct s3c_fb_win *win		= info->par;
	struct s3c_fb *sfb		= win->parent;
	void __iomem *buf		= sfb->regs + win->index * 8;
	unsigned int start_boff, end_boff;
	pm_runtime_get_sync(sfb->dev);
	/*相对显示区域起始的偏移*/
	start_boff = var->yoffset * info->fix.line_length;
	/*X offset 依赖当前每像素的 bit 数*/
	if (info->var.bits_per_pixel >= 8) {
		start_boff += var->xoffset * (info->var.bits_per_pixel >> 3);
	} else {
		switch (info->var.bits_per_pixel) {
		case 4:
			start_boff += var->xoffset >> 1;
			break;
		case 2:
			start_boff += var->xoffset >> 2;
			break;
		case 1:
			start_boff += var->xoffset >> 3;
			break;
		default:
			dev_err(sfb->dev, "invalid bpp\n");
			pm_runtime_put_sync(sfb->dev);
			return -EINVAL;
		}
	}
	/*相对显示区域结尾的偏移*/
	end_boff = start_boff + info->var.yres * info->fix.line_length;
	//关闭窗口刷新以更新缓冲地址
	shadow_protect_win(win, 1);
	writel(info->fix.smem_start + start_boff, buf + sfb->variant.buf_start);
	writel(info->fix.smem_start + end_boff, buf + sfb->variant.buf_end);
	shadow_protect_win(win, 0);//重新使能刷新
	pm_runtime_put_sync(sfb->dev);
	return 0;
}
```

s3cfb_blank 函数用来清空屏幕：

```
static int s3c_fb_blank(int blank_mode, struct fb_info *info)
{
	struct s3c_fb_win *win = info->par;
	struct s3c_fb *sfb = win->parent;
	unsigned int index = win->index;
```

```
        u32 wincon;
        u32 output_on = sfb->output_on;
        dev_dbg(sfb->dev, "blank mode %d\n", blank_mode);
        pm_runtime_get_sync(sfb->dev);
        wincon = readl(sfb->regs + sfb->variant.wincon + (index * 4));
        switch (blank_mode) {
        case FB_BLANK_POWERDOWN://断电
                wincon &= ~WINCONx_ENWIN;
                sfb->enabled &= ~(1 << index);
        case FB_BLANK_NORMAL://正常清空
                shadow_protect_win(win, 1);//禁止刷新，保护窗口
                writel(WINxMAP_MAP | WINxMAP_MAP_COLOUR(0x0),
                        sfb->regs + sfb->variant.winmap + (index * 4));
                shadow_protect_win(win, 0);
                break;
        case FB_BLANK_UNBLANK://取消 blank
                shadow_protect_win(win, 1);
                writel(0x0, sfb->regs + sfb->variant.winmap + (index * 4));
                shadow_protect_win(win, 0);
                wincon |= WINCONx_ENWIN;
                sfb->enabled |= (1 << index);
                break;
        case FB_BLANK_VSYNC_SUSPEND:
        case FB_BLANK_HSYNC_SUSPEND:
        default:
                pm_runtime_put_sync(sfb->dev);
                return 1;
        }
        shadow_protect_win(win, 1);
        writel(wincon, sfb->regs + sfb->variant.wincon + (index * 4));
        // 根据 sfb->enabled 做出使能/禁止动作
        s3c_fb_enable(sfb, sfb->enabled ? 1 : 0);
        shadow_protect_win(win, 0);
        pm_runtime_put_sync(sfb->dev);
        return output_on == sfb->output_on;
}
```

由于篇幅有限，其他函数请参见内核。

9.3.3　DMA 传输机制

S3C6410X 使用 DMA 向屏幕传输视频数据。S3C6410X 显卡内存分配函数如下：

```
static int s3c_fb_alloc_memory(struct s3c_fb *sfb, struct s3c_fb_win *win)
{
        struct s3c_fb_pd_win *windata = win->windata;
        unsigned int real_size, virt_size, size;
```

```
	struct fb_info *fbi = win->fbinfo;
	dma_addr_t map_dma;
	dev_dbg(sfb->dev, "allocating memory for display\n");
	real_size = windata->xres * windata->yres;
	virt_size = windata->virtual_x * windata->virtual_y;
	dev_dbg(sfb->dev, "real_size=%u (%u.%u), virt_size=%u (%u.%u)\n",
		real_size, windata->xres, windata->yres,
		virt_size, windata->virtual_x, windata->virtual_y);
	size = (real_size > virt_size) ? real_size : virt_size;
	size *= (windata->max_bpp > 16) ? 32 : windata->max_bpp;
	size /= 8;
	fbi->fix.smem_len = size;
	size = PAGE_ALIGN(size);
	dev_dbg(sfb->dev, "want %u bytes for window\n", size);
	fbi->screen_base = dma_alloc_writecombine(sfb->dev, size,&map_dma, GFP_KERNEL);
	if (!fbi->screen_base)
		return -ENOMEM;
	dev_dbg(sfb->dev, "mapped %x to %p\n",
		(unsigned int)map_dma, fbi->screen_base);
	memset(fbi->screen_base, 0x0, size);
	fbi->fix.smem_start = map_dma;
	return 0;
}
```

Framebuffer 驱动中分配 DMA 内存通常使用 dma_alloc_writecombine 函数，而不是 dma_alloc_coherent 函数。两个函数的区别在于 dma_alloc_coherent 函数会禁止 cache 与写缓冲；而 dma_alloc_writecombin 函数只禁止 cache 但启用写缓冲。

```
void *dma_alloc_writecombine(struct device *dev, size_t size,dma_addr_t *dma_addr, gfp_t gfp);
```

dma_alloc_writecombine 函数返回显存虚拟地址，其 dma_addr 参数返回分配的显存物理地址。

S3C6410X Framebuffer 驱动的平台设备定义如下：

```
static struct resource s3c_fb_resource[] = {
	[0] = DEFINE_RES_MEM(S3C_PA_FB, SZ_16K),
	[1] = DEFINE_RES_IRQ(IRQ_LCD_VSYNC),
	[2] = DEFINE_RES_IRQ(IRQ_LCD_FIFO),
	[3] = DEFINE_RES_IRQ(IRQ_LCD_SYSTEM),
};

struct platform_device s3c_device_fb = {
	.name		= "s3c-fb",
	.id		= -1,
	.num_resources	= ARRAY_SIZE(s3c_fb_resource),
	.resource	= s3c_fb_resource,
```

```
        .dev            = {
                .dma_mask          = &samsung_device_dma_mask,
                .coherent_dma_mask          = DMA_BIT_MASK(32),
        },
};
```

这里的两个 DMA 参数很重要。dma_mask 与 coherent_dma_mask 均表示设备能寻址的范围。其中 coherent_dma_mask 用于申请一致性 DMA 缓冲区。dma_alloc_writecombine 函数需要根据 coherent_dma_mask 参数分配内存。dma_alloc_writecombine 函数会调用 dma_alloc_attrs 函数:

```
static inline void *dma_alloc_attrs(struct device *dev, size_t size,dma_addr_t *dma_handle, gfp_t flag,
                                        struct dma_attrs *attrs)
{
        struct dma_map_ops *ops = get_dma_ops(dev);
        void *cpu_addr;
        BUG_ON(!ops);
        if (dma_alloc_from_coherent(dev, size, dma_handle, &cpu_addr))
                return cpu_addr;
        if (!arch_dma_alloc_attrs(&dev, &flag))
                return NULL;
        if (!ops->alloc)
                return NULL;
        cpu_addr = ops->alloc(dev, size, dma_handle, flag, attrs);
        debug_dma_alloc_coherent(dev, size, *dma_handle, cpu_addr);
        return cpu_addr;
}
```

ARM 体系的 DMA 操作结构为 arm_dma_ops:

```
struct dma_map_ops arm_dma_ops = {
        .alloc              = arm_dma_alloc,
        .free               = arm_dma_free,
        .mmap               = arm_dma_mmap,
        .get_sgtable        = arm_dma_get_sgtable,
        .map_page           = arm_dma_map_page,
        .unmap_page         = arm_dma_unmap_page,
        .map_sg             = arm_dma_map_sg,
        .unmap_sg           = arm_dma_unmap_sg,
        .sync_single_for_cpu    = arm_dma_sync_single_for_cpu,
        .sync_single_for_device= arm_dma_sync_single_for_device,
        .sync_sg_for_cpu        = arm_dma_sync_sg_for_cpu,
        .sync_sg_for_device     = arm_dma_sync_sg_for_device,
        .set_dma_mask           = arm_dma_set_mask,
};
```

arm_dma_alloc 函数调用__dma_alloc 函数，__dma_alloc 函数中会用到 DMA mask

参数：

```
static void *__dma_alloc(struct device *dev, size_t size, dma_addr_t *handle,
                gfp_t gfp, pgprot_t prot, bool is_coherent,struct dma_attrs *attrs, const void *caller)
{
    u64 mask = get_coherent_dma_mask(dev);
    struct page *page = NULL;
    void *addr;
    bool want_vaddr;
    …
    if (!mask)return NULL;
    if (mask < 0xffffffffULL)
        gfp |= GFP_DMA;
    gfp &= ~(__GFP_COMP);
    *handle = DMA_ERROR_CODE;
    size = PAGE_ALIGN(size);
    want_vaddr = !dma_get_attr(DMA_ATTR_NO_KERNEL_MAPPING, attrs);
    //根据参数与处理器情况分配内存
    if (nommu())
        addr = __alloc_simple_buffer(dev, size, gfp, &page);
    else if (dev_get_cma_area(dev) && (gfp & __GFP_DIRECT_RECLAIM))
        addr = __alloc_from_contiguous(dev, size, prot, &page,caller, want_vaddr);
    else if (is_coherent)
        addr = __alloc_simple_buffer(dev, size, gfp, &page);
    else if (!gfpflags_allow_blocking(gfp))
        addr = __alloc_from_pool(size, &page);
    else
        addr = __alloc_remap_buffer(dev, size, gfp, prot, &page,caller, want_vaddr);
    if (page)
        *handle = pfn_to_dma(dev, page_to_pfn(page));
    return want_vaddr ? addr : page;
}
```

DMA 地址必须填充到 S3C6410X 的 LCD 控制器的地址寄存器中。S3C6410X 的窗口缓冲地址与大小寄存器见表 9-7。

表 9-7　S3C6410X 的窗口缓冲地址与大小寄存器

寄 存 器	地　址	R/W	描　述	复 位 值
VIDW00ADD0B0	0x771000A0	R/W	Window 0's buffer start address register, buffer 0	0x0000_0000
VIDW00ADD0B1	0x771000A4	R/W	Window 0's buffer start address register, buffer1	0x0000_0000
VIDW01ADD0B0	0x771000A8	R/W	Window 1's buffer start address register, buffer 0	0x0000_0000
VIDW01ADD0B1	0x771000AC	R/W	Window 1's buffer start address register, buffer 1	0x0000_0000
VIDW02ADD0	0x771000B0	R/W	Window 2's buffer start address register	0x0000_0000
VIDW03ADD0	0x771000B8	R/W	Window 3's buffer start address register	0x0000_0000
VIDW04ADD0	0x771000C0	R/W	Window 4's buffer start address register	0x0000_0000

（续）

寄　存　器	地　　址	R/W	描　　述	复　位　值
VIDW00ADD1B0	0x771000D0	R/W	Window 0's buffer end address register, buffer 0	0x0000_0000
VIDW00ADD1B1	0x771000D4	R/W	Window 0's buffer end address register, buffer1	0x0000_0000
VIDW01ADD1B0	0x771000D8	R/W	Window 1's buffer end address register, buffer 0	0x0000_0000
VIDW01ADD1B1	0x771000DC	R/W	Window 1's buffer end address register, buffer 1	0x0000_0000
VIDW02ADD1	0x771000E0	R/W	Window 2's buffer end address register	0x0000_0000
VIDW03ADD1	0x771000E8	R/W	Window 3's buffer end address register	0x0000_0000
VIDW04ADD1	0x771000F0	R/W	Window 4's buffer end address register	0x0000_0000
VIDW00ADD2	0x77100100	R/W	Window 0's buffer size register	0x0000_0000
VIDW01ADD2	0x77100104	R/W	Window 1's buffer size register	0x0000_0000
VIDW02ADD2	0x77100108	R/W	Window 2's buffer size register	0x0000_0000
VIDW03ADD2	0x7710010C	R/W	Window 3's buffer size register	0x0000_0000
VIDW04ADD2	0x77100110	R/W	Window 4's buffer size register	0x0000_0000

这些寄存器的宏定义如下：

```
/*Video buffer addresses*/
#define VIDW_BUF_START(_buff)            (0xA0 + ((_buff) * 8))
#define VIDW_BUF_START_S(_buff)          (0x40A0 + ((_buff) * 8))
#define VIDW_BUF_START1(_buff)           (0xA4 + ((_buff) * 8))
#define VIDW_BUF_END(_buff)              (0xD0 + ((_buff) * 8))
#define VIDW_BUF_END1(_buff)             (0xD4 + ((_buff) * 8))
#define VIDW_BUF_SIZE(_buff)             (0x100 + ((_buff) * 4))
```

s3c_fb_data_64xx 结构记录了这些参数信息：

```
static struct s3c_fb_driverdata s3c_fb_data_64xx = {
        .variant = {
                .nr_windows     = 5,
                .vidtcon        = VIDTCON0,
                .wincon         = WINCON(0),
                .winmap         = WINxMAP(0),
                .keycon         = WKEYCON,
                .osd            = VIDOSD_BASE,
                .osd_stride     = 16,
                .buf_start      = VIDW_BUF_START(0),
                .buf_size       = VIDW_BUF_SIZE(0),
                .buf_end        = VIDW_BUF_END(0),
                .palette = {
                        [0] = 0x400, [1] = 0x800, [2] = 0x300, [3] = 0x320, [4] = 0x340,
                },
                .has_prtcon     = 1,
                .has_clksel     = 1,
        },
        .win[0]         = &s3c_fb_data_64xx_wins[0],
```

```
        .win[1]        = &s3c_fb_data_64xx_wins[1],
        .win[2]        = &s3c_fb_data_64xx_wins[2],
        .win[3]        = &s3c_fb_data_64xx_wins[3],
        .win[4]        = &s3c_fb_data_64xx_wins[4],
};
static const struct platform_device_id s3c_fb_driver_ids[] = {
        {
                .name                  = "s3c-fb",
                .driver_data           = (unsigned long)&s3c_fb_data_64xx,
        },
        ...
};
```

s3c_fb_set_par 函数将 DMA 地址写入相应的寄存器：

```
static int s3c_fb_set_par(struct fb_info *info)
{
        struct fb_var_screeninfo *var = &info->var;
        struct s3c_fb_win *win = info->par;
        struct s3c_fb *sfb = win->parent;
        void __iomem *regs = sfb->regs;
        void __iomem *buf = regs;
        int win_no = win->index;
        buf = regs + win_no * 8;
        writel(info->fix.smem_start, buf + sfb->variant.buf_start);
        data = info->fix.smem_start + info->fix.line_length * var->yres;
        writel(data, buf + sfb->variant.buf_end);
}
```

9.3.4　内核配置

内核也要做相关配置，执行 make menuconfig 命令，在【devices drivers】->【graphics support】->【Frame buffer Devices】中进行配置，如如图 9-6 所示。

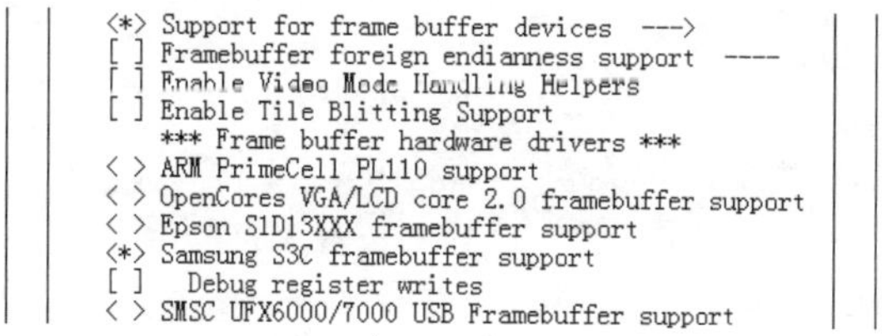

图 9-6 【Frame buffer Devices】配置

9.4　Framebuffer 应用层

Framebuffer 应用层针对/dev/fbn 设备节点进行操作。

例 9.1　Framebuffer 应用层测试程序

代码见\samples\9LCD\9-1fbtest。核心代码如下：

```
int main(int argc, char *argv[])
{
        int i, fd, fbfd;
        struct fb_var_screeninfo vinfo;
        struct fb_fix_screeninfo finfo;
        __u8 *fb_buf;
        int fb_xres,fb_yres,fb_bpp;
        __u32 screensize;
        fbfd = open("/dev/fb1", O_RDWR);
        if (fbfd < 0) {
                fbfd = open("/dev/fb/0", O_RDWR);
                if(fbfd<0) {
                        printf("Error: cannot open framebuffer device.\n");
                        return -1;
                }
        }
        // 获取 fb_fix_screeninfo
        if (ioctl(fbfd, FBIOGET_FSCREENINFO, &finfo)) {
                printf("Error reading fixed information.\n");
                close(fbfd);
                    return -1;
        }
        // 获取 fb_var_screeninfo
        if (ioctl(fbfd, FBIOGET_VSCREENINFO, &vinfo)) {
                printf("Error reading variable information.\n");
                close(fbfd);
                return -1;
        }
        printf("%dx%d, %dbpp\n", vinfo.xres, vinfo.yres, vinfo.bits_per_pixel );
        fb_xres = vinfo.xres;
        fb_yres = vinfo.yres;
        fb_bpp    = vinfo.bits_per_pixel;
       //计算屏幕尺寸
        screensize = vinfo.xres * vinfo.yres * vinfo.bits_per_pixel / 8;
        fb_buf = (char *)mmap(0, screensize, PROT_READ | PROT_WRITE, MAP_SHARED,fbfd, 0);
        if ((int)fb_buf == -1) {
                printf("Error: failed to map framebuffer device to memory.\n");
                close(fbfd);
                    return -1;
        }
        memset(fb_buf,200,screensize);
        printf("ummap framebuffer device to memory.\n");
        sleep(10);
```

```
        munmap(fb_buf, screensize);
        close(fbfd);
        return 0;
    }
```

测试结果为屏幕全部被绘成深红色。

9.5　Qt 界面系统移植

Qt 是一个跨平台的图形界面库，它不仅包含丰富的界面组件，还包括网络、数据库、XML、Web 等应用开发组件，可以与微软的 Visual Studio 媲美。Qt 在嵌入式 Linux 系统中的应用非常广泛。Qt 支持 Linux 的 Framebuffer 驱动。

下面是 Qt 5.6 在 S3C6410X 平台上的移植步骤。

（1）下载 Qt 5.6.0 的源码包 qt-everywhere-opensource-src-5.6.0.tar.gz。

（2）解压源码包。

```
tar zxvf qt-everywhere-opensource-src-5.6.0.tar.gz
```

（3）修改编译配置文件。配置文件是下面目录中的 qmake.conf：

```
qt-everywhere-opensource-src-5.6.0/qtbase/mkspecs/linux-arm-gnueabi-g++/
```

修改内容如下：

```
# 对 g++.conf 文件的修改
QMAKE_CC                  = arm-none-linux-gnueabi-gcc
QMAKE_CXX                 = arm-none-linux-gnueabi-g++
QMAKE_LINK                = arm-none-linux-gnueabi-g++
QMAKE_LINK_SHLIB          = arm-none-linux-gnueabi-g++
# 对 linux.conf 文件的修改
QMAKE_AR                  = arm-none-linux-gnueabi-ar cqs
QMAKE_OBJCOPY             = arm-none-linux-gnueabi-objcopy
QMAKE_NM                  = arm-none-linux-gnueabi-nm -P
QMAKE_STRIP               = arm-none-linux-gnueabi-strip
load(qt_config)
```

（4）编译 Qt。具体命令如下：

```
./configure -release -opensource -confirm-license -plugin-sql-sqlite -xplatform linux-arm-gnueabi-g++ -no-dbus -no-c++11 -no-tslib -nomake examples  -qt-libjpeg -qt-libpng -qt-zlib -prefix /root/fgj/arm-2014.05/arm-none-linux-gnueabi
make
make install
```

（5）编译例程。将 qtbase/bin/qmake 复制到 usr/lib/i386-linux-gnu/qt4/bin 目录，并进入例程目录：

```
root@ubuntu:~/fgj/test/QT/qt-everywhere-opensource-src-5.6.0/qtbase/examples/widgets #
qmake
make
```

（6）复制库与字体到开发板。将 Qt 部分库复制到/usr/lib 下，将字体文件复制到/root/fgj/arm-2014.05/arm-none-linux-gnueabi/lib/fonts。

（7）运行例程。将 Qt 自带的例程复制到开发板，如 calculator 例程的启动命令如下：

```
[root@urbetter /home]# ./ calculator   -platform linuxfb
```

屏幕上会出现一个配置对话框，如图 9-7 所示。

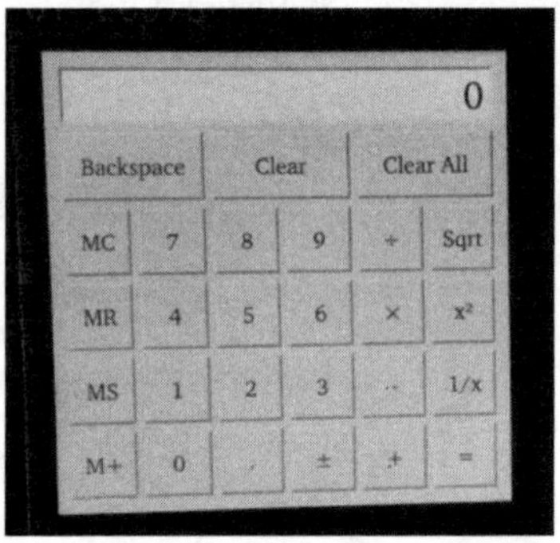

图 9-7　Qt 计算器对话框

第 10 章　输入子系统

输入子系统（input subsystem）是为支持输入设备而开发的，但是它不仅能用来支持鼠标、键盘、触摸屏等输入设备，而且也支持蜂鸣器、LED 等输出设备。输入子系统也经常和其他设备驱动融合，共同完成对设备的控制，如 USB 鼠标就是 USB 设备与输入设备的结合体。本章将介绍 Linux 中的输入子系统驱动程序开发方法。

10.1　Linux 输入子系统概述

输入设备驱动程序（input drivers）是 Linux 中为支持所有输入设备而设计的一类驱动程序。输入子系统可以支持鼠标、键盘、蜂鸣器、LED 等设备。在输入子系统中，共有四个层次：

（1）输入设备层：包括鼠标、键盘、蜂鸣器、LED 等。

（2）输入设备驱动层：具体设备驱动，主要处理硬件中断、读取输入事件和控制硬件。

（3）输入子系统核心层：管理输入设备、事件接口、Input_handler。Input_handler 负责输入设备的事件处理。

（4）应用层：对输入设备的应用处理与控制。

输入子系统的核心元素之间通过事件进行通信。图 10-1 是输入子系统原理图。

要使用 Input 子系统，需要确保内核中包含了 Input 和 Event 接口支持。运行 make menuconfig 进入【devices drivers】->【input devices support】，配置如图 10-2 所示。

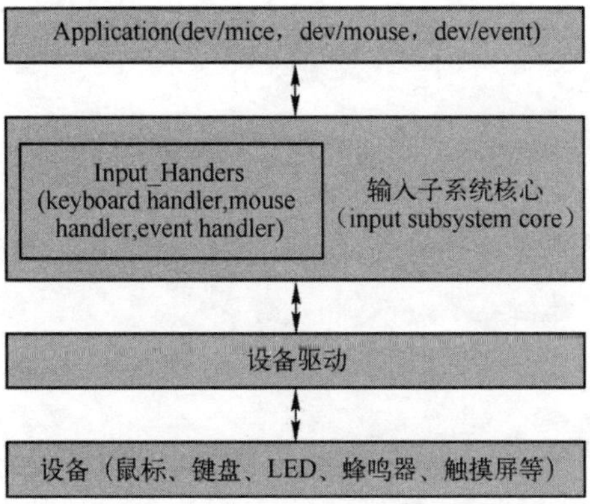

图 10-1　输入子系统原理

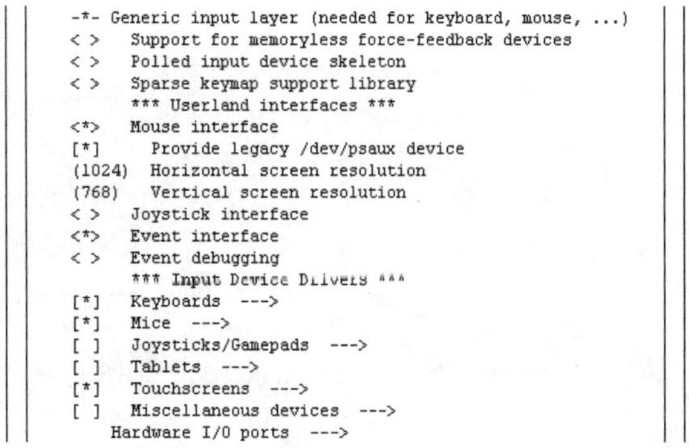

```
-*- Generic input layer (needed for keyboard, mouse, ...)
< >   Support for memoryless force-feedback devices
< >   Polled input device skeleton
< >   Sparse keymap support library
      *** Userland interfaces ***
<*>   Mouse interface
[*]     Provide legacy /dev/psaux device
(1024)  Horizontal screen resolution
(768)   Vertical screen resolution
< >   Joystick interface
<*>   Event interface
< >   Event debugging
      *** Input Device Drivers ***
[*]   Keyboards  --->
[*]   Mice  --->
[ ]   Joysticks/Gamepads  --->
[ ]   Tablets  --->
[*]   Touchscreens  --->
[ ]   Miscellaneous devices  --->
    Hardware I/O ports  --->
```

图 10-2　配置 input 和 Event 接口支持

10.2　Linux 输入子系统原理

输入子系统定义在<linux/input.h>中。输入子系统中的主要结构包括 input_dev、Input_handler 和 input_event 等。

10.2.1 输入设备

input_dev 结构表示一个输入设备，定义如下：

```
struct input_dev {
        const char *name;
        const char *phys; //设备在系统中的物理路径
        const char *uniq; //设备唯一识别符
        struct input_id id; //设备 ID，包含总线 ID（PCI，USB）、厂商 ID 和设备 ID
        unsigned long propbit[BITS_TO_LONGS(INPUT_PROP_CNT)];
        unsigned long evbit[BITS_TO_LONGS(EV_CNT)];
        unsigned long keybit[BITS_TO_LONGS(KEY_CNT)]; //支持的键盘事件
        unsigned long relbit[BITS_TO_LONGS(REL_CNT)]; //支持的相对值事件
        unsigned long absbit[BITS_TO_LONGS(ABS_CNT)]; //支持的绝对值事件
        unsigned long mscbit[BITS_TO_LONGS(MSC_CNT)];
        unsigned long ledbit[BITS_TO_LONGS(LED_CNT)]; //支持的 LED 事件
        unsigned long sndbit[BITS_TO_LONGS(SND_CNT)];
        unsigned long ffbit[BITS_TO_LONGS(FF_CNT)];
        unsigned long swbit[BITS_TO_LONGS(SW_CNT)];
        unsigned int hint_events_per_packet;
        unsigned int keycodemax;
        unsigned int keycodesize;
        void *keycode;//键盘码
        int (*setkeycode)(struct input_dev *dev,const struct input_keymap_entry *ke,unsigned int *old_keycode);
        int (*getkeycode)(struct input_dev *dev,struct input_keymap_entry *ke);
        struct ff_device *ff;
        unsigned int repeat_key;
        struct timer_list timer;
        int rep[REP_CNT];
        struct input_mt *mt;
        struct input_absinfo *absinfo;
        unsigned long key[BITS_TO_LONGS(KEY_CNT)];
        unsigned long led[BITS_TO_LONGS(LED_CNT)];
        unsigned long snd[BITS_TO_LONGS(SND_CNT)];
        unsigned long sw[BITS_TO_LONGS(SW_CNT)];
        int (*open)(struct input_dev *dev);
        void (*close)(struct input_dev *dev);
        int (*flush)(struct input_dev *dev, struct file *file);
        int (*event)(struct input_dev *dev, unsigned int type, unsigned int code, int value);//事件接口
        struct input_handle __rcu *grab;
        spinlock_t event_lock;
        struct mutex mutex;//互斥锁
        unsigned int users;
        bool going_away;
        struct device dev;
        …
};
```

input_dev 结构的 evbit 成员表示设备支持的事件类型，可以是下列值的组合：

- EV_SYN：同步事件
- EV_KEY: 绝对二进制值，如键盘或按钮
- EV_REL: 相对结果，如鼠标设备
- EV_ABS: 绝对整数值，如操纵杆或书写板
- EV_MSC: 其他类
- EV_SW: switch 事件
- EV_LED: LED 或其他指示设备
- EV_SND: 声音输出，如蜂鸣器
- EV_REP: 允许按键自重复
- EV_FF: 力反馈
- EV_FF_STATUS: 力反馈状态
- EV_PWR:电源管理事件

输入设备驱动注册与注销函数定义如下：

```
int input_register_device(struct input_dev *dev);
void input_unregister_device(struct input_dev *dev);
```

10.2.2 输入事件

输入事件用 input_event 结构描述。输入子系统中内核与应用层交互的基本单位是 input_event 结构，定义如下：

```
struct input_event
{
        struct timeval time;//时间戳
        __u16 type;//驱动类型
        __u16 code;//事件码
        __s32 value;//事件值
};
```

输入设备驱动可以使用下面的函数向输入子系统报告发生的事件：

```
void input_report_key(struct input_dev *dev, unsigned int code, int value);  //键盘事件
void input_report_rel(struct input_dev *dev, unsigned int code, int value);  //相对值
void input_report_abs(struct input_dev *dev, unsigned int code, int value);  //绝对值
void input_report_ff_status (struct input_dev *dev, unsigned int code, int value);  //力反馈状态
void input_report_switch(struct input_dev *dev, unsigned int code, int value);  // switch 事件
```

在事件报告完毕后，设备驱动需要使用 input_sync 函数告诉输入子系统一个完整的报告已经发送。

```
static inline void input_sync(struct input_dev *dev)
{
        input_event(dev, EV_SYN, SYN_REPORT, 0);
}
```

这一点在鼠标移动处理中很重要，因为鼠标坐标的 X 分量和 Y 分量是分开传送的，需要利用 input_sync 函数来同步。

10.2.3　input Handler 层

Input Handler 层负责处理输入事件。每个输入设备会绑定一个或多个 Input Handler。输入设备向输入子系统提交的事件会送给 Input Handler 层处理。同样应用层提交给输入节点的事件也先送给 Input Handler 层处理，最终分发给输入设备。

```
struct input_handler {
    void *private;
    void (*event)(struct input_handle *handle, unsigned int type, unsigned int code, int value);//事件处理
    //事件序列处理
    void (*events)(struct input_handle *handle,const struct input_value *vals, unsigned int count);
    bool (*filter)(struct input_handle *handle, unsigned int type, unsigned int code, int value);
    bool (*match)(struct input_handler *handler, struct input_dev *dev);
    //绑定 input handle 到输入设备
    int (*connect)(struct input_handler *handler, struct input_dev *dev, const struct input_device_id *id);
    void (*disconnect)(struct input_handle *handle);
    void (*start)(struct input_handle *handle);//启动函数，connect 函数之后调用
    bool legacy_minors;
    int minor;
    const char *name;
    const struct input_device_id *id_table;
    struct list_head    h_list;
    struct list_head    node;
};
```

Linux 核心定义了一个 Input Handler 链表：

```
static LIST_HEAD(input_handler_list);
```

input_handler 的注册、注销函数定义如下：

```
int input_register_handler(struct input_handler *handler);
void input_unregister_handler(struct input_handler *handler);
```

input_register_handler 函数将新的 input_handler 插入到 input_handler_list 中，并将其绑定到相应的设备上：

```
int input_register_handler(struct input_handler *handler)
{
    struct input_dev *dev;
    int error;
    error = mutex_lock_interruptible(&input_mutex);
    if (error)
        return error;
    INIT_LIST_HEAD(&handler->h_list);
```

```
        list_add_tail(&handler->node, &input_handler_list);
        list_for_each_entry(dev, &input_dev_list, node)
                input_attach_handler(dev, handler);
        input_wakeup_procfs_readers();
        mutex_unlock(&input_mutex);
        return 0;
}
```

input_attach_handler 函数匹配相应的输入设备，并将 handle 与设备连接起来：

```
static int input_attach_handler(struct input_dev *dev, struct input_handler *handler)
{
        const struct input_device_id *id;
        int error;
        id = input_match_device(handler, dev);
        if (!id)
                return -ENODEV;
        error = handler->connect(handler, dev, id);
        if (error && error != -ENODEV)
                pr_err("failed to attach handler %s to device %s, error: %d\n",
                        handler->name, kobject_name(&dev->dev.kobj), error);
        return error;
}
```

input_handler 结构的一个重要成员 id_table 为 input_device_id 结构类型，用来表示该 input_handler 匹配的设备特征：

```
struct input_device_id {
        kernel_ulong_t flags;
        __u16 bustype;
        __u16 vendor;
        __u16 product;
        __u16 version;
        kernel_ulong_t evbit[INPUT_DEVICE_ID_EV_MAX / BITS_PER_LONG + 1];
        kernel_ulong_t keybit[INPUT_DEVICE_ID_KEY_MAX / BITS_PER_LONG + 1];
        kernel_ulong_t relbit[INPUT_DEVICE_ID_REL_MAX / BITS_PER_LONG + 1];
        kernel_ulong_t absbit[INPUT_DEVICE_ID_ABS_MAX / BITS_PER_LONG + 1];
        kernel_ulong_t mscbit[INPUT_DEVICE_ID_MSC_MAX / BITS_PER_LONG + 1];
        kernel_ulong_t ledbit[INPUT_DEVICE_ID_LED_MAX / BITS_PER_LONG + 1];
        kernel_ulong_t sndbit[INPUT_DEVICE_ID_SND_MAX / BITS_PER_LONG + 1];
        kernel_ulong_t ffbit[INPUT_DEVICE_ID_FF_MAX / BITS_PER_LONG + 1];
        kernel_ulong_t swbit[INPUT_DEVICE_ID_SW_MAX / BITS_PER_LONG + 1];
        kernel_ulong_t driver_info;
};
```

其中 flag 设置匹配的类型。input_register_device 函数会调用 input_attach_handler，进而调用 input_match_device 函数为输入设备驱动匹配 input_handler：

```
static const struct input_device_id *input_match_device(struct input_handler *handler,struct input_dev *dev)
{
        const struct input_device_id *id;
        for (id = handler->id_table; id->flags || id->driver_info; id++) {
                if (id->flags & INPUT_DEVICE_ID_MATCH_BUS) //匹配总线类型
                        if (id->bustype != dev->id.bustype)
                                continue;
                if (id->flags & INPUT_DEVICE_ID_MATCH_VENDOR) //匹配厂商
                        if (id->vendor != dev->id.vendor)
                                continue;
                if (id->flags & INPUT_DEVICE_ID_MATCH_PRODUCT) //匹配制造商
                        if (id->product != dev->id.product)
                                continue;
                if (id->flags & INPUT_DEVICE_ID_MATCH_VERSION) //匹配版本
                        if (id->version != dev->id.version)
                                continue;
                if (!bitmap_subset(id->evbit, dev->evbit, EV_MAX))//匹配事件
                        continue;
                if (!bitmap_subset(id->keybit, dev->keybit, KEY_MAX))
                        continue;
                if (!bitmap_subset(id->relbit, dev->relbit, REL_MAX))
                        continue;
                if (!bitmap_subset(id->absbit, dev->absbit, ABS_MAX))
                        continue;
                if (!bitmap_subset(id->mscbit, dev->mscbit, MSC_MAX))
                        continue;
                if (!bitmap_subset(id->ledbit, dev->ledbit, LED_MAX))
                        continue;
                if (!bitmap_subset(id->sndbit, dev->sndbit, SND_MAX))
                        continue;
                if (!bitmap_subset(id->ffbit, dev->ffbit, FF_MAX))
                        continue;
                if (!bitmap_subset(id->swbit, dev->swbit, SW_MAX))
                        continue;
                if (!handler->match || handler->match(handler, dev))
                        return id;
        }
        return NULL;
}
```

input_inject_event 函数用于从 input handle 发出事件，而输入设备（input_dev）的 event 接口会处理这个事件。

```
void input_inject_event(struct input_handle *handle,unsigned int type, unsigned int code, int value)
```

10.2.4　常用的 Input Handler

evdev_handler 是 Linux 内核中通用的输入设备文件处理接口。大部分输入子系统的设备

均会匹配到 evdev 对应的设备节点，也就是/dev/input/event0 ～ /dev/input/event*n*。evdev 的模块初始化函数为 evdev_init，代码如下：

```
static const struct input_device_id evdev_ids[] = {
        { .driver_info = 1 },/*  匹配所有输入设备*/
        { },    /* Terminating zero entry */
};
MODULE_DEVICE_TABLE(input, evdev_ids);
static struct input_handler evdev_handler = {
        .event= evdev_event,
        .events         = evdev_events,
        .connect        = evdev_connect,
        .disconnect     = evdev_disconnect,
        .legacy_minors          = true,
        .minor          = EVDEV_MINOR_BASE,
        .name= "evdev",
        .id_table       = evdev_ids,
};
static int __init evdev_init(void)
{
        return input_register_handler(&evdev_handler);
}
```

evdev_ids 并没有设置 flag 域，根据 input_match_device 函数的结果，它是匹配所有输入设备的。下一节我们将继续分析 evdev 设备。

mousedev_handler 是 Linux 内核中针对鼠标设备的处理接口。鼠标设备既有绝对值事件（EV_REL），也有“点击”等 KEY 事件（EV_KEY）。

```
static const struct input_device_id mousedev_ids[] = {
        {
                .flags = INPUT_DEVICE_ID_MATCH_EVBIT |INPUT_DEVICE_ID_MATCH_KEYBIT |
                                INPUT_DEVICE_ID_MATCH_RELBIT,
                .evbit = { BIT_MASK(EV_KEY) | BIT_MASK(EV_REL) },
                .keybit = { [BIT_WORD(BTN_LEFT)] = BIT_MASK(BTN_LEFT) },
                .relbit = { BIT_MASK(REL_X) | BIT_MASK(REL_Y) },
        },      /* A mouse like device, at least one button,two relative axes */
        {
                .flags = INPUT_DEVICE_ID_MATCH_EVBIT |INPUT_DEVICE_ID_MATCH_RELBIT,
                .evbit = { BIT_MASK(EV_KEY) | BIT_MASK(EV_REL) },
                .relbit = { BIT_MASK(REL_WHEEL) },
        },      /* A separate scrollwheel */
        ...
        { },    /* Terminating entry */
};
MODULE_DEVICE_TABLE(input, mousedev_ids);
static struct input_handler mousedev_handler = {
```

```
        .event= mousedev_event,
        .connect        = mousedev_connect,
        .disconnect     = mousedev_disconnect,
        .legacy_minors          = true,
        .minor          = MOUSEDEV_MINOR_BASE,
        .name= "mousedev",
        .id_table       = mousedev_ids,
};
```

kbd_handler 是 Linux 内核中针对键盘的处理接口。

```
static const struct input_device_id kbd_ids[] = {
        {
                .flags = INPUT_DEVICE_ID_MATCH_EVBIT,
                .evbit = { BIT_MASK(EV_KEY) },
        },
        {
                .flags = INPUT_DEVICE_ID_MATCH_EVBIT,
                .evbit = { BIT_MASK(EV_SND) },
        },
        { },        /* Terminating entry */
};
MODULE_DEVICE_TABLE(input, kbd_ids);
static struct input_handler kbd_handler = {
        .event= kbd_event,
        .match          = kbd_match,
        .connect        = kbd_connect,
        .disconnect     = kbd_disconnect,
        .start          = kbd_start,
        .name= "kbd",
        .id_table       = kbd_ids,
};
```

input_leds_handler 是内核中针对 LED 的控制接口，可用于标准键盘的 LED 控制。

```
static const struct input_device_id input_leds_ids[] = {
        {
                .flags = INPUT_DEVICE_ID_MATCH_EVBIT,
                .evbit = { BIT_MASK(EV_LED) },
        },
        { },
};
MODULE_DEVICE_TABLE(input, input_leds_ids);
static struct input_handler input_leds_handler = {
        .event          =input_leds_event,
        .connect        =input_leds_connect,
        .disconnect =input_leds_disconnect,
        .name           ="leds",
```

```
        .id_table     =input_leds_ids,
};
```

标准键盘上既有按键，又有 LED 灯，两者是如何关联的呢？先看 kbd_handler 的 event 接口：

```
void kbd_event(struct input_handle *handle, unsigned int event_type,unsigned int event_code, int value)
{
        spin_lock(&kbd_event_lock);
        if (event_type == EV_MSC && event_code == MSC_RAW && HW_RAW(handle->dev))
                kbd_rawcode(value);
        if (event_type == EV_KEY)
                kbd_keycode(event_code, value, HW_RAW(handle->dev));
        spin_unlock(&kbd_event_lock);
        tasklet_schedule(&keyboard_tasklet);
        do_poke_blanked_console = 1;
        schedule_console_callback();
}
```

kbd_event 函数启动了 keyboard_tasklet，用来处理 LED 状态，具体实现如下：

```
static void kbd_bh(unsigned long dummy)
{
        unsigned int leds;
        unsigned long flags;
        spin_lock_irqsave(&led_lock, flags);
        leds = getleds();
        leds |= (unsigned int)kbd->lockstate << 8;
        spin_unlock_irqrestore(&led_lock, flags);
        if (leds != ledstate) {
                kbd_propagate_led_state(ledstate, leds);//更新 led 状态
                ledstate = leds;
        }
}
DECLARE_TASKLET_DISABLED(keyboard_tasklet, kbd_bh, 0);
```

再看 input_leds_handler 中的 LED 控制接口，它实际上注册了一个 LED 类设备，具体代码如下：

```
int input_leds_connect(struct input_handler *handler,struct input_dev *dev,const struct input_device_id *id)
{
        for_each_set_bit(led_code, dev->ledbit, LED_CNT) {
                struct input_led *led = &leds->leds[led_no];
                led->handle = &leds->handle;
                led->code = led_code;
                if (!input_led_info[led_code].name)continue;
                led->cdev.name = kasprintf(GFP_KERNEL, "%s::%s",
                                dev_name(&dev->dev),input_led_info[led_code].name);
```

```
                if (!led->cdev.name) {
                        error = -ENOMEM;
                        goto err_unregister_leds;
                }
                led->cdev.max_brightness = 1;
                led->cdev.brightness_get = input_leds_brightness_get;
                led->cdev.brightness_set = input_leds_brightness_set;
                led->cdev.default_trigger = input_led_info[led_code].trigger;
                error = led_classdev_register(&dev->dev, &led->cdev);
                if (error) {
                        dev_err(&dev->dev, "failed to register LED %s: %d\n",led->cdev.name, error);
                        kfree(led->cdev.name);
                        goto err_unregister_leds;
                }
                led_no++;
        }
}
```

假如内核配置了 CONFIG_INPUT_LEDS 与 CONFIG_LEDS_TRIGGERS，上面的 kbd_propagate_led_state 函数将调用 led_trigger_event 通过 led 子系统调用 input_leds.c 中的 led 接口（input_leds_brightness_set）向输入设备发出输入事件：

```
static void input_leds_brightness_set(struct led_classdev *cdev,enum led_brightness brightness)
{
        struct input_led *led = container_of(cdev, struct input_led, cdev);
        input_inject_event(led->handle, EV_LED, led->code, !!brightness);
}
```

假如内核没有配置 CONFIG_INPUT_LEDS 与 CONFIG_LEDS_TRIGGERS，则 kbd_propagate_ led_state 函数将直接向输入设备发出输入事件：

```
static int kbd_update_leds_helper(struct input_handle *handle, void *data)
{
        unsigned int leds = *(unsigned int *)data;
        if (test_bit(EV_LED, handle->dev->evbit)) {
                input_inject_event(handle, EV_LED, LED_SCROLLL, !!(leds & 0x01));
                input_inject_event(handle, EV_LED, LED_NUML,    !!(leds & 0x02));
                input_inject_event(handle, EV_LED, LED_CAPSL,   !!(leds & 0x04));
                input_inject_event(handle, EV_SYN, SYN_REPORT, 0);
        }
        return 0;
}
static void kbd_propagate_led_state(unsigned int old_state,unsigned int new_state)
{
        input_handler_for_each_handle(&kbd_handler, &new_state,kbd_update_leds_helper);
}
```

10.3　输入设备应用层

输入子系统的主设备号为 INPUT_MAJOR。应用程序可以通过通用输入设备 edev 的 /dev/input/eventn 节点向输入子系统发送数据（write）或接收(read)来自输入子系统的消息，也可以通过 IOCTL 命令获取驱动的能力与支持的特性。通用输入设备 edev 的注册过程在 evdev_connect 函数中实现：

```
static int evdev_connect(struct input_handler *handler, struct input_dev *dev,const struct input_device_id *id)
{
        struct evdev *evdev;
        int minor;
        int dev_no;
        int error;
        minor = input_get_new_minor(EVDEV_MINOR_BASE, EVDEV_MINORS, true);//分配次设备
                                                                          //号
        if (minor < 0) {
                error = minor;
                pr_err("failed to reserve new minor: %d\n", error);
                return error;
        }
        evdev = kzalloc(sizeof(struct evdev), GFP_KERNEL);
        if (!evdev) {
                error = -ENOMEM;
                goto err_free_minor;
        }
        INIT_LIST_HEAD(&evdev->client_list);
        spin_lock_init(&evdev->client_lock);
        mutex_init(&evdev->mutex);
        init_waitqueue_head(&evdev->wait);
        evdev->exist = true;
        dev_no = minor;
        /* 规范化设备号 */
        if (dev_no < EVDEV_MINOR_BASE + EVDEV_MINORS)
                dev_no -= EVDEV_MINOR_BASE;
        dev_set_name(&evdev->dev, "event%d", dev_no);//设置设备名称
        evdev->handle.dev = input_get_device(dev);
        evdev->handle.name = dev_name(&evdev->dev);
        evdev->handle.handler = handler;
        evdev->handle.private = evdev;
        evdev->dev.devt = MKDEV(INPUT_MAJOR, minor);
        evdev->dev.class = &input_class;
        evdev->dev.parent = &dev->dev;
        evdev->dev.release = evdev_free;
        device_initialize(&evdev->dev);
        error = input_register_handle(&evdev->handle);//注意不是 input_register_handler
```

```
        if (error)goto err_free_evdev;
        cdev_init(&evdev->cdev, &evdev_fops);
        evdev->cdev.kobj.parent = &evdev->dev.kobj;
        error = cdev_add(&evdev->cdev, evdev->dev.devt, 1);//添加字符设备
        if (error)goto err_unregister_handle;
        error = device_add(&evdev->dev);
        if (error)goto err_cleanup_evdev;
        return 0;
        …
}
```

evdev_fops 即/dev/input/eventn 节点的文件操作接口：

```
static const struct file_operations evdev_fops = {
        .owner          = THIS_MODULE,
        .read           = evdev_read,
        .write          = evdev_write,
        .poll           = evdev_poll,
        .open           = evdev_open,
        .release        = evdev_release,
        .unlocked_ioctl         = evdev_ioctl,
        .fasync         = evdev_fasync,
        .flush          = evdev_flush,
        .llseek         = no_llseek,
};
```

以 evdev_read 函数为例说明输入设备的数据读取具体过程：

```
static ssize_t evdev_read(struct file *file, char __user *buffer,size_t count, loff_t *ppos)
{
        struct evdev_client *client = file->private_data;
        struct evdev *evdev = client->evdev;
        struct input_event event;
        size_t read = 0;
        int error;
        if (count != 0 && count < input_event_size())//判断 count 的有效性
                return -EINVAL;
        for (;;) {
                if (!evdev->exist || client->revoked)
                        return -ENODEV;
                if (client->packet_head == client->tail &&
                    (file->f_flags & O_NONBLOCK))
                        return -EAGAIN;
                if (count == 0)//无需继续
                        break;
                while (read + input_event_size() <= count &&
                        evdev_fetch_next_event(client, &event)) {//获取下一个事件
                        if (input_event_to_user(buffer + read, &event))//向用户空间复制数据
```

```
                    return -EFAULT;
                read += input_event_size();
            }
            if (read)break;
            if (!(file->f_flags & O_NONBLOCK)) {//判断是否为阻塞式
                error = wait_event_interruptible(evdev->wait,client->packet_head != client->tail ||
                        !evdev->exist || client->revoked);
                if (error)return error;
            }
        }
        return read;
    }
```

input_event_to_user 函数调用了 copy_to_user 函数向应用层复制输入事件，每次复制一个 input_event：

```
int input_event_to_user(char __user *buffer,const struct input_event *event)
{
    if (copy_to_user(buffer, event, sizeof(struct input_event)))return -EFAULT;
    return 0;
}
```

例 10.1　输入子系统 IOCTL 实例

本例演示输入设备的几个简单的 ioctl 接口，参考代码如下：

```
int version;
int fd = open("/dev/input/event1", O_RDONLY);
ioctl(fd, EVIOCGVERSION, &version); //获取版本
struct input_devinfo device_info;
ioctl(fd, EVIOCGID, &device_info); //获取设备信息
char name[256]= "Unknown";
ioctl(fd, EVIOCGNAME(sizeof(name)), name)//获取名称
uint8_t rel_bitmask[REL_MAX/8 + 1];
ioctl(fd, EVIOCGBIT(EV_REL, sizeof(rel_bitmask))//获取支持的鼠标特性
```

10.4　键盘输入设备驱动程序实例

例 10.2　S3C6410X 键盘输入驱动程序

代码见\samples\10input\10-1Button。这里针对第 6 章的键盘电路编写一个输入设备形式的驱动程序。核心代码如下：

```
static struct input_dev*simplekey_dev;
static unsigned long    polling_jffs=0;
static char *simplekey_name = "simplekey";
static char *simplekey_phys = "input0";
static unsigned char simplekey_keycode[0x06] = {
```

```
        [0]= KEY_1,[1]= KEY_2,[2]= KEY_3,
        [3]= KEY_4,[4]= KEY_5,[5]= KEY_6,
};
static unsigned char offset[]={0x3E,0x3D,0x3B,0x37,0x2F,0x1F};
static int irqArray[6]=
{
        S3C_EINT(0),S3C_EINT(1),S3C_EINT(2),
        S3C_EINT(3),S3C_EINT(4),S3C_EINT(5)
};
#define eint_offset(irq)        ((irq) - IRQ_EINT(0))
#define eint_irq_to_bit(irq) (1 << eint_offset(irq))
static void s3c_irq_eint_unmask(unsigned int irq)
{
        u32 mask;
        mask = __raw_readl(S3C64XX_EINT0MASK);
        mask &= ~(eint_irq_to_bit(irq));
        __raw_writel(mask, S3C64XX_EINT0MASK);
}
//设置中断类型
static int s3c_irq_eint_set_type(unsigned int irq, unsigned int type)
{
        int offs = eint_offset(irq);
        int shift;
        u32 ctrl, mask;
        u32 newvalue = 0;
        void __iomem *reg;
        if (offs > 27)return -EINVAL;
        if (offs > 15)
                reg = S3C64XX_EINT0CON1;
        else
                reg = S3C64XX_EINT0CON0;
        switch (type) {
        case IRQ_TYPE_NONE:
                printk(KERN_WARNING "No edge setting!\n");
                break;
        case IRQ_TYPE_EDGE_RISING:
                newvalue = S3C2410_EXTINT_RISEEDGE;
                break;
        case IRQ_TYPE_EDGE_FALLING:
                newvalue = S3C2410_EXTINT_FALLEDGE;
                break;
        case IRQ_TYPE_EDGE_BOTH:
                newvalue = S3C2410_EXTINT_BOTHEDGE;
                break;
        case IRQ_TYPE_LEVEL_LOW:
                newvalue = S3C2410_EXTINT_LOWLEV;
```

```
            break;
        case IRQ_TYPE_LEVEL_HIGH:
            newvalue = S3C2410_EXTINT_HILEV;
            break;
        default:
            printk(KERN_ERR "No such irq type %d", type);
            return -1;
        }
        shift = ((offs % 16) / 2) * 4;    /* org: shift = (offs / 2) * 4; */
        mask = 0x7 << shift;
        ctrl = __raw_readl(reg);
        ctrl &= ~mask;
        ctrl |= newvalue << shift;
        __raw_writel(ctrl, reg);
        if (offs < 16)
            s3c_gpio_cfgpin(S3C64XX_GPN(offs), 0x2 << (offs * 2));
        else if (offs < 23)
            s3c_gpio_cfgpin(S3C64XX_GPL(offs - 8), S3C_GPIO_SFN(3));
        else
            s3c_gpio_cfgpin(S3C64XX_GPM(offs - 23), S3C_GPIO_SFN(3));
        return 0;
}
void set_pin_Interrupt(int iflag)
{
        if(iflag)
        {
            s3c_gpio_cfgpin(S3C64XX_GPN(0),S3C64XX_GPN0_EINT0);
            s3c_gpio_cfgpin(S3C64XX_GPN(1),S3C64XX_GPN1_EINT1);
            s3c_gpio_cfgpin(S3C64XX_GPN(2),S3C64XX_GPN2_EINT2);
            s3c_gpio_cfgpin(S3C64XX_GPN(3),S3C64XX_GPN3_EINT3);
            s3c_gpio_cfgpin(S3C64XX_GPN(4),S3C64XX_GPN4_EINT4);
            s3c_gpio_cfgpin(S3C64XX_GPN(5),S3C64XX_GPN5_EINT5);
        }
        else
        {
            s3c_gpio_cfgpin(S3C64XX_GPN(0),0);
            s3c_gpio_cfgpin(S3C64XX_GPN(1),0);
            s3c_gpio_cfgpin(S3C64XX_GPN(2),0);
            s3c_gpio_cfgpin(S3C64XX_GPN(3),0);
            s3c_gpio_cfgpin(S3C64XX_GPN(4),0);
            s3c_gpio_cfgpin(S3C64XX_GPN(5),0);
        }
}
//按键 GPIO 设置
void initButton(void)
{
```

```
        set_pin_Interrupt(1);
        s3c_gpio_setpull(S3C64XX_GPN(0), S3C_GPIO_PULL_NONE);
        s3c_gpio_setpull(S3C64XX_GPN(1), S3C_GPIO_PULL_NONE);
        s3c_gpio_setpull(S3C64XX_GPN(2), S3C_GPIO_PULL_NONE);
        s3c_gpio_setpull(S3C64XX_GPN(3), S3C_GPIO_PULL_NONE);
        s3c_gpio_setpull(S3C64XX_GPN(4), S3C_GPIO_PULL_NONE);
        s3c_gpio_setpull(S3C64XX_GPN(5), S3C_GPIO_PULL_NONE);
        s3c_irq_eint_set_type(0, IRQ_TYPE_EDGE_FALLING);
        s3c_irq_eint_set_type(1, IRQ_TYPE_EDGE_FALLING);
        s3c_irq_eint_set_type(2, IRQ_TYPE_EDGE_FALLING);
        s3c_irq_eint_set_type(3, IRQ_TYPE_EDGE_FALLING);
        s3c_irq_eint_set_type(4, IRQ_TYPE_EDGE_FALLING);
        s3c_irq_eint_set_type(5, IRQ_TYPE_EDGE_FALLING);
        s3c_irq_eint_unmask(0);
        s3c_irq_eint_unmask(1);
        s3c_irq_eint_unmask(2);
        s3c_irq_eint_unmask(3);
        s3c_irq_eint_unmask(4);
        s3c_irq_eint_unmask(5);
}
void polling_handler(unsigned long data)
{
        u32 code=0;
        int i=0;
        code=__raw_readl(S3C64XX_GPNDAT);
        code=code&0x3F;
        if(code>0)
        {
                //避免中断连续出现
                if((jiffies-polling_jffs)>100)
                {
                        polling_jffs=jiffies;
                        for(i=0;i<6;i++)
                        {
                                if(offset[i]==code)
                                {
                                        code=i;
                                }
                        }
                      //向用户报告按键事件
                        input_report_key(simplekey_dev, simplekey_keycode[code], 1);
                        input_report_key(simplekey_dev, simplekey_keycode[code], 0);
                        input_sync(simplekey_dev);
                }
        }
        set_pin_Interrupt(1);
```

```
}
//使用 tasklet 处理中断后半部
DECLARE_TASKLET(test_tasklet,polling_handler, (unsigned long) &simplekey_dev);
static irqreturn_t simplekey_interrupt(int irq, void *dummy)
{
        set_pin_Interrupt(0);
        tasklet_schedule(&test_tasklet);
        return IRQ_HANDLED;
}
static int __init simplekey_init(void)
{
        int i=0;
        initButton();
        simplekey_dev=input_allocate_device();
        for (i = 0; i <6; i++)
        {
                if (request_irq(irqArray[i], &simplekey_interrupt, 0, "simplekey", NULL))
                {
                        printk("request button irq failed!\n");
                        return -1;
                }
        }
        printk("initialize button ...\n");
        simplekey_dev->evbit[0] = BIT(EV_KEY);
        simplekey_dev->keycode = simplekey_keycode;
        simplekey_dev->keycodesize = sizeof(unsigned char);
        simplekey_dev->keycodemax = ARRAY_SIZE(simplekey_keycode);
        for (i = 0; i < 0x78; i++)
                if (simplekey_keycode[i])
                        set_bit(simplekey_keycode[i], simplekey_dev->keybit);
        simplekey_dev->name = simplekey_name;
        simplekey_dev->phys = simplekey_phys;
        simplekey_dev->id.bustype = BUS_AMIGA;
        simplekey_dev->id.vendor = 0x0001;
        simplekey_dev->id.product = 0x0001;
        simplekey_dev->id.version = 0x0100;
        input_register_device(simplekey_dev);
        printk("initialize button ok!\n");
        return 0;
}
static void __exit simplekey_exit(void)
{
        int i;
        for (i = 0; i <6; i++)
        {
                free_irq(irqArray[i],NULL);
```

```
        }
        input_unregister_device(simplekey_dev);
}
module_init(simplekey_init);
module_exit(simplekey_exit);
```

应用层测试代码如下：

```
void main()
{
        int fd = -1;
        char name[256]= "Unknown";
        int yalv;
        if ((fd = open("/dev/input/event1", O_RDONLY)) < 0) {
                perror("evdev open");
                exit(1);
        }
        if(ioctl(fd, EVIOCGNAME(sizeof(name)), name) < 0) {
                perror("evdev ioctl");
        }
        size_t rb;
        struct input_event ev[2];
        while(1)
        {
                rb=read(fd,ev,sizeof(struct input_event)*2);
                if (rb < (int) sizeof(struct input_event))
                {
                        perror("evtest: short read");
                        exit (1);
                }
                for (yalv = 0;yalv < (int) (rb / sizeof(struct input_event));yalv++)
                {
                        if (EV_KEY == ev[yalv].type)
                        {
                                printf("time:%ld.%06ld (s)    ",ev[yalv].time.tv_sec,ev[yalv].time.tv_usec);
                                printf("type %d code %d value %d\n",ev[yalv].type,ev[yalv].code,ev[yalv].
value);
                        }
                }
        }
        close(fd);
}
```

本例测试结果如下：

```
[root@urbetter /home]# insmod button.ko
initialize button ...
input: simplekey as /class/input/input3
```

```
initialize button ok!
[root@urbetter /home]# ./demotest
time:1086222460.263859 (s)    type 1 code 5 value 1
time:1086222460.263878 (s)    type 1 code 5 value 0
time:1086222461.898843 (s)    type 1 code 2 value 1
time:1086222461.898863 (s)    type 1 code 2 value 0
time:1086222464.753842 (s)    type 1 code 3 value 1
time:1086222464.753861 (s)    type 1 code 3 value 0
time:1086222466.788851 (s)    type 1 code 4 value 1
time:1086222466.788870 (s)    type 1 code 4 value 0
time:1086222469.023849 (s)    type 1 code 6 value 1
time:1086222469.023868 (s)    type 1 code 6 value 0
time:1086222470.133852 (s)    type 1 code 7 value 1
time:1086222470.133871 (s)    type 1 code 7 value 0
```

10.5　Event 接口实例

input_dev 结构有一个重要的成员，就是 event 接口。

```
int (*event)(struct input_dev *dev, unsigned int type, unsigned int code, int value);
```

本节以一个实例形式介绍这个接口的使用。

例 10.3　LED 输入事件处理实例

电路原理见第 6 章。代码见 samples\10input\10-2event。核心代码如下：

```
#define LED_SI_H(i) __raw_writel(__raw_readl(S3C64XX_GPMDAT)|(1<<i),S3C64XX_GPMDAT)
#define LED_SI_L(i) __raw_writel(__raw_readl(S3C64XX_GPMDAT)&(~(1<<i)),S3C64XX_GPMDAT)
static char s3c6410_LED_name[] = "s3c6410LED";
static char s3c6410_LED_phys[] = "s3c6410LED";
static struct input_dev* s3c6410_LED_dev;
//event 接口函数
static int s3c6410_LED_event(struct input_dev *dev, unsigned int type, unsigned int code, int value)
{
    printk("s3c6410_LED_event type%d value%d\n",type,value);
    if (type != EV_LED)return -1;
    switch(value)
    {
        case 0:
                LED_SI_L(0);
                break;
        case 1:
                LED_SI_H(0);
                break;
    }
    return 0;
}
```

```
static int __init s3c6410_LED_init(void)
{
    LED_SI_OUT1;
    s3c6410_LED_dev=input_allocate_device();
    s3c6410_LED_dev->evbit[0] = BIT(EV_LED);
    s3c6410_LED_dev->ledbit[0] = BIT(LED_NUML);
    s3c6410_LED_dev->event = s3c6410_LED_event;
    s3c6410_LED_dev->name = s3c6410_LED_name;
    s3c6410_LED_dev->phys = s3c6410_LED_phys;
    s3c6410_LED_dev->id.bustype = BUS_HOST;
    s3c6410_LED_dev->id.vendor = 0x001f;
    s3c6410_LED_dev->id.product = 0x0001;
    s3c6410_LED_dev->id.version = 0x0100;
    //注册 LED 输入设备
    input_register_device(s3c6410_LED_dev);
    printk(KERN_INFO "input: %s\n", s3c6410_LED_name);
    return 0;
}
static void __exit s3c6410_LED_exit(void)
{
   input_unregister_device(s3c6410_LED_dev);
}
```

应用层通过/dev/input/event1 控制 LED 灯。注意这里的打开标志设置成 O_WRONLY。

```
void main()
{
    int fd = -1;
    char name[256]= "Unknown";
    int yalv;
    if ((fd = open("/dev/input/event1", O_WRONLY)) < 0) {
        perror("evdev open");
        exit(1);
    }
    if(ioctl(fd, EVIOCGNAME(sizeof(name)), name) < 0) {
        perror("evdev ioctl");
    }
    size_t rb;
    //构建事件
    struct input_event ev[2];
    ev[0].type=EV_LED;
    ev[0].code=LED_NUML;
    ev[0].value=0;
    ev[1].type=EV_LED;
    ev[1].code=LED_NUML;
    ev[1].value=1;
    while(1)
```

```
        {
            rb=write(fd,ev,sizeof(struct input_event));
            if (rb < (int) sizeof(struct input_event))
            {
                perror("evtest: short write");
                exit (1);
            }
            sleep(1);
            rb=write(fd,&ev[1],sizeof(struct input_event));
            if (rb < (int) sizeof(struct input_event))
            {
                perror("evtest: short write");
                exit (1);
            }
            sleep(1);
        }
        close(fd);
}
```

当应用层调用 write 函数，进入内核中将会调用 evdev_write 函数：

```
static ssize_t evdev_write(struct file *file, const char __user *buffer,size_t count, loff_t *ppos)
{
    struct evdev_client *client = file->private_data;
    struct evdev *evdev = client->evdev;
    struct input_event event;
    int retval = 0;
    if (count != 0 && count < input_event_size())
        return -EINVAL;
    retval = mutex_lock_interruptible(&evdev->mutex);
    if (retval)
        return retval;
    if (!evdev->exist || client->revoked) {
        retval = -ENODEV;
        goto out;
    }
    while (retval + input_event_size() <= count) {
        if (input_event_from_user(buffer + retval, &event)) {
            retval = -EFAULT;
            goto out;
        }
        retval += input_event_size();
        input_inject_event(&evdev->handle,event.type, event.code, event.value);
    }
 out:
    mutex_unlock(&evdev->mutex);
    return retval;
}
```

input_inject_event 函数中调用了 input_handle_event 函数，input_handle_event 函数定义如下：

```
static void input_handle_event(struct input_dev *dev,unsigned int type, unsigned int code, int value)
{
	int disposition;
	disposition = input_get_disposition(dev, type, code, &value);
	if ((disposition & INPUT_PASS_TO_DEVICE) && dev->event)
		dev->event(dev, type, code, value);//调用设备的事件接口
	if (!dev->vals)
		return;
	if (disposition & INPUT_PASS_TO_HANDLERS) {
		struct input_value *v;
		if (disposition & INPUT_SLOT) {
			v = &dev->vals[dev->num_vals++];
			v->type = EV_ABS;
			v->code = ABS_MT_SLOT;
			v->value = dev->mt->slot;
		}
		v = &dev->vals[dev->num_vals++];
		v->type = type;
		v->code = code;
		v->value = value;
	}
	if (disposition & INPUT_FLUSH) {
		if (dev->num_vals >= 2)
			input_pass_values(dev, dev->vals, dev->num_vals);
		dev->num_vals = 0;
	} else if (dev->num_vals >= dev->max_vals - 2) {
		dev->vals[dev->num_vals++] = input_value_sync;
		input_pass_values(dev, dev->vals, dev->num_vals);
		dev->num_vals = 0;
	}
}
```

可见内核会自动调用 s3c6410_LED_event 函数。加载这个驱动，并运行应用程序就能看到 LED 闪灭：

```
[root@urbetter drivers]# insmod demo.ko
input: s3c6410LED as /devices/virtual/input/input1
input: s3c6410LED
[root@urbetter drivers]# ./test
s3c6410_LED_event type17 value1
s3c6410_LED_event type17 value0
s3c6410_LED_event type17 value1
s3c6410_LED_event type17 value0
s3c6410_LED_event type17 value1
```

```
^C
[root@urbetter drivers]#
```

10.6　触摸屏驱动程序实例

Linux 中的触摸屏驱动程序，可以作为一种普通的字符型设备，也可以纳入输入子系统的框架。触摸屏与鼠标的最大区别在于前者是基于绝对坐标，而后者是基于相对坐标。这意味着在应用层使用触摸屏驱动程序必须先进行校准。

10.6.1　S3C6410X 触摸屏控制器

S3C6410X 支持触摸屏接口，它是与 ADC 转换器共用的。S3C6410X 的触摸屏接口包括 XM、XP、YM、YP 四根信号线。图 10-3 是 S3C6410X 的触摸屏接口原理图。

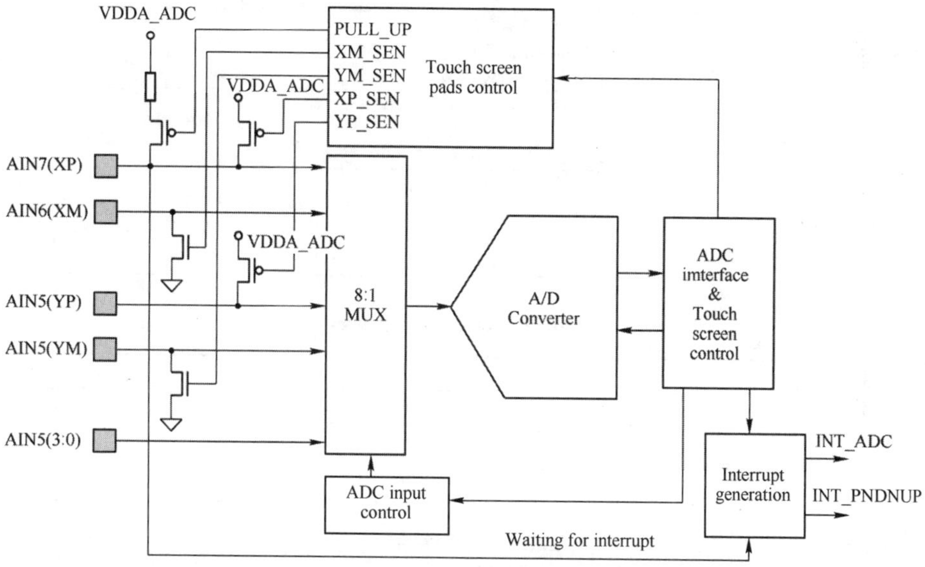

图 10-3　S3C6410X 的触摸屏接口

触摸屏接口有四个工作模式，依 ADCTSC 寄存器的 AUTO_PST 和 XY_PST 确定。四个工作模式的比较见表 10-1。

表 10-1　四个工作模式

模　式	AUTO_PST	XY_PST	说　明
常规转换模式	AUTO_PST=0	XY_PST=0	通用的 ADC 转换
XY 坐标独立转换模式	AUTO_PST=0	XY_PST = 1	转换 X 坐标到 ADCDAT0 的 XPDATA，并产生 INT_ADC 中断
		XY_PST = 2	转换 Y 坐标到 ADCDAT1 的 YPDATA 并产生 INT_ADC 中断
XY 坐标自动转换模式	AUTO_PST=1	XY_PST=0	自动转换 X 坐标到 ADCDAT0 的 XPDATA；同时转换 Y 坐标到 ADCDAT1 的 YPDATA；并产生 INT_ADC 中断
等待中断模式		XY_PST=3	当触摸笔点击时产生中断，产生 INT_PNDNUP 中断信号

S3C6410X 中与触摸屏相关的寄存器见表 10-2～表 10-6。

表 10-2　ADCON 寄存器

ADCON	Bit	描　　述	初始值
RESSEL	[16]	AD 转换分辨率选择 0=10bit；1=12bit	0
ECFLG	[15]	AD 转换结束标志 0=AD 转换进行中 1=AD 转换结束	0
PRSCEN	[14	AD 转换预分频器使能 0=停止;1=使能	0
PRSCVL	[13:6]	AD 转换预分频器数值 范围：5~255 除数为（PRSCVL+1） 注意 ADC 频率应该设置成小于 PCLK 的 5 倍	0xFF
SEL_MUX	[5:3]	模拟输入通道选择 000 = AIN 0　001 = AIN 1 010 = AIN 2　011 = AIN 3 100 = YM　　101 = YP 110 = XM　　111 = XP	0
STDBM	[2]	Standby 模式选择 0---普通模式 1---standby 模式	1
READ_START	[1]	通过读取来启动 AD 转换 0---停止通过读取来启动 AD 转换 1---使能通过读取来启动 AD 转换	0
ENABLE_START	[0]	启动 AD 操作。 如果 READ_START=1，则这个值无效。 0=无操作 1=启动 AD 转换，启动后该位清零	0

表 10-3　ADCTSC 寄存器

ADCTSC	Bit	描　　述	初始值
Reserved	[11:9]	保留	0
UD_SEN	[8]	触摸笔按下与弹起状态检测 0=检测触摸笔按下中断 1=检测触摸笔弹起中断	0
YM_SEN	[7]	选择 YMON 的输出值 YMON 输出 0(YM=Hi-Z) YMON 输出 1(YM=GND)	0
YP_SEN	[6]	选择 nYPON 的输出值 0---nYPON 输出 0(YP=External voltage) 1---nYPON 输出 1(YP 连接 AIN[5])	1
XM_SEN	[5]	选择 XMON 的输出值 0---XMON 输出 0(XM=Hi_Z) 1---XMON 输出 1(XM=GND)	0
XP_SEN	[4]	选择 nXPON 的输出值 0---nXPON 输出 0(XP=External voltage) 1---nXPON 输出 1(XP 连接 AIN[7])	1
PULL_UP	[3]	上拉开关 0---允许 XP 上拉 1---禁止 XP 上拉	1
AUTO_PST	[2]	模式选择 0---正常 ADC 转换 1---自动 XY 坐标转换	0
XY_PST	[1:0]	测量模式 00---无操作 01---X 坐标测量 10---Y 坐标测量 11---等待中断模式	0

表 10-4　ADCDLY 寄存器

ADCDLY	Bit	描　述	初始值
FILCLKsrc	[16]	ADCDLY 时钟源选择	
DELAY	[15:0]	常规转换模式、XY 坐标自动转换模式、XY 坐标自动转换模式下 X/Y 坐标转换延时 等待中断模式下：触摸笔按下以后产生中断的时间间隔 注意不能使用 0 值。	0x00ff

表 10-5　ADCDAT0 寄存器

ADCDAT0	Bit	描　述	初始值
UPDOWN	[15]	等待中断模式下触摸笔状态 0----触摸笔按下 1----触摸笔拿起	-
AUTO_PST	[14]	0---常规 ADC 转换 1---XY 坐标顺序测量	-
XY_PST	[13:12]	00---无操作 01---X 坐标测量 10---Y 坐标测量 11---等待中断模式	-
XPDATA_12	[11:10]	当采样分辨率为 12bit 时作 X 坐标高位使用	
XPDATA	[9:0]	X 坐标值或常规 ADC 转换值，支持到 0x3ff	-

表 10-6　ADCDAT1 寄存器

ADCDAT1	Bit	描　述	初始值
UPDOWN	[15]	等待中断模式下触摸笔状态 0----触摸笔按下 1----触摸笔拿起	-
AUTO_PST	[14]	0---常规 ADC 转换 1---XY 坐标顺序测量	-
XY_PST	[13:12]	00---无操作 01---X 坐标测量 10---Y 坐标测量 11---等待中断模式	-
YPDATA_12	[11:10]	当采样分辨率为 12bit 时作 Y 坐标高位使用	-
YPDATA	[9:0]	Y 坐标值，支持到 0x3ff	-

10.6.2　S3C6410X 触摸屏驱动程序

当触摸屏有数据时，S3C6410X 会产生两个中断，分别是 IRQ_ADC 和 IRQ_PENDN，IRQ_ADC 为坐标或者 AD 转换中断，IRQ_PENDN 为触摸点击中断。s3c_ts_resource 为 S3C6410X 的触摸屏资源结构，定义如下：

```
#define IRQ_ADC         S3C64XX_IRQ_VIC1(31)
#define IRQ_PENDN       S3C64XX_IRQ_VIC1(30)
static struct resource s3c_ts_resource[] = {
        [0] = {
                .start = S3C_PA_ADC,
                .end    = S3C_PA_ADC + SZ_4K - 1,
                .flags = IORESOURCE_MEM,
```

```
        },
        [1] = {
                .start = IRQ_PENDN,
                .end    = IRQ_PENDN,
                .flags = IORESOURCE_IRQ,
        },
        [2] = {
                .start = IRQ_ADC,
                .end    = IRQ_ADC,
                .flags = IORESOURCE_IRQ,
        }
};
```

首先注册一个平台驱动：

```
static struct platform_driver s3c_ts_driver = {
        .probe          = s3c_ts_probe,
        .remove         = s3c_ts_remove,
        .suspend        = s3c_ts_suspend,
        .resume         = s3c_ts_resume,
        .driver                 = {
                .owner  = THIS_MODULE,
                .name   = "s3c-ts",
        },
};
static int __init s3c_ts_init(void)
{
        return platform_driver_register(&s3c_ts_driver);
}
static void __exit s3c_ts_exit(void)
{
        platform_driver_unregister(&s3c_ts_driver);
}
```

s3c_ts_probe 函数代码如下：

```
static int __init s3c_ts_probe(struct platform_device *pdev)
{
        struct resource *res;
        struct device *dev;
        struct input_dev *input_dev;
        struct s3c_ts_mach_info * s3c_ts_cfg;
        int ret, size;
        dev = &pdev->dev;
        res = platform_get_resource(pdev, IORESOURCE_MEM, 0);//获取 IO 资源
        if (res == NULL) {
                dev_err(dev,"no memory resource specified\n");
                return -ENOENT;
```

```
	}
	size = (res->end - res->start) + 1;
	ts_mem = request_mem_region(res->start, size, pdev->name);//申请内存区
	if (ts_mem == NULL) {
		dev_err(dev, "failed to get memory region\n");
		ret = -ENOENT;
		goto err_req;
	}
	ts_base = ioremap(res->start, size);//地址映射
	if (ts_base == NULL) {
		dev_err(dev, "failed to ioremap() region\n");
		ret = -EINVAL;
		goto err_map;
	}
	ts_clock = clk_get(&pdev->dev, "adc");
	if (IS_ERR(ts_clock)) {
		dev_err(dev, "failed to find watchdog clock source\n");
		ret = PTR_ERR(ts_clock);
		goto err_clk;
	}
	clk_enable(ts_clock);//使能时钟
	s3c_ts_cfg = s3c_ts_get_platdata(&pdev->dev);
	if ((s3c_ts_cfg->presc&0xff) > 0)
		writel(S3C_ADCCON_PRSCEN |
		S3C_ADCCON_PRSCVL(s3c_ts_cfg->presc&0xFF),ts_base+S3C_ADCCON);
	else
		writel(0, ts_base+S3C_ADCCON);
	/* 初始化寄存器*/
	if ((s3c_ts_cfg->delay&0xffff) > 0)
		writel(s3c_ts_cfg->delay & 0xffff, ts_base+S3C_ADCDLY);
	if (s3c_ts_cfg->resol_bit==12) {
	   //根据 ADC 类型进行设置，不同的类型对应的寄存器定义不同
		switch(s3c_ts_cfg->s3c_adc_con) {
		case ADC_TYPE_2:
			writel(readl(ts_base+S3C_ADCCON)|S3C_ADCCON_RESSEL_12BIT,
						ts_base+S3C_ADCCON);
			break;
		case ADC_TYPE_1:
			writel(readl(ts_base+S3C_ADCCON)|S3C_ADCCON_RESSEL_12BIT_1,
						ts_base+S3C_ADCCON);
			break;
		default:
			dev_err(dev, "Touchscreen over this type of AP isn't supported !\n");
			break;
		}
	}
```

```
writel(WAIT4INT(0), ts_base+S3C_ADCTSC);
ts = kzalloc(sizeof(struct s3c_ts_info), GFP_KERNEL);
input_dev = input_allocate_device();
if (!input_dev) {
        ret = -ENOMEM;
        goto err_alloc;
}
ts->dev = input_dev;
ts->dev->evbit[0] = ts->dev->evbit[0] = BIT_MASK(EV_SYN) |
                        BIT_MASK(EV_KEY) | BIT_MASK(EV_ABS);//支持的事件类型
ts->dev->keybit[BIT_WORD(BTN_TOUCH)] = BIT_MASK(BTN_TOUCH);//按键类型
if (s3c_ts_cfg->resol_bit==12) {
        input_set_abs_params(ts->dev, ABS_X, 0, 0xFFF, 0, 0);
        input_set_abs_params(ts->dev, ABS_Y, 0, 0xFFF, 0, 0);
}
else {
        input_set_abs_params(ts->dev, ABS_X, 0, 0x3FF, 0, 0);
        input_set_abs_params(ts->dev, ABS_Y, 0, 0x3FF, 0, 0);
}
input_set_abs_params(ts->dev, ABS_PRESSURE, 0, 1, 0, 0);
sprintf(ts->phys, "input(ts)");
ts->dev->name = s3c_ts_name;
ts->dev->phys = ts->phys;
ts->dev->id.bustype = BUS_RS232;
ts->dev->id.vendor = 0xDEAD;
ts->dev->id.product = 0xBEEF;
ts->dev->id.version = S3C_TSVERSION;
ts->shift = s3c_ts_cfg->oversampling_shift;
ts->resol_bit = s3c_ts_cfg->resol_bit;
ts->s3c_adc_con = s3c_ts_cfg->s3c_adc_con;
/* IRQ_PENDUP 中断*/
ts_irq = platform_get_resource(pdev, IORESOURCE_IRQ, 0);
if (ts_irq == NULL) {
        dev_err(dev, "no irq resource specified\n");
        ret = -ENOENT;
        goto err_irq;
}
ret = request_irq(ts_irq->start, stylus_updown, IRQF_SAMPLE_RANDOM, "s3c_updown", ts);
if (ret != 0) {
        dev_err(dev,"s3c_ts.c: Could not allocate ts IRQ_PENDN !\n");
        ret = -EIO;
        goto err_irq;
}
/* IRQ_ADC 中断**/
ts_irq = platform_get_resource(pdev, IORESOURCE_IRQ, 1);
if (ts_irq == NULL) {
```

```
            dev_err(dev, "no irq resource specified\n");
            ret = -ENOENT;
            goto err_irq;
        }
        ret = request_irq(ts_irq->start, stylus_action, IRQF_SAMPLE_RANDOM, "s3c_action", ts);
        if (ret != 0) {
            dev_err(dev, "s3c_ts.c: Could not allocate ts IRQ_ADC !\n");
            ret =   -EIO;
            goto err_irq;
        }
        printk(KERN_INFO "%s got loaded successfully : %d bits\n", s3c_ts_name, s3c_ts_cfg->resol_bit);
        /*注册输入设备*/
        ret = input_register_device(ts->dev);
        if(ret) {
            dev_err(dev, "s3c_ts.c: Could not register input device(touchscreen)!\n");
            ret = -EIO;
            goto fail;
        }
        return 0;
fail:
        free_irq(ts_irq->start, ts->dev);
        free_irq(ts_irq->end, ts->dev);
err_irq:
        input_free_device(input_dev);
        kfree(ts);
err_alloc:
        clk_disable(ts_clock);
        clk_put(ts_clock);
err_clk:
        iounmap(ts_base);
err_map:
        release_resource(ts_mem);
        kfree(ts_mem);
err_req:
        return ret;
}
```

两个中断处理函数定义如下：

```
static irqreturn_t stylus_updown(int irqno, void *param)
{
        unsigned long data0;
        unsigned long data1;
        int updown;
        data0 = readl(ts_base+S3C_ADCDAT0);
        data1 = readl(ts_base+S3C_ADCDAT1);
        updown = (!(data0 & S3C_ADCDAT0_UPDOWN)) && (!(data1 & S3C_ADCDAT1_UPDOWN));
```

```
        if (updown)//判断触摸笔是否按下
        {
                downflag=1;
                touch_timer_fire(0);
        }
        if(ts->s3c_adc_con==ADC_TYPE_2) {
                __raw_writel(0x0, ts_base+S3C_ADCCLRWK);
                __raw_writel(0x0, ts_base+S3C_ADCCLRINT);
        }
        return IRQ_HANDLED;
}
static irqreturn_t stylus_action(int irqno, void *param)
{
        unsigned long data0;
        unsigned long data1;
        data0 = readl(ts_base+S3C_ADCDAT0);
        data1 = readl(ts_base+S3C_ADCDAT1);
        //提取坐标值
        if(ts->resol_bit==12) {
#if defined(CONFIG_TOUCHSCREEN_NEW)
                ts->yp += S3C_ADCDAT0_XPDATA_MASK_12BIT –
                                (data0 & S3C_ADCDAT0_XPDATA_MASK_12BIT);
                ts->xp += S3C_ADCDAT1_YPDATA_MASK_12BIT –
                                (data1 & S3C_ADCDAT1_YPDATA_MASK_12BIT);
#else
                ts->xp += data0 & S3C_ADCDAT0_XPDATA_MASK_12BIT;
                ts->yp += data1 & S3C_ADCDAT1_YPDATA_MASK_12BIT;
#endif
        }
        else {
#if defined(CONFIG_TOUCHSCREEN_NEW)
                ts->yp += S3C_ADCDAT0_XPDATA_MASK – (data0 & S3C_ADCDAT0_XPDATA_MASK);
                ts->xp += S3C_ADCDAT1_YPDATA_MASK – (data1 & S3C_ADCDAT1_YPDATA_MASK);
#else
                ts->xp += data0 & S3C_ADCDAT0_XPDATA_MASK;
                ts->yp += data1 & S3C_ADCDAT1_YPDATA_MASK;
#endif
        }
        ts->count++;
        if (ts->count < (1<<ts->shift)) {
                //启动坐标转换
                writel(S3C_ADCTSC_PULL_UP_DISABLE | AUTOPST, ts_base+S3C_ADCTSC);
                writel(readl(ts_base+S3C_ADCCON) | S3C_ADCCON_ENABLE_START,
                                ts_base+S3C_ADCCON);
        } else {
                mod_timer(&touch_timer, jiffies+1);
```

```
            writel(WAIT4INT(1), ts_base+S3C_ADCTSC);
        }
        if(ts->s3c_adc_con==ADC_TYPE_2) {
            __raw_writel(0x0, ts_base+S3C_ADCCLRWK);
            __raw_writel(0x0, ts_base+S3C_ADCCLRINT);
        }
        return IRQ_HANDLED;
}
```

touch_timer_fire 函数代码如下：

```
static void touch_timer_fire(unsigned long data)
{
        unsigned long data0;
        unsigned long data1;
        int updown;
        data0 = readl(ts_base+S3C_ADCDAT0);
        data1 = readl(ts_base+S3C_ADCDAT1);
       updown = (!(data0 & S3C_ADCDAT0_UPDOWN)) && (!(data1 & S3C_ADCDAT1_UPDOWN));
        if (updown) {//按下
            if (ts->count) {
                if(downflag==0)
                {
                        input_report_abs(ts->dev, ABS_X, ts->xp);//X 坐标
                        input_report_abs(ts->dev, ABS_Y, ts->yp);//Y 坐标
                        input_report_key(ts->dev, BTN_TOUCH, 1);//触摸开始
                        input_report_abs(ts->dev, ABS_PRESSURE, 1);
                        input_sync(ts->dev);//同步提交输入事件
                }
                else
                {
                        downflag=0;
                }
            }
            ts->xp = 0;
            ts->yp = 0;
            ts->count = 0;
            writel(S3C_ADCTSC_PULL_UP_DISABLE | AUTOPST, ts_base+S3C_ADCTSC);
            writel(readl(ts_base+S3C_ADCCON) | S3C_ADCCON_ENABLE_START,
                        ts_base+S3C_ADCCON);
        }
        else {
            ts->count = 0;
            input_report_key(ts->dev, BTN_TOUCH, 0);//触摸结束
            input_report_abs(ts->dev, ABS_PRESSURE, 0);
            input_sync(ts->dev);
            writel(WAIT4INT(0), ts_base+S3C_ADCTSC);
```

```
        }
    }
```

应用层测试程序如下：

```
static int event0_fd = -1;
struct input_event ev0[64];
static int handle_event0()
{
    int button = 0, realx = 0, realy = 0, i, rd;
    rd = read(event0_fd, ev0, sizeof(struct input_event) * 64);
    if ( rd < sizeof(struct input_event) ) return 0;
    for (i = 0; i < rd / sizeof(struct input_event); i++)
    {
        if(EV_ABS==ev0[i].type)
        {
            if(ev0[i].code==0)
            {
                realx= ev0[i].value;
            }
            if(ev0[i].code==1)
            {
                realy= ev0[i].value;
            }
        }
        printf("event(%d): type: %d; code: %3d; value: %3d; realx: %3d; realy: %3d\n", i,
                ev0[i].type, ev0[i].code, ev0[i].value, realx, realy);
    }
    return 1;
}

int main(void)
{
    int done = 1;
    event0_fd = open("/dev/input/event0", O_RDWR);
    if ( event0_fd < 0 )
    {
        printf("open input device error\n");
        return -1;
    }
    while ( done )
    {
        printf("begin handel_event0...\n");
        done = handle_event0();
        printf("end handel_event0...\n");
    }
    if ( event0_fd > 0 )
```

```
        {
                close(event0_fd);
                event0_fd = -1;
        }
        return 0;
}
```

点击触摸屏，运行结果如下：

```
[root@urbetter /home]# ./demotest
begin handel_event0...
event(0): type: 3; code:    0; value: 4514; realx: 4514; realy:     0
event(1): type: 3; code:    1; value: 10309; realx: 4514; realy: 10309
event(2): type: 1; code: 330; value:     1; realx: 4514; realy: 10309
event(3): type: 3; code:   24; value:     1; realx: 4514; realy: 10309
event(4): type: 0; code:    0; value:     0; realx: 4514; realy: 10309
end handel_event0...
begin handel_event0...
event(0): type: 3; code:    0; value: 4500; realx: 4500; realy:     0
event(1): type: 3; code:    1; value: 10295; realx: 4500; realy: 10295
event(2): type: 0; code:    0; value:     0; realx: 4500; realy: 10295
end handel_event0...
```

上面 code=0 表示 X 轴。code=1 表示 Y 轴。

10.7　Linux 红外遥控驱动

红外遥控广泛用于电器与仪器的近距离无线控制，一般传输距离在 10m 以内。Linux 内核中的红外接收（IR）使用的也是输入子系统。rc_register_device 函数用来注册一个遥控设备，其主要代码如下：

```
int rc_register_device(struct rc_dev *dev)
{
        static bool raw_init = false; /* 原始信号解码器是否加载 */
        struct rc_map *rc_map;
        const char *path;
        int attr = 0;
        int minor;
        int rc;
        if (!dev || !dev->map_name)
                return -EINVAL;
        rc_map = rc_map_get(dev->map_name);//获取映射表
        if (!rc_map)
                rc_map = rc_map_get(RC_MAP_EMPTY);
        if (!rc_map || !rc_map->scan || rc_map->size == 0)
                return -EINVAL;
```

```
        set_bit(EV_KEY, dev->input_dev->evbit);
        set_bit(EV_REP, dev->input_dev->evbit);
        set_bit(EV_MSC, dev->input_dev->evbit);
        set_bit(MSC_SCAN, dev->input_dev->mscbit);
        if (dev->open)
            dev->input_dev->open = ir_open;
        if (dev->close)
            dev->input_dev->close = ir_close;
        minor = ida_simple_get(&rc_ida, 0, RC_DEV_MAX, GFP_KERNEL);
        if (minor < 0)
            return minor;
        dev->minor = minor;
        dev_set_name(&dev->dev, "rc%u", dev->minor);
        dev_set_drvdata(&dev->dev, dev);
        …
        mutex_lock(&dev->lock);
        rc = device_add(&dev->dev);
        if (rc)
            goto out_unlock;
        rc = ir_setkeytable(dev, rc_map);
        if (rc)
            goto out_dev;
        dev->input_dev->dev.parent = &dev->dev;
        memcpy(&dev->input_dev->id, &dev->input_id, sizeof(dev->input_id));
        dev->input_dev->phys = dev->input_phys;
        dev->input_dev->name = dev->input_name;
        mutex_unlock(&dev->lock);
        rc = input_register_device(dev->input_dev);//注册输入设备
        mutex_lock(&dev->lock);
        if (rc)
            goto out_table;
        //红外重复事件参数
        dev->input_dev->rep[REP_DELAY] = 500;
        dev->input_dev->rep[REP_PERIOD] = 125;
        …
        mutex_unlock(&dev->lock);
        return 0;
    }
```

内核中的 gpio-ir-recv 模块是使用 GPIO 口接收红外遥控信号的通用驱动：

```
    static int gpio_ir_recv_probe(struct platform_device *pdev)
    {
        struct gpio_rc_dev *gpio_dev;
        struct rc_dev *rcdev;
        const struct gpio_ir_recv_platform_data *pdata =pdev->dev.platform_data;
        int rc;
```

```
if (pdev->dev.of_node) {//从设备树读信息
        struct gpio_ir_recv_platform_data *dtpdata =
                devm_kzalloc(&pdev->dev, sizeof(*dtpdata), GFP_KERNEL);
        if (!dtpdata)
                return -ENOMEM;
        rc = gpio_ir_recv_get_devtree_pdata(&pdev->dev, dtpdata);
        if (rc)
                return rc;
        pdata = dtpdata;
}
if (!pdata)return -EINVAL;
if (pdata->gpio_nr < 0)
        return -EINVAL;
gpio_dev = kzalloc(sizeof(struct gpio_rc_dev), GFP_KERNEL);
if (!gpio_dev)
        return -ENOMEM;
rcdev = rc_allocate_device();
if (!rcdev) {
        rc = -ENOMEM;
        goto err_allocate_device;
}
rcdev->priv = gpio_dev;
rcdev->driver_type = RC_DRIVER_IR_RAW;
rcdev->input_name = GPIO_IR_DEVICE_NAME;
rcdev->input_phys = GPIO_IR_DEVICE_NAME "/input0";
rcdev->input_id.bustype = BUS_HOST;
rcdev->input_id.vendor = 0x0001;
rcdev->input_id.product = 0x0001;
rcdev->input_id.version = 0x0100;
rcdev->dev.parent = &pdev->dev;
rcdev->driver_name = GPIO_IR_DRIVER_NAME;
rcdev->min_timeout = 0;
rcdev->timeout = IR_DEFAULT_TIMEOUT;
rcdev->max_timeout = 10 * IR_DEFAULT_TIMEOUT;
if (pdata->allowed_protos)
        rcdev->allowed_protocols = pdata->allowed_protos;
else
        rcdev->allowed_protocols = RC_BIT_ALL;
rcdev->map_name = pdata->map_name ?: RC_MAP_EMPTY;
gpio_dev->rcdev = rcdev;
gpio_dev->gpio_nr = pdata->gpio_nr;
gpio_dev->active_low = pdata->active_low;
setup_timer(&gpio_dev->flush_timer, flush_timer, (unsigned long)gpio_dev);
rc = gpio_request(pdata->gpio_nr, "gpio-ir-recv");
if (rc < 0)
        goto err_gpio_request;
```

```
        rc    = gpio_direction_input(pdata->gpio_nr);
        if (rc < 0)
                goto err_gpio_direction_input;
        rc = rc_register_device(rcdev);//注册遥控设备
        if (rc < 0) {
                dev_err(&pdev->dev, "failed to register rc device\n");
                goto err_register_rc_device;
        }
        platform_set_drvdata(pdev, gpio_dev);
        rc = request_any_context_irq(gpio_to_irq(pdata->gpio_nr),gpio_ir_recv_irq,
                        IRQF_TRIGGER_FALLING | IRQF_TRIGGER_RISING,
                                        "gpio-ir-recv-irq", gpio_dev);//申请中断
        if (rc < 0)
                goto err_request_irq;
        return 0;
}
```

request_any_context_irq 函数也是一个中断申请函数，它会根据上下文自动选择中断处理方式（硬件中断或者线程处理）。GPIO 红外接收设备的平台数据结构如下：

```
Struct gpio_ir_recv_platform_data {
        int             gpio_nr;//GPIO 端口号
        bool            active_low;
        u64             allowed_protos;//支持的遥控协议
        const char      *map_name;
};
```

例如 S3C6410X 的平台设备设置如下：

```
static struct gpio_ir_recv_platform_data s3c6410_gpio_ir_info = {
                .gpio_nr = S3C2410_GPE(0),
                .active_low = 1,
};
static struct platform_device s3c6410_gpio_ir = {
                .name      = "gpio-rc-recv",
                .id        = -1,
                .dev       = {
                        .platform_data    = & s3c6410_gpio_ir_info,
                },
};
```

没有设置 allowed_protos 就意味着支持所有的红外编码。常用的红外遥控协议包括 NEC 与 RC5、RC6 编码。对这些编码进行解码的算法称为解码器（decoder）。内核使用 ir_raw_handler 结构表示不同的解码器：

```
struct ir_raw_handler {
        struct list_head list;
```

```
        u64 protocols; /*协议类型*/
        int (*decode)(struct rc_dev *dev, struct ir_raw_event event);
        /*  仅用于  lirc decoder */
        int (*raw_register)(struct rc_dev *dev);
        int (*raw_unregister)(struct rc_dev *dev);
};
```

例如 RC5 编码的注册过程如下：

```
static struct ir_raw_handler rc5_handler = {
        .protocols      = RC_BIT_RC5 | RC_BIT_RC5X | RC_BIT_RC5_SZ,
        .decode         = ir_rc5_decode,
};
static int __init ir_rc5_decode_init(void)
{
        ir_raw_handler_register(&rc5_handler);
        printk(KERN_INFO "IR RC5(x/sz) protocol handler initialized\n");
        return 0;
}
```

ir_rc5_decode 函数实现 RC5 解码算法。

第 11 章　块设备驱动与文件系统

块设备驱动程序是 Linux 内核中的第二大类驱动程序。块设备和字符设备最大的区别在于读写数据的基本单元不同。块设备与文件系统有着千丝万缕的联系。本章介绍块设备驱动程序开发以及文件系统的基础知识。

11.1　块设备驱动原理

顾名思义，块设备就是以块的方式进行读写的设备。块设备和字符设备最大的区别在于读写数据的基本单元不同。块设备读写数据的基本单元为块，例如磁盘通常为一个 sector，而字符设备的基本单元为字节。块设备支持随机访问，字符设备只能顺序访问。从实现角度来看，字符设备的实现比较简单，内核例程和用户态 API 一一对应，这种映射关系由字符设备的 file_operations 维护。通常块设备上的数据以文件的形式存放。块设备接口则相对复杂，读写 API 没有直接到块设备层，而是直接到文件系统层，然后再由文件系统层发起读写请求。

11.1.1　block_device

block_device 结构代表了内核中的一个块设备。它可以表示整个磁盘或磁盘的一个特定分区。当这个结构代表一个分区时，它的 bd_contains 成员指向包含这个分区的设备，bd_part 成员指向设备的分区结构。当这个结构代表一个块设备时，bd_disk 成员指向设备的 gendisk 结构。

```
struct block_device {
        dev_t                   bd_dev;   /*搜索键*/
        int                     bd_openers;
        struct inode *          bd_inode;
        struct super_block *    bd_super;//超级块
        struct mutex            bd_mutex; /*打开/关闭互斥锁*/
        struct list_head        bd_inodes;
        void *                  bd_claiming;
        void *                  bd_holder;
        int                     bd_holders;
        bool                    bd_write_holder;
#ifdef CONFIG_SYSFS
        struct list_head        bd_holder_disks;
#endif
        struct block_device *   bd_contains;
        unsigned                bd_block_size; //分区包含的块数量
```

```
        struct hd_struct *       bd_part;//分区信息
        unsigned                 bd_part_count;//设备中打开的分区数
        int                      bd_invalidated;
        struct gendisk *         bd_disk;//通用分区结构
        struct request_queue *   bd_queue;//请求队列
        struct list_head         bd_list;
        unsigned long            bd_private;
        int                      bd_fsfreeze_count;//冻结进程数
        struct mutex             bd_fsfreeze_mutex;
};
```

向内核注册和注销一个块设备可使用如下函数：

```
int register_blkdev(unsigned int major, const char *name);
int unregister_blkdev(unsigned int major, const char *name);
```

register_blkdev 函数向内核申请注册以 major 为主设备号的块设备。假如 major 为 0，则交给内核自动分配一个主设备号。假如主设备号 major 已经被占用，则返回失败。register_blkdev 成功返回之后，就可以使用该主设备号。

11.1.2　gendisk

gendisk 结构表示一个通用的分区。

```
struct gendisk {
        //major, first_minor 与 minors 为输入参数，勿直接使用，应使用 disk_devt()与 disk_max_parts()访问
        int major;      //主设备号
        int first_minor;//第一个次设备号
        int minors; //次设备号最大数量，代表可分区数量
        char disk_name[DISK_NAME_LEN];          /*主驱动器名*/
        char *(*devnode)(struct gendisk *gd, umode_t *mode);
        unsigned int events;//支持的事件
        unsigned int async_events;      /*异步事件*/
        struct disk_part_tbl __rcu *part_tbl;
        struct hd_struct part0;
        const struct block_device_operations *fops;//块设备操作接口
        struct request_queue *queue;//请求队列
        void *private_data;
        int flags;
        struct device *driverfs_dev;
        struct kobject *slave_dir;
        struct timer_rand_state *random;
        atomic_t sync_io;       /*用于 RAID*/
        struct disk_events *ev;
#ifdef  CONFIG_BLK_DEV_INTEGRITY
        struct kobject integrity_kobj;
#endif      /*CONFIG_BLK_DEV_INTEGRITY*/
        int node_id;
```

```
        struct badblocks *bb;
};
```

gendisk 结构的操作函数包括以下几个：

```
void add_disk(struct gendisk *disk);
void del_gendisk(struct gendisk *gp);
struct gendisk *get_gendisk(dev_t dev, int *partno);
struct block_device *bdget_disk(struct gendisk *disk, int partno);
struct hd_struct *add_partition(struct gendisk *disk, int partno,sector_t start, sector_t len, int flags,
                        struct partition_meta_info *info);//添加分区
void set_capacity(struct gendisk *disk, sector_t size);//设置容量
sector_t get_capacity(struct gendisk *disk);//获取容量
```

block_device_operations 结构是块设备对应的操作接口。

```
struct block_device_operations {
        int (*open) (struct block_device *, fmode_t);
        void (*release) (struct gendisk *, fmode_t);
        int (*rw_page)(struct block_device *, sector_t, struct page *, int rw);
        int (*ioctl) (struct block_device *, fmode_t, unsigned, unsigned long);
        int (*compat_ioctl) (struct block_device *, fmode_t, unsigned, unsigned long);
        long (*direct_access)(struct block_device *, sector_t, void __pmem **,pfn_t *);
        unsigned int (*check_events) (struct gendisk *disk,unsigned int clearing);
        int (*media_changed) (struct gendisk *);//过时接口，用 check_events 替代
        void (*unlock_native_capacity) (struct gendisk *);
        int (*revalidate_disk) (struct gendisk *);//激活磁盘
        int (*getgeo)(struct block_device *, struct hd_geometry *);
        /*this callback is with swap_lock and sometimes page table lock held*/
        void (*swap_slot_free_notify) (struct block_device *, unsigned long);
        struct module *owner;
        const struct pr_ops *pr_ops;
};
```

11.1.3　bio

bio 结构用来描述块设备 I/O 单元，它记录了 I/O 请求的内存、磁盘扇区、方向等信息。bio 涉及的内存在 bio_vec 结构中描述。一个 bio 包含 1 个或多个 bio_vec。

```
struct bio {
        struct bio              *bi_next;       /*请求队列链*/
        struct block_device     *bi_bdev;//发起请求的块设备
        unsigned int            bi_flags;       /*状态、命令等*/
        int                     bi_error;
        unsigned long           bi_rw;//读写标志
        struct bvec_iter        bi_iter;
        unsigned int            bi_phys_segments;
        unsigned int            bi_seg_front_size;
```

```
        unsigned int            bi_seg_back_size;
        atomic_t                __bi_remaining;
        bio_end_io_t            *bi_end_io;
        void                    *bi_private;
        unsigned short                  bi_vcnt;        /*bio_vec 数量*/
        unsigned short                  bi_max_vecs;  /*最大的 bio_vec  数量*/
        atomic_t                __bi_cnt;       /*pin count*/
        struct bio_vec          *bi_io_vec;    /*bio_vec  链表，包含当前 I/O 涉及的内存信息*/
        struct bio_set          *bi_pool;
        struct bio_vec          bi_inline_vecs[0];
};
```

11.1.4 请求队列

块设备 I/O 单元（bio）会被提交给请求队列。request_queue 结构描述块设备的请求队列，该结构定义如下：

```
struct request_queue {
        struct list_head        queue_head;
        struct request          *last_merge;
        struct elevator_queue *elevator;
        int                     nr_rqs[2];
        int                     nr_rqs_elvpriv;
        struct request_list     root_rl;
        request_fn_proc                 *request_fn;
        make_request_fn         *make_request_fn;//发起 I/O 请求
        prep_rq_fn              *prep_rq_fn;
        unprep_rq_fn            *unprep_rq_fn;
        softirq_done_fn                 *softirq_done_fn;
        rq_timed_out_fn                 *rq_timed_out_fn;
        dma_drain_needed_fn             *dma_drain_needed;
        lld_busy_fn             *lld_busy_fn;
        struct blk_mq_ops       *mq_ops;
        unsigned int            *mq_map;
        struct blk_mq_ctx __percpu   *queue_ctx;
        unsigned int            nr_queues;
        struct blk_mq_hw_ctx            **queue_hw_ctx;
        unsigned int            nr_hw_queues;
        sector_t                end_sector;
        struct request          *boundary_rq;
        struct backing_dev_info         backing_dev_info;//后备存储设备
        ...
};
```

generic_make_request 函数将 bio 提交给请求队列：

```
blk_qc_t generic_make_request(struct bio *bio)
```

```
{
        struct bio_list bio_list_on_stack;
        blk_qc_t ret = BLK_QC_T_NONE;
        if (!generic_make_request_checks(bio))
                goto out;
        if (current->bio_list) {
                bio_list_add(current->bio_list, bio);
                goto out;
        }
        BUG_ON(bio->bi_next);
        bio_list_init(&bio_list_on_stack);
        current->bio_list = &bio_list_on_stack;
        do {
                struct request_queue *q = bdev_get_queue(bio->bi_bdev);//获取请求队列
                if (likely(blk_queue_enter(q, false) == 0)) {//开始处理 bio
                        ret = q->make_request_fn(q, bio);
                        blk_queue_exit(q);
                        bio = bio_list_pop(current->bio_list);//下一个 bio
                } else {
                        struct bio *bio_next = bio_list_pop(current->bio_list); //下一个 bio
                        bio_io_error(bio);//标记错误
                        bio = bio_next;
                }
        } while (bio);
        current->bio_list = NULL;
out:
        return ret;
}
```

内核默认的 make_request_fn 函数为：

```
blk_qc_t blk_queue_bio(struct request_queue *q, struct bio *bio);
```

blk_queue_bio 会进行 I/O 合成操作，并创建 request，提交给 I/O 调度一一进行处理。对于不需要使用 I/O 调度器的设备，可以替换 make_request_fn 函数，绕过调度：

```
struct request_queue *blk_alloc_queue(gfp_t gfp_mask);
void blk_queue_make_request(struct request_queue *q, make_request_fn *mfn);    //定义 make_
                                                                                //request_fn 函数
```

例 11.1　简单块设备驱动程序实例

本例演示一个不采用 I/O 调度器的块设备驱动。代码见\samples\11block\11-1block。核心代码如下：

```
struct simdisk {
        spinlock_t lock;
        struct request_queue *queue;
        struct gendisk *gd;
```

```
        struct proc_dir_entry *procfile;
        int users;
        unsigned long size;
        char *diskdata;
};
static int errno;
static int simdisk_count = 1;
module_param(simdisk_count, int, S_IRUGO);
MODULE_PARM_DESC(simdisk_count, "Number of simdisk units.");
static int n_files;
static int simdisk_major = SIMDISK_MAJOR;
//使用内存模拟一个存储设备
static void simdisk_transfer(struct simdisk *dev, unsigned long sector,
            unsigned long nsect, char *buffer, int write)
{
        loff_t offset = sector << SECTOR_SHIFT;
        unsigned long nbytes = nsect << SECTOR_SHIFT;
        if (offset > dev->size || dev->size - offset < nbytes) {
            pr_notice("Beyond-end %s (%ld %ld)\n",write ? "write" : "read", offset, nbytes);
            return;
        }
        spin_lock(&dev->lock);
        while (nbytes > 0) {
            ssize_t io=nbytes;
            if (write)
                    memcpy(dev->diskdata + offset, buffer, nbytes);
            else
                    memcpy(buffer, dev->diskdata + offset, nbytes);
            if (io == -1) {
                    pr_err("SIMDISK: IO error %d\n", errno);
                    break;
            }
            buffer += io;
            offset += io;
            nbytes -= io;
        }
        spin_unlock(&dev->lock);
}
static blk_qc_t simdisk_make_request(struct request_queue *q, struct bio *bio)
{
        struct simdisk *dev = q->queuedata;
        struct bio_vec bvec;
        struct bvec_iter iter;
        sector_t sector = bio->bi_iter.bi_sector;
        bio_for_each_segment(bvec, bio, iter) {//遍历 bio 中的段
            char *buffer = __bio_kmap_atomic(bio, iter);//获取缓冲地址
```

```
            unsigned len = bvec.bv_len >> SECTOR_SHIFT;
            simdisk_transfer(dev, sector, len, buffer,
                              bio_data_dir(bio) == WRITE);
            sector += len;
            __bio_kunmap_atomic(buffer);
        }
        bio_endio(bio);
        return BLK_QC_T_NONE;
}
static int simdisk_open(struct block_device *bdev, fmode_t mode)
{
        struct simdisk *dev = bdev->bd_disk->private_data;
        spin_lock(&dev->lock);
        if (!dev->users)
            check_disk_change(bdev);
        ++dev->users;
        spin_unlock(&dev->lock);
        return 0;
}
static void simdisk_release(struct gendisk *disk, fmode_t mode)
{
        struct simdisk *dev = disk->private_data;
        spin_lock(&dev->lock);
        --dev->users;
        spin_unlock(&dev->lock);
}
//块设备操作接口
static const struct block_device_operations simdisk_ops = {
        .owner          = THIS_MODULE,
        .open       = simdisk_open,
        .release    = simdisk_release,
};
static struct simdisk *sddev;
static struct proc_dir_entry *simdisk_procdir;
static int __init simdisk_setup(struct simdisk *dev, int which,struct proc_dir_entry *procdir)
{
        spin_lock_init(&dev->lock);
        dev->users = 0;
        dev->size = nsectors*hardsect_size;
        dev->diskdata = vmalloc(dev->size);
        if (dev->diskdata == NULL)
            return -ENOMEM;
        //分配队列
        dev->queue = blk_alloc_queue(GFP_KERNEL);
        if (dev->queue == NULL) {
            pr_err("blk_alloc_queue failed\n");
```

```
            goto out_alloc_queue;
    }
    blk_queue_make_request(dev->queue, simdisk_make_request);//设置 I/O 请求处理函数
    dev->queue->queuedata = dev;
    dev->gd = alloc_disk(SIMDISK_MINORS);
    if (dev->gd == NULL) {
            pr_err("alloc_disk failed\n");
            goto out_alloc_disk;
    }
    dev->gd->major = simdisk_major;//主设备号
    dev->gd->first_minor = which;
    dev->gd->fops = &simdisk_ops;
    dev->gd->queue = dev->queue;
    dev->gd->private_data = dev;
    snprintf(dev->gd->disk_name, 32, "simdisk%d", which);
    set_capacity(dev->gd, dev->size >> SECTOR_SHIFT);//设置磁盘容量
    add_disk(dev->gd);//添加一个分区
    return 0;
out_alloc_disk:
    blk_cleanup_queue(dev->queue);
    dev->queue = NULL;
out_alloc_queue:
    return -EIO;
}
static int __init simdisk_init(void)
{
    int i;
    //注册块设备
    if (register_blkdev(simdisk_major, "simdisk") < 0) {
            pr_err("SIMDISK: register_blkdev: %d\n", simdisk_major);
            return -EIO;
    }
    pr_info("SIMDISK: major: %d\n", simdisk_major);
    if (n_files > simdisk_count)
            simdisk_count = n_files;
    if (simdisk_count > MAX_SIMDISK_COUNT)
            simdisk_count = MAX_SIMDISK_COUNT;
    sddev = kmalloc(simdisk_count * sizeof(struct simdisk),GFP_KERNEL);
    if (sddev == NULL)
            goto out_unregister;
    //建立分区
    for (i = 0; i < simdisk_count; ++i) {
            if(simdisk_setup(sddev + i, i, simdisk_procdir) != 0)
            {
                    printk("simdisk_setup error\n");
            }
    }
    return 0;
    kfree(sddev);
```

```
out_unregister:
	unregister_blkdev(simdisk_major, "simdisk");
	return -ENOMEM;
}
module_init(simdisk_init);
```

本例运行结果如下：

```
[root@urbetter drivers]# insmod simdisk.ko
SIMDISK: major: 240
[root@urbetter drivers]# mkfs.ext2 /dev/simdisk0
Filesystem label=
OS type: Linux
Block size=1024 (log=0)
Fragment size=1024 (log=0)
1280 inodes, 5120 blocks
256 blocks (5%) reserved for the super user
First data block=1
Maximum filesystem blocks=262144
1 block groups
8192 blocks per group, 8192 fragments per group
1280 inodes per group
[root@urbetter drivers]# mount -t ext2 /dev/simdisk0 /mnt/disk
[root@urbetter drivers]# df
Filesystem                        1K-blocks      Used  Available  Use%  Mounted on
192.168.10.102:/root/fgj/nfs/rootfs  29799484  10946948  17315768   39%  /
tmpfs                                61796         0     61796    0%  /dev/shm
/dev/simdisk0                         4955        13      4686    0%  /mnt/disk
[root@urbetter drivers]# cd /mnt/disk
[root@urbetter disk]# ls
lost+found
[root@urbetter disk]# echo fgj > a
[root@urbetter disk]# df
Filesystem                        1K-blocks      Used  Available  Use%  Mounted on
192.168.10.102:/root/fgj/nfs/rootfs  29799484  10946948  17315768   39%  /
tmpfs                                61796         0     61796    0%  /dev/shm
/dev/simdisk0                         4955        14      4685    0%  /mnt/disk
[root@urbetter disk]# ls
a          lost+found
[root@urbetter disk]# cat a
fgj
```

11.2　Linux 文件系统概述

块设备上通常会建立多个分区，每个分区被格式化成一种文件系统，方便用户访问与操作。文件系统是指存储设备上的分区和目录结构。一个存储设备可以包含一个或多个文件系统。Linux 文件系统将用户接口层、文件系统实现和操作存储设备的驱动程序分隔开。

Linux 下的文件系统主要可分为三大块：（1）提供给应用层的系统调用；（2）虚拟文件系统 VFS(Virtual File System)；（3）挂载到 VFS 中的各种实际文件系统，如 ext3、ext4、jffs2、ubifs 等。

11.2.1　虚拟文件系统

在 Linux 下几乎所有的东西都被当作文件看待，如普通的文件、目录、字符设备、块设备、套接字等，不同的文件系统使用同一套系统调用。虚拟文件系统正是实现这两点特性的关键。虚拟文件系统只存在内存中，系统启动时创建。

虚拟文件系统使用超级数据块来管理挂装的文件系统：

```
struct super_block {
        struct list_head            s_list;/*固定为第一个成员*/
        dev_t                       s_dev;/*检索系数*/
        unsigned char               s_blocksize_bits;
        unsigned long               s_blocksize;//块大小
        loff_t                      s_maxbytes;    /*最大文件大小*/
        struct file_system_type         *s_type;//文件系统类型
        const struct super_operations         *s_op;//操作结构
        const struct dquot_operations *dq_op;
        const struct quotactl_ops         *s_qcop;
        const struct export_operations *s_export_op;
        unsigned long               s_flags;
        unsigned long               s_iflags;      /*内部 SB_I_*标记*/
        unsigned long               s_magic;
        struct dentry               *s_root;
        struct rw_semaphore s_umount;
        int                         s_count;
        atomic_t                    s_active;
        const struct xattr_handler **s_xattr;
        struct hlist_bl_head        s_anon;
        struct list_head            s_mounts;
        struct block_device         *s_bdev;//关联的块设备
        struct backing_dev_info *s_bdi; //关联的后备存储设备
        struct mtd_info                     *s_mtd;//关联的 MTD 设备
        ...
};
```

file_system_type 结构用于描述具体的文件系统的类型信息。Linux 支持的每种文件系统都对应一个 file_system_type 结构。

```
struct file_system_type {
        const char *name;
        int fs_flags;
        struct dentry *(*mount) (struct file_system_type *, int,const char *, void *);
        void (*kill_sb) (struct super_block *);
        struct module *owner;
```

```
        struct file_system_type * next;
        struct hlist_head fs_supers;
        struct lock_class_key s_lock_key;
        struct lock_class_key s_umount_key;
        struct lock_class_key s_vfs_rename_key;
        struct lock_class_key s_writers_key[SB_FREEZE_LEVELS];
        ...
};
```

文件系统往往被挂载到根文件系统的某个目录下。当一个文件系统被挂载时，file_system_type 结构的 mount 成员函数将被调用。

```
struct dentry *mount_fs(struct file_system_type *type, int flags, const char *name, void *data)
{
    root = type->mount(type, flags, name, data);
}
```

下面是 ubifs 文件系统的注册代码：

```
static struct file_system_type ubifs_fs_type = {
    .name       = "ubifs",
    .owner      = THIS_MODULE,
    .mount      = ubifs_mount,
    .kill_sb = kill_ubifs_super,
};
static int __init ubifs_init(void)
{
    err = register_filesystem(&ubifs_fs_type);
    if (err) {
        pr_err("UBIFS error (pid %d): cannot register file system, error %d",
               current->pid, err);
        goto out_dbg;
    }
}
```

文件系统中的节点用 inode 表示，每个 inode 有自己的文件操作接口与节点操作接口。每种文件系统都要提供自己的节点操作函数：

```
struct inode {
const struct inode_operations   *i_op;
const struct file_operations *i_fop;
...
};
```

11.2.2 日志文件系统和非日志文件系统

文件系统包括两大类：日志文件系统和非日志文件系统。Linux 系统中可以混合使用日志文件系统和非日志文件系统。

非日志文件系统在工作时，不对文件系统的更改进行日志记录。文件系统通过为文件分配文件块的方式把数据存储在磁盘上。每个文件在磁盘上都会占用一个以上的磁盘扇区，文件系统的工作就是维护文件在磁盘上的存放，记录文件占用了的扇区信息。另外扇区的使用情况也要记录在磁盘上。文件系统在读写文件时，首先找到文件使用的扇区号，然后从中读出文件内容。如果要写文件，文件系统首先找到可用扇区，进行数据追加。同时更新文件扇区使用信息。Linux 支持的非日志文件系统包括 Ext2、FAT、VFAT、HPFS（OS/2）、NTFS（Windows NT）、Sun 的 UFS 等。

虽然非日志文件系统能够工作得很稳定，但是它存在不少问题。例如，如果系统刚将文件的磁盘分区占用信息写入到磁盘分区中，还没有来得及将文件内容写入磁盘，这时系统意外断电，结果就会造成文件的内容仍然是老内容，而分区信息是新内容，二者不一致了。日志文件系统则是在非日志文件系统的基础上，加入了文件系统更改的日志记录。日志文件的设计思想是跟踪记录文件系统的变化，并将变化内容记录入日志。日志文件系统在磁盘分区中存有日志记录，写操作首先是对记录文件进行操作，若整个写操作由于某种原因（如系统掉电）而中断，系统重启时，会根据日志记录来恢复中断前的写操作。日志增加了文件操作的时间，但是磁盘文件的安全性得到了显著提高。Linux 系统支持的日志文件系统包括 Ext3/4、XFS、JFS、JFFS2/3、ubifs 等。

11.2.3 根文件系统

Linux 内核启动完成以后，内核将加载一个根文件系统，为启动 init 进程做准备。如果 Linux 启动后没有在指定位置找到根文件系统，则系统将出现 kernel panic 错误。

根文件系统一般包含基本的目录、程序运行的基本库、基本的工具。根文件系统通常比较小，因为它包含了一些非常关键的文件，小而不频繁修改的文件系统不容易遭到破坏。崩溃的根文件系统意味着系统无法启动。Linux 支持多种根文件系统类型，在嵌入式设备中常用的有 ROMFS、JFFS2、NFS、CRAMFS、YAFFS、ubifs 等。

根文件系统的目录结构见表 11-1。

表 11-1 根文件系统的目录结构

目　录	说　明
/bin	Linux 普通用户操作命令
/sbin	类似/bin，一般不针对普通用户，是 root 用户的默认路径
/etc	存放配置文件
/root	root 用户的根目录
/lib	应用程序依赖的共享库
/lib/modules	可加载模块
/dev	设备文件
/tmp	临时目录，通常是/var/tmp 的软链接
/boot	引导目录
/mnt	文件系统加载点
/proc	/proc 文件系统，内核状态监控与控制
/usr	用户应用程序和库
/var	系统运行时使用的目录，通常包含系统运行日志和一些临时文件
/home	用户目录

11.2.4　文件系统总结

Linux 支持多种文件系统，包括 sysfs、proc 等系统文件系统，以及 Cramfs、Ubifs、Ext2/3/4、NFS、Jffs2 等实体文件系统，还支持 Windows 的 FAT32、NTFS 等文件系统。表 11-2 是 Linux 下的几种常见的文件系统。

表 11-2　Linux 文件系统的比较

名称	说　明	可写性	压　缩	特　性
Cramfs	用于 Flash 的非日志文件系统	只读	压缩比高达 2:1	运行时解压缩，不支持应用程序以 XIP 方式运行
Ext4	从 ext2/3 文件系统发展而来的日志文件系统。可用于硬盘等大容量设备	可写	不支持压缩	自动修复，支持大文件，支持无限子目录
Jffs2	用于 Flash 上的 Flash 日志文件系统，提供垃圾回收机制，不需要马上对擦写越界的块进行擦写，只需要将其设置一个标志，标明为脏块，当可用的块数不足时，垃圾回收机制才开始回收这些节点	可写	支持数据压缩	写平衡，垃圾收集，能提高闪存的利用率
YAFFS2	NAND Flash 上效果很理想的文件系统，提供了损耗平衡和掉电保护，保证数据在系统对文件系统修改的过程中发生意外而不被破坏	可写	不支持压缩	速度快，占用内存少，只支持 NAND Flash
Ubifs	用于 Flash 上的 Flash 日志文件系统。它是 Jffs2 的后代，它将索引存储在 Flash 上	可写	支持 LZO 和 zlib 压缩器	支持 write-back 以提高吞吐量、快速 I/O
NFS	基于 UDP 的网络文件系统	可写	不支持压缩	可远程访问文件，多重数据保护，带网络加锁管理

11.2.5　文件系统挂载

在 Linux 中将一个文件系统与一个存储设备关联起来的过程称为挂载（mount）。使用 mount 命令可以将一个文件系统加载到当前文件系统层次结构中。在执行挂载时，要提供文件系统类型、文件系统和一个挂载目录。

```
mount [-afFhnrvVw] [-L<标签>] [-o<选项>] [-t<文件系统类型>] [设备名] [挂载目录]
```

mount 支持的文件系统类型包括 minix、Ext2、msdos、vfat、nfs、iso9660、ntfs、auto（自动检测）等。mount 常用参数和选项见表 11-3。

表 11-3　mount 命令常用参数

参　数	说　明
-a	加载文件/etc/fstab 中设置的所有设备
-f	不实际加载设备。可与-v 等参数同时使用以查看 mount 的执行过程
-F	需与-a 参数同时使用。所有在/etc/fstab 中设置的设备会被同时加载，可加快执行速度
-h	显示在线帮助信息
-L<标签>	加载文件系统标签为<标签>的设备
-n	不将加载信息记录在/etc/mtab 文件中
-o<选项>	指定加载文件系统时的选项。有些选项也可在/etc/fstab 中使用
-r	以只读方式加载设备
-t	指定设备的文件系统类型
-v	执行时显示详细的信息
-V	显示版本信息
-w	以可读写模式加载设备，默认设置

其中-o 最重要的选项见表 11-4。

表 11-4　mount 的-o 参数常用选项

选　项	说　明
ro	以只读模式加载
rw	以可读写模式加载，默认设置
async	以非同步的方式执行文件系统的输入输出动作，默认设置
sync	以同步方式执行文件系统的输入输出动作
suid	启动 set-user-identifier(设置用户 ID)与 set-group-identifer(设置组 ID)设置位
nosuid	关闭 set-user-identifier(设置用户 ID)与 set-group-identifer(设置组 ID)设置位
atime	每次存取都更新 inode 的存取时间，默认设置
noatime	每次存取时不更新 inode 的存取时间
remount	重新加载设备。通常用于改变设备的设置状态
dev	可读文件系统上的字符或块设备
nodev	不解析文件系统上的字符或块设备
user	可以让一般用户加载设备
nouser	禁止普通用户执行加载操作，默认设置

卸载文件系统使用 umount 命令。

```
umount　[挂载目录]
```

11.3　虚拟文件系统接口

11.3.1　VFS 文件接口

VFS 提供的文件操作接口如下：

```
struct file *filp_open(const char *filename, int flags, umode_t mode)
ssize_t vfs_read(struct file *, char __user *, size_t, loff_t *);
ssize_t vfs_write(struct file *, const char __user *, size_t, loff_t *);
int filp_close(struct file *filp, fl_owner_t id);
```

物理文件用 inode 表示，打开的文件用 file 表示。打开的文件在应用层标记为文件描述符（file descriptor）。应用层调用 open，对应内核的 open 系统调用：

```
SYSCALL_DEFINE3(open, const char __user *, filename, int, flags, umode_t, mode)
{
	if (force_o_largefile())
		flags |= O_LARGEFILE;
	return do_sys_open(AT_FDCWD, filename, flags, mode);
}
```

do_sys_open 函数代码如下：

```
long do_sys_open(int dfd, const char __user *filename, int flags, umode_t mode)
```

```
{
        struct open_flags op;
        int fd = build_open_flags(flags, mode, &op);
        struct filename *tmp;
        if (fd)return fd;
        tmp = getname(filename);
        if (IS_ERR(tmp))
                return PTR_ERR(tmp);
        fd = get_unused_fd_flags(flags);
        if (fd >= 0) {
                struct file *f = do_filp_open(dfd, tmp, &op);
                if (IS_ERR(f)) {
                        put_unused_fd(fd);
                        fd = PTR_ERR(f);
                } else {
                        fsnotify_open(f);
                        fd_install(fd, f);
                }
        }
        putname(tmp);
        return fd;
}
```

do_sys_open 函数最后会调用 do_dentry_open 函数，其中有对 file 结构的文件操作接口进行赋值：

```
static int do_dentry_open(struct file *f,struct inode *inode,
                        int (*open)(struct inode *, struct file *),const struct cred *cred)
{
        f->f_op = fops_get(inode->i_fop);
}
```

这是 file 结构的文件操作接口的来源。图 11-1 为文件操作调用关系图。

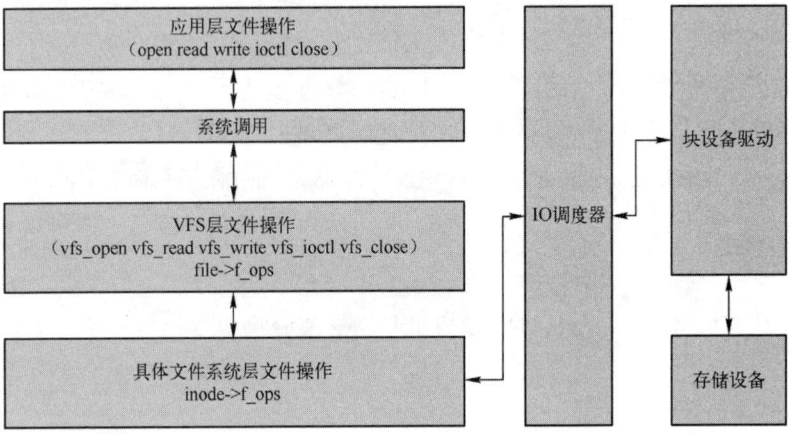

图 11-1　文件操作调用关系

例 11.2　在内核中访问文件

代码见\samples\11block\11-2module_appfile。本例演示如何在内核中访问文件系统中的文件。核心代码如下：

```
static int __init filerw_module_init(void)
{
    struct file *fd=filp_open("/home/fs.txt", O_RDWR | O_NDELAY, 0);
    if (IS_ERR(fd))
    {
        printk("open /home/fs.txt failed\n");
        return -1;
    }
    else
    {
        ssize_t len=0;
        printk("open fs.txt successfully\n");
        char buffertmp[4];
        loff_t pos=0;
        mm_segment_t oldfs = get_fs();
        set_fs(KERNEL_DS);//允许 vfs_write 与 vfs_read 访问内核地址
        memset(buffertmp,0,4);
        buffertmp[0]=0x31;
        len=vfs_write(fd,buffertmp,1,&pos);
        printk("write buffertmp=%s,len=%d\n",buffertmp,len);
        memset(buffertmp,0,4);
        pos=0;
        vfs_read(fd,buffertmp,1,&pos);
        printk("read buffertmp=%s\n",buffertmp);
        set_fs(oldfs);
        filp_close(fd,NULL);
    }
    return 0;
}
```

vfs_write 函数的第二个参数为来自用户空间的地址，但本例中的缓冲来自内核空间，所以需要使用 set_fs 函数来设置本线程的地址上限为 KERNEL_DS，以允许 vfs_write 访问 buffertmp。文件访问结束后需恢复原先的地址上限。本例运行结果如下：

```
[root@urbetter drivers]#insmod hello.ko
open fs.txt successfully
write buffertmp=1,len=1
read buffertmp=1
```

11.3.2　VFS 目录接口

目录接口包括文件创建、目录创建、节点创建、链接、删除目录、重命名等。VFS 层的目录操作接口如下：

```
int vfs_create(struct inode *, struct dentry *, umode_t, bool);
int vfs_mkdir(struct inode *, struct dentry *, umode_t);
int vfs_mknod(struct inode *, struct dentry *, umode_t, dev_t);
int vfs_symlink(struct inode *, struct dentry *, const char *);
int vfs_link(struct dentry *, struct inode *, struct dentry *, struct inode **);
int vfs_rmdir(struct inode *, struct dentry *);
int vfs_unlink(struct inode *, struct dentry *, struct inode **);
int vfs_rename(struct inode *, struct dentry *, struct inode *, struct dentry *, struct inode **, unsigned int);
int vfs_whiteout(struct inode *, struct dentry *);
```

11.4　根文件系统制作

11.4.1　Busybox

Busybox 是一个集成了一百多个最常用 Linux 命令和工具的软件，甚至包括一个 http 服务器和一个 telnet 服务器。Busybox 就像一个集成电路，把常用的工具和命令压缩在一个可执行文件里，功能基本不变，而大小却小很多，只有 1MB 左右，所以在嵌入式 Linux 中，Busybox 有非常广泛的应用。Busybox 命令的用法如下：

```
//运行 busybox 中的 ls 命令
#busybox ls
//建立指向 busybox 的链接,不同的链接名完成不同的功能
#ln -s busybox ls
//然后可以执行这个链接:
#./ls
```

表 11-5 为 Busybox 包括的几个编译选项，可以帮助用户编译和调试 Busybox。

表 11-5　Busybox 提供的几个 make 选项

make 目标	说　明
help	显示 make 选项的完整列表
defconfig	启用默认的（通用）配置
allnoconfig	禁用所有的应用程序（空配置）
allyesconfig	启用所有的应用程序（完整配置）
allbareconfig	启用所有的应用程序，但是不包括子特性
config	基于文本的配置工具
menuconfig	N-curses（基于菜单的）配置工具
all	编译 Busybox 二进制文件和文档（./docs）
busybox	编译 Busybox 二进制文件
clean	清除源代码树
distclean	彻底清除源代码树
sizes	显示所启用的应用程序的文本/数据大小

Busybox 具有可剪裁的特点。对于有特殊需求的嵌入式设备，可以手工使用 make menuconfig 来配置 Busybox 的内容。make menuconfig 与配置 Linux 内核的内容所使用的目标相同。make menuconfig 效果如图 11-2 所示。

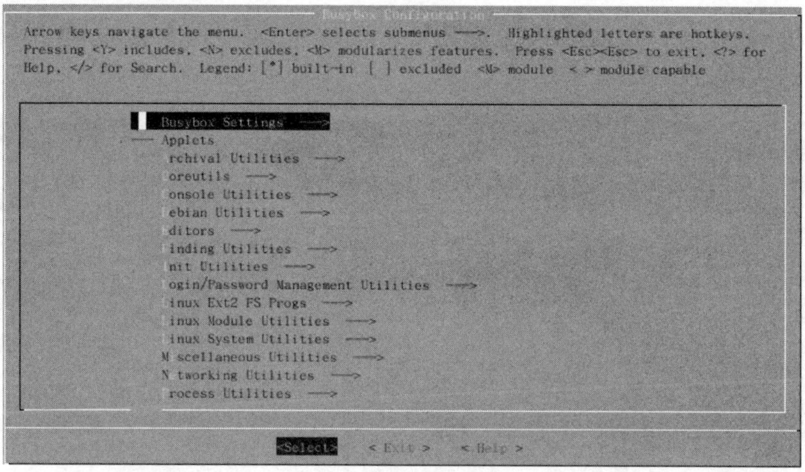

图 11-2　使用 menuconfig 配置 Busybox

Linux 在加载根文件系统之后，紧接着执行 init 进程。Busybox 中的 init 进程会调用 /etc/inittab 等脚本文件。Busybox 的根目录下的 example 文件夹下有详尽的 inittab 文件范例。inittab 文件中每一行的格式如下所示：

```
id:runlevel:action:process
```

尽管此格式与传统的 Sytem V init 类似，但是，id 在 Busybox 的 init 中具有不同的意义。对 Busybox 而言，id 用来指定启动进程的控制 tty。如果所启动的进程并不是可以交互的 shell，例如 Busybox 的 sh（ash），则应该有个控制 tty，如果控制 tty 不存在，Busybox 的 sh 会报错。Busybox 将会完全忽略 runlevel 字段，所以该字段可以空着，这是为了和传统的 Sytem V init 的格式保持一致。process 字段用来指定所执行程式的路径，包括命令行选项。action 字段用来指定表 11-6 中 8 个可应用到 process 的动作之一。

表 11-6　inittab 文件中的动作说明

动作	说　明
sysinit	为 init 提供初始化命令行的路径
respawn	每当相应的进程终止执行便会重新启动
askfirst	类似 respawn，不过它的主要用途是减少系统上执行的终端应用程序的数量。它将会促使 init 在控制台上显示“Please press Enter to active this console”的信息，并在重新启动之前等待用户按下 Enter 键
wait	告诉 init 必须等到相应的进程完成之后才能继续执行
once	仅执行相应的进程一次，而且不会等待它完成
ctraltdel	当按下 Ctrl+Alt+Delete 组合键时，执行相应的进程
shutdown	当系统关机时，执行相应的进程
restart	当 init 重新启动时，执行相应的进程，通常此处所执行的进程就是 init 本身

下面介绍如何编译 Busybox。

（1）修改 makefile：

```
cross_compile=arm-linux-
```

（2）执行 make menuconfig，进入 module utilities 目录，去掉对 2.4 内核的模块支持，如图 11-3 所示。

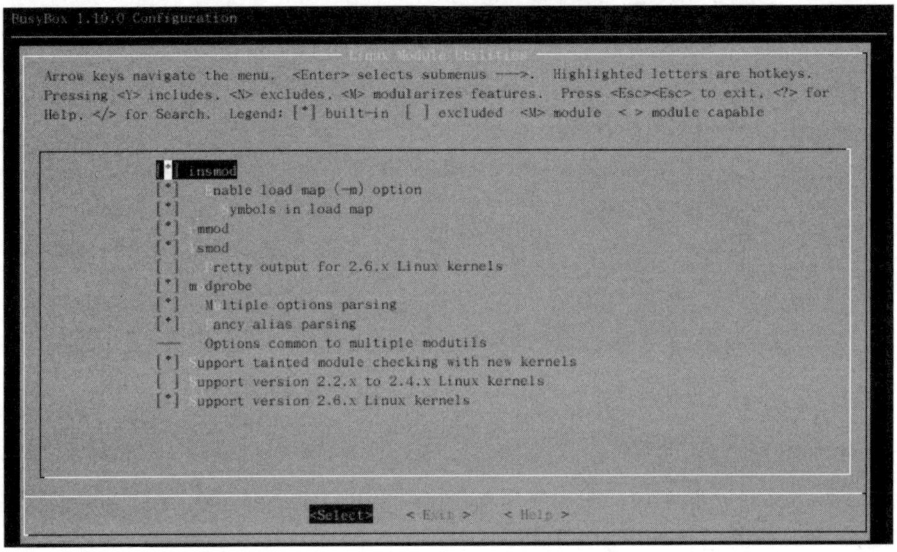

图 11-3　去掉对 2.4 内核的模块支持

（3）执行 make。

（4）执行 make install，把目标文件安装到./_install 目录。

11.4.2　shell 基础

shell 是一种具备特殊功能的程序，它是介于用户和 UNIX、Linux 等操作系统核心程序间的一个接口。常见的 shell 有 Bourne shell（/bin/sh）、C shell（/bin/csh）、Korn shell（/bin/ksh）、Bourne again shell（/bin/bash）、Tenex C shell（tcsh）等 shell。UNIX/Linux 将 shell 独立于核心程序之外，使得它就如同一般的应用程序，可以在不影响操作系统本身的情况下进行修改、更新版本或添加新的功能。shell 担任的工作包括：读取输入和语法分析命令列、处理信号、寻找程序并执行。无论哪一种 shell，基本功能与作用都是相同的，它们之间的不同在于对同一命令的处理顺序、命令数量和参数格式等。

Bash 是一种常用的 shell 程序，它具有命令记录、命令自动补全、命令别名（alias）设定功能、工作控制（jobs）、前景背景控制等特点。命令记录是指 Bash 会记录命令历史。命令自动补全是指按下 TAB 键，shell 会补全命令或文件名的后部分内容。每次打开 Bash 时，会为每个运行 Bash 的用户执行/etc/bashrc 或/etc/profile 脚本。它设置默认提示符，可以添加一个或更多别名，为所有用户设置用户环境信息。在 Bash 下，可以通过更改 PS1 环境变量的值来设置 shell 提示符，例如：

```
$ export PS1="> "
  >
$ export PS1="This is my super prompt > "
    This is my super prompt >
 $ export PS1="\u@\H > "
```

\u@\H >表示显示当前用户名和主机名。结果如下：

```
root@localhost>
```

表 11-7 是 Bash 可识别的部分专用序列。

表 11-7　Bash 专用序列

序　列	说　明
\a	ASCII 响铃字符(BEL)
\d	当前日期，"Tue May 26"格式
\e	ASCII 转义字符
\h	主机名的第一部分（如 "fgj"）
\H	主机的全称（如 "fgj.mydomain.com"）
\n	换行符
\r	回车符
\s	shell 的名称（如"bash"）
\t	24 小时 HH:MM:SS 格式时间（如 "22:01:01"）
\T	12 小时 HH:MM:SS 格式时间（如 "10:01:30"）
\@	带有 am/pm 的 12 小时制时间
\A	24 小时 HH:MM 格式时间
\l	此 shell 的终端设备名（如 "ttySA0"）
\j	此 shell 管理的 job 数量
\u	当前用户名
\v	Bash 的版本（如 3.2）
\w	当前工作目录（如 "/home/fgj "）
\W	当前工作目录的基名 (basename)
\!	当前命令在历史缓冲区中的位置
\#	命令编号（只要键入内容，它就会在每次提示时累加）
\$	如果用户不是超级用户(root)，则显示一个"$"；如果是超级用户，则显示一个"#"
\nnn	插入一个用三位数 nnn（用零代替未使用的数字，如 "\007"）表示的 ASCII 字符

下面是 Bash 的编译步骤：

（1）tar zxvf bash-3.2.tar.gz

（2）./configure --host=arm-linux

（3）使用 make 编译生成的 bash 程序

11.4.3　根文件系统构建实例

例 11.3　建立根文件系统

（1）生成必要的目录和设备文件：

```
echo "creatint rootfs dir......"
mkdir rootfs
cd rootfs
mkdir bin dev etc lib proc sbin sys usr
mkdir usr/bin usr/lib usr/sbin lib/modules
mkdir mnt tmp var
chmod 1777 tmp
mkdir mnt/u mnt/v
mkdir var/lib var/lock var/log var/run var/tmp
chmod 1777 var/tmp
mkdir home root boot
mknod -m 600 dev/console c 5 1
mknod -m 666 dev/null c 1 3
echo "done"
```

（2）建立/etc 目录的文件（initab、profile、passwd 等）。

（3）添加 busybox 文件（在 busybox 下的./_install 目录中）到目录中。

（4）把编译生成的 bash 程序复制到目标板根文件系统的/bin 目录下，修改/etc/inittab：

```
::askfirst:-/bin/bash
```

（5）编译安装库文件 glibc/uclibc。库文件也可从编译工具的库目录中复制。

11.4.4　添加 mdev

本节介绍 busybox 1.8.2 中包含的 mdev，它是 udev 的嵌入式版本。

（1）进入 busybox 目录修改 MAKEFILE，将 Makefile 中的 ARCH 和 CROSS_COMPILE 修改为 arm 系列：

```
ARCH ?= arm
CROSS_COMPILE ?= arm-linux-
```

（2）配置 busybox。运行 make menuconfig，选择需要的选项。选择完毕，编译时出现如下错误：

```
undefined reference to 'query_module'
```

解决方法是执行 make menuconfig 后，进入 Module 工具配置，去掉对 2.4 内核的模块支持，如图 11-3 所示。

（3）保存后运行 make 和 make install。

（4）将生成的目标文件复制到文件系统中，测试结果如下：

```
[root@(none) dev]# ls
console   null       pts        shm        zero
[root@(none) dev]# /sbin/mdev -s
[root@(none) dev]# ls
console          ptys4          tty19          ttyq9
full             ptys5          tty2
kmem             ptys6          tty20          ttyqb
kmsg             ptys7          tty21          ttyqc
md0              ptys8          tty22          ttyqd
mem              ptys9          tty23          ttyqe
mice             ptysa          tty24          ttyqf
…
```

实际应用中可以修改系统启动脚本，增加如下语句，让 mdev 开机自动运行。

```
/sbin/mdev –s
```

最后还应设置 mdev 为默认的 uevent helper 程序：

```
echo /sbin/mdev > /proc/sys/kernel/hotplug
```

11.5　NFS 根文件系统搭建

网络文件系统（NFS）是一种通过网络共享文件的机制，通过 NFS，远程的文件可以像本地文件一样访问。网络文件系统是一种服务器与客户端结构，客户端通过 mount 方式加载网络文件系统。

首先应该在 Linux 主机上安装 NFS 服务器：

```
sudo apt-get install nfs-kernel-server
```

建立 NFS 服务目录/root/fgj/nfs/rootfs，将根文件系统的文件全部复制到该目录。打开/etc/exports，配置如下：

```
/root/fgj/nfs *(rw,sync,no_root_squash,no_subtree_check)
```

重新启动 NFS 服务，让目录生效：

```
sudo /etc/init.d/rpcbind restart
sudo /etc/init.d/nfs-kernel-server restart
```

一般安装完 NFS server 配置后，下次重启主机会自动启动 NFS 服务。另外使用 NFS 时最好关闭主机的防火墙。

例 11.4　建立 NFS 根文件系统

（1）确保内核包含网络设备驱动程序。

（2）配置内核支持 NFS 文件系统和 NFS 块设备、NFS 根文件系统。在【File systems】->【Network File Systems】中设置如图 11-4 所示：

```
--- Network File Systems
<*>   NFS client support
<*>     NFS client support for NFS version 2
<*>     NFS client support for NFS version 3
[*]       NFS client support for the NFSv3 ACL protocol extension
<*>     NFS client support for NFS version 4
[ ]     Provide swap over NFS support
[ ]   NFS client support for NFSv4.1
[*]   Root file system on NFS
[ ]   Use the legacy NFS DNS resolver
< >   NFS server support
[ ]   RPC: Enable dprintk debugging
< >   Ceph distributed file system
```

图 11-4 配置内核支持 NFS

在【device drivers】->【Block devices】中设置如图 11-5 所示：

```
--- Block devices
< >    Null test block driver
<*>    Loopback device support
(8)      Number of loop devices to pre-create at init time
< >      Cryptoloop Support
< >    DRBD Distributed Replicated Block Device support
<*>    Network block device support
<*>    RAM block device support
(16)     Default number of RAM disks
(4096)   Default RAM disk size (kbytes)
< >    Packet writing on CD/DVD media
```

图 11-5 配置内核支持 NFS 块设备

（3）修改内核启动参数：

```
setenv bootargs "root=/dev/nfs nfsroot=192.168.10.102:/root/fgj/nfs/rootfs ip=192.168.10.103:192.168.10.102:192.168.10.1:255.255.255.0:www:eth0:off console=ttySAC0,115200"
```

其中 root=/dev/nfs，并非真的设备，而是告诉内核通过网络取得根文件系统。参数 nfsroot 告诉内核以哪一台计算机，哪个目录以及哪个网络文件系统选项作为根文件系统使用。参数的格式如下：

```
nfsroot=[<server-ip>:]<root-dir>[,<nfs-options>]
```

如果指令列上没有给定 nfsroot 参数，则将使用/tftpboot/%s 预设值。其他选项如下：

<server-ip> --指定网络文件系统服务端的互联网地址（IP address）。如果没有给定此字段，则使用由 nfsaddrs 变量所决定的值。此参数的用途之一是允许使用不同计算机作为反向地址解析协议（RARP）及网络文件系统服务端，通常可以设为空白。

<root-dir> -- 服务端上要作为根挂入的目录名称。如果字串中有个%s 标识符（token），此符记将代换为客户端互联网地址之 ASCII 表示法。

<nfs-options> -- 标准的网络文件系统选项。所有选项都以逗号分开。如果没有给定此选项字段则使用下列的预设值：

```
port= as given by server portmap daemon
rsize = 1024
wsize= 1024
timeo= 7
```

```
retrans= 3
acregmin= 3
acregmax= 60
acdirmin= 30
acdirmax= 60
flags = hard, nointr, noposix, cto, ac
```

参数 ip=的格式如下：

```
ip=<client-ip>:<server-ip>:<gw-ip>:<netmask>:<hostname>:<device>:<autoconf>
```

它告诉内核如何配置设备的 IP 地址，如何建立 IP 路由表。<client-ip>是客户 IP，<server-ip>是 NFS 服务器 IP，<gw-ip>是网关 IP，<netmask>是掩码，<hostname>是客户主机名。<device>是网络设备名。<autoconf>在单独作为 ip 的值时起作用（它之前没有任何":"号，如："ip=off" 或 "ip=none"等），如果"ip=off"或"ip=none"，表示不启用自动配置。<autoconf>有如下值：

```
off or none:  不启用自动配置，IP 静态指定
on or any:    使用内核中可用的任何自配置协议
dhcp:         使用 DHCP
bootp:        使用 BOOTP
rarp:         使用 RARP
both:         使用 BOOTP 和 RARP ，但不使用 DHCP
```

运行后发现 eth0 没有自动激活。观察到启动参数中有 ip 参数：

```
ip=192.168.10.103:192.168.10.102:192.168.10.1:255.255.255.0:www:eth0:off
```

查找内核中有如下语句：

```
__setup("ip=", ip_auto_config_setup);
__setup("nfsaddrs=", nfsaddrs_config_setup);
```

跟踪代码发现 ip_auto_config_setup 没有执行，说明需要在内核中设置 IP 自动配置协议支持。配置【Networking support】->【Networking options】，如图 11-6 所示。

```
[ ] Transformation migrate database
[ ] Transformation statistics
< > PF_KEY sockets
[*] TCP/IP networking
[*]   IP: multicasting
[*]   IP: advanced router
[ ]     FIB TRIE statistics
[ ]     IP: policy routing
[ ]     IP: equal cost multipath
[ ]     IP: verbose route monitoring
[*]   IP: kernel level autoconfiguration
[ ]     IP: DHCP support
[*]     IP: BOOTP support
[ ]     IP: RARP support
<*>   IP: tunneling
< >   IP: GRE demultiplexer
[ ]   IP: multicast routing
```

图 11-6　选择内核级别的自动 IP 配置

配置完毕，根文件系统可以加载。运行结果如下：

```
dm9000 dm9000.0: WARNING: no IRQ resource flags set.
dm9000 dm9000.0 eth0: link down
usb 1-2: device not accepting address 4, error -62
usb 1-2: new full-speed USB device number 5 using s3c2410-ohci
usb 1-2: device not accepting address 5, error -62
usb usb1-port2: unable to enumerate USB device
IP-Config: Complete:
     device=eth0,     hwaddr=00:e0:a3:a4:98:67,     ipaddr=192.168.0.103,     mask=255.255.255.0,
gw=192.168.0.1
     host=www, domain=, nis-domain=(none)
     bootserver=192.168.0.102, rootserver=192.168.0.102, rootpath=
ALSA device list:
  #0: SMDK WM9713
dm9000 dm9000.0 eth0: link up, 100Mbps, full-duplex, lpa 0x45E1
VFS: Mounted root (nfs filesystem) on device 0:11.
Freeing unused kernel memory: 204K (c0635000 - c0668000)
mount: mounting none on /proc/bus/usb failed: No such file or directory
*************************************
     Welcome to Root FileSystem!
     http://www.urbetter.com
*************************************
Starting Qtopia, please waiting...
Please press Enter to activate this console. touch...
 [root@urbetter ~]# df
Filesystem                       1K-blocks    Used      Available  Use%   Mounted on
192.168.0.102:/root/fgj/nfs/rootfs  29799484   10941344  17321372   39%    /
tmpfs                               61528      0         61528      0%     /dev/shm
 [root@urbetter ~]# ls
bin     etc     lib       mnt     proc    sbin     sys     udisk    var
dev     home    linuxrc   opt     root    sdcard   tmp     usr
[root@urbetter ~]#
```

可见 NFS 文件系统已经加载到根目录下。

第 12 章　NAND Flash 驱动

NAND Flash 是嵌入式系统中常见的存储器，可以用来存放启动代码、Linux 内核、文件系统等。NAND Flash 驱动是一种基于 MTD 架构的复合型驱动，既是字符型驱动，也是块设备驱动。本章介绍 MTD 设备层与 NAND Flash 驱动开发。

12.1　MTD 设备层

12.1.1　MTD 架构

在嵌入式 Linux 中，MTD（Memory Technology Device）为底层硬件（闪存等）和上层（文件系统）之间提供一个统一的抽象接口，这样就可以在 Flash 上建立基于 MTD 驱动层的文件系统。使用 MTD 驱动程序的主要优点在于，它是专门针对各种非易失性存储器而设计的，因而它对 Flash 有更好的支持，并包含了基于扇区的擦除、读/写操作接口。图 12-1 是 MTD 系统的层次结构图。

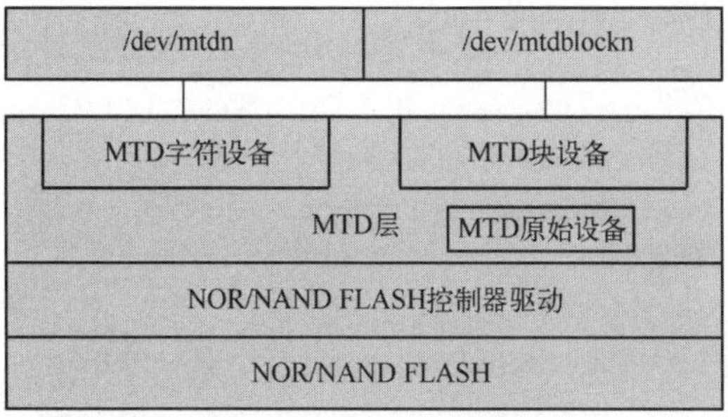

图 12-1　MTD 层次结构

MTD 层包含了 MTD 原始设备和 MTD 设备层。MTD 设备层基于 MTD 原始设备，它包括 MTD 字符设备与 MTD 块设备。用于描述 MTD 原始设备的数据结构是 mtd_info，它包含了大量关于 MTD 的操作接口函数。

```
struct mtd_info {
        u_char type;
        uint32_t flags;
        uint64_t size;  // MTD 总大小
        uint32_t erasesize;//擦写单元大小
        uint32_t writesize; //写单元大小
        uint32_t writebufsize;//写缓冲大小
        uint32_t oobsize;     //每个 block 中的 OOB 数据大小
        uint32_t oobavail;  //每个 block 中可用的 OOB 大小
```

```
        unsigned int erasesize_shift;
        unsigned int writesize_shift;
        unsigned int erasesize_mask;
        unsigned int writesize_mask;
        unsigned int bitflip_threshold;//位反转阈值，超过则返回-EUCLEAN
        const char *name;//名称
        int index;
        struct nand_ecclayout *ecclayout;//ECC 布局
        unsigned int ecc_step_size;//ECC step 大小
        /*每个 ECC step 允许的最大可修复位*/
        unsigned int ecc_strength;
        //擦写区信息
        int numeraseregions;
        struct mtd_erase_region_info *eraseregions;
        //回调函数
        int (*_erase) (struct mtd_info *mtd, struct erase_info *instr);
        int (*_read) (struct mtd_info *mtd, loff_t from, size_t len,size_t *retlen, u_char *buf);
        int (*_write) (struct mtd_info *mtd, loff_t to, size_t len,size_t *retlen, const u_char *buf);
        int (*_read_oob) (struct mtd_info *mtd, loff_t from,struct mtd_oob_ops *ops);
        int (*_write_oob) (struct mtd_info *mtd, loff_t to,struct mtd_oob_ops *ops);
        …
        int (*_writev) (struct mtd_info *mtd, const struct kvec *vecs,
                    unsigned long count, loff_t to, size_t *retlen);
        void (*_sync) (struct mtd_info *mtd);
        int (*_lock) (struct mtd_info *mtd, loff_t ofs, uint64_t len);
        int (*_unlock) (struct mtd_info *mtd, loff_t ofs, uint64_t len);
        int (*_is_locked) (struct mtd_info *mtd, loff_t ofs, uint64_t len);
        int (*_block_isreserved) (struct mtd_info *mtd, loff_t ofs);
        int (*_block_isbad) (struct mtd_info *mtd, loff_t ofs);
        int (*_block_markbad) (struct mtd_info *mtd, loff_t ofs);
        int (*_suspend) (struct mtd_info *mtd);
        void (*_resume) (struct mtd_info *mtd);
        void (*_reboot) (struct mtd_info *mtd);
        //引用计数维护
        int (*_get_device) (struct mtd_info *mtd);
        void (*_put_device) (struct mtd_info *mtd);
        struct backing_dev_info *backing_dev_info;//后备存储设备
        struct notifier_block reboot_notifier;//重启通知链
        struct mtd_ecc_stats ecc_stats; /*ECC 状态*/
        int subpage_sft; /*子页偏移(NAND)*/
        void *priv;
        struct module *owner;
        struct device dev;//对应的设备
        int usecount;
};
```

mtd_device_parse_register 函数用于解析分区（mtd_partition），并注册 MTD 原始设备：

```
int mtd_device_parse_register(struct mtd_info *mtd, const char * const *types,
                                struct mtd_part_parser_data *parser_data,
                                const struct mtd_partition *parts,int nr_parts);
```

mtd_device_unregister 函数用来注销一个 MTD 原始设备：

```
int mtd_device_unregister(struct mtd_info *master);
```

MTD 原始设备的基本操作包括以下函数：

```
int mtd_read(struct mtd_info *mtd, loff_t from, size_t len, size_t *retlen,u_char *buf);//读
int mtd_write(struct mtd_info *mtd, loff_t to, size_t len, size_t *retlen,const u_char *buf);//写
int mtd_read_oob(struct mtd_info *mtd, loff_t from, struct mtd_oob_ops *ops);  //读 OOB
int mtd_block_markbad(struct mtd_info *mtd, loff_t ofs);  //标记坏块
int mtd_block_isbad(struct mtd_info *mtd, loff_t ofs);//是否坏块
int mtd_erase(struct mtd_info *mtd, struct erase_info *instr);  //擦除块
```

由于 Linux 系统中的 MTD 设备包含了块设备和字符设备两个方面，对 MTD 设备的操作，首先要区分是以块设备方式还是以字符设备的方式。下面是 MTD 设备的主设备号：

```
#define MTD_CHAR_MAJOR 90
#define MTD_BLOCK_MAJOR 31
```

以下是/dev 目录下的 MTD 设备节点，mtd*n* 和 mtd*n*ro 代表字符设备。mtdblock*n* 代表块设备。

```
root@/dev]#ls | grep mtd
mtd0            mtd0ro          mtd1            mtd1ro
mtd2            mtd2ro          mtd3            mtd3ro
mtdblock0       mtdblock1       mtdblock2       mtdblock3
```

12.1.2　MTD 字符设备

MTD 字符设备的实现在 mtdchar.c 文件中。下面是 MTD 字符设备的注册代码：

```
static const struct file_operations mtd_fops = {
        .owner          = THIS_MODULE,
        .llseek         = mtdchar_lseek,
        .read           = mtdchar_read,
        .write          = mtdchar_write,
        .unlocked_ioctl     = mtdchar_unlocked_ioctl,
#ifdef CONFIG_COMPAT
        .compat_ioctl = mtdchar_compat_ioctl,
#endif
        .open           = mtdchar_open,
        .release        = mtdchar_close,
        .mmap           = mtdchar_mmap,
#ifndef CONFIG_MMU
```

```
        .get_unmapped_area = mtdchar_get_unmapped_area,
        .mmap_capabilities = mtdchar_mmap_capabilities,
#endif
};
int __init init_mtdchar(void)
{
        int ret;
        //申请 1 << MINORBITS 个 MTD 字符设备
        ret = __register_chrdev(MTD_CHAR_MAJOR, 0, 1 << MINORBITS,"mtd", &mtd_fops);
        if (ret < 0) {
                pr_err("Can't allocate major number %d for MTD\n",MTD_CHAR_MAJOR);
                return ret;
        }
        return ret;
}
void __exit cleanup_mtdchar(void)
{
        __unregister_chrdev(MTD_CHAR_MAJOR, 0, 1 << MINORBITS, "mtd");
}
```

__register_chrdev 函数创建并注册一系列主设备号相同次设备号顺序增长的字符设备。前面章节中的 register_chrdev_region 函数就是基于__register_chrdev 函数。内核添加 MTD 原始设备时会注册一个 MTD 字符设备：

```
#define MTD_DEVT(index) MKDEV(MTD_CHAR_MAJOR, (index)*2)
int add_mtd_device(struct mtd_info *mtd)
{
        i = idr_alloc(&mtd_idr, mtd, 0, 0, GFP_KERNEL);//分配一个 ID
        mtd->index = i;
        ...
        mtd->dev.type = &mtd_devtype;
        mtd->dev.class = &mtd_class;
        mtd->dev.devt = MTD_DEVT(i);//MTD 设备号
        dev_set_name(&mtd->dev, "mtd%d", i);
        dev_set_drvdata(&mtd->dev, mtd);
        of_node_get(mtd_get_of_node(mtd));
        //注册 MTD 字符设备，会创建/sys 设备节点,并引起 mdev 创建/dev 设备节点
        error = device_register(&mtd->dev);
        if (error)goto fail_added;
        //创建 ro 设备节点，次设备号为奇数
        device_create(&mtd_class, mtd->dev.parent, MTD_DEVT(i) + 1, NULL,"mtd%dro", i);
        ...
}
```

MTD 字符设备打开时通过次设备号寻找分区相应的原始设备结构(mtd_info)。MTD 字符设备打开函数如下：

```
static int mtdchar_open(struct inode *inode, struct file *file)
{
	int minor = iminor(inode);
	int devnum = minor >> 1;
	int ret = 0;
	struct mtd_info *mtd;
	struct mtd_file_info *mfi;
	pr_debug("MTD_open\n");
	/*判断是否用 RW 方式打开 RO 设备*/
	if ((file->f_mode & FMODE_WRITE) && (minor & 1))
		return -EACCES;
	mutex_lock(&mtd_mutex);
	mtd = get_mtd_device(NULL, devnum);//获得 mtd_info 结构
	if (IS_ERR(mtd)) {
		ret = PTR_ERR(mtd);
		goto out;
	}
	if (mtd->type == MTD_ABSENT) {
		ret = -ENODEV;
		goto out1;
	}
	/*判断是否用 RW 方式打开不可写设备*/
	if ((file->f_mode & FMODE_WRITE) && !(mtd->flags & MTD_WRITEABLE)) {
		ret = -EACCES;
		goto out1;
	}
	mfi = kzalloc(sizeof(*mfi), GFP_KERNEL);
	if (!mfi) {
		ret = -ENOMEM;
		goto out1;
	}
	mfi->mtd = mtd;
	file->private_data = mfi;
	mutex_unlock(&mtd_mutex);
	return 0;
out1:
	put_mtd_device(mtd);
out:
	mutex_unlock(&mtd_mutex);
	return ret;
} /*mtdchar_open*/
```

MTD 字符设备通常对应/dev/mtdn 节点。对 Flash 的擦除等操作必须使用 MTD 字符设备接口，下面的命令完成对 Flash 的第四个分区的擦写：

```
#flash_eraseall /dev/mtd3
```

例 12.1　MTD 字符设备的基本文件操作

下面是 mtd-utils 工具包中 flash_erase 工具的部分代码，演示了 MTD 字符设备的典型文件操作。

```
static const char *mtd_device;//mtd 字符设备文件名，如/dev/mtd4
libmtd_t mtd_desc;
struct mtd_dev_info mtd;
int main(int argc, char *argv[])
{
    mtd_desc = libmtd_open();
    if (mtd_desc == NULL)
        return errmsg("can't initialize libmtd");
    if ((fd = open(mtd_device, O_RDWR)) < 0)
        return sys_errmsg("%s", mtd_device);
    if (mtd_get_dev_info(mtd_desc, mtd_device, &mtd) < 0)//获取设备信息
        return errmsg("mtd_get_dev_info failed");
    if (jffs2 && mtd.type == MTD_MLCNANDFLASH)
        return errmsg("JFFS2 cannot support MLC NAND.");
    eb_start = start / mtd.eb_size;
    isNAND = mtd.type == MTD_NANDFLASH || mtd.type == MTD_MLCNANDFLASH;
    if (eb_cnt == 0)
        eb_cnt = (mtd.size / mtd.eb_size) - eb_start;
    for (eb = eb_start; eb < eb_start + eb_cnt; eb++) {
        offset = (off_t)eb * mtd.eb_size;
        if (!noskipbad) {
            int ret = mtd_is_bad(&mtd, fd, eb);//是否坏块
            if (ret > 0) {
                verbose(!quiet, "Skipping bad block at %08"PRIxoff_t, offset);
                continue;
            } else if (ret < 0) {
                if (errno == EOPNOTSUPP) {
                    noskipbad = 1;
                    if (isNAND)
                        return errmsg("%s: Bad block check not available", mtd_device);
                } else
                    return sys_errmsg("%s: MTD get bad block failed", mtd_device);
            }
        }
        show_progress(&mtd, offset, eb, eb_start, eb_cnt);//显示进度
        if (unlock) {
            if (mtd_unlock(&mtd, fd, eb) != 0) {
                sys_errmsg("%s: MTD unlock failure", mtd_device);
                continue;
            }
        }
        if (mtd_erase(mtd_desc, &mtd, fd, eb) != 0) {
```

```
                sys_errmsg("%s: MTD Erase failure", mtd_device);
                continue;
            }
            /*写入清空标记*/
            if (isNAND) {
                if (mtd_write_oob(mtd_desc, &mtd, fd, (uint64_t)offset + clmpos, clmlen,
&cleanmarker) != 0)
                {
                    sys_errmsg("%s: MTD writeoob failure", mtd_device);
                    continue;
                }
            } else {
                if (pwrite(fd, &cleanmarker, sizeof(cleanmarker), (loff_t)offset) != sizeof(cleanmarker)) {
                    sys_errmsg("%s: MTD write failure", mtd_device);
                    continue;
                }
            }
            verbose(!quiet, " Cleanmarker written at %"PRIxoff_t, offset);
        }
        show_progress(&mtd, offset, eb, eb_start, eb_cnt);
        bareverbose(!quiet, "\n");
        return 0;
    }
```

mtd_erase 函数调用 MEMERASE IOCTL 来擦除 Flash，具体实现如下：

```
    int mtd_erase(libmtd_t desc, const struct mtd_dev_info *mtd, int fd, int eb)
    {
        int ret;
        struct libmtd *lib = (struct libmtd *)desc;
        struct erase_info_user64 ei64;
        struct erase_info_user ei;
        ret = mtd_valid_erase_block(mtd, eb);
        if (ret)
            return ret;
        ei64.start = (__u64)cb * mtd->eb_size;
        ei64.length = mtd->eb_size;
        //如果支持 64 位地址
        if (lib->offs64_ioctls == OFFS64_IOCTLS_SUPPORTED ||
            lib->offs64_ioctls == OFFS64_IOCTLS_UNKNOWN) {
            ret = ioctl(fd, MEMERASE64, &ei64);
            if (ret == 0)
                return ret;
            if (errno != ENOTTY ||
                lib->offs64_ioctls != OFFS64_IOCTLS_UNKNOWN)
                return mtd_ioctl_error(mtd, eb, "MEMERASE64");
            // MEMERASE64 从 Linux 2.6.31 才开始支持
```

```
			lib->offs64_ioctls = OFFS64_IOCTLS_NOT_SUPPORTED;
		}
		if (ei64.start + ei64.length > 0xFFFFFFFF) {
			errmsg("this system can address only %u eraseblocks",0xFFFFFFFFU / mtd->eb_size);
			errno = EINVAL;
			return -1;
		}
		ei.start = ei64.start;
		ei.length = ei64.length;
		ret = ioctl(fd, MEMERASE, &ei);
		if (ret < 0)
			return mtd_ioctl_error(mtd, eb, "MEMERASE");
		return 0;
	}
```

12.1.3　MTD 块设备

MTD 块设备的驱动程序在 mtdblock.c 文件中实现。MTD 块设备使用 mtd_blktrans_dev 描述。该结构将 MTD 原始设备（mtd_info）与存储分区（gendisk）联系在一起。

```
struct mtd_blktrans_dev {
	struct mtd_blktrans_ops *tr;//MTD 块传输操作
	struct list_head list;
	struct mtd_info *mtd;//关联的 mtd_info 结构
	struct mutex lock;
	int devnum;
	bool bg_stop;
	unsigned long size;
	int readonly;
	int open;
	struct kref ref;
	struct gendisk *disk;//分区结构
	struct attribute_group *disk_attributes;//属性组
	struct workqueue_struct *wq;
	struct work_struct work;
	struct request_queue *rq;//请求队列
	spinlock_t queue_lock;
	void *priv;
	fmode_t file_mode;
};
```

下面介绍 MTD 块设备注册过程。首先注册 MTD 块传输。

```
static struct mtd_blktrans_ops mtdblock_tr = {
	.name		= "mtdblock",
	.major			= MTD_BLOCK_MAJOR,//MTD 块设备号
	.part_bits	= 0,
```

```
        .blksize        = 512,
        .open           = mtdblock_open,
        .flush          = mtdblock_flush,
        .release        = mtdblock_release,
        .readsect       = mtdblock_readsect,
        .writesect      = mtdblock_writesect,
        .add_mtd        = mtdblock_add_mtd,
        .remove_dev= mtdblock_remove_dev,
        .owner          = THIS_MODULE,
};
static int __init init_mtdblock(void)
{
        return register_mtd_blktrans(&mtdblock_tr);
}
```

register_mtd_blktrans 函数中调用了 register_blkdev 函数注册块设备：

```
int register_mtd_blktrans(struct mtd_blktrans_ops *tr)
{
        struct mtd_info *mtd;
        int ret;
        if (!blktrans_notifier.list.next)
                register_mtd_user(&blktrans_notifier);
        mutex_lock(&mtd_table_mutex);
        ret = register_blkdev(tr->major, tr->name);//注册块设备
        if (ret < 0) {
                printk(KERN_WARNING "Unable to register %s block device on major %d: %d\n",
                            tr->name, tr->major, ret);
                mutex_unlock(&mtd_table_mutex);
                return ret;
        }
        if (ret)
                tr->major = ret;
        tr->blkshift = ffs(tr->blksize) - 1;
        INIT_LIST_HEAD(&tr->devs);
        list_add(&tr->list, &blktrans_majors);
        mtd_for_each_device(mtd)
                if (mtd->type != MTD_ABSENT)
                            tr->add_mtd(tr, mtd);
        mutex_unlock(&mtd_table_mutex);
        return 0;
}
```

从上面可见，注册 mtdblock_tr 时调用了 mtdblock_tr 结构的 add_mtd 成员函数，也就是 mtdblock_add_mtd 函数。

MTD 层有一个 mtd_notifier 结构，用于描述 MTD 通知链。

```
struct mtd_notifier {
        void (*add)(struct mtd_info *mtd);
        void (*remove)(struct mtd_info *mtd);
        struct list_head list;
};
```

register_mtd_blktrans 函数中添加了一个名为 blktrans_notifier 的 mtd_notifier。

```
static struct mtd_notifier blktrans_notifier = {
        .add = blktrans_notify_add,
        .remove = blktrans_notify_remove,
};
```

跟踪 blktrans_notify_add 发现，该函数调用了 mtd_blktrans_ops 的 add_mtd 成员，实际上就是 mtdblock_add_mtd。

另外 MTD 原始设备添加函数 add_mtd_device（见上文）会调用内核中所有 mtd_notifier 结构的 add 接口，所以也会调用 mtdblock_add_mtd：

```
int add_mtd_device(struct mtd_info *mtd)
{
        ...
        list_for_each_entry(not, &mtd_notifiers, list)
                not->add(mtd);
        ...
}
```

也就是说，添加 MTD 原始设备时必定会调用 mtdblock_tr 的 add_mtd 成员（mtdblock_add_mtd）。mtdblock_add_mtd 函数代码如下：

```
static void mtdblock_add_mtd(struct mtd_blktrans_ops *tr, struct mtd_info *mtd)
{
        struct mtdblk_dev *dev = kzalloc(sizeof(*dev), GFP_KERNEL);
        if (!dev)
                return;
        dev->mbd.mtd = mtd;
        dev->mbd.devnum = mtd->index;
        dev->mbd.size = mtd->size >> 9;
        dev->mbd.tr = tr;
        if (!(mtd->flags & MTD_WRITEABLE))
                dev->mbd.readonly = 1;
        if (add_mtd_blktrans_dev(&dev->mbd))
                kfree(dev);
}
```

mtdblock_add_mtd 函数调用 add_mtd_blktrans_dev 为 MTD 原始设备添加了一个分区（gendisk），这就是 MTD 块设备的由来。

```
int add_mtd_blktrans_dev(struct mtd_blktrans_dev *new)
```

```
{
    gd = alloc_disk(1 << tr->part_bits);
    if (!gd)goto error2;
    new->disk = gd;
    gd->private_data = new;
    gd->major = tr->major;
    gd->first_minor = (new->devnum) << tr->part_bits;
    gd->fops = &mtd_block_ops;
    set_capacity(gd, ((u64)new->size * tr->blksize) >> 9);
    ...
    add_disk(gd);
}
```

MTD 块设备节点一般类似于/dev/mtdblock*n*。加载 MTD 设备就是对 MTD 块设备进行操作。MTD 分区的定义类似下面代码：

```
static struct mtd_partition rx1950_nand_part[] = {
    [0] = {
            .name = "Boot0",
            .offset = 0,
            .size = 0x4000,
            .mask_flags = MTD_WRITEABLE,
    },
    [1] = {
            .name = "Boot1",
            .offset = MTDPART_OFS_APPEND,
            .size = 0x40000,
            .mask_flags = MTD_WRITEABLE,
    },
    [2] = {
            .name = "Kernel",
            .offset = MTDPART_OFS_APPEND,
            .size = 0x300000,
            .mask_flags = 0,
    },
    [3] = {
            .name = "Filesystem",
            .offset = MTDPART_OFS_APPEND,
            .size = MTDPART_SIZ_FULL,
            .mask_flags = 0,
    },
};
```

分区信息包含了起始地址、分区大小、分区读写标志等。MTDPART_OFS_APPEND 表示从上一分区结束处开始。mtd_add_device_partitions 函数为 MTD 设备添加分区：

```
static int mtd_add_device_partitions(struct mtd_info *mtd,struct mtd_partitions *parts);
```

进一步分析 mtd_add_device_partitions 函数，可发现存在如下调用关系：mtd_add_device_partitions->add_mtd_partitions->add_mtd_device。add_mtd_device 函数在 MTD 设备驱动中扮演重要角色，负责创建 MTD 字符设备与 MTD 块设备。

12.2　NAND Flash 驱动层概述

12.2.1　硬件原理

S3C6410X 的 Flash 控制器原理如图 12-2 所示。

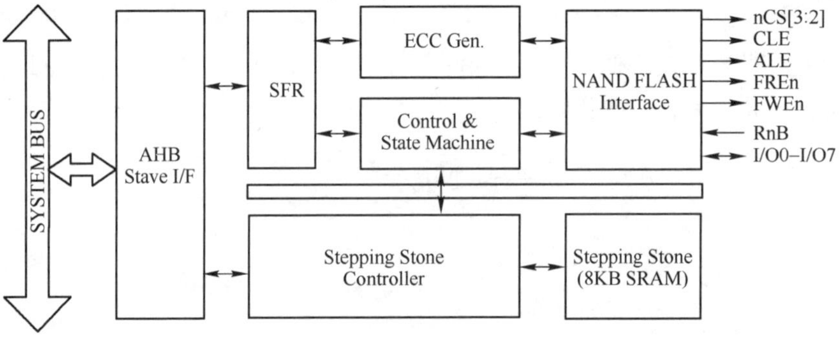

图 12-2　S3C6410X 的 Flash 控制器

CS 为片选，决定了 NAND FLASH 的地址空间；CLE 为命令锁存，发送命令时需要拉高；ALE 为地址/数据锁存；I/O[0~7]为 8 根数据线；RnB 为忙信号；FREn 为读操作有效信号；FWEn 为写操作有效信号。图 12-3 为 S3C6410X 的 Flash 接口时序。

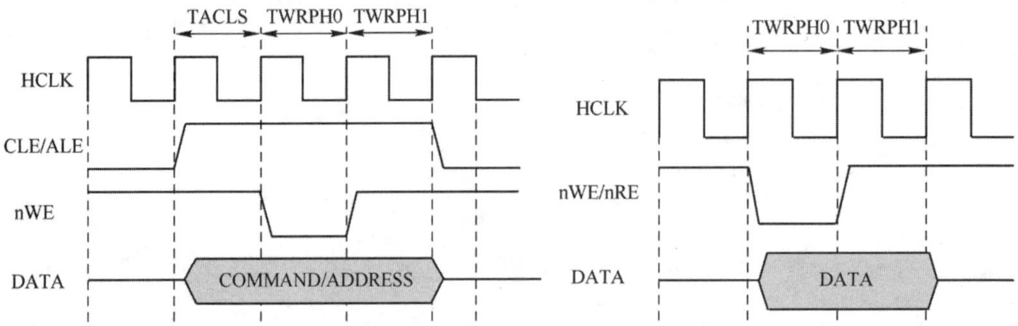

图 12-3　S3C6410X 的 Flash 接口时序

NAND Flash 的操作是通过命令来完成的，整个命令包括命令、地址、数据几个部分。标准的 NAND Flash 命令如下：

```
#define NAND_CMD_READ0          0
#define NAND_CMD_READ1          1
#define NAND_CMD_RNDOUT         5
#define NAND_CMD_PAGEPROG       0x10
```

```
#define NAND_CMD_READOOB          0x50
#define NAND_CMD_ERASE1           0x60
#define NAND_CMD_STATUS           0x70
#define NAND_CMD_SEQIN            0x80
#define NAND_CMD_RNDIN            0x85
#define NAND_CMD_READID           0x90
#define NAND_CMD_ERASE2           0xd0
#define NAND_CMD_PARAM            0xec
#define NAND_CMD_GET_FEATURES     0xee
#define NAND_CMD_SET_FEATURES     0xef
#define NAND_CMD_RESET            0xff
#define NAND_CMD_LOCK             0x2a
#define NAND_CMD_UNLOCK1          0x23
#define NAND_CMD_UNLOCK2          0x24
```

12.2.2　NAND 核心层架构

NAND 核心层代码在/drivers/mtd/nand 目录。NAND 芯片用 nand_chip 结构表示：

```
struct nand_chip {
    struct mtd_info mtd;
    void __iomem *IO_ADDR_R;//读地址
    void __iomem *IO_ADDR_W;//写地址
    uint8_t (*read_byte)(struct mtd_info *mtd);
    u16 (*read_word)(struct mtd_info *mtd);
    void (*write_byte)(struct mtd_info *mtd, uint8_t byte);
    void (*write_buf)(struct mtd_info *mtd, const uint8_t *buf, int len);
    void (*read_buf)(struct mtd_info *mtd, uint8_t *buf, int len);
    void (*select_chip)(struct mtd_info *mtd, int chip);//选择芯片
    int (*block_bad)(struct mtd_info *mtd, loff_t ofs, int getchip);
    int (*block_markbad)(struct mtd_info *mtd, loff_t ofs);//标记坏块
    void (*cmd_ctrl)(struct mtd_info *mtd, int dat, unsigned int ctrl);//命令与控制实现
    int (*dev_ready)(struct mtd_info *mtd);//设备就绪
    void (*cmdfunc)(struct mtd_info *mtd, unsigned command, int column,int page_addr);//发送命令
    int(*waitfunc)(struct mtd_info *mtd, struct nand_chip *this);//等待
    int (*erase)(struct mtd_info *mtd, int page);//擦除
    int (*scan_bbt)(struct mtd_info *mtd);//扫描 BBT
    int (*errstat)(struct mtd_info *mtd, struct nand_chip *this, int state,int status, int page);
    int (*write_page)(struct mtd_info *mtd, struct nand_chip *chip,
                uint32_t offset, int data_len, const uint8_t *buf,
                int oob_required, int page, int cached, int raw);
    int (*onfi_set_features)(struct mtd_info *mtd, struct nand_chip *chip,
                int feature_addr, uint8_t *subfeature_para);
    int (*onfi_get_features)(struct mtd_info *mtd, struct nand_chip *chip,
                int feature_addr, uint8_t *subfeature_para);
    int (*setup_read_retry)(struct mtd_info *mtd, int retry_mode);
    int chip_delay;
```

```
        ...
        //OOB 与 ECC 相关
        uint8_t *oob_poi;
        struct nand_hw_control *controller;
        struct nand_ecc_ctrl ecc;
        struct nand_buffers *buffers;
        struct nand_hw_control hwcontrol;
        uint8_t *bbt;//坏块表
        struct nand_bbt_descr *bbt_td;
        struct nand_bbt_descr *bbt_md;
        struct nand_bbt_descr *badblock_pattern;
        void *priv;
};
```

nand_set_defaults 函数用来设置 NAND Flash 芯片的默认操作函数：

```
static void nand_set_defaults(struct nand_chip *chip, int busw)
{
        /*默认延迟为 20μs*/
        if (!chip->chip_delay)
                chip->chip_delay = 20;
        if (chip->cmdfunc == NULL)
                chip->cmdfunc = nand_command;
        if (chip->waitfunc == NULL)
                chip->waitfunc = nand_wait;
        if (!chip->select_chip)
                chip->select_chip = nand_select_chip;
        if (!chip->onfi_set_features)
                chip->onfi_set_features = nand_onfi_set_features;
        if (!chip->onfi_get_features)
                chip->onfi_get_features = nand_onfi_get_features;
        if (!chip->read_byte || chip->read_byte == nand_read_byte)
                chip->read_byte = busw ? nand_read_byte16 : nand_read_byte;
        if (!chip->read_word)
                chip->read_word = nand_read_word;
        if (!chip->block_bad)
                chip->block_bad = nand_block_bad;
        if (!chip->block_markbad)
                chip->block_markbad = nand_default_block_markbad;
        if (!chip->write_buf || chip->write_buf == nand_write_buf)
                chip->write_buf = busw ? nand_write_buf16 : nand_write_buf;
        if (!chip->write_byte || chip->write_byte == nand_write_byte)
                chip->write_byte = busw ? nand_write_byte16 : nand_write_byte;
        if (!chip->read_buf || chip->read_buf == nand_read_buf)
                chip->read_buf = busw ? nand_read_buf16 : nand_read_buf;
        if (!chip->scan_bbt)
                chip->scan_bbt = nand_default_bbt;
```

```
        if (!chip->controller) {
            chip->controller = &chip->hwcontrol;
            spin_lock_init(&chip->controller->lock);
            init_waitqueue_head(&chip->controller->wq);
        }
}
```

其中默认的命令发送函数为 nand_command：

```
static void nand_command(struct mtd_info *mtd, unsigned int command,int column, int page_addr)
{
    register struct nand_chip *chip = mtd_to_nand(mtd);
    int ctrl = NAND_CTRL_CLE | NAND_CTRL_CHANGE;
    //先发送命令
    if (command == NAND_CMD_SEQIN) {// NAND_CMD_SEQIN 命令额外处理
        int readcmd;
        if (column >= mtd->writesize) {
            /*OOB 区*/
            column -= mtd->writesize;
            readcmd = NAND_CMD_READOOB;
        } else if (column < 256) {
            /*First 256 bytes --> READ0*/
            readcmd = NAND_CMD_READ0;
        } else {
            column -= 256;
            readcmd = NAND_CMD_READ1;
        }
        chip->cmd_ctrl(mtd, readcmd, ctrl);
        ctrl &= ~NAND_CTRL_CHANGE;
    }
    chip->cmd_ctrl(mtd, command, ctrl);
    //再发送命令地址
    ctrl = NAND_CTRL_ALE | NAND_CTRL_CHANGE;
    if (column != -1) {
        /*为 16bit 线宽调整列*/
        if (chip->options & NAND_BUSWIDTH_16 &&!nand_opcode_8bits(command))
            column >>= 1;
        chip->cmd_ctrl(mtd, column, ctrl);
        ctrl &= ~NAND_CTRL_CHANGE;
    }
    if (page_addr != -1) {
        chip->cmd_ctrl(mtd, page_addr, ctrl);
        ctrl &= ~NAND_CTRL_CHANGE;
        chip->cmd_ctrl(mtd, page_addr >> 8, ctrl);
        /*针对大于 32MB 的设备*/
        if (chip->chipsize > (32 << 20))
            chip->cmd_ctrl(mtd, page_addr >> 16, ctrl);
```

```
        }
        chip->cmd_ctrl(mtd, NAND_CMD_NONE, NAND_NCE | NAND_CTRL_CHANGE);
        // Program 与 erase 命令有自己的 busy 处理状态，无需延迟
        switch (command) {
        case NAND_CMD_PAGEPROG:
        case NAND_CMD_ERASE1:
        case NAND_CMD_ERASE2:
        case NAND_CMD_SEQIN:
        case NAND_CMD_STATUS:
                return;
        case NAND_CMD_RESET:
                if (chip->dev_ready)break;
                udelay(chip->chip_delay);
                chip->cmd_ctrl(mtd, NAND_CMD_STATUS,NAND_CTRL_CLE | NAND_CTRL_
CHANGE);
                chip->cmd_ctrl(mtd,NAND_CMD_NONE, NAND_NCE | NAND_CTRL_CHANGE);
                /*根据 ONFi v4.0，等待 250ms*/
                nand_wait_status_ready(mtd, 250);
                return;
        default:
                //如果无法访问 BUSY 管脚，则延迟后返回
                if (!chip->dev_ready) {
                        udelay(chip->chip_delay);
                        return;
                }
        }
        ndelay(100);
        nand_wait_ready(mtd);//等待就绪
}
```

下面为默认的 NAND Flash 读写接口实现：

```
static void nand_write_buf(struct mtd_info *mtd, const uint8_t *buf, int len)
{
        struct nand_chip *chip = mtd_to_nand(mtd);
        iowrite8_rep(chip->IO_ADDR_W, buf, len);//连续的 IO 写
}
static void nand_read_buf(struct mtd_info *mtd, uint8_t *buf, int len)
{
        struct nand_chip *chip = mtd_to_nand(mtd);
        ioread8_rep(chip->IO_ADDR_R, buf, len); //连续的 IO 读
}
```

12.2.3 NAND Flash 坏块处理

NAND Flash 分为多个块（block），块又包含多个页（page），每个页里面包含数据区以及 OOB 区。图 12-4 为 K9F2G08X0A 的存储结构。

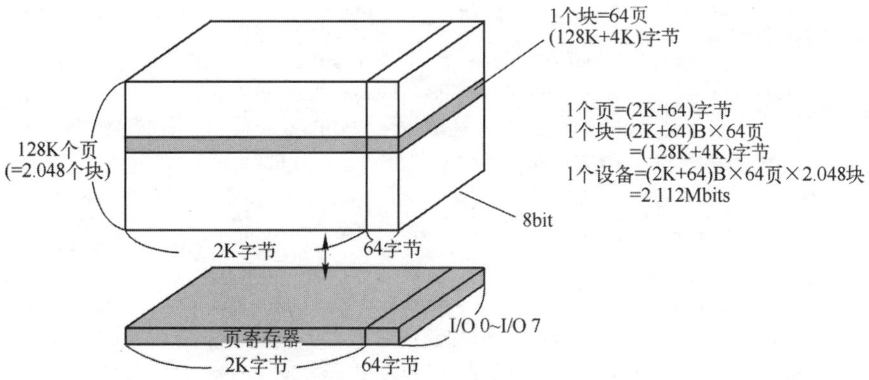

图 12-4　K9F2G08X0A 存储结构

OOB 区（带外区）存放一些特殊数据，最重要的就是 ECC（Error Checking and Correction）数据。ECC 用来检查 block 中的数据是否正确，它能纠正 1bit 的数据错误，并能检查 2bit 的数据错误。写入数据时，会计算每个写入块的 ECC 值，存放到 OOB 中。读数据时，会对读到的数据计算出 ECC，与 OOB 中的 ECC 进行对比。假如超过 1bit 的数据出错，该块会被标记为坏块。坏块将写入 Flash 中的 BBT（bad block table）表。Linux 内核启动时会读取 BBT 表，后面的 NAND 操作会绕过 BBT 坏块。要屏蔽 BBT 扫描，可以设置 nand_chip 结构的 options 为忽略 BBT 扫描：

```
#define NAND_SKIP_BBTSCAN 0x00010000
```

当然，假如内核与根文件系统存储区出现坏块，可能会导致系统无法启动，通常需要重新烧写才可。所以很多嵌入式系统会将内核与文件系统镜像备份在 Flash 的某个分区，当系统出现问题时，可以进行自动修复。ECC 相关的操作结构如下：

```
struct nand_ecc_ctrl {
        nand_ecc_modes_t mode;
        int steps;//每页的 ECC step 数量
        int size;//每个 ECC step 的字节数
        int bytes; //每个 ECC step 的 ECC 字节
        int total;//每页总的 ECC 字节
        int strength;//每个 ECC step 纠正的最大 bit 数
        int prepad;
        int postpad;
        unsigned int options;//ECC 标志
        struct nand_ecclayout *layout;//ECC 布局
        void *priv;
        void (*hwctl)(struct mtd_info *mtd, int mode);
        int (*calculate)(struct mtd_info *mtd, const uint8_t *dat,uint8_t *ecc_code);//计算 ECC
        int (*correct)(struct mtd_info *mtd, uint8_t *dat, uint8_t *read_ecc,uint8_t *calc_ecc);//纠正
        int (*read_page_raw)(struct mtd_info *mtd, struct nand_chip *chip,
                        uint8_t *buf, int oob_required, int page); //无校验读页
        int (*write_page_raw)(struct mtd_info *mtd, struct nand_chip *chip,
                        const uint8_t *buf, int oob_required, int page); //无校验写页
```

```
        int (*read_page)(struct mtd_info *mtd, struct nand_chip *chip,
                    uint8_t *buf, int oob_required, int page);//读页
        int (*read_subpage)(struct mtd_info *mtd, struct nand_chip *chip,
                    uint32_t offs, uint32_t len, uint8_t *buf, int page);//读子页
        int (*write_subpage)(struct mtd_info *mtd, struct nand_chip *chip,//写子页
                    uint32_t offset, uint32_t data_len,const uint8_t *data_buf, int oob_required, int page);
        int (*write_page)(struct mtd_info *mtd, struct nand_chip *chip,
                    const uint8_t *buf, int oob_required, int page);//写页
        int (*write_oob_raw)(struct mtd_info *mtd, struct nand_chip *chip,int page); //无校验写 OOB
        int (*read_oob_raw)(struct mtd_info *mtd, struct nand_chip *chip,int page); //无校验读 OOB
        int (*read_oob)(struct mtd_info *mtd, struct nand_chip *chip, int page);//读 OOB
        int (*write_oob)(struct mtd_info *mtd, struct nand_chip *chip,int page);//写 OOB
};
```

另外由于漂移效应、编程干扰、读干扰，Nand Flash 的某些 block 会偶尔出现 bit 级别的值翻转，即某些 bit 由 1 变为 0,或由 0 变为 1，这种现象称作位反转（bitflip）。出现 1bit 的位反转还能修复，往往也不被系统当作坏块。但对于只有 1bit 的位反转，也应及时修复，避免该 block 中其他 bit 继续发生位反转，造成不可修复的数据错误。位反转可以用 nanddump 工具检测与修复：

```
root@ # nanddump   /dev/mtd5   -f a.txt -l 8388608 -o
…
ECC: 1 corrected bitflip(s) at offset 0x0920b800(这里为位反转提示的示例)
```

12.3 S3C6410X NAND Flash 驱动

本驱动例程中，S3C6410X 外接 K9F2G08X0A 芯片。平台设备私有数据中包含的分区信息定义如下：

```
struct mtd_partition s3c_partition_info[] = {
        {
                .name           = "Bootloader",
                .offset         = 0,
                .size           = (256*SZ_1K),
                .mask_flags     = MTD_CAP_NANDFLASH,
        },
        {
                .name           = "Kernel",
                .offset         = (256*SZ_1K),
                .size           = (4*SZ_1M) - (256*SZ_1K),
                .mask_flags     = MTD_CAP_NANDFLASH,
        },
        {
                .name           = "Rootfs",
                .offset         = (4*SZ_1M),
```

```
				.size		= (80*SZ_1M),//(48*SZ_1M),
			},
			{
				.name		= "File System",
				.offset		= MTDPART_OFS_APPEND,
				.size		= MTDPART_SIZ_FULL,
			}
	};
	struct s3c2410_nand_set s3c_nand_mtd_part_info = {
		.nr_chips = 1,
		.nr_partitions = ARRAY_SIZE(s3c_partition_info),
		.partitions = s3c_partition_info,
	};
	struct flash_platform_data s3c_onenand_data = {
		.parts		= s3c_partition_info,
		.nr_parts	= ARRAY_SIZE(s3c_partition_info),
	};
	static struct resource s3c_nand_resource[] = {
		[0] = DEFINE_RES_MEM(S3C_PA_NAND, SZ_1M),
	};
	struct platform_device s3c_device_nand = {
		.name		= "s3c2410-nand",
		.id		= -1,
		.num_resources		= ARRAY_SIZE(s3c_nand_resource),
		.resource	= s3c_nand_resource,
	};
	static void __init smdk6410_machine_init(void)
	{
	s3c_device_nand.name = "s3c6410-nand";
	s3c_device_nand.dev.platform_data = &s3c_nand_mtd_part_info;
	}
```

平台驱动层定义如下：

```
	static struct platform_driver s3c6410_nand_driver = {
		.probe			= s3c6410_nand_probe,
		.remove			= s3c_nand_remove,
		.suspend		= s3c_nand_suspend,
		.resume			= s3c_nand_resume,
		.driver			= {
			.name	= "s3c6410-nand",
			.owner	= THIS_MODULE,
		},
	};
```

s3c6410_nand_probe 函数实际上调用的是 s3c_nand_probe 函数，后者主要代码如下：

```
static int s3c_nand_probe(struct platform_device *pdev, enum s3c_cpu_type cpu_type)
{
	struct s3c2410_nand_set *plat_info = pdev->dev.platform_data;
	struct mtd_partition *partition_info = (struct mtd_partition *)plat_info->partitions;
	struct nand_chip *nand;
	struct resource *res;
	int err = 0;
	int ret = 0;
	int i, j, size;
#if defined(CONFIG_MTD_NAND_S3C_HWECC)
	struct nand_flash_dev *type = NULL;
	u_char tmp;
#endif
	/*获取时钟并使能*/
	s3c_nand.clk = clk_get(&pdev->dev, "nand");
	if (IS_ERR(s3c_nand.clk)) {
		dev_err(&pdev->dev, "failed to get clock");
		err = -ENOENT;
		goto exit_error;
	}
	clk_prepare_enable(s3c_nand.clk);
	res    = pdev->resource;
	size = res->end - res->start + 1;
	s3c_nand.area = request_mem_region(res->start, size, pdev->name);
	if (s3c_nand.area == NULL) {
		dev_err(&pdev->dev, "cannot reserve register region\n");
		err = -ENOENT;
		goto exit_error;
	}
	s3c_nand.cpu_type      = cpu_type;
	s3c_nand.device        = &pdev->dev;
	s3c_nand.regs          = ioremap(res->start, size);//寄存器映射
	if (s3c_nand.regs == NULL) {
		dev_err(&pdev->dev, "cannot reserve register region\n");
		err = -EIO;
		goto exit_error;
	}
	/*分配 MTD 原始设备与芯片信息*/
	s3c_mtd = kmalloc(sizeof(struct mtd_info) + sizeof(struct nand_chip), GFP_KERNEL);
	if (!s3c_mtd) {
		printk("Unable to allocate NAND MTD dev structure.\n");
		return -ENOMEM;
	}
	nand = (struct nand_chip *) (&s3c_mtd[0]);
	memset((char *) s3c_mtd, 0, sizeof(struct mtd_info));
	memset((char *) nand, 0, sizeof(struct nand_chip));
```

```
    /*根据分区信息注册 MTD 设备*/
    s3c_mtd->priv = nand;
    for (i = 0; i < plat_info->nr_chips; i++) {
        nand->IO_ADDR_R     = (char *)(s3c_nand.regs + S3C_NFDATA);
        nand->IO_ADDR_W     = (char *)(s3c_nand.regs + S3C_NFDATA);
        nand->cmd_ctrl      = s3c_nand_hwcontrol;
        nand->dev_ready     = s3c_nand_device_ready;
        nand->scan_bbt      = s3c_nand_scan_bbt;
        nand->options       = 0;
#if defined(CONFIG_MTD_NAND_S3C_HWECC)//如果定义了硬件 ECC
        nand->ecc.mode              = NAND_ECC_HW;
        nand->ecc.hwctl             = s3c_nand_enable_hwecc;
        nand->ecc.calculate     = s3c_nand_calculate_ecc;
        nand->ecc.correct       = s3c_nand_correct_data;
        s3c_nand_hwcontrol(0,NAND_CMD_READID,NAND_NCE|NAND_CLE|
                                        NAND_CTRL_CHANGE);
        s3c_nand_hwcontrol(0, 0x00, NAND_CTRL_CHANGE | NAND_NCE | NAND_ALE);
        s3c_nand_hwcontrol(0, 0x00, NAND_NCE | NAND_ALE);
        s3c_nand_hwcontrol(0, NAND_CMD_NONE, NAND_NCE | NAND_CTRL_CHANGE);
        s3c_nand_device_ready(0);
        tmp = readb(nand->IO_ADDR_R); /*制造商 ID*/
        tmp = readb(nand->IO_ADDR_R); /*设备 ID*/
        for (j = 0; nand_flash_ids[j].name != NULL; j++) {
            if (tmp == nand_flash_ids[j].dev_id) {
                type = &nand_flash_ids[j];
                break;
            }
        }
        if (!type) {
            printk("Unknown NAND Device.\n");
            goto exit_error;
        }
        nand->bits_per_cell = readb(nand->IO_ADDR_R);      /*第 3 字节*/
        tmp = readb(nand->IO_ADDR_R);                      /*第 4 字节*/
        if (!type->pagesize) {
            if (((nand->bits_per_cell >> 2) & 0x3) == 0) {
                nand_type = S3C_NAND_TYPE_SLC;
                nand->ecc.size = 512;
                nand->ecc.bytes        = 4;
                if ((1024 << (tmp & 0x3)) > 512) {
                    nand->ecc.read_page = s3c_nand_read_page_1bit;
                    nand->ecc.write_page = s3c_nand_write_page_1bit;
                    nand->ecc.read_oob = s3c_nand_read_oob_1bit;
                    nand->ecc.write_oob = s3c_nand_write_oob_1bit;
                    nand->ecc.layout = &s3c_nand_oob_64;
                } else {
```

```
                        nand->ecc.layout = &s3c_nand_oob_16;
                    }
                } else {
                    nand_type = S3C_NAND_TYPE_MLC;
                    nand->options |= NAND_NO_SUBPAGE_WRITE;     /*不支持子页写*/
                    nand->ecc.read_page = s3c_nand_read_page_4bit;
                    nand->ecc.write_page = s3c_nand_write_page_4bit;
                    nand->ecc.size = 512;
                    nand->ecc.bytes = 8;
                    nand->ecc.layout = &s3c_nand_oob_mlc_64;
                }
            }
#else
            nand->ecc.mode = NAND_ECC_SOFT;//软件 ECC 模式
#endif
            if (nand_scan(s3c_mtd, 1)) {//扫描 nand
                ret = -ENXIO;
                goto exit_error;
            }
            /*注册分区，添加设备*/
            add_mtd_partitions(s3c_mtd, partition_info, plat_info->nr_partitions);
        }
        pr_debug("initialized ok\n");
        return 0;
exit_error:
        kfree(s3c_mtd);
        return ret;
}
```

s3c_nand_probe 函数调用了 nand_scan 函数，nand_scan 函数后面调用了 nand_set_defaults 函数，这样大部分 NAND 操作基本上使用通用的处理函数。s3c_nand_hwcontrol 函数是硬件相关的控制接口，可用于发送命令与地址以及控制硬件管脚：

```
static void s3c_nand_hwcontrol(struct mtd_info *mtd, int dat, unsigned int ctrl)
{
        unsigned int cur;
        void __iomem *regs = s3c_nand.regs;
        if (ctrl & NAND_CTRL_CHANGE) {
            if (ctrl & NAND_NCE) {
                if (dat != NAND_CMD_NONE) {
                    cur = readl(regs + S3C_NFCONT);
                    cur &= ~S3C_NFCONT_nFCE0;
                    writel(cur, regs + S3C_NFCONT);
                }
            } else {
                cur = readl(regs + S3C_NFCONT);
                cur |= S3C_NFCONT_nFCE0;
```

```
                        writel(cur, regs + S3C_NFCONT);
                }
        }
        if (dat != NAND_CMD_NONE) {
                if (ctrl & NAND_CLE)
                        writeb(dat, regs + S3C_NFCMMD);
                else if (ctrl & NAND_ALE)
                        writeb(dat, regs + S3C_NFADDR);
        }
}
```

下面是 S3C6410X NAND Flash 芯片操作命令实例：

```
[root@urbetter /home]# ./flash_erase /dev/mtd3 0 1376
Erasing 128 Kibyte @ abe0000 -- 100 % complete
[root@urbetter /home]# rm b.txt
[root@urbetter /home]#   ./nandwrite -p /dev/mtd3   a.txt
Writing data to block 0 at offset 0x0
[root@urbetter /home]#   ./nanddump   /dev/mtd3   -f b.txt -l 2000
ECC failed: 0
ECC corrected: 0
Number of bad blocks: 0
Number of bbt blocks: 0
Block size 131072, page size 2048, OOB size 64
Dumping data starting at 0x00000000 and ending at 0x000007d0...
[root@urbetter /home]# cat b.txt
12345678901111111111111111112222222222222222222222222222222222333333333333333333333333333
33333333333333333333333333333333333333333333333333333333333333333333333333333333333333333333
3333333333
```

12.4 Ubifs 文件系统实例

Ubifs 文件系统通常被看成 jffs2 文件系统的升级版本。第一次建立 Ubifs 文件系统包括关联分区、格式化、加载等步骤：

```
[root@urbetter /home]# ./flash_erase /dev/mtd3 0 1376
Erasing 128 Kibyte @ abe0000 -- 100 % complete
[root@urbetter /home]# ./ubiattach /dev/ubi_ctrl -m 3 -d 0
ubi0: attaching mtd3
ubi0: scanning is finished
ubi0: empty MTD device detected
ubi0: attached mtd3 (name "File System", size 172 MiB)
ubi0: PEB size: 131072 bytes (128 KiB), LEB size: 129024 bytes
ubi0: min./max. I/O unit sizes: 2048/2048, sub-page size 512
ubi0: VID header offset: 512 (aligned 512), data offset: 2048
ubi0: good PEBs: 1376, bad PEBs: 0, corrupted PEBs: 0
```

```
ubi0: user volume: 0, internal volumes: 1, max. volumes count: 128
ubi0: max/mean erase counter: 0/0, WL threshold: 4096, image sequence number: 3295973323
ubi0: available PEBs: 1332, total reserved PEBs: 44, PEBs reserved for bad PEB handling: 40
ubi0: background thread "ubi_bgt0d" started, PID 1187
UBI device number 0, total 1376 LEBs (177537024 bytes, 169.3 MiB), available 1332 LEBs (171859968 bytes, 163.9 MiB), LEB size 129024 bytes (126.0 KiB)
[root@urbetter /home]# ./ubimkvol /dev/ubi0 -n 0 -N rootfs0 -s 78MiB
Volume ID 0, size 634 LEBs (81801216 bytes, 78.0 MiB), LEB size 129024 bytes (126.0 KiB), dynamic, name "rootfs0", alignment 1
[root@urbetter /home]# df
Filesystem           1K-blocks      Used Available Use% Mounted on
192.168.10.102:/root/fgj/nfs/rootfs
                      29799484  10715960  17546756  38% /
tmpfs                    61944         0     61944   0% /dev/shm
[root@urbetter /home]# ./mount -t ubifs ubi0_0 /mnt/disk
-/bin/sh: ./mount: not found
[root@urbetter /home]# mount -t ubifs ubi0_0 /mnt/disk
UBIFS (ubi0:0): default file-system created
UBIFS (ubi0:0): background thread "ubifs_bgt0_0" started, PID 1194
UBIFS (ubi0:0): UBIFS: mounted UBI device 0, volume 0, name "rootfs0"
UBIFS (ubi0:0): LEB size: 129024 bytes (126 KiB), min./max. I/O unit sizes: 2048 bytes/2048 bytes
UBIFS (ubi0:0): FS size: 80510976 bytes (76 MiB, 624 LEBs), journal size 3999744 bytes (3 MiB, 31 LEBs)
UBIFS (ubi0:0): reserved for root: 3802731 bytes (3713 KiB)
UBIFS (ubi0:0): media format: w4/r0 (latest is w4/r0), UUID 4470747F-2824-47E7-81E5-D7B6E64E8AAD, small LPT model
UBIFS (ubi0:0): full atime support is enabled.
[root@urbetter /home]# df
Filesystem           1K-blocks      Used Available Use% Mounted on
192.168.10.102:/root/fgj/nfs/rootfs
                      29799484  10715960  17546756  38% /
tmpfs                    61944         0     61944   0% /dev/shm
ubi0_0                   73236        16     69504   0% /mnt/disk
```

之后创建一个文件。

```
[root@urbetter disk]# echo   aaa >aaa
```

这样一个 Ubifs 文件系统就建立成功了。重启 Linux 后，无需再格式化，可以直接加载：

```
[root@urbetter /home]#./ubiattach /dev/ubi_ctrl -m 3 -d 0
ubi0: scanning is finished
ubi0: attached mtd3 (name "File System", size 172 MiB)
ubi0: PEB size: 131072 bytes (128 KiB), LEB size: 129024 bytes
ubi0: min./max. I/O unit sizes: 2048/2048, sub-page size 512
ubi0: VID header offset: 512 (aligned 512), data offset: 2048
```

```
ubi0: good PEBs: 1376, bad PEBs: 0, corrupted PEBs: 0
ubi0: user volume: 1, internal volumes: 1, max. volumes count: 128
ubi0: max/mean erase counter: 2/1, WL threshold: 4096, image sequence number: 3295973323
ubi0: available PEBs: 698, total reserved PEBs: 678, PEBs reserved for bad PEB handling: 40
ubi0: background thread "ubi_bgt0d" started, PID 1178
UBI device number 0, total 1376 LEBs (177537024 bytes, 169.3 MiB), available 698 LEBs (90058752
bytes, 85.9 MiB), LEB size 129024 bytes (126.0 KiB)
[root@urbetter /home]# mount -t ubifs ubi0_0 /mnt/disk
UBIFS (ubi0:0): background thread "ubifs_bgt0_0" started, PID 1183
UBIFS (ubi0:0): UBIFS: mounted UBI device 0, volume 0, name "rootfs0"
UBIFS (ubi0:0): LEB size: 129024 bytes (126 KiB), min./max. I/O unit sizes: 2048 bytes/2048 bytes
UBIFS (ubi0:0): FS size: 80510976 bytes (76 MiB, 624 LEBs), journal size 3999744 bytes (3 MiB, 31
LEBs)
UBIFS (ubi0:0): reserved for root: 3802731 bytes (3713 KiB)
UBIFS (ubi0:0): media format: w4/r0 (latest is w4/r0), UUID 4470747F-2824-47E7-81E5-
D7B6E64E8AAD, small LPT model
UBIFS (ubi0:0): full atime support is enabled.
[root@urbetter /home]# df
Filesystem           1K-blocks      Used Available Use% Mounted on
192.168.10.102:/root/fgj/nfs/rootfs
                      29799484  10715960  17546756  38% /
tmpfs                    61944         0     61944   0% /dev/shm
ubi0_0                   73236        24     69500   0% /mnt/disk
[root@urbetter /home]# cd /mnt/disk
[root@urbetter disk]# ls
aaa
[root@urbetter disk]# cat aaa
aaa
```

建立 ubifs 的另一个方式是先制作文件系统镜像，然后烧写到 NAND Flash 分区中，具体步骤如下：

```
[root@urbetter /home]# ./mkfs.ubifs -r targetfs/ -o ubifs.img -m 2048 -e 129024
-c 1580
 [root@urbetter /home]# ./ubinize -o ubi.img -m 2048 -p 128KiB -s 512 -O 512 ubin
ize.cfg
 [root@urbetter /home]# ./flash_erase /dev/mtd3 0 1376
Erasing 128 Kibyte @ abe0000 -- 100 % complete
[root@urbetter /home]# ./ubiformat /dev/mtd3 -f ./ubi.img
ubiformat: mtd3 (nand), size 180355072 bytes (172.0 MiB), 1376 eraseblocks of 131072 bytes (128.0
KiB), min. I/O size 2048 bytes
libscan: scanning eraseblock 1375 -- 100 % complete
ubiformat: 1376 eraseblocks are supposedly empty
ubiformat: flashing eraseblock 15 -- 100 % complete
ubiformat: formatting eraseblock 1375 -- 100 % complete
[root@urbetter /home]# ./ubiattach /dev/ubi_ctrl -m 3 -d 0
ubi0: attaching mtd3
```

```
ubi0: scanning is finished
ubi0: volume 0 ("appfs") re-sized from 634 to 1332 LEBs
ubi0: attached mtd3 (name "File System", size 172 MiB)
ubi0: PEB size: 131072 bytes (128 KiB), LEB size: 129024 bytes
ubi0: min./max. I/O unit sizes: 2048/2048, sub-page size 512
ubi0: VID header offset: 512 (aligned 512), data offset: 2048
ubi0: good PEBs: 1376, bad PEBs: 0, corrupted PEBs: 0
ubi0: user volume: 1, internal volumes: 1, max. volumes count: 128
ubi0: max/mean erase counter: 0/0, WL threshold: 4096, image sequence number: 1843408412
ubi0: available PEBs: 0, total reserved PEBs: 1376, PEBs reserved for bad PEB handling: 40
ubi0: background thread "ubi_bgt0d" started, PID 1186
UBI device number 0, total 1376 LEBs (177537024 bytes, 169.3 MiB), available 0 LEBs (0 bytes), LEB size 129024 bytes (126.0 KiB)
[root@urbetter /home]# mount -t ubifs ubi0_0 /mnt/disk
UBIFS (ubi0:0): background thread "ubifs_bgt0_0" started, PID 1190
UBIFS (ubi0:0): UBIFS: mounted UBI device 0, volume 0, name "appfs"
UBIFS (ubi0:0): LEB size: 129024 bytes (126 KiB), min./max. I/O unit sizes: 2048 bytes/2048 bytes
UBIFS (ubi0:0): FS size: 170440704 bytes (162 MiB, 1321 LEBs), journal size 9033728 bytes (8 MiB, 71 LEBs)
UBIFS (ubi0:0): reserved for root: 0 bytes (0 KiB)
UBIFS (ubi0:0): media format: w4/r0 (latest is w4/r0), UUID 9EB113E5-F121-4BB0-85E8-2836C41F59F8, small LPT model
UBIFS (ubi0:0): full atime support is enabled.
[root@urbetter /home]# df
Filesystem           1K-blocks      Used Available Use% Mounted on
192.168.10.102:/root/fgj/nfs/rootfs
                      29799484  10721380  17541336  38% /
tmpfs                    61944         0     61944   0% /dev/shm
ubi0_0                  155836        16    155820   0% /mnt/disk
[root@urbetter /home]# cd /mnt/disk
[root@urbetter disk]# ls
a.txt   b.txt
[root@urbetter disk]# cat a.txt
1234567890111111111111111112222222222222222222222222222222333333333333333333333333333333333333333333333333333333333333333333333333333333333333333333333333333333333333333333333333333333
```

第 13 章　网络设备驱动程序

网络设备驱动程序是 Linux 内核中第三大类设备驱动程序。Linux 操作系统的网络通信功能非常强大，它支持 TCP/IP、IPX、X.25、AppleTalk 等网络协议。网络设备驱动程序为网络协议子系统提供了硬件支持。本章介绍网络设备驱动原理、DM9000 网卡芯片的驱动程序开发技术和 Linux 内核中的 Netlink 机制。

13.1　网络设备程序概述

13.1.1　网络设备的特殊性

网络设备作为 Linux 的三类设备之一，有非常特殊的地方。每一个字符设备或块设备都对应着文件系统中的一个文件节点如/dev/hda1、/dev/sda1、/dev/tty1 等。网络设备与它们不同，所有网络设备都抽象为一个接口，这个接口提供了对所有网络设备的操作集合。网络接口不存在于 Linux 的文件系统中，在/dev 目录下没有对应的设备名，但每个网络设备有自己的设备名称，从设备名称可以看出设备类型，如 lo 表示回环设备，eth 表示以太网设备。同类型的多个设备从 0 向上编号，如以太网设备的编号为 eth0、eth1…eth*n* 等。使用 ifconfig 命令可以查看当前活动的网卡信息。

```
[root@urbetter home]# ifconfig
eth0        Link encap:Ethernet   HWaddr 00:E0:A3:A4:98:67
             inet addr:192.168.0.103   Bcast:192.168.0.255   Mask:255.255.255.0
             UP BROADCAST RUNNING MULTICAST   MTU:1500   Metric:1
             RX packets:4798 errors:0 dropped:0 overruns:0 frame:0
             TX packets:1542 errors:0 dropped:0 overruns:0 carrier:0
             collisions:0 txqueuelen:1000
             RX bytes:3867512 (3.6 MiB)   TX bytes:237974 (232.3 KiB)
             Interrupt:108 Base address:0x300
lo          Link encap:Local Loopback
             inet addr:127.0.0.1   Mask:255.0.0.0
             UP LOOPBACK RUNNING   MTU:65536   Metric:1
             RX packets:0 errors:0 dropped:0 overruns:0 frame:0
             TX packets:0 errors:0 dropped:0 overruns:0 carrier:0
             collisions:0 txqueuelen:1
             RX bytes:0 (0.0 B)   TX bytes:0 (0.0 B)
```

Linux 操作系统下，应用层通过 Socket 机制与网络协议层交互。Socket 就是网络协议层与应用层的桥梁，它将复杂网络协议隐藏起来，为应用层提供了一个简单而统一的接口。常用的 Socket 接口类型有两种：流式 Socket（SOCK_STREAM）和数据报式 Socket（SOCK_DGRAM）。流式 Socket 是一种面向连接的 Socket，针对面向连接的 TCP 服务应用；数据报式 Socket 是一种无连接的 Socket，对应于无连接的 UDP 服务应用。

13.1.2　sk_buff 结构

sk_buff 结构是整个 Linux 内核网络子系统中最核心的数据结构。Linux 网络子系统中的各层之间的数据传送都是通过 sk_buff 结构实现的。sk_buff 结构定义如下：

```
struct sk_buff {
	union {
		struct {
			/*这两个成员必须放在首位*/
			struct sk_buff		*next;
			struct sk_buff		*prev;
			union {
				ktime_t		tstamp;
				struct skb_mstamp skb_mstamp;
			};
		};
		struct rb_node	rbnode; /*用于 netem & tcp  栈*/
	};
	struct sock		*sk;//套接字
	struct net_device	*dev;//对应的网络设备
	char			cb[48] __aligned(8);//控制缓冲
	unsigned long		_skb_refdst;
	void			(*destructor)(struct sk_buff *skb);
	unsigned int		len,data_len;//数据区总长度以及非线性数据长度
	__u16				mac_len,hdr_len;
	kmemcheck_bitfield_begin(flags1);
	__u16			queue_mapping;
	__u8			cloned:1,nohdr:1,fclone:2,peeked:1,head_frag:1,xmit_more:1;
	kmemcheck_bitfield_end(flags1);
	__u32				headers_start[0];
	...
	/*私有成员*/
	__u32				headers_end[0];
	/*公共成员*/
	/*下面的成员放在末尾，参见 alloc_skb()函数*/
	sk_buff_data_t			tail;
	sk_buff_data_t			end;
	unsigned char		*head,*data;
	unsigned int		truesize;//真实大小，包括本结构与数据的大小
	atomic_t		users;//引用计数
};
```

13.1.3　网络设备驱动程序架构

网络设备被抽象为统一的接口供系统访问，应用层对各种网络设备的访问都采用统一的形式，也就是套接字形式，它具有硬件无关性。

网络设备驱动程序最重要的结构是 net_device。该结构保存一个网络接口的重要信息，是网络驱动程序的核心。net_device 结构非常庞大，下面介绍该结构中几个最重要的成员：

```
struct net_device {
        char                    name[IFNAMSIZ];
        struct hlist_node       name_hlist;
        char                    *ifalias;
        unsigned long           mem_end;//内存结束
        unsigned long           mem_start; //内存开始
        unsigned long           base_addr;//基地址
        int                     irq;//中断
        atomic_t                carrier_changes;
        unsigned long           state;
        struct list_head        dev_list;
        struct list_head        napi_list;
        struct list_head        unreg_list;
        struct list_head        close_list;
        struct list_head        ptype_all;
        struct list_head        ptype_specific;
        …
        netdev_features_t       features;
        netdev_features_t       hw_features;//硬件特性
        netdev_features_t       wanted_features;
        netdev_features_t       vlan_features;
        netdev_features_t       hw_enc_features;
        netdev_features_t       mpls_features;
        int                     ifindex;
        int                     group;
        struct net_device_stats         stats;
        atomic_long_t                   rx_dropped;
        atomic_long_t                   tx_dropped;
#ifdef CONFIG_WIRELESS_EXT
        const struct iw_handler_def * wireless_handlers;
        struct iw_public_data *         wireless_data;
#endif
        const struct net_device_ops *netdev_ops;//网络设备操作
        const struct ethtool_ops *ethtool_ops;//ethool 接口
        …
};
```

网络设备注册和注销函数原型如下：

```
int register_netdev(struct net_device *dev);
void unregister_netdev(struct net_device *dev);
```

网络设备操作结构 net_device_ops 是网络子系统提供给网络设备驱动的接口。

```
struct net_device_ops {
    int                 (*ndo_init)(struct net_device *dev);
    void                (*ndo_uninit)(struct net_device *dev);
    int                 (*ndo_open)(struct net_device *dev);
    int                 (*ndo_stop)(struct net_device *dev);
    netdev_tx_t         (*ndo_start_xmit)(struct sk_buff *skb,struct net_device *dev);
    netdev_features_t   (*ndo_features_check)(struct sk_buff *skb,struct net_device *dev,
                                netdev_features_t features);
    u16                 (*ndo_select_queue)(struct net_device *dev,struct sk_buff *skb,
                                void *accel_priv,select_queue_fallback_t fallback);
    void                (*ndo_change_rx_flags)(struct net_device *dev,int flags);
    void                (*ndo_set_rx_mode)(struct net_device *dev);
    int                 (*ndo_set_mac_address)(struct net_device *dev,void *addr);
    int                 (*ndo_validate_addr)(struct net_device *dev);
    int                 (*ndo_do_ioctl)(struct net_device *dev,struct ifreq *ifr, int cmd);
    int                 (*ndo_set_config)(struct net_device *dev,struct ifmap *map);
    int                 (*ndo_change_mtu)(struct net_device *dev,int new_mtu);
    int                 (*ndo_neigh_setup)(struct net_device *dev,struct neigh_parms *);
    void                (*ndo_tx_timeout) (struct net_device *dev);
    struct rtnl_link_stats64* (*ndo_get_stats64)(struct net_device *dev,struct rtnl_link_stats64 *storage);
    struct net_device_stats* (*ndo_get_stats)(struct net_device *dev);
    int                 (*ndo_vlan_rx_add_vid)(struct net_device *dev,__be16 proto, u16 vid);
    int                 (*ndo_vlan_rx_kill_vid)(struct net_device *dev,__be16 proto, u16 vid);
    ...
};
```

网络设备驱动程序与网络子系统直接交互。两者交互的基本单位是 sk_buff 结构。图 13-1 为网络数据的流向图。

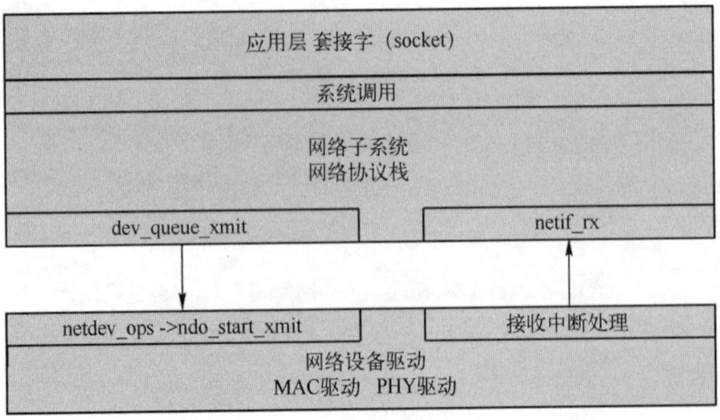

图 13-1　网络数据的流向

网络子系统向设备驱动下发数据要通过 dev_queue_xmit 函数，而 dev_queue_xmit 函数会调用网络设备的 netdev_ops ->ndo_start_xmit 接口。

```
int dev_queue_xmit(struct sk_buff *skb);
```

网络设备收到数据后都会产生一个中断。在中断处理程序中驱动程序会申请一块 sk_buff，把从硬件读出的数据放置到申请好的缓冲区里，接下来填充 sk_buff 中的一些成员，最后驱动程序调用 netif_rx 函数把数据传送给协议层。netif_rx 函数将数据放入处理队列然后返回，真正的处理是在中断返回以后，这样可以减少中断时间。

```
int netif_rx(struct sk_buff *skb);
```

网络设备驱动程序主要功能是实现 netdev_ops 结构中的函数接口。

（1）ndo_open 接口

```
int     (*ndo_open)(struct net_device *dev);
```

ndo_open 接口在网络设备被激活的时候被调用。它主要完成资源和中断的申请以及 DMA 的注册等工作。使用 ifconfig 命令可以激活网络设备。

（2）ndo_start_xmit 接口

```
netdev_tx_t(*ndo_start_xmit)(struct sk_buff *skb,struct net_device *dev);
```

ndo_start_xmit 接口用来将网络子系统发来的数据通过网卡发送到物理网络。net_device 结构中没有读数据接口，读数据一般在网卡中断中处理。

（3）ndo_get_stats 接口

```
struct net_device_stats* (*ndo_get_stats)(struct net_device *dev);
```

ndo_get_stats 函数返回一个 net_device_stats 结构，该结构保存了驱动所管理的网络设备接口的详细的流量与错误统计信息：

```
struct net_device_stats
{
    unsigned longrx_packets;//接收的总包数
    unsigned longtx_packets;//发送的总包数
    unsigned longrx_bytes;        //接收总字节数
    unsigned longtx_bytes; //发送总字节数
    unsigned longrx_errors;       //收到的错包数量
    unsigned longtx_errors;       //发送的错包数量
    unsigned longrx_dropped;//丢弃的接收包数量
    unsigned longtx_dropped; //丢弃的发送包数量
    unsigned longmulticast;       //接收的多播包数
    unsigned longcollisions;
    /*详细的接收错误统计数据*/
    unsigned longrx_length_errors;//长度错误
    unsigned longrx_over_errors;//环行缓冲溢出错误
```

```
        unsigned longrx_crc_errors;  //CRC 校验错误
        unsigned longrx_frame_errors;//帧对齐错误
        unsigned longrx_fifo_errors; //接收缓冲溢出错误
        unsigned longrx_missed_errors;//接收者遗漏错误
        /*详细的发送错误统计数据*/
        unsigned longtx_aborted_errors;
        unsigned longtx_carrier_errors;
        unsigned longtx_fifo_errors;
        unsigned longtx_heartbeat_errors;
        unsigned longtx_window_errors;
        unsigned longrx_compressed;
        unsigned longtx_compressed;
};
```

（4）ndo_do_ioctl 接口

```
int    (*ndo_do_ioctl)(struct net_device *dev,struct ifreq *ifr, int cmd);
```

Linux 下有一些特定的 socket ioctl，定义在 sockios.h 头文件中。网络子系统一般已经实现了这些 IOCTL 命令（见/driver/net/core/dev_ioctl.c)，也有的命令需要在自定义的驱动程序中实现。常用的 IOCTL 命令有：

```
#define SIOCGIFMTU    0x8921                /*获取 MTU 大小*/
#define SIOCSIFMTU    0x8922                /*设置 MTU 大小*/
#define SIOCSIFNAME   0x8923                /*设置接口名称*/
#define SIOCSIFHWADDR    0x8924             /*设置硬件地址*/
#define SIOCGIFENCAP     0x8925             /*获取封装属性*/
#define SIOCSIFENCAP     0x8926             /*设置封装属性*/
#define SIOCGIFHWADDR    0x8927             /*获取硬件地址*/
#define SIOCADDMULTI   0x8931               /*增加广播地址*/
#define SIOCDELMULTI    0x8932              /*删除广播地址*/
#define SIOCGIFBRDADDR 0x8919               /*得到广播地址*/
#define SIOCSIFBRDADDR   0x891a             /*设置广播地址*/
```

例 13.1　使用 SIOCGIFHWADDR 获取 MAC 地址

本例介绍如何使用 SIOCGIFHWADDR 获取网卡 MAC 地址。参考代码如下：

```
int fd;
struct ifreq ifr;
fd = socket(AF_INET, SOCK_DGRAM, 0);
ifr.ifr_addr.sa_family = AF_INET;
strncpy(ifr.ifr_name, "eth0", IFNAMSIZ-1);
ioctl(fd, SIOCGIFHWADDR, &ifr);
close(fd);
printf("%.2x:%.2x:%.2x:%.2x:%.2x:%.2x\n",
(unsigned char)ifr.ifr_hwaddr.sa_data[0],
(unsigned char)ifr.ifr_hwaddr.sa_data[1],
(unsigned char)ifr.ifr_hwaddr.sa_data[2],
```

```
(unsigned char)ifr.ifr_hwaddr.sa_data[3],
(unsigned char)ifr.ifr_hwaddr.sa_data[4],
(unsigned char)ifr.ifr_hwaddr.sa_data[5]);
```

ndo_do_ioctl 函数一般用来实现驱动程序私有的 IOCTL 命令，命令的类型在 SIOCDEVPRIVATE 和 SIOCDEVPRIVATE+15 之间。

（5）ndo_set_mac_address 接口

```
int    (*ndo_set_mac_address)(struct net_device *dev,void *addr);
```

该接口用来设置网络设备的 MAC 地址，MAC 地址就存放在 addr 参数中。

（6）ndo_stop 接口

```
int    (*ndo_stop)(struct net_device *dev);
```

ndo_stop 接口在网卡状态由 up 转为 down 时被调用，一般用来释放资源。

13.1.4　虚拟网络设备驱动程序实例

例 13.2　虚拟网络设备驱动程序实例

下面的例子为一个虚拟网卡驱动程序。具体代码见\samples\13network\13-1net。核心代码如下：

```
static char    netbuffer[100];
struct net_device *simnetdevs;
void simnetrx(struct net_device *dev, int len, unsigned char *buf)
{
    struct sk_buff *skb;
    //分配 sk_buff
    skb = dev_alloc_skb(len+2);
    if (!skb) {
        printk("simnetrx can not allocate more memory to store the packet. drop the packet\n");
        dev->stats.rx_dropped++;
        return;
    }
    skb_reserve(skb, 2);
    memcpy(skb_put(skb, len), buf, len);
    skb->dev = dev;
    skb->protocol = eth_type_trans(skb, dev);
    /*无需校验*/
    skb->ip_summed = CHECKSUM_UNNECESSARY;
    dev->stats.rx_packets++;//修改统计数据
    netif_rx(skb);//向上层提交数据
    return;
}
//演示中断处理
static irqreturn_t simnet_interrupt (int irq, void *dev_id)
{
```

```
        struct net_device *dev;
        dev = (struct net_device *) dev_id;
        simnetrx(dev,100,netbuffer);
        return IRQ_HANDLED;
}
int simnetopen(struct net_device *dev)
{
        int ret=0;
        printk("simnetopen\n");
        //虚拟中断
        ret=request_irq(IRQ_NET_CHIP, simnet_interrupt, IRQF_SHARED,dev->name, dev);
        netif_start_queue(dev);
       return 0;
}
int simnetrelease(struct net_device *dev)
{
       printk("simnetrelease\n");
       netif_stop_queue(dev);
       return 0;
}
void simnethw_tx(char *buf, int len, struct net_device *dev)
{
       /*检查包的完整性*/
       if (len < sizeof(struct ethhdr) + sizeof(struct iphdr))
         {
              printk("Bad packet! It's size is less then 34!\n");
              return;
         }
       /*更新统计数据*/
       dev->stats.tx_packets++;
       dev->stats.rx_bytes += len;
}
int simnettx(struct sk_buff *skb, struct net_device *dev)
{
       int len;
       char *data;
       len = skb->len < ETH_ZLEN ? ETH_ZLEN : skb->len;
       data = skb->data;
       /*记录时间戳*/
       dev->trans_start = jiffies;
       simnethw_tx(data, len, dev);
       return 0;
}
void simnettx_timeout (struct net_device *dev)
{
       dev->stats.tx_errors++;
```

```
    netif_wake_queue(dev);
    return;
}
int simnetioctl(struct net_device *dev, struct ifreq *rq, int cmd)
{
    return 0;
}
struct net_device_stats *simnetstats(struct net_device *dev)
{
    return &dev->stats;
}
int simnetchange_mtu(struct net_device *dev, int new_mtu)
{
    unsigned long flags;
    spinlock_t *lock = &dev->tx_global_lock;
    if (new_mtu < 68)
        return -EINVAL;
    spin_lock_irqsave(lock, flags);
    dev->mtu = new_mtu;
    spin_unlock_irqrestore(lock, flags);
    return 0;
}
static const struct net_device_ops sim_netdev_ops = {
    .ndo_open           = simnetopen,
    .ndo_stop           = simnetrelease,
    .ndo_start_xmit             = simnettx,
    .ndo_tx_timeout             = simnettx_timeout,
    .ndo_do_ioctl       = simnetioctl,
    .ndo_change_mtu     = simnetchange_mtu,
    .ndo_get_stats              = simnetstats,
};
void simnetinit(struct net_device *dev)
{
    ether_setup(dev);
    dev->netdev_ops     = &sim_netdev_ops;
    dev->dev_addr[0] = 0x18;//(0x01 & addr[0])为 multicast
    dev->dev_addr[1] = 0x02;
    dev->dev_addr[2] = 0x03;
    dev->dev_addr[3] = 0x04;
    dev->dev_addr[4] = 0x05;
    dev->dev_addr[5] = 0x06;
    /*设置默认标志*/
    dev->flags |= IFF_NOARP;
    dev->features |= NETIF_F_SG;
    spin_lock_init(&dev->tx_global_lock);
}
```

```
void simnetcleanup(void)
{
    if (simnetdevs)
    {
        unregister_netdev(simnetdevs);
        free_netdev(simnetdevs);
    }
    return;
}
int simnetinit_module(void)
{
    int result,ret = -ENOMEM;
    /*分配网络设备*/
    simnetdevs=alloc_netdev(0, "eth%d",NET_NAME_UNKNOWN,simnetinit);
    if (simnetdevs == NULL)
        goto out;
    ret = -ENODEV;
    if ((result = register_netdev(simnetdevs)))//注册网络设备
        printk("demo: error %i registering device \"%s\"\n",result, simnetdevs->name);
    else
        ret = 0;
  out:
    if (ret)
        simnetcleanup();
    return ret;
}
module_init(simnetinit_module);
module_exit(simnetcleanup);
```

这个驱动没有实际作用，仅演示如何开发网络设备驱动。运行结果如下：

```
[root@urbetter drivers]# insmod demo.ko
[root@urbetter drivers]# ifconfig eth1 192.168.1.23
simnetopen
[root@urbetter drivers]# ping 192.168.1.23
PING 192.168.1.23 (192.168.1.23): 56 data bytes
64 bytes from 192.168.1.23: seq=0 ttl=64 time=0.491 ms
64 bytes from 192.168.1.23: seq=1 ttl=64 time=0.370 ms
64 bytes from 192.168.1.23: seq=2 ttl=64 time=0.358 ms
64 bytes from 192.168.1.23: seq=3 ttl=64 time=0.359 ms
^C
--- 192.168.1.23 ping statistics ---
4 packets transmitted, 4 packets received, 0% packet loss
round-trip min/avg/max = 0.358/0.394/0.491 ms
[root@urbetter drivers]# ifconfig eth1
eth1      Link encap:Ethernet  HWaddr 18:02:03:04:05:06
          inet addr:192.168.1.23  Bcast:192.168.1.255  Mask:255.255.255.0
```

```
          UP BROADCAST RUNNING NOARP MULTICAST  MTU:1500  Metric:1
          RX packets:0 errors:0 dropped:0 overruns:0 frame:0
          TX packets:0 errors:0 dropped:0 overruns:0 carrier:0
          collisions:0 txqueuelen:1000
          RX bytes:0 (0.0 B)  TX bytes:0 (0.0 B)
[root@urbetter drivers]# ifconfig eth1 down
simnetrelease
```

13.1.5　网络硬件接口的分层结构

从硬件角度看，网络接口通常包括处理器、MAC 层、PHY 层、接口四个层次，如图 13-2 所示。MAC 层即媒体接入控制器，属于 ISO 网络模型的数据链路层。PHY 层为物理层。MAC 层与 PHY 层之间的接口包括 MII、RMII、GMII、RGMII 等。MII 接口与 PHY 寄存器均有国际规范，这就使得 MAC 可以支持几乎任意类型的 PHY 芯片。

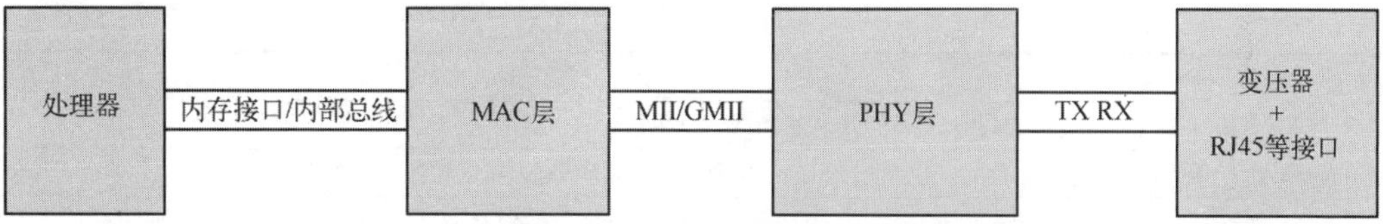

图 13-2　网络接口的层次

有的处理器没有 MAC 控制器，一般采用带 MAC 与 PHY 功能的集成网卡芯片实现网络收发。有的处理器自带 MAC 控制器，只需要添加一个外部 PHY 芯片即可，如图 13-3 与图 13-4 所示。

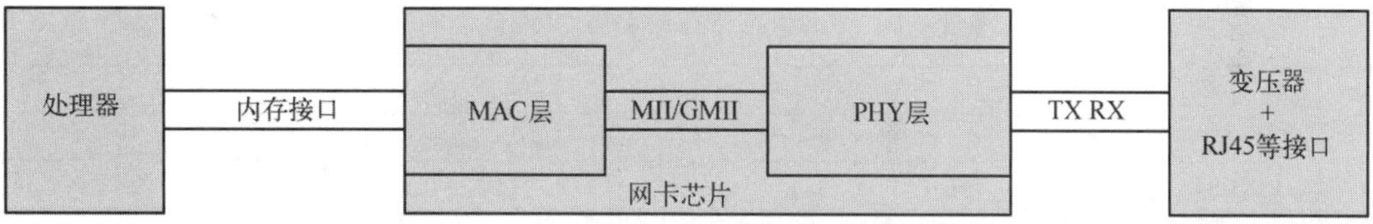

图 13-3　不带 MAC 的处理器的网络实现

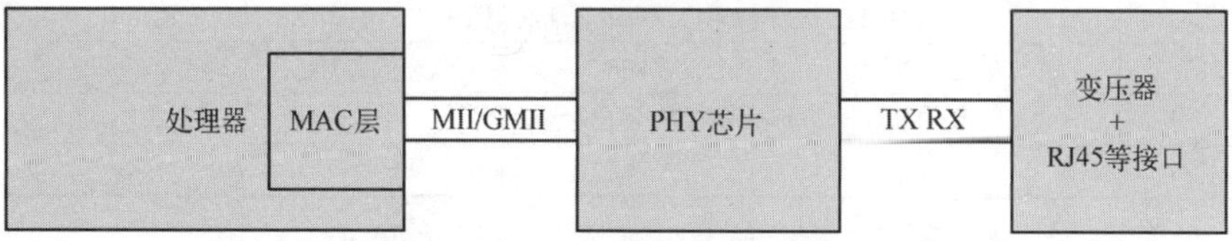

图 13-4　带 MAC 的处理器的网络实现

13.2　DM9000A 网卡驱动程序开发

13.2.1　DM9000A 原理

DM9000A 是一款高度集成的单芯片快速以太网 MAC 控制器，它包含一个通用处理器接口、一个 10/100M PHY 和一个 4KB 大小的双字节 SRAM。DM9000A 支持 IEEE 802.3x 全双工流量控制。DM9000A 的处理器接口用来连接各种处理器，它的寻址方式有两种：一种是 INDEX 端口，一种是 DATA 端口。当管脚 CMD 为 1，当前访问 DATA 端口，否则访问 INDEX 端口。INDEX 端口的内容就是 DATA 端口的寄存器地址。DM9000A 集成有接收缓冲区，以便在接收到数据时能把数据放到这个缓冲区中，然后由数据链路层直接从该缓冲区里取走数据。DM9000A 还提供了 DMA 功能，简化了内部存储器的访问。DM9000A 的主要特性如下：

（1）一个通用主机接口，用来连接各种处理器。

（2）集成 10/100M 物理层（PHY）接口。

（3）内部带有 16KB 的 SRAM，用作接收发送的 FIFO 缓存。

（4）支持 8/16bit 两种主机工作模式。

（5）集成了 EEPROM，用来保存初始化参数，实现自动配置。

（6）一个 MII 接口，用于连接 HPNA 设备或其他支持 MII 的收发器。

DM9000A 的主要寄存器见表 13-1～表 13-6。

表 13-1　网络控制寄存器 DM_NCR（0x00）

Bit	名　称	说　明
7	EXT_PHY	1 选择外部 PHY，0 选择内部 PHY，不受软件复位影响
6	WAKEEN	事件唤醒使能，1 使能，0 禁止并清除事件唤醒状态，不受软件复位影响
5	保留	
4	FCOL	1 强制冲突模式，用于用户测试
3	FDX	全双工模式。内部 PHY 模式下只读，外部 PHY 下可读写
2-1	LBK	回环模式（Loopback）：00 为正常模式，01 为内部 MAC 回环模式，10 为内部 100M PHY 数字回环模式，11 保留
0	RST	1 软件复位，10μs 后自动清零

表 13-2　网络状态寄存器 DM_NSR（0x01）

Bit	名　称	说　明
7	SPEED	媒介速度，在内部 PHY 模式下，0 为 100Mbps，1 为 10Mbps。当 LINKST=0 时，此位不用
6	LINKST	连接状态，在内部 PHY 模式下，0 为连接失败，1 为已连接
5	WAKEST	唤醒事件状态。读取或写 1 将清零该位。不受软件复位影响
4	保留	
3	TX2END	TX（发送）数据包 2 完成标志，读取或写 1 将清零该位。数据包指针 2 传输完成
2	TX2END	TX（发送）数据包 1 完成标志，读取或写 1 将清零该位。数据包指针 1 传输完成
1	RXOV	RX（接收）FIFO（先进先出缓存）溢出标志
0	保留	

表 13-3　发送控制寄存器 DM_TCR（0x02）

Bit	名　称	说　明
7	保留	
6	TJDIS	Jabber 传输使能。1 使能 Jabber 传输定时器（2048B），0 禁止
5	EXCECM	额外冲突模式控制。0 当额外的冲突计数大于 15 则终止本次数据包，1 始终尝试发送本次数据包
4	PAD_DIS2	禁止为数据包指针 2 添加 PAD
3	CRC_DIS2	禁止为数据包指针 2 添加 CRC 校验
2	PAD_DIS1	禁止为数据包指针 1 添加 PAD
1	CRC_DIS1	禁止为数据包指针 1 添加 CRC 校验
0	TXREQ	TX（发送）请求。发送完成后自动清零该位

表 13-4　数据包指针的发送状态寄存器 1 TSR_I（03H）与 2 TSR_I（04H）

Bit	名　称	说　明
7	TJTO	Jabber 传输超时。该位置位表示由于多于 2048B 数据被传输而导致数据帧被截掉
6	LC	载波信号丢失。该位置位表示在帧传输时发生载波信号丢失。在内部回环模式下该位无效
5	NC	无载波信号。该位置位表示在帧传输时无载波信号。在内部回环模式下该位无效
4	LC	延迟冲突。该位置位表示在 64B 的冲突窗口用完后又发生冲突
3	COL	数据包冲突。该位置位表示传输过程中发生冲突
2	EC	额外冲突。该位置位表示由于发生了 16 次冲突（即额外冲突）后，传送被终止
1-0	保留	

表 13-5　接收控制寄存器 RCR（05H）

Bit	名　称	说　明
7	保留	
6	WTDIS	看门狗定时器禁止。1 禁止，0 使能
5	DIS_LONG	丢弃长数据包。1 为丢弃数据包长度超过 1522B 的数据包
4	DIS_CRC	丢弃 CRC 校验错误的数据包
3	ALL	忽略所有多点传送
2	RUNT	忽略不完整的数据包
1	PRMSC	混杂模式（Promiscuous Mode）
0	RXEN	接收使能

表 13-6　接收状态寄存器 RSR（06H）

Bit	名　称	说　明
7	RF	不完整数据帧。该位置位表示接收到小于 64B 的帧
6	MF	多点传送帧。该位置位表示接收到帧包含多点传送地址
5	LCS	冲突延迟。该位置位表示在帧接收过程中发生冲突延迟
4	RWTO	接收看门狗定时溢出。该位置位表示接收到大于 2048B 数据帧
3	PLE	物理层错误。该位置位表示在帧接收过程中发生物理层错误
2	AE	对齐错误（Alignment）。该位置位表示接收到的帧结尾处不是字节对齐，即不是以字节为边界对齐
1	CE	CRC 校验错误。该位置位表示接收到的帧 CRC 校验错误
0	FOE	接收 FIFO 缓存溢出。该位置位表示在帧接收时发生 FIFO 溢出

13.2.2　DM9000A 驱动程序分析

S3C6410X 没有专门的 MAC 控制器，通过 SROM 控制器访问 DM9000A 网卡芯片。图 13-5 是 DM9000A 与 S3C6410X 的电路原理。

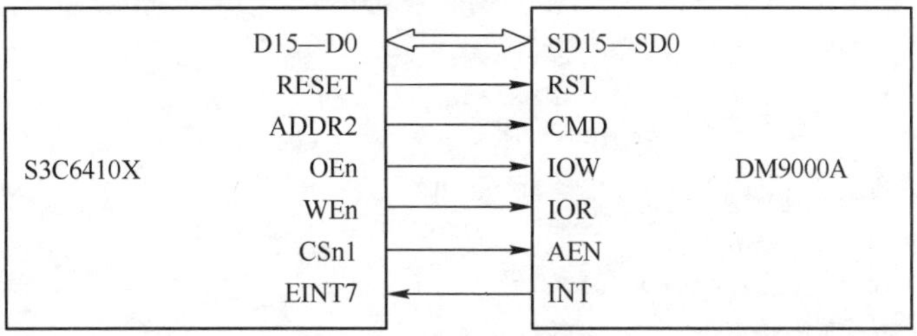

图 13-5　DM9000A 与 S3C6410X 的电路原理

本节通过分析 Linux 内核中的 DM9000A 驱动程序来介绍网络设备驱动程序的基本开发流程。首先定义并注册平台设备：

```
static struct platform_driver dm9000_driver = {
	.driver		= {
		.name	= "dm9000",
		.owner	= THIS_MODULE,
		.pm	= &dm9000_drv_pm_ops,
	},
	.probe	= dm9000_probe,
	.remove	= __devexit_p(dm9000_drv_remove),
};
static int __init dm9000_init(void)
{
	printk(KERN_INFO "%s Ethernet Driver, V%s\n", CARDNAME, DRV_VERSION);
	return platform_driver_register(&dm9000_driver);
}
```

在设备的检测函数 dm9000_probe 中主要完成网络设备初始化，并获取网络设备的平台资源信息，根据这些信息申请中断、映射存储器地址等。地址映射完毕，dm9000_probe 会对 DM9000 的版本进行识别，并进行相应的参数设置，最后使用 register_netdev 函数注册 DM9000 网络设备驱动。dm9000_probe 代码如下：

```
static int dm9000_probe(struct platform_device *pdev)
{
	struct dm9000_plat_data *pdata = dev_get_platdata(&pdev->dev);
	struct board_info *db;/*板级信息*/
	struct net_device *ndev;
	struct device *dev = &pdev->dev;
	const unsigned char *mac_src;
	int ret = 0;
	int iosize;
	int i;
	u32 id_val;
	int reset_gpios;
	enum of_gpio_flags flags;
	struct regulator *power;
	power = devm_regulator_get(dev, "vcc");//获取电源调节器
	if (IS_ERR(power)) {
		if (PTR_ERR(power) == -EPROBE_DEFER)
			return -EPROBE_DEFER;
		dev_dbg(dev, "no regulator provided\n");
	} else {
		ret = regulator_enable(power);
		if (ret != 0) {
			dev_err(dev,"Failed to enable power regulator: %d\n", ret);
```

```
			return ret;
		}
		dev_dbg(dev, "regulator enabled\n");
	}
	//通过 GPIO 复位芯片
	reset_gpios = of_get_named_gpio_flags(dev->of_node, "reset-gpios", 0,&flags);
	if (gpio_is_valid(reset_gpios)) {
		ret = devm_gpio_request_one(dev, reset_gpios, flags,"dm9000_reset");
		if (ret) {
			dev_err(dev, "failed to request reset gpio %d: %d\n",reset_gpios, ret);
			return -ENODEV;
		}
		msleep（2）;
		gpio_set_value(reset_gpios, 1);
		msleep（4）;
	}
	if (!pdata) {
		pdata = dm9000_parse_dt(&pdev->dev);
		if (IS_ERR(pdata))
			return PTR_ERR(pdata);
	}
	/*分配网络设备*/
	ndev = alloc_etherdev(sizeof(struct board_info));//会额外分配 board_info 结构大小的内存
	if (!ndev)
		return -ENOMEM;
	SET_NETDEV_DEV(ndev, &pdev->dev);
	dev_dbg(&pdev->dev, "dm9000_probe()\n");
	/*填充板级结构*/
	db = netdev_priv(ndev);
	db->dev = &pdev->dev;
	db->ndev = ndev;
	spin_lock_init(&db->lock);
	mutex_init(&db->addr_lock);
	//初始化延时工作队列，用于检测网络状态
	INIT_DELAYED_WORK(&db->phy_poll, dm9000_poll_work);
	//获取资源
	db->addr_res = platform_get_resource(pdev, IORESOURCE_MEM, 0);
	db->data_res = platform_get_resource(pdev, IORESOURCE_MEM, 1);
	if (!db->addr_res || !db->data_res) {
		dev_err(db->dev, "insufficient resources addr=%p data=%p\n",
			db->addr_res, db->data_res);
		ret = -ENOENT;
		goto out;
	}
	ndev->irq = platform_get_irq(pdev, 0);
	if (ndev->irq < 0) {
```

```
		dev_err(db->dev, "interrupt resource unavailable: %d\n",ndev->irq);
		ret = ndev->irq;
		goto out;
	}
	db->irq_wake = platform_get_irq(pdev, 1);
	if (db->irq_wake >= 0) {
		dev_dbg(db->dev, "wakeup irq %d\n", db->irq_wake);
		ret = request_irq(db->irq_wake, dm9000_wol_interrupt,
				IRQF_SHARED, dev_name(db->dev), ndev);//申请网络唤醒系统中断
		if (ret) {
			dev_err(db->dev, "cannot get wakeup irq (%d)\n", ret);
		} else {
			/*检测网络唤醒功能*/
			ret = irq_set_irq_wake(db->irq_wake, 1);//将 irq_wake 设置为可唤醒系统的中断
			if (ret) {
				dev_err(db->dev, "irq %d cannot set wakeup (%d)\n",db->irq_wake, ret);
				ret = 0;
			} else {
				irq_set_irq_wake(db->irq_wake, 0);//检测成功，默认关闭网络唤醒
				db->wake_supported = 1;
			}
		}
	}
	iosize = resource_size(db->addr_res);
	db->addr_req = request_mem_region(db->addr_res->start, iosize,pdev->name);
	if (db->addr_req == NULL) {
		dev_err(db->dev, "cannot claim address reg area\n");
		ret = -EIO;
		goto out;
	}
	db->io_addr = ioremap(db->addr_res->start, iosize);//映射寄存器
	if (db->io_addr == NULL) {
		dev_err(db->dev, "failed to ioremap address reg\n");
		ret = -EINVAL;
		goto out;
	}
	iosize = resource_size(db->data_res);
	db->data_req = request_mem_region(db->data_res->start, iosize,pdev->name);
	if (db->data_req == NULL) {
		dev_err(db->dev, "cannot claim data reg area\n");
		ret = -EIO;
		goto out;
	}
	db->io_data = ioremap(db->data_res->start, iosize); //映射数据地址
	if (db->io_data == NULL) {
		dev_err(db->dev, "failed to ioremap data reg\n");
```

```
            ret = -EINVAL;
            goto out;
        }
        ndev->base_addr = (unsigned long)db->io_addr;
        /*设置 IO routines*/
        dm9000_set_io(db, iosize);
        if (pdata != NULL) {
            if (pdata->flags & DM9000_PLATF_8BITONLY)
                dm9000_set_io(db, 1);
            if (pdata->flags & DM9000_PLATF_16BITONLY)
                dm9000_set_io(db, 2);
            if (pdata->flags & DM9000_PLATF_32BITONLY)
                dm9000_set_io(db, 4);
            if (pdata->inblk != NULL)
                db->inblk = pdata->inblk;
            if (pdata->outblk != NULL)
                db->outblk = pdata->outblk;
            if (pdata->dumpblk != NULL)
                db->dumpblk = pdata->dumpblk;
            db->flags = pdata->flags;
        }
#ifdef CONFIG_DM9000_FORCE_SIMPLE_PHY_POLL
        db->flags |= DM9000_PLATF_SIMPLE_PHY;
#endif
        dm9000_reset(db);
        /*验证芯片 ID*/
        for (i = 0; i < 8; i++) {
            id_val  = ior(db, DM9000_VIDL);
            id_val |= (u32)ior(db, DM9000_VIDH) << 8;
            id_val |= (u32)ior(db, DM9000_PIDL) << 16;
            id_val |= (u32)ior(db, DM9000_PIDH) << 24;
            if (id_val == DM9000_ID)break;
            dev_err(db->dev, "read wrong id 0x%08x\n", id_val);
        }
        if (id_val != DM9000_ID) {
            dev_err(db->dev, "wrong id: 0x%08x\n", id_val);
            ret = -ENODEV;
            goto out;
        }
        /*确认芯片版本*/
        id_val = ior(db, DM9000_CHIPR);
        dev_dbg(db->dev, "dm9000 revision 0x%02x\n", id_val);
        switch (id_val) {
        case CHIPR_DM9000A:
            db->type = TYPE_DM9000A;
            break;
```

```
        case CHIPR_DM9000B:
                db->type = TYPE_DM9000B;
                break;
        default:
                dev_dbg(db->dev, "ID %02x => defaulting to DM9000E\n", id_val);
                db->type = TYPE_DM9000E;
        }
        /*dm9000a/b 支持硬件校验*/
        if (db->type == TYPE_DM9000A || db->type == TYPE_DM9000B) {
                ndev->hw_features = NETIF_F_RXCSUM | NETIF_F_IP_CSUM;
                ndev->features |= ndev->hw_features;
        }
        /*至此说明已经找到一个 DM9000，进一步配置接口与参数*/
        ndev->netdev_ops= &dm9000_netdev_ops;
        ndev->watchdog_timeo= msecs_to_jiffies(watchdog);
        ndev->ethtool_ops= &dm9000_ethtool_ops;
        db->msg_enable = NETIF_MSG_LINK;
        db->mii.phy_id_mask   = 0x1f;
        db->mii.reg_num_mask = 0x1f;
        db->mii.force_media   = 0;
        db->mii.full_duplex   = 0;
        db->mii.dev= ndev;
        db->mii.mdio_read = dm9000_phy_read;
        db->mii.mdio_write= dm9000_phy_write;
        mac_src = "eeprom";
        /*设置 MAC 地址*/
        for (i = 0; i < 6; i += 2)
                dm9000_read_eeprom(db, i / 2, ndev->dev_addr+i);
        if (!is_valid_ether_addr(ndev->dev_addr) && pdata != NULL) {
                mac_src = "platform data";
                memcpy(ndev->dev_addr, pdata->dev_addr, ETH_ALEN);
        }
         if (!is_valid_ether_addr(ndev->dev_addr)) {
                mac_src = "chip";
                ndev->dev_addr[0]=0x00;
                ndev->dev_addr[1]=0xe0;
                ndev->dev_addr[2]=0xa3;
                ndev->dev_addr[3]=0xa4;
                ndev->dev_addr[4]=0x98;
                ndev->dev_addr[5]=0x67;
        }
        if (!is_valid_ether_addr(ndev->dev_addr)) {
                dev_warn(db->dev, "%s: Invalid ethernet MAC address. Please "
                                "set using ifconfig\n", ndev->name);
                eth_hw_addr_random(ndev);
                mac_src = "random";
```

```
        }
        platform_set_drvdata(pdev, ndev);
        ret = register_netdev(ndev);//注册网络设备
        if (ret == 0)
                printk(KERN_INFO "%s: dm9000%c at %p,%p IRQ %d MAC: %pM (%s)\n",
                        ndev->name, dm9000_type_to_char(db->type),
                        db->io_addr, db->io_data, ndev->irq,ndev->dev_addr, mac_src);
        return 0;
out:
        dev_err(db->dev, "not found (%d).\n", ret);
        dm9000_release_board(pdev, db);
        free_netdev(ndev);
        return ret;
}
```

DM9000A 的网络设备操作接口定义下：

```
static const struct net_device_ops dm9000_netdev_ops = {
        .ndo_open       = dm9000_open,
        .ndo_stop       = dm9000_stop,
        .ndo_start_xmit         = dm9000_start_xmit,
        .ndo_tx_timeout         = dm9000_timeout,
        .ndo_set_rx_mode        = dm9000_hash_table,
        .ndo_do_ioctl           = dm9000_ioctl,
        .ndo_change_mtu         = eth_change_mtu,
        .ndo_set_features       = dm9000_set_features,
        .ndo_validate_addr      = eth_validate_addr,
        .ndo_set_mac_address = eth_mac_addr,
};
```

dm9000_open 函数中申请了中断处理：

```
if (request_irq(dev->irq, dm9000_interrupt, IRQF_SHARED,dev->name, dev))
                return -EAGAIN;
```

这里分析两个最重要的函数。第一个是发送函数 dm9000_start_xmit。发送时先将数据写入 TX SRAM 中，然后将包长写入 TX 包长度寄存器，最后将 TX 控制寄存器的 0 位设置为 1，请求发送。复位后发送起始地址是 00H，当前的包是 I 包。DM9000A 的 TX SRAM 中可以按照顺序同时存储两个发送包，分别为 I 包和 II 包。 I 包发完后继续发 II 包。

```
static void dm9000_send_packet(struct net_device *dev,int ip_summed,u16 pkt_len)
{
        board_info_t *dm = to_dm9000_board(dev);
        if (dm->ip_summed != ip_summed) {
                if (ip_summed == CHECKSUM_NONE)
                        iow(dm, DM9000_TCCR, 0);
                else
```

```
                iow(dm, DM9000_TCCR, TCCR_IP | TCCR_UDP | TCCR_TCP);
            dm->ip_summed = ip_summed;
        }
        /*设置 TX 长度*/
        iow(dm, DM9000_TXPLL, pkt_len);
        iow(dm, DM9000_TXPLH, pkt_len >> 8);
        /*发送数据*/
        iow(dm, DM9000_TCR, TCR_TXREQ);
}
static int dm9000_start_xmit(struct sk_buff *skb, struct net_device *dev)
{
        unsigned long flags;
        board_info_t *db = netdev_priv(dev);
        dm9000_dbg(db, 3, "%s:\n", __func__);
        if (db->tx_pkt_cnt > 1)
                return NETDEV_TX_BUSY;
        spin_lock_irqsave(&db->lock, flags);
        /*将 data 移到 DM9000 TX RAM*/
        writeb(DM9000_MWCMD, db->io_addr);
        (db->outblk)(db->io_data, skb->data, skb->len);
        dev->stats.tx_bytes += skb->len;
        db->tx_pkt_cnt++;
        /*发送管理*/
        if (db->tx_pkt_cnt == 1) {
                dm9000_send_packet(dev, skb->ip_summed, skb->len);
        } else {
                /*第二个包*/
                db->queue_pkt_len = skb->len;
                db->queue_ip_summed = skb->ip_summed;
                netif_stop_queue(dev);
        }
        spin_unlock_irqrestore(&db->lock, flags);
        dev_kfree_skb(skb); /*释放 SKB*/
        return NETDEV_TX_OK;
}
```

包发送完毕将引起中断，并调用 dm9000_tx_done 函数完成后处理。

第二个重要的函数是中断处理函数 dm9000_interrupt：

```
static irqreturn_t dm9000_interrupt(int irq, void *dev_id)
{
        struct net_device *dev = dev_id;
        struct board_info *db = netdev_priv(dev);
        int int_status;
        unsigned long flags;
        u8 reg_save;
        dm9000_dbg(db, 3, "entering %s\n", __func__);
```

```
        spin_lock_irqsave(&db->lock, flags);
        reg_save = readb(db->io_addr);
        dm9000_mask_interrupts(db);
        /*获取中断状态*/
        int_status = ior(db, DM9000_ISR);
        iow(db, DM9000_ISR, int_status);     /*清除中断*/
        if (netif_msg_intr(db))
                dev_dbg(db->dev, "interrupt status %02x\n", int_status);
        /*接收中断*/
        if (int_status & ISR_PRS)
                dm9000_rx(dev);
        /*发送中断*/
        if (int_status & ISR_PTS)
                dm9000_tx_done(dev, db);
        if (db->type != TYPE_DM9000E) {
                if (int_status & ISR_LNKCHNG) {
                        /*发起网络连接状态变更处理*/
                        schedule_delayed_work(&db->phy_poll, 1);
                }
        }
        dm9000_unmask_interrupts(db);
        writeb(reg_save, db->io_addr);
        spin_unlock_irqrestore(&db->lock, flags);
        return IRQ_HANDLED;
}
```

DM9000A 的接收缓冲（RX SRAM）是一个环形的数据结构。系统复位后 RX SRAM 的开始地址是 0x0C00。每个接收到的数据包包含一个 4B 的包头、包数据以及 CRC 校验值。4B 的头数据包括 01h、状态、字节长度低位、字节长度高位。注意每个包的开始地址必须按照操作模式（如 8 位、16 位、32 位）对齐。dm9000_rx 函数的处理过程如下：

```
static void dm9000_rx(struct net_device *dev)
{
        struct board_info *db = netdev_priv(dev);
        struct dm9000_rxhdr rxhdr;
        struct sk_buff *skb;
        u8 rxbyte, *rdptr;
        bool GoodPacket;
        int RxLen;
        /*检测包是否就绪*/
        do {
                ior(db, DM9000_MRCMDX);
                /*得到最新数据*/
                rxbyte = readb(db->io_data);
                /*状态检测*/
                if (rxbyte & DM9000_PKT_ERR) {//包错误
```

```
        dev_warn(db->dev, "status check fail: %d\n", rxbyte);
        iow(db, DM9000_RCR, 0x00); /*停止设备*/
        return;
    }
    if (!(rxbyte & DM9000_PKT_RDY))//如果包未就绪，返回
        return;
    /*包就绪，获取状态与长度*/
    GoodPacket = true;
    writeb(DM9000_MRCMD, db->io_addr);
    (db->inblk)(db->io_data, &rxhdr, sizeof(rxhdr));
    RxLen = le16_to_cpu(rxhdr.RxLen);
    if (netif_msg_rx_status(db))
        dev_dbg(db->dev, "RX: status %02x, length %04x\n",rxhdr.RxStatus, RxLen);
    /*包长检测*/
    if (RxLen < 0x40) {
        GoodPacket = false;
        if (netif_msg_rx_err(db))
            dev_dbg(db->dev, "RX: Bad Packet (runt)\n");
    }
    if (RxLen > DM9000_PKT_MAX) {
        dev_dbg(db->dev, "RST: RX Len:%x\n", RxLen);
    }
    //状态检测
    if (rxhdr.RxStatus & (RSR_FOE | RSR_CE | RSR_AE |
                          RSR_PLE | RSR_RWTO |RSR_LCS | RSR_RF)) {
        GoodPacket = false;
        if (rxhdr.RxStatus & RSR_FOE) {
            if (netif_msg_rx_err(db))
                dev_dbg(db->dev, "fifo error\n");
            dev->stats.rx_fifo_errors++;
        }
        if (rxhdr.RxStatus & RSR_CE) {
            if (netif_msg_rx_err(db))
                dev_dbg(db->dev, "crc error\n");
            dev->stats.rx_crc_errors++;
        }
        if (rxhdr.RxStatus & RSR_RF) {
            if (netif_msg_rx_err(db))
                dev_dbg(db->dev, "length error\n");
            dev->stats.rx_length_errors++;
        }
    }
    /*从 DM9000 移出数据*/
    if (GoodPacket &&((skb = netdev_alloc_skb(dev, RxLen + 4)) != NULL)) {
        skb_reserve(skb, 2);
        rdptr = (u8 *) skb_put(skb, RxLen - 4);
```

```
                /*Read received packet from RX SRAM*/
                (db->inblk)(db->io_data, rdptr, RxLen);
                dev->stats.rx_bytes += RxLen;
                /*传递给上层*/
                skb->protocol = eth_type_trans(skb, dev);
                if (dev->features & NETIF_F_RXCSUM) {
                        if ((((rxbyte & 0x1c) << 3) & rxbyte) == 0)
                                skb->ip_summed = CHECKSUM_UNNECESSARY;
                        else
                                skb_checksum_none_assert(skb);
                }
                netif_rx(skb);
                dev->stats.rx_packets++;
        } else {
                /*打印包数据*/
                (db->dumpblk)(db->io_data, RxLen);
        }
    } while (rxbyte & DM9000_PKT_RDY);
}
```

至此 DM9000A 的收发过程介绍完毕。

13.2.3　DM9000A 网卡驱动程序移植

本节介绍如何在 S3C6410X 平台上移植 DM9000A 驱动程序。

例 13.3　DM9000A 驱动程序移植实例

（1）设置 S3C6410X 的 GPIO 口：

```
void initDM9000()
{
        unsigned int tmp;
        writel((readl(S3C64XX_GPNPUD) &~(0x3<<14)),S3C64XX_GPNPUD);
        // EINT7 高电平触发
        writel((readl(S3C64XX_EINT0CON0) & ~(0x7 <<12)) | (0x1 << 12), S3C64XX_EINT0CON0);
        writel((readl(S3C64XX_EINT0FLTCON0)& ~(0x3 <<6)) | (0x1 << 7), S3C64XX_EINT0FLTCON0);
        writel((readl(S3C64XX_EINT0PEND)&~(0x1<<7)),S3C64XX_EINT0PEND);
        writel(readl(S3C64XX_EINT0MASK) & ~(0x1 << 7), S3C64XX_EINT0MASK);/*EINT7 unmask*/
}
static int __devinit dm9000_probe(struct platform_device *pdev)
{
        initDM9000();
}
```

（2）修改 MAC 地址如下：

```
static int __devinit dm9000_probe(struct platform_device *pdev)
{
            //...
```

```
            /*for (i = 0; i < 6; i++)
                    ndev->dev_addr[i] = ior(db, i+DM9000_PAR);*/
            ndev->dev_addr[0]=0x00;
            ndev->dev_addr[1]=0xe0;
            ndev->dev_addr[2]=0xa3;
            ndev->dev_addr[3]=0xa4;
            ndev->dev_addr[4]=0x98;
            ndev->dev_addr[5]=0x67;
}
```

（3）在/arch/arm/mach-s3c6400/include/mach/map.h 中添加网卡地址：

```
#define S3C64XX_PA_DM9000    (0x18000000)//物理地址为 SROM 第二区（CSn1）的地址
#define S3C64XX_SZ_DM9000    SZ_1M
#define S3C64XX_VA_DM9000    S3C_ADDR(0x03b00300)
```

（4）在 linux/arch/arm/plat-s3c64xx/dev-uart.c 中添加 DM9000 资源：

```
#define DM9000_ETH_IRQ_EINT0          IRQ_EINT(7)
static struct resource dm9000_resources_cs1[] =
{
        [0] = {
                .start = S3C64XX_PA_DM9000 + 0x300,
                .end = S3C64XX_PA_DM9000 + 0x300 + 0x03,
                .flags = IORESOURCE_MEM
        },
        [1] = {
                .start = S3C64XX_PA_DM9000 + 0x300 + 0x4,
              .end = S3C64XX_PA_DM9000 + 0x300 + 0x4 + 0x7f,
              .flags = IORESOURCE_MEM
        },
        [2] = {
              .start = DM9000_ETH_IRQ_EINT0,
                .end = DM9000_ETH_IRQ_EINT0,
                .flags = IORESOURCE_IRQ
        }
};
static struct dm9000_plat_data dm9000_setup_cs1 = {
        .flags = DM9000_PLATF_16BITONLY
};
struct platform_device s3c_device_dm9000_cs1 = {
        .name = "dm9000",
        .id   = 0,
        .num_resources   = ARRAY_SIZE(dm9000_resources_cs1),
        .resource = dm9000_resources_cs1,
        .dev     = {
                .platform_data = &dm9000_setup_cs1,
        }
```

```
};
EXPORT_SYMBOL(s3c_device_dm9000_cs1);
```

（5）在 arch/arm/mach-s3c6410/mach-smdk6410.c 的设备结构体中添加设备信息：

```
static struct platform_device *smdk6410_devices[] __initdata =
{
    &s3c_device_dm9000_cs1,
}
```

（6）执行 make menuconfig，进入网络配置，如图 13-6 与图 13-7 所示。

```
   General setup  --->
[*] Enable loadable module support  --->
-*- Enable the block layer  --->
    System Type  --->
    Bus support  --->
    Kernel Features  --->
    Boot options  --->
    CPU Power Management  --->
    Floating point emulation  --->
    Userspace binary formats  --->
    Power management options  --->
[*] Networking support  --->
    Device Drivers  --->
```

图 13-6　配置网络支持

```
< > Packet socket
<*> Unix domain sockets
< >   UNIX: socket monitoring interface
< > Transformation user configuration interface
[ ] Transformation sub policy support
[ ] Transformation migrate database
[ ] Transformation statistics
< > PF_KEY sockets
[*] TCP/IP networking
[*]   IP: multicasting
[*]   IP: advanced router
[ ]     FIB TRIE statistics
[ ]     IP: policy routing
[ ]     IP: equal cost multipath
[ ]     IP: verbose route monitoring
[*]   IP: kernel level autoconfiguration
[ ]     IP: DHCP support
[*]     IP: BOOTP support
[ ]     IP: RARP support
<*>   IP: tunneling
< >   IP: GRE demultiplexer
```

图 13-7　配置网络协议

配置【device drivers】中的选项，如图 13-8 所示：

```
Generic Driver Options  --->
    Bus devices  --->
< > Connector - unified userspace <-> kernelspace linker  ----
<*> Memory Technology Device (MTD) support  --->
-*- Device Tree and Open Firmware support  --->
< > Parallel port support  ----
[*] Block devices  --->
    Misc devices  --->
    SCSI device support  --->
< > Serial ATA and Parallel ATA drivers (libata)  ----
[ ] Multiple devices driver support (RAID and LVM)  ----
< > Generic Target Core Mod (TCM) and ConfigFS Infrastructure-
[*] Network device support  --->
[ ] Open-Channel SSD target support  ----
    Input device support  --->
```

图 13-8　device drivers 配置

配置【device drivers】->【network device support】->【Ethernet driver support】中的选项，如图 13-9 所示。

```
--- Ethernet driver support
< >   Altera Triple-Speed Ethernet MAC support
[ ]   ARC devices
[ ]   Aurora VLSI devices
[ ]   Cadence devices
[ ]   Broadcom devices
[ ]   Cirrus devices
<*>   DM9000 support
[ ]     Force simple NSR based PHY polling
< >   Dave ethernet support (DNET)
[ ]   EZchip devices
```

图 13-9　配置 DM9000A 以太网支持

运行结果如下：

```
dm9000 Ethernet Driver, V1.31
eth0: dm9000a at c886e300,c8872304 IRQ 108 MAC: 00:e0:a3:a4:98:67 (chip)
eth0: link up, 100Mbps, full-duplex, lpa 0x45E1

[root@urbetter /]# ping 192.168.1.120
PING 192.168.1.120 (192.168.1.120): 56 data bytes
64 bytes from 192.168.1.120: seq=0 ttl=64 time=1.404 ms
64 bytes from 192.168.1.120: seq=1 ttl=64 time=0.509 ms
64 bytes from 192.168.1.120: seq=2 ttl=64 time=0.755 ms
64 bytes from 192.168.1.120: seq=3 ttl=64 time=0.545 ms
^C
--- 192.168.1.120 ping statistics ---
4 packets transmitted, 4 packets received, 0% packet loss
round-trip min/avg/max = 0.509/0.803/1.404 ms
```

13.4　ethtool

ethtool 是用来查询与设置网络参数的命令。内核提供的 ethtool IOCTL 接口如下：

```
#define SIOCETHTOOL    0x8946/*Ethtool 接口*/
int dev_ioctl(struct net *net, unsigned int cmd, void __user *arg)
{
    case SIOCETHTOOL:
            dev_load(net, ifr.ifr_name);
            rtnl_lock();
            ret = dev_ethtool(net, &ifr);
            rtnl_unlock();
            if (!ret) {
                    if (colon)*colon = ':';
                    if (copy_to_user(arg, &ifr,sizeof(struct ifreq)))
                            ret = -EFAULT;
```

```
        }
        return ret;
}
```

另外 ethtool.h 中有 ethtool 子命令定义。net_device 结构中有一个 ethtool 操作成员（ethtool_ops），用来处理 ethtool 命令：

```
struct ethtool_ops {
    int     (*get_settings)(struct net_device *, struct ethtool_cmd *);
    int     (*set_settings)(struct net_device *, struct ethtool_cmd *);
    void    (*get_drvinfo)(struct net_device *, struct ethtool_drvinfo *);
    int     (*get_regs_len)(struct net_device *);
    void    (*get_regs)(struct net_device *, struct ethtool_regs *, void *);
    void    (*get_wol)(struct net_device *, struct ethtool_wolinfo *);
    int     (*set_wol)(struct net_device *, struct ethtool_wolinfo *);
    u32     (*get_msglevel)(struct net_device *);
    void    (*set_msglevel)(struct net_device *, u32);
    int     (*nway_reset)(struct net_device *);
    u32     (*get_link)(struct net_device *);
    int     (*get_eeprom_len)(struct net_device *);
    int     (*get_eeprom)(struct net_device *,struct ethtool_eeprom *, u8 *);
    int     (*set_eeprom)(struct net_device *,struct ethtool_eeprom *, u8 *);
    int     (*get_coalesce)(struct net_device *, struct ethtool_coalesce *);
    int     (*set_coalesce)(struct net_device *, struct ethtool_coalesce *);
    void    (*get_ringparam)(struct net_device *,struct ethtool_ringparam *);
    int     (*set_ringparam)(struct net_device *,struct ethtool_ringparam *);
    void    (*get_pauseparam)(struct net_device *,struct ethtool_pauseparam*);
    int     (*set_pauseparam)(struct net_device *,struct ethtool_pauseparam*);
    void    (*self_test)(struct net_device *, struct ethtool_test *, u64 *);
    void    (*get_strings)(struct net_device *, u32 stringset, u8 *);
    int     (*set_phys_id)(struct net_device *, enum ethtool_phys_id_state);
    void    (*get_ethtool_stats)(struct net_device *,struct ethtool_stats *, u64 *);
    int     (*begin)(struct net_device *);
    void    (*complete)(struct net_device *);
    u32     (*get_priv_flags)(struct net_device *);
    int     (*set_priv_flags)(struct net_device *, u32);
    int     (*get_sset_count)(struct net_device *, int);
    int     (*get_rxnfc)(struct net_device *,struct ethtool_rxnfc *, u32 *rule_locs);
    int     (*set_rxnfc)(struct net_device *, struct ethtool_rxnfc *);
    int     (*flash_device)(struct net_device *, struct ethtool_flash *);
    int     (*reset)(struct net_device *, u32 *);
    u32     (*get_rxfh_key_size)(struct net_device *);
    u32     (*get_rxfh_indir_size)(struct net_device *);
    int     (*get_rxfh)(struct net_device *, u32 *indir, u8 *key,u8 *hfunc);
    int     (*set_rxfh)(struct net_device *, const u32 *indir,const u8 *key, const u8 hfunc);
    void    (*get_channels)(struct net_device *, struct ethtool_channels *);
    int     (*set_channels)(struct net_device *, struct ethtool_channels *);
```

```
	...
};
```

DM9000A 的驱动中 ethtool 操作接口如下：

```
static const struct ethtool_ops dm9000_ethtool_ops = {
	.get_drvinfo		= dm9000_get_drvinfo,
	.get_settings		= dm9000_get_settings,
	.set_settings		= dm9000_set_settings,
	.get_msglevel		= dm9000_get_msglevel,
	.set_msglevel		= dm9000_set_msglevel,
	.nway_reset		= dm9000_nway_reset,
	.get_link		= dm9000_get_link,
	.get_wol		= dm9000_get_wol,
	.set_wol		= dm9000_set_wol,
	.get_eeprom_len		= dm9000_get_eeprom_len,
	.get_eeprom		= dm9000_get_eeprom,
	.set_eeprom		= dm9000_set_eeprom,
};
```

下面是 ethtool 命令使用实例：

```
//获取 eth0 信息
[root@urbetter home]# ./ethtool -i eth0
driver: dm9000
version: 1.31
firmware-version:
expansion-rom-version:
bus-info: dm9000
supports-statistics: no
supports-test: no
supports-eeprom-access: yes
supports-register-dump: no
supports-priv-flags: no
//获取 eth0 特性
[root@urbetter home]# ./ethtool eth0
Settings for eth0:
	Supported ports: [ TP MII ]
	Supported link modes:   10baseT/Half 10baseT/Full
	                        100baseT/Half 100baseT/Full
	Supported pause frame use: No
	Supports auto-negotiation: Yes
	Advertised link modes:  10baseT/Half 10baseT/Full
	                        100baseT/Half 100baseT/Full
	Advertised pause frame use: No
	Advertised auto-negotiation: Yes
	Link partner advertised link modes:  10baseT/Half 10baseT/Full
	                                     100baseT/Half 100baseT/Full
	Link partner advertised pause frame use: Symmetric
```

```
        Link partner advertised auto-negotiation: Yes
        Speed: 100Mb/s
        Duplex: Full
        Port: MII
        PHYAD: 0
        Transceiver: internal
        Auto-negotiation: on
        Supports Wake-on: d
        Wake-on: d
        Current message level: 0x00000004 （4）
                               link
        Link detected: yes
//关闭 eth0 自动协商
[root@urbetter home]# ./ethtool -s eth0 autoneg off
//验证一下关闭是否成功
[root@urbetter home]# ./ethtool eth0
Settings for eth0:
        Supported ports: [ TP MII ]
        Supported link modes:   10baseT/Half 10baseT/Full
                                100baseT/Half 100baseT/Full
        Supported pause frame use: No
        Supports auto-negotiation: Yes
        Advertised link modes:  Not reported
        Advertised pause frame use: No
        Advertised auto-negotiation: No
        Speed: 100Mb/s
        Duplex: Full
        Port: MII
        PHYAD: 0
        Transceiver: internal
        Auto-negotiation: off
        Supports Wake-on: d
        Wake-on: d
        Current message level: 0x00000004 （4）
                               link
        Link detected: yes
//设置 eth0 网速
[root@urbetter home]# ./ethtool -s eth0 speed 10 duplex full
dm9000 dm9000.0 eth0: link down
dm9000 dm9000.0 eth0: link up, 10Mbps, full-duplex, lpa 0x45E1
[root@urbetter home]# ./ethtool -s eth0 autoneg on
dm9000 dm9000.0 eth0: link down
dm9000 dm9000.0 eth0: link up, 100Mbps, full-duplex, lpa 0x45E1
```

13.5 PHY 芯片驱动

使用独立外部 PHY 芯片时，需要有 PHY 芯片驱动。通常 PHY 芯片的寄存器定义都差不多，使用内核的通用 PHY 芯片驱动即可。通用 PHY 驱动见 drivers/net/phy/phy_device.c。

```
static struct phy_driver genphy_driver[] = {
	{
		.phy_id= 0xffffffff,
		.phy_id_mask= 0xffffffff,
		.name= "Generic PHY",
		.soft_reset	= genphy_soft_reset,
		.config_init = genphy_config_init,
		.features= PHY_GBIT_FEATURES | SUPPORTED_MII |
				SUPPORTED_AUI | SUPPORTED_FIBRE |SUPPORTED_BNC,
		.config_aneg = genphy_config_aneg,
		.aneg_done = genphy_aneg_done,
		.read_status = genphy_read_status,
		.suspend = genphy_suspend,
		.resume= genphy_resume,
	},
	{
		.phy_id= 0xffffffff,
		.phy_id_mask= 0xffffffff,
		.name = "Generic 10G PHY",
		.soft_reset	= gen10g_soft_reset,
		.config_init= gen10g_config_init,
		.features= 0,
		.config_aneg = gen10g_config_aneg,
		.read_status= gen10g_read_status,
		.suspend= gen10g_suspend,
		.resume= gen10g_resume,
	}
};
static int __init phy_init(void)
{
	int rc;
	rc = mdio_bus_init();
	if (rc)return rc;
	rc = phy_drivers_register(genphy_driver,ARRAY_SIZE(genphy_driver), THIS_MODULE);
	if (rc)mdio_bus_exit();
	return rc;
}
```

内核有一个 phy_state_machine 工作队列将不断调用 genphy_read_status 函数来检测 PHY 状态。当使用独立 PHY 芯片时，网络设备需要从关联的 PHY 设备获取当前网络信息，在 net_device 结构中，phy_device 结构的*phydev 成员记录了这种连接关系。phy_connect 函数将 PHY 设备与网络设备连接起来：

```
struct phy_device *phy_connect(struct net_device *dev, const char *bus_id,
				void (*handler)(struct net_device *),phy_interface_t interface)
```

bus_id 即 PHY 的 ID。使用独立 PHY 芯片的网络设备与自带 PHY 功能的网络设备（如 DM9000）在处理 ethtool 命令时方法是不同的。拿第一个 ethtool 命令来分析：

```
#define ETHTOOL_GSET            0x00000001 /*获取网卡设置.*/
int dev_ethtool(struct net *net, struct ifreq *ifr)
{
switch (ethcmd) {
        case ETHTOOL_GSET:
                rc = ethtool_get_settings(dev, useraddr);
                break;
}
```

ethtool_get_settings 函数调用的是 ethtool_ops->get_settings：

```
int __ethtool_get_settings(struct net_device *dev, struct ethtool_cmd *cmd)
{
        ASSERT_RTNL();
        if (!dev->ethtool_ops->get_settings)
                return -EOPNOTSUPP;
        memset(cmd, 0, sizeof(struct ethtool_cmd));
        cmd->cmd = ETHTOOL_GSET;
        return dev->ethtool_ops->get_settings(dev, cmd);
}
```

先看 DM9000 的 get_settings，调用的是 mii_ethtool_gset：

```
static int dm9000_get_settings(struct net_device *dev, struct ethtool_cmd *cmd)
{
        struct board_info *dm = to_dm9000_board(dev);
        mii_ethtool_gset(&dm->mii, cmd);
        return 0;
}
int mii_ethtool_gset(struct mii_if_info *mii, struct ethtool_cmd *ecmd)
{
        struct net_device *dev = mii->dev;
        u16 bmcr, bmsr, ctrl1000 = 0, stat1000 = 0;
        u32 nego;
        ecmd->supported =
            (SUPPORTED_10baseT_Half | SUPPORTED_10baseT_Full |
             SUPPORTED_100baseT_Half | SUPPORTED_100baseT_Full |
             SUPPORTED_Autoneg | SUPPORTED_TP | SUPPORTED_MII);
        if (mii->supports_gmii)
             ecmd->supported |= SUPPORTED_1000baseT_Half |SUPPORTED_1000baseT_Full;
        ecmd->port = PORT_MII;
        ecmd->transceiver = XCVR_INTERNAL;
        ecmd->phy_address = mii->phy_id;
        ecmd->mdio_support = ETH_MDIO_SUPPORTS_C22;
        ecmd->advertising = ADVERTISED_TP | ADVERTISED_MII;
```

```
        bmcr = mii->mdio_read(dev, mii->phy_id, MII_BMCR);
        bmsr = mii->mdio_read(dev, mii->phy_id, MII_BMSR);
        if (mii->supports_gmii) {
                ctrl1000 = mii->mdio_read(dev, mii->phy_id, MII_CTRL1000);
                stat1000 = mii->mdio_read(dev, mii->phy_id, MII_STAT1000);
        }
        ...
        mii->full_duplex = ecmd->duplex;
        return 0;
}
```

与 S3C6410X 加 DM9000 的组合不同，TI 的 Davinci 处理器通常都自带 MAC 控制器，但需要外接一个 PHY 芯片。Davinci EMAC 驱动初始化时连接了一个 PHY 设备：

```
priv->phydev = phy_connect(ndev, priv->phy_id,&emac_adjust_link,PHY_INTERFACE_MODE_MII);
```

再看内核中 Davinci EMAC 驱动的 get_settings 接口实现如下：

```
static int emac_get_settings(struct net_device *ndev,struct ethtool_cmd *ecmd)
{
        struct emac_priv *priv = netdev_priv(ndev);
        if (priv->phydev)
                return phy_ethtool_gset(priv->phydev, ecmd);
        else
                return -EOPNOTSUPP;
}
int phy_ethtool_gset(struct phy_device *phydev, struct ethtool_cmd *cmd)
{
        cmd->supported = phydev->supported;
        cmd->advertising = phydev->advertising;
        cmd->lp_advertising = phydev->lp_advertising;
        ethtool_cmd_speed_set(cmd, phydev->speed);
        cmd->duplex = phydev->duplex;
        if (phydev->interface == PHY_INTERFACE_MODE_MOCA)
                cmd->port = PORT_BNC;
        else
                cmd->port = PORT_MII;
        cmd->phy_address = phydev->mdio.addr;
        cmd->transceiver = phy_is_internal(phydev) ?
                XCVR_INTERNAL : XCVR_EXTERNAL;
        cmd->autoneg = phydev->autoneg;
        cmd->eth_tp_mdix_ctrl = phydev->mdix;
        return 0;
}
```

可见 emac_get_settings 直接通过 PHY 设备获取设置。

例 13.4　ET1011C 芯片不支持 1000M 网络分析

使用 ethtool 命令查看 eth0 网络参数，结果如下：

```
root@/home:~# ethtool eth0
Settings for eth0:
        Supported ports: [ TP AUI BNC MII FIBRE ]
        Supported link modes:    10baseT/Half 10baseT/Full
                                 100baseT/Half 100baseT/Full
        Supports auto-negotiation: Yes
        Advertised link modes:   10baseT/Half 10baseT/Full
                                 100baseT/Half 100baseT/Full
        Advertised pause frame use: No
        Advertised auto-negotiation: Yes
        Speed: 100Mb/s
        Duplex: Full
        Port: MII
        PHYAD: 1
        Transceiver: external
        Auto-negotiation: on
        Link detected: yes
```

ET1011C 芯片本身支持 1000M 网络，但以上输出结果却显示并未支持 1000M 网络。分析 phy_device.c 代码：

```
int genphy_config_init(struct phy_device *phydev)
{
    int val;
    u32 features;
    features = (SUPPORTED_TP | SUPPORTED_MII|SUPPORTED_AUI | SUPPORTED_FIBRE |
            SUPPORTED_BNC | SUPPORTED_Pause | SUPPORTED_Asym_Pause);
    /*分析状态寄存器*/
    val = phy_read(phydev, MII_BMSR);//基本模式状态寄存器
    if (val < 0)
        return val;
    if (val & BMSR_ANEGCAPABLE)
        features |= SUPPORTED_Autoneg;
    if (val & BMSR_100FULL)
        features |= SUPPORTED_100baseT_Full;
    if (val & BMSR_100HALF)
        features |= SUPPORTED_100baseT_Half;
    if (val & BMSR_10FULL)
        features |= SUPPORTED_10baseT_Full;
    if (val & BMSR_10HALF)
        features |= SUPPORTED_10baseT_Half;
    if (val & BMSR_ESTATEN) {
        val = phy_read(phydev, MII_ESTATUS);//扩展状态寄存器
        if (val < 0)
            return val;
```

```
            if (val & ESTATUS_1000_TFULL)
                features |= SUPPORTED_1000baseT_Full;
            if (val & ESTATUS_1000_THALF)
                features |= SUPPORTED_1000baseT_Half;
        }
        phydev->supported &= features;
        phydev->advertising &= features;
        return 0;
    }
```

查找芯片手册中 MII_ESTATUS 寄存器信息，见表 13-7：

表 13-7　ET1011C MII_ESTATUS 寄存器

Bit	名　称	描　述	类型	默认值	说　明
15	1000Base-X Full duplex	0=不支持 1000Base-X Full duplex	RO	0	--
14	1000Base-X Half duplex	0=不支持 1000Base-X Half duplex	RO	0	--
13	1000Base-T Full duplex	1=支持 1000Base-T Full duplex 0=不支持 1000Base-T Full duplex	RO	1	本 bit 的值是复位时 SPEED_1000 管脚的值
12	1000Base-T Half duplex	1=支持 1000Base-T Half duplex 0=不支持 1000Base-T Half duplex	RO	1	--
11:0	保留	--	RO	0	--

可见 13 位是从 SPEED_1000 管脚读取的。这个管脚是个复用管脚，复位时，用来配置 1000M 网支持。复位时这个管脚电平为 1，寄存器值就是 1；这个管脚电平为 0，则寄存器值为 0。焊接相应的电阻，将该管脚电平拉高，使用 ethtool 命令查看网络参数：

```
root@/home:~# ethtool eth0
Settings for eth0:
        Supported ports: [ TP AUI BNC MII FIBRE ]
        Supported link modes:   10baseT/Half 10baseT/Full
                                100baseT/Half 100baseT/Full
                                1000baseT/Half 1000baseT/Full
        Supports auto-negotiation: Yes
        Advertised link modes:  10baseT/Half 10baseT/Full
                                100baseT/Half 100baseT/Full
                                1000baseT/Half 1000baseT/Full
...
```

可见芯片已支持 1000M 网络。

13.6　Netlink Socket

13.6.1　Netlink 机制

Netlink 是 Linux 内核与应用程序之间的一种通信机制，像 TCP 与 UDP 等网络协议一样，内核将 Netlink 作为一种网络协议族来处理。Netlink 协议在 RFC3549 中定义。在 Linux

内核中，Netlink 使用专门的内核 Netlink API，而在应用层调用标准的 socket API 就可以使用 Netlink 机制提供的强大功能。Netlink 的数据传递单元为 Netlink 消息。Netlink 不仅支持单播，而且支持多播。如果内核模块或应用把 Netlink 消息发送给一个 Netlink 组，属于该 Netlink 组的任何内核模块或应用都能接收到该消息。本节将介绍 Linux 内核中的 Netlink 机制。

内核中 Netlink socket 使用下面的结构描述：

```
struct netlink_sock {
        /*struct sock 必须是 netlink_sock 的第一个成员*/
        struct sock             sk;
        u32                     portid;//本 sock 端口
        u32                     dst_portid;//目的端口
        u32                     dst_group; //目的组
        u32                     flags;
        u32                     subscriptions;
        u32                     ngroups; //多播组数量
        unsigned long*groups; //多播组号
        unsigned longstate;
        size_t                  max_recvmsg_len;
        wait_queue_head_t       wait;
        bool                    bound;
        bool                    cb_running;
        struct netlink_callback         cb;
        struct mutex    *cb_mutex;
        struct mutex    cb_def_mutex;
        void                    (*netlink_rcv)(struct sk_buff *skb);
        int                     (*netlink_bind)(struct net *net, int group);
        void                    (*netlink_unbind)(struct net *net, int group);
        struct module           *module;
#ifdef CONFIG_NETLINK_MMAP
        struct mutex            pg_vec_lock;
        struct netlink_ring     rx_ring;
        struct netlink_ring     tx_ring;
        atomic_t                mapped;
#endif /*CONFIG_NETLINK_MMAP*/
        struct rhash_head       node;
        struct rcu_head         rcu;
};
```

netlink 是以协议族形式在内核中注册的。注册过程如下：

```
// netlink 协议族
static struct proto netlink_proto = {
        .name     = "NETLINK",
        .owner            = THIS_MODULE,
        .obj_size = sizeof(struct netlink_sock),
};
```

```
static struct pernet_operations __net_initdata netlink_net_ops = {
        .init = netlink_net_init,
        .exit = netlink_net_exit,
};
static const struct net_proto_family netlink_family_ops = {
        .family = PF_NETLINK,
        .create = netlink_create,
        .owner= THIS_MODULE,
};
static int __init netlink_proto_init(void)
{
        int i;
        int err = proto_register(&netlink_proto, 0);//注册 netlink 协议族
        if (err != 0)goto out;
        …
        netlink_add_usersock_entry();
        sock_register(&netlink_family_ops);//注册 netlink 对应的 socket 协议处理方法
        register_pernet_subsys(&netlink_net_ops);//注册网络命名空间子系统
        rtnetlink_init();
out:
        return err;
panic:
        panic("netlink_init: Cannot allocate nl_table\n");
}
```

在内核模块中，可以使用 netlink_kernel_create 函数创建一个 Netlink socket：

```
struct sock *netlink_kernel_create(struct net *net, int unit, struct netlink_kernel_cfg *cfg);
```

参数 unit 表示 Netlink 协议类型。内核预定义的协议类型有如下类型：

```
#define NETLINK_ROUTE              0/*路由器*/
#define NETLINK_UNUSED             1
#define NETLINK_USERSOCK           2
#define NETLINK_FIREWALL           3/*防火墙*/
#define NETLINK_INET_DIAG          4
#define NETLINK_NFLOG              5
#define NETLINK_XFRM               6
#define NETLINK_SELINUX            7/*selinux 防火墙*/
#define NETLINK_ISCSI              8
#define NETLINK_AUDIT              9
#define NETLINK_FIB_LOOKUP         10
#define NETLINK_CONNECTOR          11
#define NETLINK_NETFILTER          12
#define NETLINK_IP6_FW             13
#define NETLINK_DNRTMSG            14
#define NETLINK_KOBJECT_UEVENT     15/*Kobject 事件*/
#define NETLINK_GENERIC            16/*通用 Netlink 协议*/
```

```
#define NETLINK_SCSITRANSPORT    18
#define NETLINK_ECRYPTFS         19/*加密文件系统*/
```

netlink_kernel_cfg 结构定义如下：

```
struct netlink_kernel_cfg {
        unsigned int    groups;//组信息
        unsigned int    flags;
        void            (*input)(struct sk_buff *skb);//消息到达回调
        struct mutex    *cb_mutex;
        int             (*bind)(struct net *net, int group);//组绑定
        void            (*unbind)(struct net *net, int group);//组解绑定
        bool            (*compare)(struct net *net, struct sock *sk);
};
```

上面的 input 成员函数是 Netlink 消息处理函数，当有消息到达 Netlink socket 时，该 input 函数指针就会被引用，传递给 input 函数的参数是 sk_buff 结构。

Netlink 消息结构由 Netlink 消息头加数据组成。Netlink 消息头结构是 nlmsghdr：

```
struct nlmsghdr
{
        __u32       nlmsg_len;/*包含头的消息长度*/
        __u16       nlmsg_type;/*消息类型*/
        __u16       nlmsg_flags;/*附加标志*/
        __u32       nlmsg_seq;/*序列号*/
        __u32       nlmsg_pid;/*发送消息者的进程 ID*/
};
```

nlmsghdr 结构的 nlmsg_flags 字段用于设置消息标志，可用的标志包括：

```
#define NLM_F_REQUEST        1/*请求消息*/
#define NLM_F_MULTI          2/*消息有多个部分*/
#define NLM_F_ACK            4/*ACK*/
#define NLM_F_ECHO           8/*请求回应*/
#define NLM_F_ROOT           0x100
#define NLM_F_MATCH          0x200
#define NLM_F_ATOMIC         0x400
#define NLM_F_DUMP    (NLM_F_ROOT|NLM_F_MATCH)
#define NLM_F_REPLACE        0x100  /*覆盖已经存在的*/
#define NLM_F_EXCL           0x200  /*不覆盖已经存在的*/
#define NLM_F_CREATE         0x400  /*如果不存在则创建*/
#define NLM_F_APPEND         0x800  /*追加到尾部*/
```

内核中网络消息是通过 sk_buff 结构来管理的，Netlink 消息通常放置在 sk_buff 的 data 成员中。当内核中发送 Netlink 消息时，需要设置目标地址与源地址。NETLINK_CB 宏用来返回保存在 sk_buff 的 cb 成员中的 netlink_skb_parms 结构，netlink_skb_parms 中存放着一些地址信息：

```
#define NETLINK_CB(skb)    (*(struct netlink_skb_parms*)&((skb)->cb))
```

下面是一个消息地址设置的例子：

```
NETLINK_CB(skb). portid= 0; //消息发送者端口，一般内核设置为 0
NETLINK_CB(skb).dst_group = 1;//目标组地址。
```

在内核中可以调用函数 netlink_unicast 来发送单播消息：

```
int netlink_unicast(struct sock *ssk, struct sk_buff *skb,u32 portid, int nonblock)
```

其中 ssk 是 netlink_kernel_create 函数返回的 Netlink 套接字。skb 是网络数据结构，其 data 成员用来存放 Netlink 消息。portid 参数为目的端口，通常为接收消息的进程的 ID。nonblock 为阻塞标志，如果为 MSG_DONTWAIT，表示采用非阻塞方式，此时如果没有接收缓存则立即返回；如果为 0，表示阻塞方式，此时如果没有接收缓存则睡眠等待。

内核模块或子系统也可以使用函数 netlink_broadcast 来发送广播消息：

```
int netlink_broadcast(struct sock *ssk, struct sk_buff *skb, u32 portid,u32 group, gfp_t allocation);
```

参数 ssk、skb 与 portid 的含义与 netlink_unicast 函数的参数相同。本次广播将不发送给端口 ID 为 portid 的 Netlink socket。group 为接收 Netlink 消息的多播组组号。 allocation 为内存分配标志，包括 GFP_ATOMIC 和 GFP_KERNEL 等。

例 13.5 内核 Netlink 广播发送实例

```
#define NETLINK_EXAMPLE 32
struct sk_buff *skb = NULL;
struct nlmsghdr *nlh;
int ret;
struct sock *sock;
static void netlink_rcv(struct sk_buff *skb)
{
    //在此接收 netlink 消息
}
struct netlink_kernel_cfg cfg = {
    .input    = netlink_rcv,
};
sock = netlink_kernel_create(&init_net, NETLINK_EXAMPLE, &cfg);
skb = nlmsg_new(NLMSG_DEFAULT_SIZE, GFP_ATOMIC);
if (skb == NULL)return;
//填充广播包
NETLINK_CB(skb).portid = 0;
NETLINK_CB(skb).dst_group = 0;
nlh = (struct nlmsghdr *)skb->data;//指向数据位
nlh->nlmsg_len = NLMSG_SPACE(1000);
nlh->nlmsg_pid = 0;
nlh->nlmsg_flags = 0;
strcpy(NLMSG_DATA(nlh), "HELLO WORLD!");
//广播消息
```

```
netlink_broadcast(sock, skb, 0, 1,GFP_ATOMIC);
```

13.6.2　Netlink 应用层编程

Netlink 应用层使用标准的 socket 套接字与内核通信。标准的 socket API 的函数 socket, bind, sendmsg, recvmsg 和 close 都可以应用到 Netlink socket。 下面介绍 Netlink socket 的使用步骤。

创建一个 Netlink socket：

```
socket(AF_NETLINK, SOCK_RAW, netlink_type);
```

Netlink 对应的协议族是 AF_NETLINK，第二个参数必须是 SOCK_RAW（原始 socket）或 SOCK_DGRAM（数据报套接字），第三个参数指定 netlink 协议类型，它可以是一个自定义的类型，也可以使用内核预定义的类型，参见 netlink_kernel_create 函数的 unit。

bind 函数需要绑定协议地址。Netlink 的 socket 地址使用 sockaddr_nl 结构表示：

```
struct sockaddr_nl
{
    sa_family_t    nl_family;/*AF_NETLINK*/
    unsigned short         nl_pad;
    __u32    nl_pid;/*接收消息者的进程 ID，为 0 表示消息接收者为内核或多播组*/
    __u32    nl_groups;/*多播组*/
};
```

sockaddr_nl 结构中的成员 nl_family 为协议族 AF_NETLINK，成员 nl_pad 当前没有使用，因此要总是设置为 0，成员 nl_pid 为接收或发送消息的进程的 ID，如果希望内核来处理消息或多播消息，就把该字段设置为 0，否则设置为处理消息的进程 ID。成员 nl_groups 用于指定多播组，bind 函数用于把调用进程加入到该字段指定的多播组，如果设置为 0，表示调用者不加入任何多播组。

用户空间可以调用 socket 套接字的 send 函数向内核发送消息，如 sendto、sendmsg 等。消息的形式如下：

```
struct msghdr {
    void  *        msg_name;     /*socket 名*/
    int            msg_namelen;/*名称长度*/
    struct iovec * msg_iov;      /*数据块*/
    __kernel_size_t        msg_iovlen;/*数据块数量*/
    void *msg_control;
    __kernel_size_t        msg_controllen;
    unsigned       msg_flags;
};
```

13.6.3　Netlink 驱动程序实例

例 13.6　Netlink 驱动程序与应用实例

本例使用 Netlink 实现内核与应用层的交互。代码见\samples\13network\13-2netlink。

创建内核 Netlink 套接字代码如下：

```
struct sock *nl_sk = NULL;
static int init_netlink(void)
{
	struct netlink_kernel_cfg cfg = {
		.groups= CN_NETLINK_USERS + 0xf,
		.input  =  sample_input,
	};
	nl_sk = netlink_kernel_create(&init_net, NETLINK_SAMPLE, &cfg);
	if (!nl_sk)
	{
		printk("net_link: Cannot create netlink socket.\n");
		return -EIO;
	}
	printk("net_link: create socket ok.\n");
	return 0;
}
int init_module()
{
	init_netlink();
	return 0;
}
```

内核 Netlink 套接字收到消息会调用 sample_input 函数。本例中 sample_input 函数的功能是将应用层发来的数据原样发回应用层：

```
void sample_input (struct sk_buff *__skb)
{
	struct sk_buff *skb;
	struct nlmsghdr *nlh;
	unsigned int pid;
	int rc;
	int len = NLMSG_SPACE(1200);
	char data[100];
	int dlen=0;
	skb = skb_get(__skb);
	if (skb->len >= NLMSG_SPACE(0))
	{
		nlh = nlmsg_hdr(skb);
		dlen= nlh->nlmsg_len;
		pid = nlh->nlmsg_pid;/*将消息 ID 设置为目的端口*/
		if(dlen>100)dlen=100;
		memset(data,0,100);
		memcpy(data,NLMSG_DATA(nlh),dlen);
		printk("net_link: recv '%s' from process %d.\n",data,pid);
		kfree_skb(skb);
```

```
            skb = alloc_skb(len, GFP_ATOMIC);//分配 sk_buff
            if (!skb)
            {
                printk("net_link: alloc_skb failed.\n");
                return;
            }
            nlh = nlmsg_put(skb,0,0,0,1200,0);//向 skb 添加一个 netlink 消息
            nlh ->nlmsg_len=dlen;
            NETLINK_CB(skb).portid = 0;
            memcpy(NLMSG_DATA(nlh), data, strlen(data));
            rc = netlink_unicast(nl_sk, skb, pid, MSG_DONTWAIT);//发送单播消息
            if (rc < 0)
            {
                printk("net_link: unicast skb error\n");
            }
            printk("net_link: send '%s' to process %d ok.\n",data,pid);
        }
        return;
    }
```

应用层参考代码如下：

```
    int main(int argc, char* argv[])
    {
        struct sockaddr_nl src_addr, dest_addr;
        struct nlmsghdr *nlh = NULL;
        struct iovec iov;
        int sock_fd;
        struct msghdr msg;
        // PF_NETLINK 与 AF_NETLINK 相同
        sock_fd = socket(PF_NETLINK, SOCK_RAW, NETLINK_SAMPLE);
        memset(&msg, 0, sizeof(msg));
        memset(&src_addr, 0, sizeof(src_addr));
        src_addr.nl_family = AF_NETLINK;
        src_addr.nl_pid = getpid();
        src_addr.nl_groups = 0;
        bind(sock_fd, (struct sockaddr*)&src_addr, sizeof(src_addr));
        memset(&dest_addr, 0, sizeof(dest_addr));
        dest_addr.nl_family = AF_NETLINK;
        dest_addr.nl_pid = 0;
        dest_addr.nl_groups = 0;
        nlh=(struct nlmsghdr *)malloc(NLMSG_SPACE(MAX_PAYLOAD));
        nlh->nlmsg_len = NLMSG_SPACE(MAX_PAYLOAD);
        nlh->nlmsg_pid = getpid();
        nlh->nlmsg_flags = 0;
        strcpy(NLMSG_DATA(nlh), "Hello kernel!");
        iov.iov_base = (void *)nlh;
```

```
        iov.iov_len = nlh->nlmsg_len;
        msg.msg_name = (void *)&dest_addr;
        msg.msg_namelen = sizeof(dest_addr);
        msg.msg_iov = &iov;
        msg.msg_iovlen = 1;
        sendmsg(sock_fd, &msg, 0);
        printf("Send message payload: %s\n",NLMSG_DATA(nlh));
        memset(nlh, 0, NLMSG_SPACE(MAX_PAYLOAD));
        recvmsg(sock_fd, &msg, 0);
        printf("Received message payload: %s\n",NLMSG_DATA(nlh));
        close(sock_fd);
}
```

本例运行结果如下：

```
[root@urbetter drivers]# insmod netlink.ko
net_link: create socket ok.
[root@urbetter drivers]# ./test
net_link: recv 'Hello kernel!' from process 1246.
net_link: send 'Hello kernel!' to process 1246 ok.
Send message payload: Hello kernel!
Received message payload: Hello kernel!
```

第 14 章　USB 驱动程序

Linux 内核对 USB 设备的支持非常完善。作为 USB 主机，它支持几乎所有通用 USB 设备类型。另外 Linux 内核还支持 USB Gadget 驱动，这样系统可以作为一个 USB 从设备使用。在 Linux 操作系统下，只要是遵循 USB 规范的设备，通常不安装驱动就可以使用。本章主要介绍 USB 体系基础、Linux 内核中的 USB 设备驱动架构，并分析 S3C6410X 的 USB 主机控制器驱动程序。

14.1　USB 体系概述

14.1.1　USB 系统组成

USB 系统一般由一个 USB 主机、一个或多个 USB 集线器和一个或多个 USB 设备节点组成。USB HUB 用于设备扩展连接，所有 USB 设备都连接在 USB HUB 的端口上。一个 USB 主机总与一个根 HUB（USB ROOT HUB）相连。USB 系统的拓扑结构如图 14-1 所示。

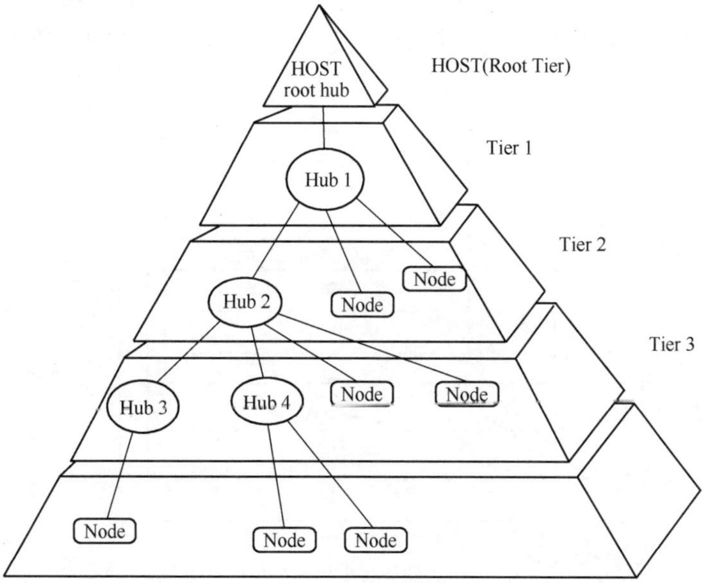

图 14-1　USB 系统拓扑结构

14.1.2　USB 主机

在任何 USB 系统中通常仅有一台主机（Host）。主机系统中 USB 接口称为主机控制器

（Host Controller）。USB 主机是 USB 总线的核心部分，它的任务包括：

（1）检测 USB 设备的连接和拆除。

（2）管理主机和 USB 设备之间的控制流。

（3）管理主机和 USB 设备之间的数据流。

（4）状态和活动的统计。

（5）为连接的 USB 设备提供电源。

USB 主机的设计必须遵循主机控制器的设计规范。USB1.1 协议中包括 OHCI（Open Host Controller Interface Specification）和 UHCI（Universal Host Controller Interface Specification）规范。UHCI 对硬件的要求较少，但对系统的处理能力与软件的开发要求较高；OHCI 则把较多的功能定义在硬件中，软件处理的复杂度降低，对系统的要求也较低。USB 主机控制器控制总线上包的传输。包在帧中传输，在每帧开始时，主控器产生一个帧开始（SOF, Start of Frame）包，用于同步帧的开始和跟踪帧的数目。

USB 2.0 中增加了 EHCI（Enhanced Host Controller Interface），它为 USB 2.0 主机高速数据传输控制器的软硬件设计提供了统一的接口标准，大大简化了 USB 2.0 的主机设计，提高了软件的可移植性。EHCI 本身并不支持全速与低速设备，为了兼容 USB 1.1，USB 2.0 的 HC 由 EHCI 和 CHC（Companion Host Controller，包括 OHCI 和 UHCI 等）两部分组成。

14.1.3　USB 设备逻辑层次

USB 设备在逻辑上分成了几个层次，分别是设备层、配置层、接口层和端点层，如图 14-2 所示。设备层描述设备的总体信息，包括厂商 ID、USB 协议版本、设备类型等信息。每个设备内有一个或多个逻辑连接点，称为端点，接口是由一组相关的端点组成的。设备可以有多组接口，每一组接口共用一个配置。

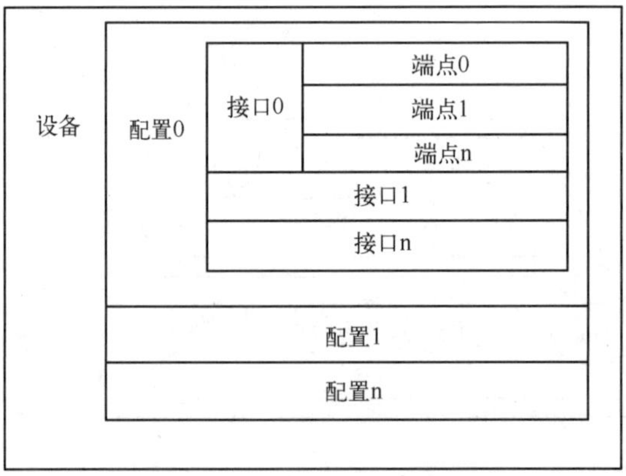

图 14-2　USB 设备中各层关系

USB 设备对于 USB 系统来说是一个端点的集合，端点被分成组，一组端点实现一个接口，设备端点和主机软件之间利用管道进行联系。设备驱动程序就是通过这些接口和管道来与设备进行通信。设备端点是一个 USB 设备中唯一可寻址部分，是主机与设备之间通信的来源或目的。由两个 0 号端点组成的通道叫缺省控制通道。一旦设备加电并复位后，此通道即可使用。其他通道只在设备被配置后才可以使用。

Linux 内核 USB 设备的结构如下：

```
struct usb_device {
    int             devnum;
    char            devpath[16];
    u32             route;
    enum usb_device_state       state;
    enum usb_device_speed       speed;
    struct usb_tt   *tt;
    int             ttport;
    unsigned int toggle[2];
    struct usb_device *parent;
    struct usb_bus *bus;
    struct usb_host_endpoint ep0;//端口 0
    struct device dev;
    struct usb_device_descriptor descriptor;
    struct usb_host_bos *bos;
    struct usb_host_config *config;
    struct usb_host_config *actconfig;
    struct usb_host_endpoint *ep_in[16];//输入端口
    struct usb_host_endpoint *ep_out[16];//输出端口
    char **rawdescriptors;
    unsigned short bus_mA;
    u8 portnum;
    …
};
```

Linux 内核中 USB 配置的结构如下：

```
struct usb_host_config {
    struct usb_config_descriptor  desc;//配置描述符
    char *string;/*配置字符串*/
    struct usb_interface_assoc_descriptor *intf_assoc[USB_MAXIADS];
    struct usb_interface *interface[USB_MAXINTERFACES]; /*配置关联的接口*/
    struct usb_interface_cache *intf_cache[USB_MAXINTERFACES];
    unsigned char *extra;     /*其他描述符*/
    int extralen;//其他描述符长度
};
```

Linux 内核中 USB 主机接口的结构如下：

```
struct usb_host_interface {
    struct usb_interface_descriptor         desc;//接口描述符
    int extralen;
    unsigned char *extra;     /*其他描述符*/
    struct usb_host_endpoint *endpoint;//关联的端点
    char *string;/*接口字符串*/
};
```

Linux 内核中 USB 主机端点的结构如下：

```
struct usb_host_endpoint {
        struct usb_endpoint_descriptor          desc;//端点描述符
        struct usb_ss_ep_comp_descriptor        ss_ep_comp;
        struct list_head          urb_list;
        void                      *hcpriv;
        struct ep_device          *ep_dev;        /*用于 sysfs*/
        unsigned char *extra;     /*其他描述符*/
        int extralen;//其他描述符长度
        int enabled;
        int streams;
};
```

14.2 Linux USB 驱动程序体系

14.2.1 USB 总体结构

Linux 下的 USB 驱动程序体系结构如图 14-3 所示。

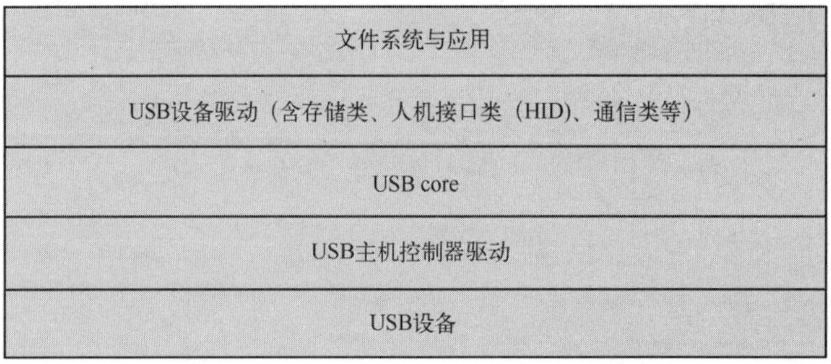

图 14-3　Linux 下的 USB 驱动程序体系

USB 主机控制器负责 USB 接口通信和 USB 数据传输。USB 主机控制器驱动程序负责管理 USB 主机控制器。USB 核心层负责 USB 总线管理、USB 协议栈等。USB 设备类驱动负责与应用交互，它往往是一种混合型驱动。例如 USB 鼠标驱动是 USB 设备驱动与输入子系统设备驱动的混合。USB 设备类驱动一般是与平台无关的。Linux 内核支持的 USB 设备类包括 USB 打印设备、通信类设备、HID 设备类、存储设备类、语音设备类等。

14.2.2 USB 设备驱动

USB 核心层使用 usb_driver 来标识一个 USB 设备驱动，该结构定义如下：

```
struct usb_driver {
        const char *name;
        int (*probe) (struct usb_interface *intf,const struct usb_device_id *id);
        void (*disconnect) (struct usb_interface *intf);
```

```
        int (*unlocked_ioctl) (struct usb_interface *intf, unsigned int code,void *buf);
        int (*suspend) (struct usb_interface *intf, pm_message_t message);
        int (*resume) (struct usb_interface *intf);
        int (*reset_resume)(struct usb_interface *intf);
        int (*pre_reset)(struct usb_interface *intf);
        int (*post_reset)(struct usb_interface *intf);
        const struct usb_device_id *id_table;
        struct usb_dynids dynids;
        struct usbdrv_wrap drvwrap;
        unsigned int no_dynamic_id:1;
        unsigned int supports_autosuspend:1;
        unsigned int disable_hub_initiated_lpm:1;
        unsigned int soft_unbind:1;
};
```

USB 设备驱动注册注销接口如下：

```
#define usb_register(driver) \
        usb_register_driver(driver, THIS_MODULE, KBUILD_MODNAME)
void usb_deregister(struct usb_driver *);
//下面为简洁的 USB 驱动注册与注销宏，当不需要在初始化与退出时做其他特殊操作时使用
#define module_usb_driver(__usb_driver) \
        module_driver(__usb_driver, usb_register, \
                        usb_deregister)
```

usb_driver 注册后，当 USB 核心层发现新的 USB 设备与之匹配时，会调用 usb_driver 的 probe 函数。

14.2.3　USB 设备

USB 核心层使用 usb_device 结构来标识一个 USB 设备，该结构定义如下：

```
struct usb_device {
        int             devnum;//在总线上的序号
        char            devpath[16];//USB 拓扑路径
        u32             route;
        enum usb_device_state       state;//状态
        enum usb_device_speed       speed;//速度
        struct usb_tt   *tt;//事务转换（如高速接口兼容低速设备）
        int             ttport;
        unsigned int toggle[2];
        struct usb_device *parent;
        struct usb_bus *bus;
        struct usb_host_endpoint ep0;//端点 0
        struct device dev;
        struct usb_device_descriptor descriptor;//设备描述符
        struct usb_host_bos *bos;
        struct usb_host_config *config;
```

```
        struct usb_host_config *actconfig;
        struct usb_host_endpoint *ep_in[16];//输入端点
        struct usb_host_endpoint *ep_out[16];//输出端点
        char **rawdescriptors;//GET_DESCRIPTOR 命令返回的描述符原始字符串
        unsigned short bus_mA;//电流
        u8 portnum;//HUB 端口号
        u8 level;//USB 设备树层级
        unsigned can_submit:1;
        unsigned persist_enabled:1;
        unsigned have_langid:1;
        unsigned authorized:1;
        unsigned authenticated:1;
        unsigned wusb:1;
        unsigned lpm_capable:1;
        unsigned usb2_hw_lpm_capable:1;
        unsigned usb2_hw_lpm_besl_capable:1;
        unsigned usb2_hw_lpm_enabled:1;
        unsigned usb2_hw_lpm_allowed:1;
        unsigned usb3_lpm_u1_enabled:1;
        unsigned usb3_lpm_u2_enabled:1;
        int string_langid;
        ...
};
```

当 HUB 检测到设备连接，就会分配一个 usb_device，注册到总线设备列表中，然后匹配相应的驱动。

14.2.4　主机控制器驱动

usb_hcd 结构用来标识一个 USB 主机控制器驱动：

```
struct usb_hcd {
        struct usb_bus          self;           /*hcd 本身是 bus*/
        struct kref             kref;           /*引用计数*/
        const char              *product_desc; /*厂商字符串*/
        int                     speed;          /*根 hub 的速度*/
        char                    irq_descr[24];  /*driver + bus #*/
        struct timer_list       rh_timer;       /*drives root-hub polling*/
        struct urb              *status_urb;    /*当前的状态 urb*/
#ifdef CONFIG_PM
        struct work_struct      wakeup_work;  /*远程唤醒用*/
#endif
        const struct hc_driver          *driver;            /*硬件信息与 hooks 函数*/
        //OTG 与一些主机控制器需要与 PHY 交互
        struct usb_phy          *usb_phy;
        struct phy              *phy;
        unsigned long           flags;
```

```
    ...
    unsigned int            irq;            /*中断*/
    void __iomem            *regs;          /*设备内存/IO*/
    resource_size_t         rsrc_start;     /*内存/IO 资源起始*/
    resource_size_t         rsrc_len;       /*内存/IO 资源长度*/
    unsigned                power_budget; /*电源预算，单位为 mA, 0 = 无限制*/
    struct giveback_urb_bh  high_prio_bh;
    struct giveback_urb_bh  low_prio_bh;
    struct mutex            *bandwidth_mutex;//带宽互斥
    struct usb_hcd          *shared_hcd;
    struct usb_hcd          *primary_hcd;
    struct dma_pool         *pool[HCD_BUFFER_POOLS];
    int             state;
    unsigned long hcd_priv[0]__attribute__ ((aligned(sizeof(s64))));//私有数据
};
```

usb_add_hcd 用来添加 USB 主机控制器驱动：

```
int usb_add_hcd(struct usb_hcd *hcd,unsigned int irqnum, unsigned long irqflags);
```

其中 irqnum 为中断号，irqflags 为中断标志。

14.2.5　USB 请求块 urb

USB 体系的各个模块之间使用 USB 请求块（urb）进行信息传递。urb 结构如下：

```
struct urb {
    /*以下私有: usb 核心层或主机控制器用*/
    struct kref kref;                   /*URB 引用计数*/
    void *hcpriv;                       /*主机控制器私有数据*/
    atomic_t use_count;                 /*并发提交个数*/
    atomic_t reject;
    int unlinked;
    /*以下公用:可被驱动使用的成员*/
    struct list_head urb_list;
    struct list_head anchor_list;
    struct usb_anchor *anchor;
    struct usb_device *dev;             /*关联的设备*/
    struct usb_host_endpoint *ep;/*端点*/
    unsigned int pipe;                  /*管道信息*/
    unsigned int stream_id;             /*流 ID*/
    int status;                         /*状态*/
    unsigned int transfer_flags;        /*传输标志*/
    void *transfer_buffer;              /*数据缓冲*/
    dma_addr_t transfer_dma;            /*传输缓冲的 DMA 地址*/
    struct scatterlist *sg;
    int num_mapped_sgs;
    int num_sgs;
```

```
    u32 transfer_buffer_length;     /*数据缓冲长度*/
    u32 actual_length;              /*实际传输长度*/
    unsigned char *setup_packet; /*建立包 (控制专用)*/
    dma_addr_t setup_dma;           /*建立包 DMA 地址*/
    int start_frame;                /*开始帧 (ISO)*/
    int number_of_packets;          /*ISO 包数量*/
    int interval;                   /*传输间隔 (INT/ISO)*/
    int error_count;                /*ISO 错误数量*/
    void *context;                  /*完成事件上下文*/
    usb_complete_t complete;        /*完成事件回调*/
    struct usb_iso_packet_descriptor iso_frame_desc[0];/*用于 ISO*/
};
```

创建一个 urb 使用下面的函数：

```
struct urb *usb_alloc_urb(int iso_packets, gfp_t mem_flags);
```

iso_packets 代表等时数据包的数量，如果不创建等时 urb 则该值为 0。mem_flags 为创建标志。释放一个 urb 使用下面的函数：

```
void usb_free_urb(struct urb *urb);
```

usb_submit_urb 用来提交 USB 请求块：

```
int usb_submit_urb(struct urb *urb, gfp_t mem_flags);
```

usb_submit_urb 是个异步调用，它会立即返回，提交的 urb 被放入处理队列，处理完毕会调用 struct urb-> complete 函数，complete 函数的定义如下：

```
typedef void (*usb_complete_t)(struct urb *);
```

要取消提交的请求，可以用 usb_unlink_urb 函数或 usb_kill_urb 函数。

```
int usb_unlink_urb(struct urb *urb);//不等待成功就返回
void usb_kill_urb(struct urb *urb);//等待取消成功
```

USB 支持四种基本的数据传输模式：控制传输、同步传输、中断传输、批量传输。控制传输方式支持双向传输，用来处理主端口到 USB 从端口的数据传输，包括设备控制指令、设备状态查询及确认命令。对于高速设备，允许数据包最大容量为 8，16，32 或 64B，对于低速设备只有 8B 一种选择。同步传输是一种周期的、连续的单向传输方式，通常用于与时间有密切关系的信息的传输。同步传输每次传输的最大有效负荷可为 1024B。中断传输用于非周期的、自然发生的、数据量很小的信息的传输，主要用在键盘、鼠标及操纵杆等设备上。批量传输方式也是一种单向传输，用于大量的、对时间没有要求的数据传输。

usb_fill_int_urb 用来填充中断传输模式的 urb:

```
static inline void usb_fill_int_urb(struct urb *urb,struct usb_device *dev,unsigned int pipe,
                                    void *transfer_buffer,int buffer_length,
                                    usb_complete_t complete_fn,void *context,int interval)
{
```

```
	urb->dev = dev;
	urb->pipe = pipe;
	urb->transfer_buffer = transfer_buffer;
	urb->transfer_buffer_length = buffer_length;
	urb->complete = complete_fn;
	urb->context = context;
	if (dev->speed == USB_SPEED_HIGH || dev->speed == USB_SPEED_SUPER) {
		/*确保间隔在合理范围*/
		interval = clamp(interval, 1, 16);
		urb->interval = 1 << (interval - 1);
	} else {
		urb->interval = interval;
	}
	urb->start_frame = -1;
}
```

usb_fill_control_urb 用来填充控制传输模式的 urb:

```
static inline void usb_fill_control_urb(struct urb *urb,struct usb_device *dev,unsigned int pipe,
						unsigned char *setup_packet,void *transfer_buffer,
						int buffer_length,usb_complete_t complete_fn,void *context)
{
	urb->dev = dev;
	urb->pipe = pipe;
	urb->setup_packet = setup_packet;
	urb->transfer_buffer = transfer_buffer;
	urb->transfer_buffer_length = buffer_length;
	urb->complete = complete_fn;
	urb->context = context;
}
```

usb_fill_bulk_urb 用来填充批量传输模式的 urb:

```
static inline void usb_fill_bulk_urb(struct urb *urb,struct usb_device *dev,unsigned int pipe,
						void *transfer_buffer,int buffer_length,
						usb_complete_t complete_fn,void *context)
{
	urb->dev = dev;
	urb->pipe = pipe;
	urb->transfer_buffer = transfer_buffer;
	urb->transfer_buffer_length = buffer_length;
	urb->complete = complete_fn;
	urb->context = context;
}
```

Linux 内核没有提供专门的函数用来填充同步模式的 urb，同步模式的 urb 需要设置 URB_ISO_ASAP 标志：

```
    urb->dev = dev->udev;
    urb->context = dev;
    urb->pipe = usb_rcvisocpipe(dev->udev, 0x83);
    urb->transfer_flags = URB_ISO_ASAP;
    urb->transfer_buffer = dev->adev.transfer_buffer[i];
    urb->interval = 1;
    urb->complete = em28xx_audio_isocirq;
    urb->number_of_packets = EM28XX_NUM_AUDIO_PACKETS;
    urb->transfer_buffer_length = sb_size;
    for (j = k = 0; j < EM28XX_NUM_AUDIO_PACKETS;
            j++, k += EM28XX_AUDIO_MAX_PACKET_SIZE) {
                urb->iso_frame_desc[j].offset = k;
                urb->iso_frame_desc[j].length =EM28XX_AUDIO_MAX_PACKET_SIZE;
    }
```

下面几个 USB 数据发送函数为同步型函数，用于创建一个 urb，并将其发送出去，等待处理结束。这些函数均不能用于中断上下文。从函数名称不难看出其数据传输模式。

```
int usb_control_msg(struct usb_device *dev, unsigned int pipe, __u8 request,
                    __u8 requesttype, __u16 value, __u16 index, void *data,__u16 size, int timeout);
int usb_interrupt_msg(struct usb_device *usb_dev, unsigned int pipe,
                    void *data, int len, int *actual_length, int timeout);
int usb_bulk_msg(struct usb_device *usb_dev, unsigned int pipe,
                    void *data, int len, int *actual_length, int timeout);
```

14.3　USB 设备枚举

内核使用 usb_get_descriptor 函数获取设备的描述符：

```
int usb_get_descriptor(struct usb_device *dev, unsigned char type,unsigned char index, void *buf, int size)
```

基本的描述符的类型包括：

```
#define USB_DT_DEVICE                       0x01
#define USB_DT_CONFIG                       0x02
#define USB_DT_STRING                       0x03
#define USB_DT_INTERFACE                    0x04
#define USB_DT_ENDPOINT                     0x05
#define USB_DT_DEVICE_QUALIFIER             0x06
#define USB_DT_OTHER_SPEED_CONFIG           0x07
#define USB_DT_INTERFACE_POWER              0x08
```

根据 USB 设备的组织结构，设备挂载时，内核依次获取设备描述符、配置描述符、接口描述符、端点描述符。基本的描述符定义如下：

```
//设备描述符
struct usb_device_descriptor {
```

```
        __u8  bLength; //此描述符的字节数
        __u8  bDescriptorType;//描述符种类为设备
        __u16 bcdUSB;//此设备与描述符兼容的 USB 设备说明版本号（BCD 码）
        __u8  bDeviceClass;//设备类码
        __u8  bDeviceSubClass;//设备子类码
        __u8  bDeviceProtocol;//协议码
        __u8  bMaxPacketSize0;//端点 0 的最大包大小（仅 8,16,32,64 为合法值）
        __u16 idVendor;//厂商标志
        __u16 idProduct;//产品标志
        __u16 bcdDevice;//设备发行号（BCD 码）
        __u8  iManufacturer;//描述厂商信息的字串的索引
        __u8  iProduct;//描述产品信息的字串的索引
        __u8  iSerialNumber;//描述设备序列号信息的字串的索引
        __u8  bNumConfigurations; //此设备支持的配置数
    } __attribute__ ((packed));
    //配置描述符
    struct usb_config_descriptor {
        __u8  bLength;//此描述符的字节数
        __u8  bDescriptorType;//配置描述符类型
        __u16 wTotalLength;//此配置信息的总长
        __u8  bNumInterfaces;//此配置所支持的接口个数
        __u8  bConfigurationValue;//用作 SetConfiguration 命令的参数
        __u8  iConfiguration;//描述此配置的字串描述符索引
        __u8  bmAttributes;//电源配置特性
        __u8  bMaxPower;//在此配置下的总线电源耗费量
    } __attribute__ ((packed));
    //接口描述符
    struct usb_interface_descriptor {
        __u8  bLength;//此描述符的字节数
        __u8  bDescriptorType; //接口描述符类
        __u8  bInterfaceNumber;//接口号：当前配置支持的接口数组索引，从零开始
        __u8  bAlternateSetting;//可选设置的索引值
        __u8  bNumEndpoints;//此接口用的端点数量
        __u8  bInterfaceClass;//类值：零值为将来的标准保留。如果此域的值设为 FFH，则此接口
类由厂商说明。所有其它的值由 USB 说明保留
        __u8  bInterfaceSubClass;//子类码
        __u8  bInterfaceProtocol;//协议码
        __u8  iInterface;//描述此接口的字串描述符的索引值
    } __attribute__ ((packed));
    //端点描述符
    struct usb_endpoint_descriptor {
        __u8  bLength;//此描述符的字节数
        __u8  bDescriptorType;//端点描述符类
        __u8  bEndpointAddress;//此描述符所描述的端点的地址
        __u8  bmAttributes;//此域的值描述的是在 bConfigurationValue 域所指的配置下端点的特性。
Bit[1,0]代表传送类型：00=控制传送；01=同步传送；10=批传送；11=中断传送。所有其他的位都保留
```

```
        __u16 wMaxPacketSize;//当前配置下此端点能够接收或发送的最大数据包的大小
        __u8  bInterval;//轮询数据传送端点的时间间隙
//以下用于声音设备端点
        __u8  bRefresh;
        __u8  bSynchAddress;
} __attribute__ ((packed));
```

可见描述符中包含了设备类型与协议信息，根据这些参数，内核可以为挂载上的 USB 设备分配合适的设备驱动。USB 设备驱动程序中通常使用 usb_device_id 来描述所支持的 USB 设备的功能和类别。

```
struct usb_device_id {
        __u16               match_flags; /*匹配哪些域*/
        /*厂商标志匹配*/
        __u16               idVendor;
        __u16               idProduct;
        __u16               bcdDevice_lo;
        __u16               bcdDevice_hi;
        /*设备类型匹配*/
        __u8          bDeviceClass;
        __u8          bDeviceSubClass;
        __u8          bDeviceProtocol;
        /*接口类型匹配*/
        __u8          bInterfaceClass;
        __u8          bInterfaceSubClass;
        __u8          bInterfaceProtocol;
        /*厂商特有的接口匹配*/
        __u8          bInterfaceNumber;
        kernel_ulong_t      driver_info __attribute__((aligned(sizeof(kernel_ulong_t))));
};
```

14.4　S3C6410X USB 主机控制器驱动程序

14.4.1　驱动程序原理分析

S3C6410X 的 USB 控制器包含 2 个 USB 端口，它是符合 OHCI 规范的 USB 接口，这个 USB 接口的寄存器是与 OHCI1.0 规范兼容的，而 Linux 内核完全支持 OHCI1.0 规范，所以 S3C6410X 的主机控制器驱动要实现的内容并不是太多，主要是实现 hc_driver 结构接口。S3C6410X 的 hc_driver 结构如下：

```
static struct hc_driver __read_mostly ohci_s3c2410_hc_driver;
ohci_s3c2410_hc_driver.hub_status_data    = ohci_s3c2410_hub_status_data;
ohci_s3c2410_hc_driver.hub_control        = ohci_s3c2410_hub_control;
```

S3C6410X USB 主机控制器探测函数为 ohci_hcd_s3c2410_drv_probe，用来初始化

S3C6410X USB 主机控制器。

```
static struct platform_driver ohci_hcd_s3c2410_driver = {
	.probe		= ohci_hcd_s3c2410_drv_probe,
	.remove		= ohci_hcd_s3c2410_drv_remove,
	.shutdown	= usb_hcd_platform_shutdown,
	.driver		= {
		.name	= "s3c2410-ohci",
		.pm	= &ohci_hcd_s3c2410_pm_ops,
	},
};
static int ohci_hcd_s3c2410_drv_probe(struct platform_device *pdev)
{
	return usb_hcd_s3c2410_probe(&ohci_s3c2410_hc_driver, pdev);
}
static int usb_hcd_s3c2410_probe(const struct hc_driver *driver,struct platform_device *dev)
{
	struct usb_hcd *hcd = NULL;
	struct s3c2410_hcd_info *info = dev_get_platdata(&dev->dev);
	int retval;
	s3c2410_usb_set_power(info, 1, 1);
	s3c2410_usb_set_power(info, 2, 1);
	hcd = usb_create_hcd(driver, &dev->dev, "s3c24xx");
	if (hcd == NULL)
		return -ENOMEM;
	hcd->rsrc_start = dev->resource[0].start;
	hcd->rsrc_len = resource_size(&dev->resource[0]);
	hcd->regs = devm_ioremap_resource(&dev->dev, &dev->resource[0]);//寄存器映射
	if (IS_ERR(hcd->regs)) {
		retval = PTR_ERR(hcd->regs);
		goto err_put;
	}
	clk = devm_clk_get(&dev->dev, "usb-host");
	if (IS_ERR(clk)) {
		dev_err(&dev->dev, "cannot get usb-host clock\n");
		retval = PTR_ERR(clk);
		goto err_put;
	}
	usb_clk = devm_clk_get(&dev->dev, "usb-bus-host");
	if (IS_ERR(usb_clk)) {
		dev_err(&dev->dev, "cannot get usb-bus-host clock\n");
		retval = PTR_ERR(usb_clk);
		goto err_put;
	}
	s3c2410_start_hc(dev, hcd);
	retval = usb_add_hcd(hcd, dev->resource[1].start, 0);
	if (retval != 0)
```

```
                goto err_ioremap;
        device_wakeup_enable(hcd->self.controller);//允许此设备唤醒系统
        return 0;
    err_ioremap:
        s3c2410_stop_hc(dev);
    err_put:
        usb_put_hcd(hcd);
        return retval;
}
```

14.4.2　S3C6410X 加载 U 盘实例

（1）首先修改/arch/arm/mach-s3c2410/mach-smdk2410.c，添加 USB 设备：

```
static struct platform_device *smdk6410_devices[] __initdata = {
#ifdef CONFIG_SMDK6410_SD_CH0
        &s3c_device_hsmmc0,
#endif
#ifdef CONFIG_SMDK6410_SD_CH1
        &s3c_device_hsmmc1,
#endif
        &s3c_device_i2c0,
        &s3c_device_i2c1,
        &s3c_device_fb,
        &s3c_device_usb,
        &s3c_device_usb_hsotg,
#ifdef CONFIG_REGULATOR
        &smdk6410_b_pwr_5v,
#endif
        &smdk6410_lcd_powerdev,
        &smdk6410_smsc911x,
};
```

（2）运行 make menuconfig，进入内核配置，在【device drivers】→【USB support】中配置如图 14-4 所示：

```
 --- USB support
<*>   Support for Host-side USB
[*]     USB announce new devices
*** Miscellaneous USB options ***
[*]     Enable USB persist by default
[ ]     Dynamic USB minor allocation
[ ]     OTG support
[ ]     Rely on OTG and EH Targeted Peripherals List
< >     USB ULPI PHY interface support
< >     USB Monitor
< >     Support WUSB Cable Based Association (CBA)
*** USB Host Controller Drivers ***
< >     Cypress C67x00 HCD support
< >     xHCI HCD (USB 3.0) support
< >     EHCI HCD (USB 2.0) support
<*>     USB Mass Storage support
```

图 14-4　USB support 配置

（3）插入 U 盘，加载 U 盘和卸载 U 盘的过程如下：

```
启动后插入 U 盘
[root@urbetter /dev]# usb 1-1: USB disconnect, device number 2
usb 1-1: new full-speed USB device number 7 using s3c2410-ohci
usb 1-1: New USB device found, idVendor=0781, idProduct=5575
usb 1-1: New USB device strings: Mfr=1, Product=2, SerialNumber=3
usb 1-1: Product: Cruzer Glide
usb 1-1: Manufacturer: SanDisk
usb 1-1: SerialNumber: 4C530201021202112304
usb-storage 1-1:1.0: USB Mass Storage device detected
scsi host1: usb-storage 1-1:1.0
usb 1-2: new full-speed USB device number 8 using s3c2410-ohci
usb 1-2: device descriptor read/64, error -62
usb 1-2: device descriptor read/64, error -62
usb 1-2: new full-speed USB device number 9 using s3c2410-ohci
scsi 1:0:0:0: Direct-Access     SanDisk   Cruzer Glide      1.26 PQ: 0 ANSI: 6
sd 1:0:0:0: Attached scsi generic sg0 type 0
sd 1:0:0:0: [sdb] 15633408 512-byte logical blocks: (8.00 GB/7.45 GiB)
sd 1:0:0:0: [sdb] Write Protect is off
sd 1:0:0:0: [sdb] Write cache: disabled, read cache: enabled, doesn't support DPO or FUA
 sdb: sdb1
[root@urbetter /dev]# mount -t vfat /dev/sdb1    /mnt/disk/
[root@urbetter /dev]# df
Filesystem                        1K-blocks     Used   Available  Use%   Mounted on
192.168.10.102:/root/fgj/nfs/rootfs  29799484  7393104  20869612  26%     /
tmpfs                             61948         0       61948    0%    /dev/shm
/dev/sdb1                        7812864       16     7812848    0%    /mnt/disk
[root@urbetter /dev]# cd /mnt/disk
[root@urbetter disk]# ls
[root@urbetter disk]# mkdir a
[root@urbetter disk]# ls
a
```

14.5　USB 键盘设备驱动程序分析

如果 USB 主机控制器已经开发完毕，那么剩下的任务就是开发特定的 USB 设备驱动程序。在 Linux 内核中已经包含一些通用的 USB 设备驱动程序如键盘、鼠标、声卡和存储设备，这里以 USB 键盘设备为例分析 USB 设备驱动程序开发的方法，代码在 /drivers/hid/usbhid/usbkbd.c 中。USB 键盘设备是 USB 设备与输入设备的结合体。

```
static struct usb_device_id usb_kbd_id_table [] = {
        { USB_INTERFACE_INFO(USB_INTERFACE_CLASS_HID,   USB_INTERFACE_SUBCLASS_
BOOT,
                USB_INTERFACE_PROTOCOL_KEYBOARD) },
```

```
        { }                                    /*Terminating entry*/
};
MODULE_DEVICE_TABLE (usb, usb_kbd_id_table);
static struct usb_driver usb_kbd_driver = {
        .name =             "usbkbd",
        .probe =        usb_kbd_probe,
        .disconnect = usb_kbd_disconnect,
        .id_table =     usb_kbd_id_table,
};
module_usb_driver(usb_kbd_driver);//USB 设备驱动入口
```

根据 usb_kbd_id_table 可知本 USB 设备驱动支持 HID 类的 USB 设备,采用键盘协议。USB 键盘采用中断传输方式接收键盘值，采用控制传输方式控制键盘 LED 灯。usb_kbd_probe 函数设置中断传输参数，并注册输入子设备。具体代码如下：

```
static int usb_kbd_probe(struct usb_interface *iface,const struct usb_device_id *id)
{
        struct usb_device *dev = interface_to_usbdev(iface);
        struct usb_host_interface *interface;
        struct usb_endpoint_descriptor *endpoint;
        struct usb_kbd *kbd;
        struct input_dev *input_dev;
        int i, pipe, maxp;
        int error = -ENOMEM;
        interface = iface->cur_altsetting;
        if (interface->desc.bNumEndpoints != 1)
                return -ENODEV;
        endpoint = &interface->endpoint[0].desc;
        if (!usb_endpoint_is_int_in(endpoint))
                return -ENODEV;
        pipe = usb_rcvintpipe(dev, endpoint->bEndpointAddress);
        maxp = usb_maxpacket(dev, pipe, usb_pipeout(pipe));
        kbd = kzalloc(sizeof(struct usb_kbd), GFP_KERNEL);
        input_dev = input_allocate_device();//分配输入设备
        if (!kbd || !input_dev)
                goto fail1;
        if (usb_kbd_alloc_mem(dev, kbd))
                goto fail2;
        kbd->usbdev = dev;
        kbd->dev = input_dev;
        spin_lock_init(&kbd->leds_lock);
        if (dev->manufacturer)
                strlcpy(kbd->name, dev->manufacturer, sizeof(kbd->name));
        if (dev->product) {
                if (dev->manufacturer)
                        strlcat(kbd->name, " ", sizeof(kbd->name));
                strlcat(kbd->name, dev->product, sizeof(kbd->name));
```

```
    }
    if (!strlen(kbd->name))
        snprintf(kbd->name, sizeof(kbd->name),
                "USB HIDBP Keyboard %04x:%04x",
                le16_to_cpu(dev->descriptor.idVendor),
                le16_to_cpu(dev->descriptor.idProduct));
    usb_make_path(dev, kbd->phys, sizeof(kbd->phys));
    strlcat(kbd->phys, "/input0", sizeof(kbd->phys));
    //填充输入设备
    input_dev->name = kbd->name;
    input_dev->phys = kbd->phys;
    usb_to_input_id(dev, &input_dev->id);
    input_dev->dev.parent = &iface->dev;
    input_set_drvdata(input_dev, kbd);
    input_dev->evbit[0] = BIT_MASK(EV_KEY) | BIT_MASK(EV_LED) |BIT_MASK(EV_REP);
    input_dev->ledbit[0] = BIT_MASK(LED_NUML) | BIT_MASK(LED_CAPSL) |
        BIT_MASK(LED_SCROLLL) | BIT_MASK(LED_COMPOSE) |
        BIT_MASK(LED_KANA);
    for (i = 0; i < 255; i++)
        set_bit(usb_kbd_keycode[i], input_dev->keybit);
    clear_bit(0, input_dev->keybit);
    input_dev->event = usb_kbd_event;//led 事件处理函数
    input_dev->open = usb_kbd_open;
    input_dev->close = usb_kbd_close;
    usb_fill_int_urb(kbd->irq, dev, pipe,kbd->new, (maxp > 8 ? 8 : maxp),
                usb_kbd_irq, kbd, endpoint->bInterval);//填充键盘按键中断 urb
    kbd->irq->transfer_dma = kbd->new_dma;
    kbd->irq->transfer_flags |= URB_NO_TRANSFER_DMA_MAP;
    kbd->cr->bRequestType = USB_TYPE_CLASS | USB_RECIP_INTERFACE;
    kbd->cr->bRequest = 0x09;
    kbd->cr->wValue = cpu_to_le16(0x200);
    kbd->cr->wIndex = cpu_to_le16(interface->desc.bInterfaceNumber);
    kbd->cr->wLength = cpu_to_le16(1);
    usb_fill_control_urb(kbd->led, dev, usb_sndctrlpipe(dev, 0),
                    (void *) kbd->cr, kbd->leds, 1,usb_kbd_led, kbd);//填充 led 控制 urb
    kbd->led->transfer_dma = kbd->leds_dma;
    kbd->led->transfer_flags |= URB_NO_TRANSFER_DMA_MAP;
    error = input_register_device(kbd->dev);//注册输入设备
    if (error)
        goto fail2;
    usb_set_intfdata(iface, kbd);
    device_set_wakeup_enable(&dev->dev, 1);//允许此设备唤醒系统
    return 0;
fail2:
    usb_kbd_free_mem(dev, kbd);
fail1:
    input_free_device(input_dev);
    kfree(kbd);
```

```
        return error;
    }
```

usb_kbd_open 函数中提交了 USB 请求块，代码如下：

```
static int usb_kbd_open(struct input_dev *dev)
{
    struct usb_kbd *kbd = input_get_drvdata(dev);
    kbd->irq->dev = kbd->usbdev;
    if (usb_submit_urb(kbd->irq, GFP_KERNEL))
        return -EIO;
    return 0;
}
```

在 USB 键盘完成数据接收后会产生中断，键盘数据存放在 kbd->new 中。中断处理函数 usb_kbd_irq 代码如下：

```
static void usb_kbd_irq(struct urb *urb)
{
    struct usb_kbd *kbd = urb->context;
    int i;
    switch (urb->status) {
    case 0:/*成功*/
        break;
    case -ECONNRESET:         /*连接复位*/
    case -ENOENT://文件不存在
    case -ESHUTDOWN:传输端点关闭，无法传输
        return;
    default:/*其他错误*/
        goto resubmit;
    }
    for (i = 0; i < 8; i++)
        input_report_key(kbd->dev, usb_kbd_keycode[i + 224], (kbd->new[0] >> i) & 1);
    for (i = 2; i < 8; i++) {
        if (kbd->old[i] > 3 && memscan(kbd->new + 2, kbd->old[i], 6) == kbd->new + 8) {
            if (usb_kbd_keycode[kbd->old[i]])
                input_report_key(kbd->dev, usb_kbd_keycode[kbd->old[i]], 0);
            else
                hid_info(urb->dev,"Unknown key (scancode %#x) released.\n",kbd->old[i]);
        }
        if (kbd->new[i] > 3 && memscan(kbd->old + 2, kbd->new[i], 6) == kbd->old + 8) {
            if (usb_kbd_keycode[kbd->new[i]])
                input_report_key(kbd->dev, usb_kbd_keycode[kbd->new[i]], 1);
            else
                hid_info(urb->dev,"Unknown key (scancode %#x) pressed.\n",kbd->new[i]);
        }
    }
    input_sync(kbd->dev);//同步键盘的输入消息
    memcpy(kbd->old, kbd->new, 8);
```

```
resubmit:
    i = usb_submit_urb (urb, GFP_ATOMIC);
    if (i)
        hid_err(urb->dev, "can't resubmit intr, %s-%s/input0, status %d",
                kbd->usbdev->bus->bus_name,kbd->usbdev->devpath, i);
}
```

usb_kbd_close 函数代码如下：

```
static void usb_kbd_close(struct input_dev *dev)
{
    struct usb_kbd *kbd = input_get_drvdata(dev);
    usb_kill_urb(kbd->irq);
}
```

usb_kbd_event 函数用来控制键盘上的 LED 灯。

```
static int usb_kbd_event(struct input_dev *dev, unsigned int type,unsigned int code, int value)
{
    unsigned long flags;
    struct usb_kbd *kbd = input_get_drvdata(dev);
    if (type != EV_LED)return -1;
    spin_lock_irqsave(&kbd->leds_lock, flags);
    kbd->newleds = (!!test_bit(LED_KANA,     dev->led) << 3) |
                   (!!test_bit(LED_COMPOSE, dev->led) << 3) |
                   (!!test_bit(LED_SCROLLL, dev->led) << 2) |
                   (!!test_bit(LED_CAPSL,    dev->led) << 1) |
                   (!!test_bit(LED_NUML,     dev->led));
    if (kbd->led_urb_submitted){
        spin_unlock_irqrestore(&kbd->leds_lock, flags);
        return 0;
    }
    if (*(kbd->leds) == kbd->newleds){
        spin_unlock_irqrestore(&kbd->leds_lock, flags);
        return 0;
    }
    *(kbd->leds) = kbd->newleds;
    kbd->led->dev = kbd->usbdev;
    if (usb_submit_urb(kbd->led, GFP_ATOMIC))//提交 led 控制 urb，数据在 kbd->leds 中
        pr_err("usb_submit_urb(leds) failed\n");
    else
        kbd->led_urb_submitted = true;
    spin_unlock_irqrestore(&kbd->leds_lock, flags);
    return 0;
}
```

关于标准键盘 LED 的控制，可参见第 10 章。

第 15 章　音频设备驱动程序

音频驱动是 Linux 内核中比较特殊的驱动，它的代码没有放到/drivers 下，而是放到/sound 目录下。目前 Linux 内核的音频驱动主要采用 ALSA（Advanced Linux Sound Architecture）架构。本章介绍 ALSA 架构与音频驱动程序开发。

15.1　ALSA 音频体系

ALSA 音频体系不仅提供了内核驱动模块，还专门为应用程序的编写提供了方便的函数库（alsalib）。ALSA 音频体系的总体架构如图 15-1 所示。

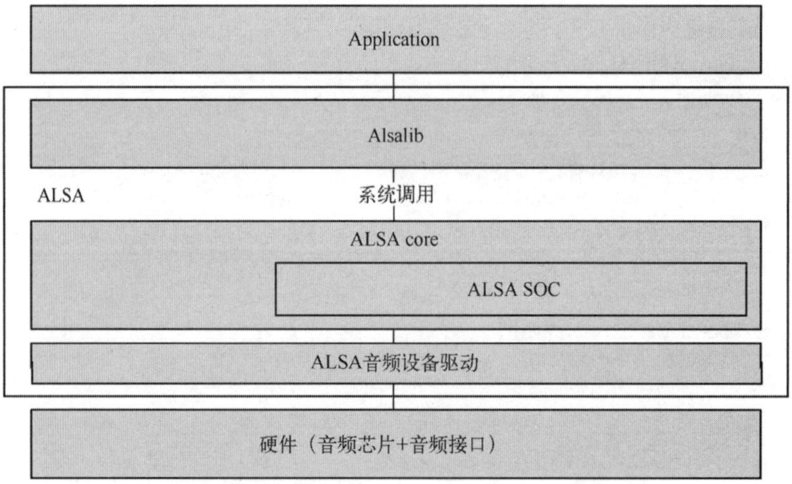

图 15-1　ALSA 总体架构

ALSA 音频体系有如下特点：

（1）支持所有类型的音频接口，从普通的声卡到专业的音频设备。

（2）完全模块化的声卡驱动程序。

（3）SMP 和线程安全的设计。

（4）一个用户空间的函数库，提供了高层次的编程接口，从而简化了应用程序的开发。

（5）支持较老的 OSS API，兼容大多数 OSS 应用程序。

ALSA 音频体系为应用层提供了七种接口：（1）设备信息接口(/proc/asound)；（2）设备控制接口(/dev/snd/controlCX)；（3）混音器设备接口(/dev/snd/mixerCXDX)；（4）PCM 设备接口(/dev/snd/pcmCXDX)；（5）原始 MIDI 设备接口(/dev/snd/midiCXDX)；（6）声音合成设备接口(/dev/snd/seq)；（7）定时器接口(/dev/snd/timer)。

15.2　ALSA 核心层

15.2.1　声卡

声卡用 snd_card 结构描述：

```
struct snd_card {
        int number;                     /*声卡编号*/
        char id[16];                    /*声卡 ID*/
        char driver[16];                /*驱动名*/
        char shortname[32];             /*声卡短名*/
        char longname[80];              /*声卡名*/
        char irq_descr[32];             /*中断描述*/
        char mixername[80];             /*混音器名*/
        char components[128];
        struct module *module;          /*顶层模块*/
        void *private_data;             /*私有数据*/
        void (*private_free) (struct snd_card *card); /*释放私有数据的回调*/
        struct list_head devices;       /*设备链表*/
        struct device ctl_dev;          /*控制设备*/
        unsigned int last_numid;
        struct rw_semaphore controls_rwsem;/*控制接口链表锁*/
        rwlock_t ctl_files_rwlock;      /*控制接口文件链表锁*/
        int controls_count;             /*所有控制接口的数量*/
        int user_ctl_count;             /*用户控制接口数量*/
        struct list_head controls;      /*控制接口链表*/
        struct list_head ctl_files;     /*活动的控制接口文件*/
        struct mutex user_ctl_lock;     /*用户控制接口锁*/
        struct snd_info_entry *proc_root;       /*proc 根目录*/
        struct snd_info_entry *proc_id;
        struct proc_dir_entry *proc_root_link;
        struct list_head files_list;    /*关联此声卡的文件链表*/
        struct snd_shutdown_f_ops *s_f_ops; /*停止状态下的文件操作*/
        spinlock_t files_lock;          /*声卡文件锁*/
        int shutdown;                   /*声卡正在关闭*/
        struct completion *release_completion;
        struct device *dev;             /*声卡关联的设备*/
        struct device card_dev;
        const struct attribute_group *dev_groups[4]; /*属性组*/
        bool registered;                /*card_dev 是否注册*/
};
```

创建并初始化一个声卡结构：

```
int snd_card_new(struct device *parent, int idx, const char *xid,
                struct module *module, int extra_size,struct snd_card **card_ret);
```

snd_card_register 函数用来注册声卡：

```
int snd_card_register (struct snd_card * card);
```

15.2.2　音频设备

一个声卡可能包含多个音频设备：

```
struct snd_device {
        struct list_head list;              /*注册的音频设备表*/
        struct snd_card *card;              /*拥有此设备的声卡*/
        enum snd_device_state state;  /*设备状态*/
        enum snd_device_type type;    /*设备类型*/
        void *device_data;                  /*设备数据*/
        struct snd_device_ops *ops;   /*音频设备操作*/
};
```

音频设备包括 PCM 实例、控制接口、原始 MIDI 接口等类型。音频设备的类型是 enum snd_device_type：

```
enum snd_device_type {
        SNDRV_DEV_LOWLEVEL,
        SNDRV_DEV_CONTROL,
        SNDRV_DEV_INFO,
        SNDRV_DEV_BUS,
        SNDRV_DEV_CODEC,
        SNDRV_DEV_PCM,
        SNDRV_DEV_COMPRESS,
        SNDRV_DEV_RAWMIDI,
        SNDRV_DEV_TIMER,
        SNDRV_DEV_SEQUENCER,
        SNDRV_DEV_HWDEP,
        SNDRV_DEV_JACK,
};
```

snd_device_new 函数为声卡创建一个音频设备：

```
int snd_device_new(struct snd_card *card, snd_device_type_t type,
                void *device_data, struct snd_device_ops *ops)
```

snd_device_free 函数从声卡中删除音频设备：

```
int snd_device_free(struct snd_card *card, void *device_data);
```

15.2.3　PCM

PCM 全称为脉冲编码调制（pulse-code modulation），在音频处理里面就是对模拟音频进行脉冲采样。声卡对模拟音频信号按照一定的采样率（sample rate）以及精度（bits per sample）进行采样，每个采样点的音频数据为一帧（frame）。一帧音频数据的 bit 数为精度×声道，一秒音频数据的 bit 数为精度×声道×采样率。一帧一帧的音频数据按照时间顺序串在一起组成了音频流。PCM 数据实际就是原始的音频流数据。

ALSA 架构中，PCM 用来管理音频流，它用 snd_pcm 结构描述。一个声卡可以包含多个 PCM，每个 PCM 又包含多个播放或采集子流。图 15-2 为 ALSA PCM 流的架构。

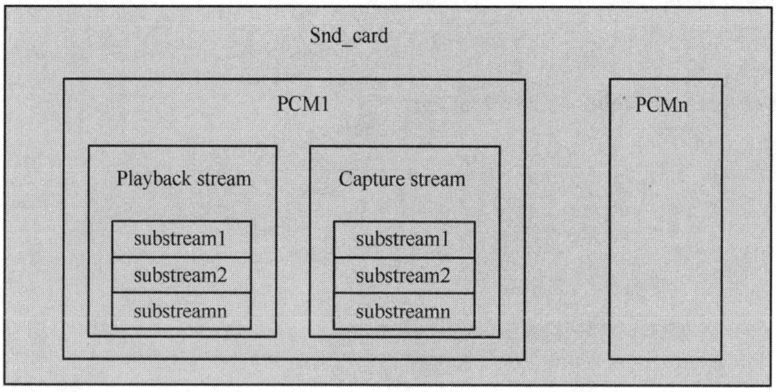

图 15-2　音频流组织结构

```
struct snd_pcm {
        struct snd_card *card;//所属声卡
        struct list_head list;
        int device; /*设备号*/
        unsigned int info_flags;
        unsigned short dev_class;
        unsigned short dev_subclass;
        char id[64];
        char name[80];
        struct snd_pcm_str streams[2];//子流
        struct mutex open_mutex;
        wait_queue_head_t open_wait;
        void *private_data;
        void (*private_free) (struct snd_pcm *pcm);
        bool internal; /*是否仅内部使用*/
        bool nonatomic; /*是否整个 PCM 操作均处于非原子上下文*/
};
```

音频流包括播放流与采集流，播放流与采集流均有多个子流，分别存放在 snd_pcm 结构的 streams[2]成员中。音频流的方向定义如下：

```
enum {
        SNDRV_PCM_STREAM_PLAYBACK = 0,
        SNDRV_PCM_STREAM_CAPTURE,
        SNDRV_PCM_STREAM_LAST = SNDRV_PCM_STREAM_CAPTURE,
};
```

PCM 音频子流结构如下：

```
struct snd_pcm_substream {
        struct snd_pcm *pcm;
        struct snd_pcm_str *pstr;
        void *private_data;/*复制自 pcm->private_data*/
        int number;
        char name[32];          /*子流名*/
        int stream;             /*子流方向*/
        struct pm_qos_request latency_pm_qos_req;
        size_t buffer_bytes_max;        /*环形缓冲大小*/
        struct snd_dma_buffer dma_buffer;//DMA 缓冲
        size_t dma_max;//DMA 大小
        const struct snd_pcm_ops *ops;//PCM 操作
        struct snd_pcm_runtime *runtime;//运行时信息
        struct snd_timer *timer;        /*定时器*/
        unsigned timer_running: 1;      /*定时器是否在运行*/
        struct snd_pcm_substream *next;//指向下一个子流
        struct list_head link_list;
        struct snd_pcm_group self_group;
        struct snd_pcm_group *group;
        ...
}
```

snd_pcm_new 函数创建一个新的 PCM 实例：

```
int snd_pcm_new(struct snd_card *card, char *id, int device,
                int playback_count, int capture_count,struct snd_pcm ** rpcm);
```

snd_pcm_new_stream 函数创建一个新的 PCM 子流：

```
int snd_pcm_new_stream(struct snd_pcm *pcm, int stream, int substream_count)
```

stream 即子流的方向。

15.2.4　音频控制接口

音频控制接口定义如下：

```
struct snd_kcontrol_new {
        snd_ctl_elem_iface_t iface;     /*接口标识*/
        unsigned int device;/*设备/客户号*/
        unsigned int subdevice;/*子设备/子流号*/
        const unsigned char *name;      /*ASCII 名*/
        unsigned int index;     /*系数*/
        unsigned int access;    /*访问权限*/
        unsigned int count;
        snd_kcontrol_info_t *info;//接口的相关信息
        snd_kcontrol_get_t *get;//获取函数
```

```
        snd_kcontrol_put_t *put;//设置函数
        union {
                snd_kcontrol_tlv_rw_t *c;
                const unsigned int *p;
        } tlv;
        unsigned long private_value;
};
```

snd_ctl_new1 函数创建一个新的控制接口：

```
struct snd_kcontrol * snd_ctl_new1 (const struct snd_kcontrol_new * ncontrol,void * private_data);
```

snd_ctl_free_one 函数释放一个控制接口：

```
void snd_ctl_free_one (struct snd_kcontrol * kcontrol);
```

snd_ctl_add 函数为声卡添加一个控制接口：

```
int snd_ctl_add (struct snd_card * card, struct snd_kcontrol * kcontrol);
```

snd_ctl_remove 函数从声卡删除一个控制接口：

```
int snd_ctl_remove(struct snd_card *card, struct snd_kcontrol *kcontrol) ;
```

下面是 CS4281 芯片的“音频播放音量”控制接口：

```
static struct snd_kcontrol_new snd_cs4281_pcm_vol =
{
        .iface = SNDRV_CTL_ELEM_IFACE_MIXER,
        .name = "PCM Stream Playback Volume",
        .info = snd_cs4281_info_volume,
        .get = snd_cs4281_get_volume,
        .put = snd_cs4281_put_volume,
        .private_value = ((BA0_PPLVC << 16) | BA0_PPRVC),
        .tlv = { .p = db_scale_dsp },
};
snd_ctl_add(card, snd_ctl_new1(&snd_cs4281_pcm_vol, chip));//将 struct cs4281 *chip 作为私有数据
//接口函数定义
#define snd_kcontrol_chip(kcontrol) ((kcontrol)->private_data)
static int snd_cs4281_get_volume(struct snd_kcontrol *kcontrol,struct snd_ctl_elem_value *ucontrol)
{
        struct cs4281 *chip = snd_kcontrol_chip(kcontrol);
        int regL = (kcontrol->private_value >> 16) & 0xffff;
        int regR = kcontrol->private_value & 0xffff;
        int volL, volR;
        volL = CS_VOL_MASK - (snd_cs4281_peekBA0(chip, regL) & CS_VOL_MASK);
        volR = CS_VOL_MASK - (snd_cs4281_peekBA0(chip, regR) & CS_VOL_MASK);
        ucontrol->value.integer.value[0] = volL;
        ucontrol->value.integer.value[1] = volR;
```

```
        return 0;
}
static int snd_cs4281_put_volume(struct snd_kcontrol *kcontrol,struct snd_ctl_elem_value *ucontrol)
{
        struct cs4281 *chip = snd_kcontrol_chip(kcontrol);
        int change = 0;
        int regL = (kcontrol->private_value >> 16) & 0xffff;
        int regR = kcontrol->private_value & 0xffff;
        int volL, volR;
        volL = CS_VOL_MASK - (snd_cs4281_peekBA0(chip, regL) & CS_VOL_MASK);
        volR = CS_VOL_MASK - (snd_cs4281_peekBA0(chip, regR) & CS_VOL_MASK);
        if (ucontrol->value.integer.value[0] != volL) {//如果设置值与寄存器值不一致
                volL = CS_VOL_MASK - (ucontrol->value.integer.value[0] & CS_VOL_MASK);
                snd_cs4281_pokeBA0(chip, regL, volL);
                change = 1;
        }
        if (ucontrol->value.integer.value[1] != volR) {//如果设置值与寄存器值不一致
                volR = CS_VOL_MASK - (ucontrol->value.integer.value[1] & CS_VOL_MASK);
                snd_cs4281_pokeBA0(chip, regR, volR);
                change = 1;
        }
        return change;
}
```

在 shell 中可以通过 amixer 命令设置 CS4281 的音量，例如：

```
amixer cset name=' PCM Stream Playback Volume ' 26,26
```

内核定义了一系列宏来组装 snd_kcontrol_new：

```
#define SOC_SINGLE(xname, reg, shift, max, invert) \
{       .iface = SNDRV_CTL_ELEM_IFACE_MIXER, .name = xname, \
        .info = snd_soc_info_volsw, .get = snd_soc_get_volsw,\
        .put = snd_soc_put_volsw, \
        .private_value = SOC_SINGLE_VALUE(reg, shift, max, invert, 0) }
#define SOC_DOUBLE(xname, reg, shift_left, shift_right, max, invert) \
{       .iface = SNDRV_CTL_ELEM_IFACE_MIXER, .name = (xname),\
        .info = snd_soc_info_volsw, .get = snd_soc_get_volsw, \
        .put = snd_soc_put_volsw, \
        .private_value = SOC_DOUBLE_VALUE(
```

例如 WM9713 的 kcontrol 接口定义：

```
static const struct snd_kcontrol_new wm9713_snd_ac97_controls[] = {
SOC_DOUBLE_TLV("Speaker Playback Volume", AC97_MASTER, 8, 0, 31, 1, out_tlv),
SOC_DOUBLE("Speaker Playback Switch", AC97_MASTER, 15, 7, 1, 1),
SOC_DOUBLE_TLV("Headphone Playback Volume", AC97_HEADPHONE, 8, 0, 31, 1,out_tlv),
SOC_DOUBLE("Headphone Playback Switch", AC97_HEADPHONE, 15, 7, 1, 1),
```

```
SOC_DOUBLE_TLV("Line In Volume", AC97_PC_BEEP, 8, 0, 31, 1, main_tlv),
SOC_DOUBLE_TLV("PCM Playback Volume", AC97_PHONE, 8, 0, 31, 1, main_tlv),
SOC_SINGLE_TLV("Mic 1 Volume", AC97_MIC, 8, 31, 1, main_tlv),
SOC_SINGLE_TLV("Mic 2 Volume", AC97_MIC, 0, 31, 1, main_tlv),
SOC_SINGLE_TLV("Mic 1 Preamp Volume", AC97_3D_CONTROL, 10, 3, 0, mic_tlv),
SOC_SINGLE_TLV("Mic 2 Preamp Volume", AC97_3D_CONTROL, 12, 3, 0, mic_tlv),
SOC_SINGLE("Mic Boost (+20dB) Switch", AC97_LINE, 5, 1, 0),
SOC_SINGLE("Mic Headphone Mixer Volume", AC97_LINE, 0, 7, 1),
...
};
```

查看内核中所有的 kcontrols 命令如下：

```
[root@urbetter home]# ./amixer controls
…
numid=1,iface=MIXER,name='Speaker Playback Volume'
numid=2,iface=MIXER,name='Speaker Playback Switch'
numid=3,iface=MIXER,name='Headphone Playback Volume'
…
```

15.2.5 AC97 声卡

AC97 全称 Audio CODEC 97，是 Intel 等几家业界巨头制定的多媒体声卡规范。AC97 标准作为一种全新的音源架构，主要就是针对 PC 多媒体市场需求日益迫切的音源信号处理方式和音源硬件加速方式两个方面进行强化，并据此提出了一种切实可行的解决方案。

```
struct snd_ac97 {
        const struct snd_ac97_build_ops *build_ops;
        void *private_data;
        void (*private_free) (struct snd_ac97 *ac97);
        struct snd_ac97_bus *bus;
        struct pci_dev *pci;    /*PCI 设备*/
        struct snd_info_entry *proc;
        struct snd_info_cntry *proc_regs;
        unsigned short subsystem_vendor;
        unsigned short subsystem_device;
        struct mutex reg_mutex;
        struct mutex page_mutex;
        unsigned short num;   /*codec 号: 0 =主, 1 = 第二*/
        unsigned short addr;   /*codec 物理地址*/
        unsigned int id;         /*codec ID*/
        unsigned short caps;   /*能力 (register 0)*/
        unsigned short ext_id;/*扩展特性识别 (register 28)*/
        unsigned short ext_mid;         /*扩展 modem ID (register 3C)*/
        const struct snd_ac97_res_table *res_table;
```

```
        unsigned int scaps;     /*驱动能力*/
        unsigned int flags;     /*特殊码*/
        unsigned int rates[6]; /*见 AC97_RATES_* 定义*/
        unsigned int spdif_status;
        unsigned short regs[0x80]; /*寄存器 cache*/
        ...
};
struct snd_ac97_bus {
        struct snd_ac97_bus_ops *ops;
        void *private_data;
        void (*private_free) (struct snd_ac97_bus *bus);
        struct snd_card *card;
        unsigned short num;   /*总线号*/
        unsigned short no_vra: 1, /*不支持 VRA*/
                       dra: 1, /*支持双倍速率*/
                       isdin: 1;/*非独立 SDIN*/
        unsigned int clock;     /*AC'97 基时钟 (通常为 48000Hz)*/
        spinlock_t bus_lock;  /*总线锁，主要用于 slot 分配*/
        unsigned short used_slots[2][4]; /*实际使用的 PCM slot*/
        unsigned short pcms_count; /*PCM 数量*/
        struct ac97_pcm *pcms;
        struct snd_ac97 *codec[4];
        struct snd_info_entry *proc;
};
```

AC97 声卡遵循统一的规范，有一样的寄存器。内核中访问 AC97 寄存器的接口函数如下：

snd_ac97_write 函数写 AC97 寄存器：

```
void snd_ac97_write(struct snd_ac97 *ac97, unsigned short reg, unsigned short value);
```

snd_ac97_read 函数读 AC97 寄存器：

```
unsigned short snd_ac97_read(struct snd_ac97 *ac97, unsigned short reg);
```

snd_ac97_update 函数更新 AC97 寄存器：

```
int snd_ac97_update(struct snd_ac97 *ac97, unsigned short reg, unsigned short value);
```

snd_ac97_update 会比较寄存器中的旧值，如果旧值与 value 不一致则更新寄存器。

15.3　ALSA SOC 架构

ALSA SOC 层可为 SOC 嵌入式处理器和便携音频编码器提供更好的 ALSA 支持。ALSA SOC 层使得平台驱动、CPU 驱动与音频编码器驱动分离，代码的可重用性更好。另外，它提供了标准的音频事件（如耳机插拔）的处理接口、电源控制接口。图 15-3 为 ALSA SOC 架构图。

图 15-3　ALSA SOC 架构

15.3.1　SOC 声卡

SOC 声卡用 snd_soc_card 结构描述：

```
struct snd_soc_card {
        const char *name;
        const char *long_name;
        const char *driver_name;
        struct device *dev;
        struct snd_card *snd_card;
        struct module *owner;
        struct mutex mutex;
        struct mutex dapm_mutex;
        bool instantiated;
        int (*probe)(struct snd_soc_card *card);
        int (*late_probe)(struct snd_soc_card *card);
        int (*remove)(struct snd_soc_card *card);
        int (*suspend_pre)(struct snd_soc_card *card);
        int (*suspend_post)(struct snd_soc_card *card);
        int (*resume_pre)(struct snd_soc_card *card);
        int (*resume_post)(struct snd_soc_card *card);
        /*回调*/
        int (*set_bias_level)(struct snd_soc_card *,struct snd_soc_dapm_context *dapm,
                              enum snd_soc_bias_level level);
        int (*set_bias_level_post)(struct snd_soc_card *,struct snd_soc_dapm_context *dapm,
                              enum snd_soc_bias_level level);
        int (*add_dai_link)(struct snd_soc_card *,struct snd_soc_dai_link *link);
        void (*remove_dai_link)(struct snd_soc_card *,struct snd_soc_dai_link *link);
        long pmdown_time;
        /*CPU <--> Codec DAI links */
        struct snd_soc_dai_link *dai_link;    /*预定义的 link*/
        int num_links;    /*预定义的 link 数量*/
        struct list_head dai_link_list; /*所有 link*/
```

```
        int num_dai_links;
        struct list_head rtd_list;
        int num_rtd;
        ...
        //DAMP 相关的成员
        const struct snd_soc_dapm_widget *dapm_widgets;
        int num_dapm_widgets;
        const struct snd_soc_dapm_route *dapm_routes;
        int num_dapm_routes;
        const struct snd_soc_dapm_widget *of_dapm_widgets;
        int num_of_dapm_widgets;
        const struct snd_soc_dapm_route *of_dapm_routes;
        int num_of_dapm_routes;
        bool fully_routed;
        ...
};
```

snd_soc_card 可以看作是继承于 snd_card 结构。snd_soc_dai_link 结构定义了 SOC 声卡连接的数字音频接口。snd_soc_card 的 dai_link 成员仅用于初始化。

```
struct snd_soc_dai_link {
        /*必须在 machine driver 中设置*/
        const char *name;                        /*Codec 名称*/
        const char *stream_name;                 /*流名称*/
        //CPU 侧
        const char *cpu_name;
        struct device_node *cpu_of_node;
        const char *cpu_dai_name;
        //编码器侧
        const char *codec_name;
        struct device_node *codec_of_node;
        const char *codec_dai_name;
        struct snd_soc_dai_link_component *codecs;
        unsigned int num_codecs;
        //平台侧
        const char *platform_name;
        struct device_node *platform_of_node;
        int be_id;
        const struct snd_soc_pcm_stream *params;
        unsigned int num_params;
        unsigned int dai_fmt;   /*初始化时的格式*/
        enum snd_soc_dpcm_trigger trigger[2]; /*DPCM 触发类型*/
        int (*init)(struct snd_soc_pcm_runtime *rtd); /*codec/machine 特有的初始化*/
        int (*be_hw_params_fixup)(struct snd_soc_pcm_runtime *rtd,struct snd_pcm_hw_params *params);
        /*machine 流操作*/
        const struct snd_soc_ops *ops;
        const struct snd_soc_compr_ops *compr_ops;
```

```
        /*单向 dai links 标志*/
        bool playback_only;
        bool capture_only;
        /*非原子操作标志*/
        bool nonatomic;
        ...
};
```

Machine 层一般会注册一个 soc-audio 平台设备。而 soc-audio 对应的平台驱动则是在 ALSA 核心层实现的（soc-core.c）。

```
static struct platform_driver soc_driver = {
        .driver                 = {
                .name           = "soc-audio",
                .pm             = &snd_soc_pm_ops,
        },
        .probe                  = soc_probe,
        .remove                 = soc_remove,
};
static int __init snd_soc_init(void)
{
        snd_soc_debugfs_init();
        snd_soc_util_init();
        return platform_driver_register(&soc_driver);
}
        soc_probe 函数实现如下：
static int soc_probe(struct platform_device *pdev)
{
        struct snd_soc_card *card = platform_get_drvdata(pdev);
        if (!card)return -EINVAL;
        dev_warn(&pdev->dev,"ASoC: machine %s should use snd_soc_register_card()\n",card->name);
        card->dev = &pdev->dev;
        return snd_soc_register_card(card);
}
int snd_soc_register_card(struct snd_soc_card *card)
{
        int i, ret;
        struct snd_soc_pcm_runtime *rtd;
        if (!card->name || !card->dev)
                return -EINVAL;
        for (i = 0; i < card->num_links; i++) {
                struct snd_soc_dai_link *link = &card->dai_link[i];
                ret = soc_init_dai_link(card, link);//检查 link 参数是否正确
                if (ret) {
                        dev_err(card->dev, "ASoC: failed to init link %s\n",
                                link->name);
                        return ret;
```

```
                }
        }
        dev_set_drvdata(card->dev, card);
        snd_soc_initialize_card_lists(card);
        INIT_LIST_HEAD(&card->dai_link_list);
        card->num_dai_links = 0;
        INIT_LIST_HEAD(&card->rtd_list);
        card->num_rtd = 0;
        INIT_LIST_HEAD(&card->dapm_dirty);
        INIT_LIST_HEAD(&card->dobj_list);
        card->instantiated = 0;
        mutex_init(&card->mutex);
        mutex_init(&card->dapm_mutex);
        ret = snd_soc_instantiate_card(card);
        if (ret != 0)
                return ret;
        ...
        return ret;
}
```

snd_soc_instantiate_card 会把对 SOC 层的组件进行绑定（见 15.3.5 节的 soc_bind_dai_link 函数），并调用 snd_card_new 创建一个声卡(snd_card)，最后调用 snd_card_register 注册一个声卡。

15.3.2 DAI

DAI 是数字音频接口(Digital Audio Interface)。处理器与音频编码器均有一个或多个 DAI。每个 DAI 有自己的 DAI 驱动(snd_soc_dai_driver)。

```
struct snd_soc_dai {
        const char *name;
        int id;
        struct device *dev;//关联的设备
        struct snd_soc_dai_driver *driver;//DAI 驱动
        /*DAI 运行时信息*/
        unsigned int capture_active:1;/*采集流是否在用*/
        unsigned int playback_active:1;/*播放流是否在用 *
        unsigned int symmetric_rates:1;
        unsigned int symmetric_channels:1;
        unsigned int symmetric_samplebits:1;
        unsigned int active;
        unsigned char probed:1;
        struct snd_soc_dapm_widget *playback_widget;
        struct snd_soc_dapm_widget *capture_widget;
        /*DAI DMA 参数*/
        void *playback_dma_data;
        void *capture_dma_data;
```

```
    unsigned int rate;
    unsigned int channels;
    unsigned int sample_bits;
    ...
};
struct snd_soc_dai_driver {
    /*DAI 描述*/
    const char *name;
    unsigned int id;
    unsigned int base;
    struct snd_soc_dobj dobj;
    /*DAI 驱动回调*/
    int (*probe)(struct snd_soc_dai *dai);
    int (*remove)(struct snd_soc_dai *dai);
    int (*suspend)(struct snd_soc_dai *dai);
    int (*resume)(struct snd_soc_dai *dai);
    int (*compress_new)(struct snd_soc_pcm_runtime *rtd, int num);
    bool bus_control;//是否用于控制总线
    const struct snd_soc_dai_ops *ops;
    /*DAI 能力*/
    struct snd_soc_pcm_stream capture;
    struct snd_soc_pcm_stream playback;
    unsigned int symmetric_rates:1;
    unsigned int symmetric_channels:1;
    unsigned int symmetric_samplebits:1;
    /*探测与删除顺序，用于相互依赖的组件*/
    int probe_order;
    int remove_order;
};
```

内核中所有的 snd_soc_dai_driver 都将附着到 struct snd_soc_component 中，最终保存在 snd_soc_component 链表中：

```
static LIST_HEAD(component_list);
```

15.3.3 codec

音频编码器使用 snd_soc_codec 结构描述：

```
struct snd_soc_codec {
    struct device *dev;
    const struct snd_soc_codec_driver *driver;
    struct list_head list;
    struct list_head card_list;
    /*运行时*/
    unsigned int cache_bypass:1; /*禁止访问 cache*/
    unsigned int suspended:1; /*挂起状态*/
    unsigned int cache_init:1; /*codec cache 是否初始化*/
```

```
    /*codec IO*/
    void *control_data; /*控制数据*/
    hw_write_t hw_write;
    void *reg_cache;
    /*组件*/
    struct snd_soc_component component;
};
```

snd_soc_register_codec 函数注册一个 soc codec：

```
int snd_soc_register_codec(struct device *dev,const struct snd_soc_codec_driver *codec_drv,
                           struct snd_soc_dai_driver *dai_drv,int num_dai)
```

所有的 snd_soc_codec 将被添加到 codec 链表中：

```
static LIST_HEAD(codec_list);
```

15.3.4　SOC 平台

SOC 平台使用 snd_soc_platform 结构描述：

```
struct snd_soc_platform {
    const char *name;
    int id;
    struct device *dev;
    struct snd_soc_platform_driver *driver;
    unsigned int suspended:1; /*挂起标志*/
    unsigned int probed:1;
    struct snd_soc_card *card;
    struct list_head list;
    struct list_head card_list;
};
```

添加一个 SOC platform：

```
int snd_soc_add_platform(struct device *dev, struct snd_soc_platform *platform,
        const struct snd_soc_platform_driver *platform_drv)
```

所有的 snd_soc_codec 将被添加到 codec 链表中：

```
static LIST_HEAD(platform_list);
```

15.3.5　PCM 运行时配置

snd_soc_card 有一个 rtd_list 成员，用来保存 snd_soc_pcm_runtime 结构，该结构描述声卡运行时配置。

```
struct snd_soc_pcm_runtime {
    struct device *dev;
    struct snd_soc_card *card;
```

```
        struct snd_soc_dai_link *dai_link;
        struct mutex pcm_mutex;
        enum snd_soc_pcm_subclass pcm_subclass;
        struct snd_pcm_ops ops;
        unsigned int dev_registered:1;
        /*动态 PCM BE 运行时数据*/
        struct snd_soc_dpcm_runtime dpcm[2];
        int fe_compr;
        long pmdown_time;
        unsigned char pop_wait:1;
        /*运行时设备*/
        struct snd_pcm *pcm;
        struct snd_compr *compr;
        struct snd_soc_codec *codec;
        struct snd_soc_platform *platform;
        struct snd_soc_dai *codec_dai;// codec 端的 DAI
        struct snd_soc_dai *cpu_dai;//CPU 端的 DAI
        struct snd_soc_component *component;
        struct snd_soc_dai **codec_dais;
        unsigned int num_codecs;
        struct delayed_work delayed_work;
        unsigned int num; /*从 0 开始的单调增的号*/
        struct list_head list; /*soc 声卡的 rtd 链表*/
    };
```

soc_bind_dai_link 函数将 SOC 声卡与 DAI 绑定，并将信息保存在 snd_soc_pcm_runtime 结构中：

```
static int soc_bind_dai_link(struct snd_soc_card *card,struct snd_soc_dai_link *dai_link)
{
        struct snd_soc_pcm_runtime *rtd;
        struct snd_soc_dai_link_component *codecs = dai_link->codecs;
        struct snd_soc_dai_link_component cpu_dai_component;
        struct snd_soc_dai **codec_dais;
        struct snd_soc_platform *platform;
        const char *platform_name;
        int i;
        dev_dbg(card->dev, "ASoC: binding %s\n", dai_link->name);
        rtd = soc_new_pcm_runtime(card, dai_link);
        if (!rtd)return -ENOMEM;
        if (soc_is_dai_link_bound(card, dai_link)) {
                dev_dbg(card->dev, "ASoC: dai link %s already bound\n",
                        dai_link->name);
                return 0;
        }
        cpu_dai_component.name = dai_link->cpu_name;
        cpu_dai_component.of_node = dai_link->cpu_of_node;
```

```
	cpu_dai_component.dai_name = dai_link->cpu_dai_name;
	rtd->cpu_dai = snd_soc_find_dai(&cpu_dai_component);
	if (!rtd->cpu_dai) {
		dev_err(card->dev, "ASoC: CPU DAI %s not registered\n",
				dai_link->cpu_dai_name);
		goto _err_defer;
	}
	rtd->num_codecs = dai_link->num_codecs;
	/*从注册的 CODEC 中寻找对应的 CODEC*/
	codec_dais = rtd->codec_dais;
	for (i = 0; i < rtd->num_codecs; i++) {
		codec_dais[i] = snd_soc_find_dai(&codecs[i]);
		if (!codec_dais[i]) {
			dev_err(card->dev, "ASoC: CODEC DAI %s not registered\n",
					codecs[i].dai_name);
			goto _err_defer;
		}
	}
	rtd->codec_dai = codec_dais[0];
	rtd->codec = rtd->codec_dai->codec;
	/*如果没有 platform，匹配空的 platform*/
	platform_name = dai_link->platform_name;
	if (!platform_name && !dai_link->platform_of_node)
		platform_name = "snd-soc-dummy";
	/*从注册的 plateform 中寻找对应的 plateform*/
	list_for_each_entry(platform, &platform_list, list) {
		if (dai_link->platform_of_node) {
			if (platform->dev->of_node !=
			    dai_link->platform_of_node)
					continue;
		} else {
			if (strcmp(platform->component.name, platform_name))
					continue;
		}
		rtd->platform = platform;
	}
	if (!rtd->platform) {
		dev_err(card->dev, "ASoC: platform %s not registered\n",
				dai_link->platform_name);
		return -EPROBE_DEFER;
	}
	soc_add_pcm_runtime(card, rtd);//将 rtd 添加到 card 的 rtd 链表中
	return 0;
_err_defer:
	soc_free_pcm_runtime(rtd);
```

```
        return  -EPROBE_DEFER;
    }
```

snd_soc_find_dai 函数从 component_list 链表中寻找对应的 DAI。

15.3.6 DAPM

DAPM（Dynamic Audio Power Management）机制设计的目的是为允许便携设备在音频子系统下消耗最少的能量，它独立于内核中其他的电源管理系统，能很好地与其他电源管理系统共存。另外，kcontrol 接口之间相互独立，无法联动，并且没有事件处理接口。DAPM 很好地解决了这个问题。DAPM 单元（widget）定义如下：

```
struct snd_soc_dapm_widget {
    enum snd_soc_dapm_type id;
    const char *name;/*本单元名*/
    const char *sname;/*流名*/
    struct list_head list;
    struct snd_soc_dapm_context *dapm;
    void *priv;    /*私有数据*/
    struct regulator *regulator;    /*绑定的电源调节器*/
    const struct snd_soc_pcm_stream *params; /*dai links 参数*/
    unsigned int num_params; /*dai links 参数个数*/
    unsigned int params_select; /*当前 dai links 参数*/
    /*dapm 控制*/
    int reg;        /*negative reg = no direct dapm*/
    unsigned char shift;   /*移位*/
    unsigned int mask;    /*非移位的掩码*/
    unsigned int on_val;  /*打开状态的值*/
    unsigned int off_val;  /*关闭状态的值*/
    unsigned char power:1;
    unsigned char active:1;
    unsigned char connected:1;
    unsigned char new:1;
    unsigned char force:1;
    unsigned char ignore_suspend:1;
    unsigned char new_power:1;
    unsigned char power_checked:1;
    unsigned char is_supply:1;/*是否供给类型的单元*/
    unsigned char is_ep:2;        /*是否端点类型的单元*/
    int subseq;    /*单元类型排序*/
    int (*power_check)(struct snd_soc_dapm_widget *w);
    /*外部事件*/
    unsigned short event_flags;            /*事件类型*/
    int (*event)(struct snd_soc_dapm_widget*, struct snd_kcontrol *, int);//事件处理
    /*关联的 kcontrol*/
    int num_kcontrols;// kcontrol 数量
    const struct snd_kcontrol_new *kcontrol_news;
```

```
    ...
    struct clk *clk;
};
```

DAPM widget 包含如下类型：

```
enum snd_soc_dapm_type {
    snd_soc_dapm_input = 0,          /*输入管脚*/
    snd_soc_dapm_output,             /*输出管脚*/
    snd_soc_dapm_mux,                /*多个输入中选一*/
    snd_soc_dapm_demux,              /*将输入连接到多路输出中的一个*/
    snd_soc_dapm_mixer,              /*混音*/
   /* 同 snd_soc_dapm_mixer，区别在于混音元素名不会添加混音单元名前缀*/
    snd_soc_dapm_mixer_named_ctl,
    snd_soc_dapm_pga,                /*可编程增益放大/衰减器*/
    snd_soc_dapm_out_drv,            /*输出驱动器*/
    snd_soc_dapm_adc,                /*AD 转换*/
    snd_soc_dapm_dac,                /*DA 转换*/
    snd_soc_dapm_micbias,            /*麦克风电源偏置*/
    snd_soc_dapm_mic,                /*麦克风*/
    snd_soc_dapm_hp,                 /*双耳式耳机*/
    snd_soc_dapm_spk,                /*话筒*/
    ...
};
```

DAPM widget 之间可以相互连接，组成一条完整的音频链路。就像网络设备之间通过路由器相连一样，DAPM widget 也通过 DAPM 路由连接在一起。DAPM widget 的连接关系通过 snd_soc_dapm_route 结构描述：

```
struct snd_soc_dapm_route {
    const char *sink;//目的 widget
    const char *control;//路径名
    const char *source;//源 widget
    int (*connected)(struct snd_soc_dapm_widget *source,struct snd_soc_dapm_widget *sink);
};
```

如果 snd_soc_dapm_route 的 control 为 NULL，则表示 sink 与 source 直连在一起。一个完整的音频链路必须有一个有效的终点，例如：

（1）从 DAC 到输出管脚。

（2）从输入管脚到 ADC。

（3）从输入管脚到输出管脚。

（4）从 DAC 到 ADC。

内核在下列情况下会扫描音频链路（参见 dapm_power_widgets 函数），并给音频链路上的 DAPM widget 做上电（power on）与下电（power off）动作：

（1）声卡初始化。

（2）用户通过 amixer 命令等方式改变音频链路。

（3）应用程序打开或关闭 PCM 设备。

同 kcontrol 接口一样，内核定义了一系列宏来组装 DAPM widget：

```
#define SND_SOC_DAPM_ADC(wname, stname, wreg, wshift, winvert) \
{       .id = snd_soc_dapm_adc, .name = wname, .sname = stname, \
        SND_SOC_DAPM_INIT_REG_VAL(wreg, wshift, winvert), }
#define SND_SOC_DAPM_DAC(wname, stname, wreg, wshift, winvert) \
{       .id = snd_soc_dapm_dac, .name = wname, .sname = stname, \
        SND_SOC_DAPM_INIT_REG_VAL(wreg, wshift, winvert) }
#define SND_SOC_DAPM_MIXER(wname, wreg, wshift, winvert, \
         wcontrols, wncontrols)\
{       .id = snd_soc_dapm_mixer, .name = wname, \
        SND_SOC_DAPM_INIT_REG_VAL(wreg, wshift, winvert), \
        .kcontrol_news = wcontrols, .num_kcontrols = wncontrols}
```

例如 WM9713 的 DAPM 接口定义如下：

```
#define WM9713_HP_MIXER_CTRL(xname, xmixer, xshift) { \
        .iface = SNDRV_CTL_ELEM_IFACE_MIXER, .name = xname, \
        .info = snd_soc_info_volsw, \
        .get = wm9713_hp_mixer_get, .put = wm9713_hp_mixer_put, \
        .private_value = SOC_DOUBLE_VALUE(SND_SOC_NOPM, \
                xshift, xmixer, 1, 0, 0) \
}
static const struct snd_kcontrol_new wm9713_hpl_mixer_controls[] = {
WM9713_HP_MIXER_CTRL("Beep Playback Switch", HPL_MIXER, 5),
WM9713_HP_MIXER_CTRL("Voice Playback Switch", HPL_MIXER, 4),
WM9713_HP_MIXER_CTRL("Aux Playback Switch", HPL_MIXER, 3),
WM9713_HP_MIXER_CTRL("PCM Playback Switch", HPL_MIXER, 2),
WM9713_HP_MIXER_CTRL("MonoIn Playback Switch", HPL_MIXER, 1),
WM9713_HP_MIXER_CTRL("Bypass Playback Switch", HPL_MIXER, 0),
};
static const struct snd_soc_dapm_widget wm9713_dapm_widgets[] = {
SND_SOC_DAPM_MIXER("Left HP Mixer", AC97_EXTENDED_MID, 3, 1,
        &wm9713_hpl_mixer_controls[0],ARRAY_SIZE(wm9713_hpl_mixer_controls)),
SND_SOC_DAPM_DAC("Left DAC", "Left HiFi Playback", AC97_EXTENDED_MID, 7, 1),
SND_SOC_DAPM_ADC("Left Voice ADC", "Left Voice Capture", SND_SOC_NOPM, 0, 0),
SND_SOC_DAPM_INPUT("PCBEEP"),
...
};
static const struct snd_soc_dapm_route wm9713_audio_map[] = {
        /*left HP mixer*/
        {"Left HP Mixer", "Beep Playback Switch",      "PCBEEP"},
        {"Left HP Mixer", "Voice Playback Switch",     "Voice DAC"},
        {"Left HP Mixer", "Aux Playback Switch",       "Aux DAC"},
        {"Left HP Mixer", "Bypass Playback Switch",    "Left Line In"},
        {"Left HP Mixer", "PCM Playback Switch",       "Left DAC"},
```

```
        {"Left HP Mixer", "MonoIn Playback Switch",   "Mono In"},
        {"Left HP Mixer", NULL,   "Capture Headphone Mux"},
        ...
}
```

可见第三列的几个 DAPM widget 通过 wm9713_audio_map 中间列的开关选择一个连接到名为 Left HP Mixer 的 DAPM widget。下面是 Left HP Mixer 的连接设置实例：

```
[root@urbetter home]# ./amixer controls |grep 'Left HP Mixer'
numid=82,iface=MIXER,name='Left HP Mixer Aux Playback Switch'
numid=80,iface=MIXER,name='Left HP Mixer Beep Playback Switch'
numid=85,iface=MIXER,name='Left HP Mixer Bypass Playback Switch'
numid=84,iface=MIXER,name='Left HP Mixer MonoIn Playback Switch'
numid=83,iface=MIXER,name='Left HP Mixer PCM Playback Switch'
numid=81,iface=MIXER,name='Left HP Mixer Voice Playback Switch'
//先获取一下该控制接口的信息
[root@urbetter home]#   ./amixer cget name='Left HP Mixer PCM Playback Switch'
numid=83,iface=MIXER,name='Left HP Mixer PCM Playback Switch'
  ; type=BOOLEAN,access=rw------,values=2
  : values=off,off
[root@urbetter home]#   ./amixer cset name='Left HP Mixer PCM Playback Switch' 1
numid=83,iface=MIXER,name='Left HP Mixer PCM Playback Switch'
  ; type=BOOLEAN,access=rw------,values=2
  : values=on,off
[root@urbetter home]#   ./amixer cset name='Left HP Mixer PCM Playback Switch' 0
numid=83,iface=MIXER,name='Left HP Mixer PCM Playback Switch'
  ; type=BOOLEAN,access=rw------,values=2
  : values=off,off
//设置参数也可为 on 或者 off
 [root@urbetter home]#   ./amixer cset name='Left HP Mixer PCM Playback Switch' on
numid=83,iface=MIXER,name='Left HP Mixer PCM Playback Switch'
  ; type=BOOLEAN,access=rw------,values=2
  : values=on,off
[root@urbetter home]#   ./amixer cset name='Left HP Mixer PCM Playback Switch' off
numid=83,iface=MIXER,name='Left HP Mixer PCM Playback Switch'
  ; type=BOOLEAN,access=rw------,values=2
  : values=off,off
```

执行./amixer cset name='Left HP Mixer PCM Playback Switch' 1 表示 Left DAC 进入音频链路，Left HP Mixer 连接到 Left DAC。

15.4 ALSA 驱动程序实例

本节介绍的 AC97 驱动程序由 S3C6410X 的 AC97 控制单元和 WM9714 编解码器组成，图 15-4 为 AC97 电路原理。

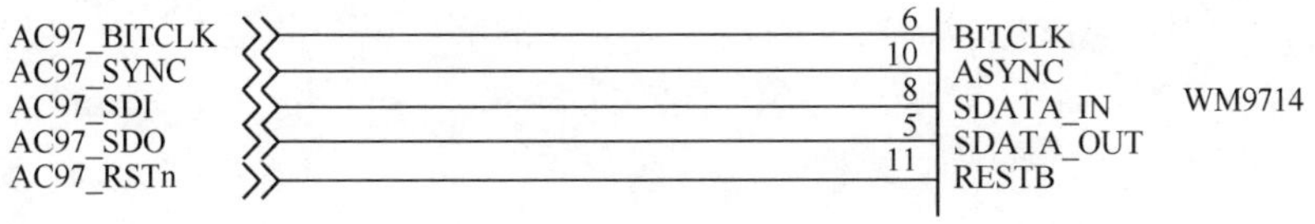

图 15-4　AC97 电路原理

15.4.1　S3C6410X 的 AC97 控制单元

S3C6410X 的 AC97 控制单元支持 AC97 2.0 版本的特性。AC97 控制单元通过 AC-link（audio controller link）总线与 AC97 编解码器连接。AC97 控制单元向 AC97 编解码器发送 PCM 数据，AC97 编解码器的 DAC 转换器将音频采样数据转换成模拟音频信号。AC97 控制单元还接收从 AC-link 上传过来的 PCM 音频数据。S3C6410X 的 AC97 控制单元包括以下特性：

（1）三个独立通道，分别用于立体声 PCM 输入、立体声 PCM 输出和单声道 MIC 输入。

（2）支持基于 DMA 的操作和基于中断的操作。

（3）可变采样率 AC97 编解码接口（48kHz 和低于 48kHz）。

（4）每通道 16 个 FIFO。

（5）只支持基本编解码器。

S3C6410X 的 AC97 控制单元的接口见表 15-1。

表 15-1　S3C6410X 的 AC97 控制单元

名　称	方　向	说　明
X97RESETn	输出	AC_RESETn：复位
X97BITCLK	输入	AC_BIT_CLK：12.288MHz 的位时钟
X97SYNC	输出	AC_SYNC：48kHz 的帧同步
X97SDO	输出	AC_SDO：串行音频数据输出
X97SDO	输入	AC_SDO：串行音频数据输入

AC-link 是一种全双工、固定时钟的数字化 PCM 音频流。它采用时分复用的方式来处理控制寄存器的访问和多个输出输入音频流。AC-link 将每个音频帧分为 12 个输入和输出数据流。每个流的分辨率为 20bit。每个音频帧包含 256bit 的数据，这 256bit 数据分成 13 个时间片（Slot）。第 0 个时间片为 16bit，称为标签片，其他的 12 个时间片称为数据片，每片大小为 20bit。如图 15-5 所示。

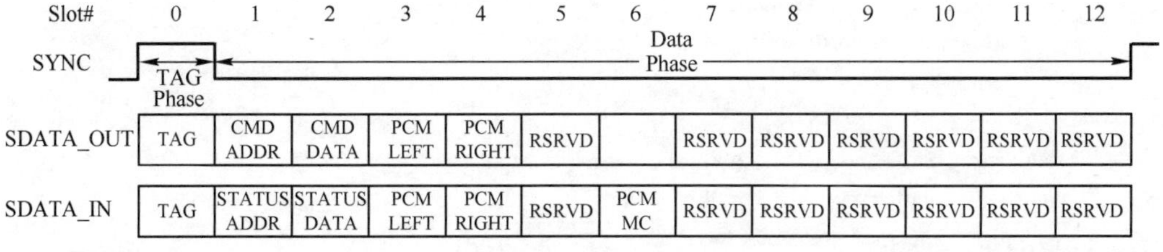

图 15-5　AC-link 总线时序

标签片包含一个 1bit 的有效帧识别位和 12bit 的有效数据片的位置识别码。当 SYNC 为高则表示一个数据帧开始。SYNC 保持高的时间与标签片相同。AC97 帧的出现频率为 48kHz，并与 12.288MHz 的位时钟同步（BITCLK）。AC97 控制单元和 AC97 编解码器通过 SYNC 和 BITCLK 来决定何时发送和接收音频数据。发送端在 BITCLK 的上升沿将数据放到总线上，而接收端则在 BITCLK 的下降沿进行取样。发送端负责填写标签片中的有效数据地址。AC-link 的数据流按照 MSB 到 LSB 的顺序排列。

AC-link 输出帧格式（SDATA_OUT）见表 15-2。

表 15-2 AC-link 输出帧格式

Slot 号	说 明
Slot0	bit15=1,则当前帧包含至少一个有效数据片 bit14～bit3 对应于 12 个数据片，为 0 则对应的数据片无效，为 1 则对应的数据片有效 bit0 和 bit1 为编码器 I/O 比特
Slot1	bit19=0 则为写 AC97 编解码器寄存器，=1 则为读 AC97 编解码器寄存器 bit18～bit12 为 AC97 编解码器的寄存器地址
Slot2	bit19～bit4 为命令数据
Slot3	PCM 回放左声道数据
Slot4	PCM 回放右声道数据

15.4.2 Machine Driver

WM9714 与 WM9713 的功能以及硬件接口相近，可以采用 WM9713 驱动。Machine 层驱动代码见 smdk_wm9713.c。15.3.1 节的例子也来自该文件。

snd_soc_dai_link 定义了 soc 平台与 codec 之间的关联关系。例如 SMDK 开发板中的 SOC 声卡注册代码如下：

```
static struct snd_soc_dai_link smdk_dai = {
        .name = "AC97",
        .stream_name = "AC97 PCM",
        .platform_name = "samsung-ac97",
        .cpu_dai_name = "samsung-ac97",
        .codec_dai_name = "wm9713-hifi",
        .codec_name = "wm9713-codec",
};
static struct snd_soc_card smdk = {
        .name = "SMDK WM9713",
        .owner = THIS_MODULE,
        .dai_link = &smdk_dai,
        .num_links = 1,
};
static struct platform_device *smdk_snd_wm9713_device;
static struct platform_device *smdk_snd_ac97_device;
static int __init smdk_init(void)
{
        int ret;
```

```
        smdk_snd_wm9713_device = platform_device_alloc("wm9713-codec", -1);
        if (!smdk_snd_wm9713_device)return -ENOMEM;
        ret = platform_device_add(smdk_snd_wm9713_device); //添加" wm9713-codec"平台设备
        if (ret)goto err1;
        smdk_snd_ac97_device = platform_device_alloc("soc-audio", -1);
        if (!smdk_snd_ac97_device) {
                ret = -ENOMEM;
                goto err2;
        }
        platform_set_drvdata(smdk_snd_ac97_device, &smdk);
        ret = platform_device_add(smdk_snd_ac97_device);//添加"soc-audio"平台设备
        if (ret)goto err3;
        return 0;
}
```

15.4.3 Platform Driver

SOC platform driver 主要实现了 CPU 端 DAI 驱动，并注册 SOC platform driver。注意不要与驱动模型中的 platform driver 混淆。代码在 sound/soc/amsung/ac97.c。驱动入口如下：

```
static struct platform_driver s3c_ac97_driver = {
        .probe   = s3c_ac97_probe,
        .remove = s3c_ac97_remove,
        .driver = {
                .name = "samsung-ac97",
        },
};
module_platform_driver(s3c_ac97_driver);
```

s3c6400_ac97_probe 函数代码如下：

```
static int s3c_ac97_probe(struct platform_device *pdev)
{
        struct resource *mem_res, *irq_res;
        struct s3c_audio_pdata *ac97_pdata;
        int ret;
        ac97_pdata = pdev->dev.platform_data;
        if (!ac97_pdata || !ac97_pdata->cfg_gpio) {
                dev_err(&pdev->dev, "cfg_gpio callback not provided!\n");
                return -EINVAL;
        }
        /*获取中断资源*/
        irq_res = platform_get_resource(pdev, IORESOURCE_IRQ, 0);
        if (!irq_res) {
                dev_err(&pdev->dev, "AC97 IRQ not provided!\n");
                return -ENXIO;
        }
```

```
        mem_res = platform_get_resource(pdev, IORESOURCE_MEM, 0);
        s3c_ac97.regs = devm_ioremap_resource(&pdev->dev, mem_res);
        if (IS_ERR(s3c_ac97.regs))
                return PTR_ERR(s3c_ac97.regs);
        //DMA 设置
        s3c_ac97_pcm_out.slave = ac97_pdata->dma_playback;
        s3c_ac97_pcm_out.dma_addr = mem_res->start + S3C_AC97_PCM_DATA;
        s3c_ac97_pcm_in.slave = ac97_pdata->dma_capture;
        s3c_ac97_pcm_in.dma_addr = mem_res->start + S3C_AC97_PCM_DATA;
        s3c_ac97_mic_in.slave = ac97_pdata->dma_capture_mic;
        s3c_ac97_mic_in.dma_addr = mem_res->start + S3C_AC97_MIC_DATA;
        init_complction(&s3c_ac97.done);
        mutex_init(&s3c_ac97.lock);
        s3c_ac97.ac97_clk = devm_clk_get(&pdev->dev, "ac97");//获取时钟
        if (IS_ERR(s3c_ac97.ac97_clk)) {
                dev_err(&pdev->dev, "ac97 failed to get ac97_clock\n");
                ret = -ENODEV;
                goto err2;
        }
        clk_prepare_enable(s3c_ac97.ac97_clk);//使能时钟
        if (ac97_pdata->cfg_gpio(pdev)) {
                dev_err(&pdev->dev, "Unable to configure gpio\n");
                ret = -EINVAL;
                goto err3;
        }
        ret = request_irq(irq_res->start, s3c_ac97_irq,0, "AC97", NULL);//申请中断
        if (ret < 0) {
                dev_err(&pdev->dev, "ac97: interrupt request failed.\n");
                goto err4;
        }
        ret = snd_soc_set_ac97_ops(&s3c_ac97_ops);//设置 ac97 操作函数
        if (ret != 0) {
                dev_err(&pdev->dev, "Failed to set AC'97 ops: %d\n", ret);
                goto err4;
        }
        ret = devm_snd_soc_register_component(&pdev->dev, &s3c_ac97_component,
                                        s3c_ac97_dai, ARRAY_SIZE(s3c_ac97_dai));//注册 DAI
        if (ret)goto err5;
        ret = samsung_asoc_dma_platform_register(&pdev->dev,ac97_pdata->dma_filter);//注册 DMA 引擎
        if (ret) {
                dev_err(&pdev->dev, "failed to get register DMA: %d\n", ret);
                goto err5;
        }
        return 0;
}
```

devm_snd_soc_register_component 函数注册了 CPU 端的 DAI 驱动：

```
static struct snd_soc_dai_driver s3c_ac97_dai[] = {
	[S3C_AC97_DAI_PCM] = {
		.name =		" amsung-ac97",
		.bus_control = true,
		.playback = {
			.stream_name = "AC97 Playback",
			.channels_min = 2,
			.channels_max = 2,
			.rates = SNDRV_PCM_RATE_8000_48000,
			.formats = SNDRV_PCM_FMTBIT_S16_LE,},
		.capture = {
			.stream_name = "AC97 Capture",
			.channels_min = 2,
			.channels_max = 2,
			.rates = SNDRV_PCM_RATE_8000_48000,
			.formats = SNDRV_PCM_FMTBIT_S16_LE,},
		.probe = s3c_ac97_dai_probe,
		.ops = &s3c_ac97_dai_ops,
	},
};
```

s3c_ac97_dai_probe 函数主要初始化 DMA 参数。

```
static struct s3c_dma_params s3c_ac97_pcm_out = {
	.dma_size	= 4,
};
static struct s3c_dma_params s3c_ac97_pcm_in = {
	.dma_size	= 4,
};
static int s3c_ac97_dai_probe(struct snd_soc_dai *dai)
{
	samsung_asoc_init_dma_data(dai, &s3c_ac97_pcm_out, &s3c_ac97_pcm_in);//初始化 DMA 参数
	return 0;
}
```

samsung_asoc_dma_platform_register 函数注册了一个基于 PCM 的 DMA 引擎：

```
int samsung_asoc_dma_platform_register(struct device *dev,dma_filter_fn filter)
{
	samsung_dmaengine_pcm_config.compat_filter_fn = filter;
	return devm_snd_dmaengine_pcm_register(dev,
			&samsung_dmaengine_pcm_config,
			SND_DMAENGINE_PCM_FLAG_CUSTOM_CHANNEL_NAME |
			SND_DMAENGINE_PCM_FLAG_COMPAT);
}
int snd_dmaengine_pcm_register(struct device *dev,
```

```
        const struct snd_dmaengine_pcm_config *config, unsigned int flags)
{
        struct dmaengine_pcm *pcm;
        int ret;
        pcm = kzalloc(sizeof(*pcm), GFP_KERNEL);
        if (!pcm)return -ENOMEM;
        pcm->config = config;
        pcm->flags = flags;
        ret = dmaengine_pcm_request_chan_of(pcm, dev, config);
        if (ret)goto err_free_dma;
        ret = snd_soc_add_platform(dev, &pcm->platform,&dmaengine_pcm_platform);
        if (ret)goto err_free_dma;
        return 0;
err_free_dma:
        dmaengine_pcm_release_chan(pcm);
        kfree(pcm);
        return ret;
}
```

而基于 DMA 的 SOC platform 的驱动在 SOC 层实现：

```
static const struct snd_pcm_ops dmaengine_pcm_ops = {
        .open           = dmaengine_pcm_open,
        .close          = snd_dmaengine_pcm_close,
        .ioctl          = snd_pcm_lib_ioctl,
        .hw_params      = dmaengine_pcm_hw_params,
        .hw_free        = snd_pcm_lib_free_pages,
        .trigger        = snd_dmaengine_pcm_trigger,
        .pointer        = dmaengine_pcm_pointer,
};
static const struct snd_soc_platform_driver dmaengine_pcm_platform = {
        .component_driver = {
                .probe_order = SND_SOC_COMP_ORDER_LATE,
        },
        .ops            = &dmaengine_pcm_ops,
        .pcm_new        = dmaengine_pcm_new,
};
```

s3c_ac97_dai_probe 函数还修改了 AC97 总线的操作函数：

```
static struct snd_ac97_bus_ops s3c_ac97_ops = {
        .read          = s3c_ac97_read,
        .write         = s3c_ac97_write,
        .warm_reset = s3c_ac97_warm_reset,
        .reset         = s3c_ac97_cold_reset,
};
ret = snd_soc_set_ac97_ops(&s3c_ac97_ops);
```

AC97 寄存器读操作函数如下：

```
static unsigned short s3c_ac97_read(struct snd_ac97 *ac97,unsigned short reg)
{
	u32 ac_glbctrl, ac_codec_cmd;
	u32 stat, addr, data;
	mutex_lock(&s3c_ac97.lock);
	s3c_ac97_activate(ac97);
	reinit_completion(&s3c_ac97.done);
	ac_codec_cmd = readl(s3c_ac97.regs + S3C_AC97_CODEC_CMD);
	ac_codec_cmd = S3C_AC97_CODEC_CMD_READ | AC_CMD_ADDR(reg);
	writel(ac_codec_cmd, s3c_ac97.regs + S3C_AC97_CODEC_CMD);
	udelay(50);
	ac_glbctrl = readl(s3c_ac97.regs + S3C_AC97_GLBCTRL);
	ac_glbctrl |= S3C_AC97_GLBCTRL_CODECREADYIE;
	writel(ac_glbctrl, s3c_ac97.regs + S3C_AC97_GLBCTRL);
	if (!wait_for_completion_timeout(&s3c_ac97.done, HZ))
		pr_err("AC97: Unable to read!");
	stat = readl(s3c_ac97.regs + S3C_AC97_STAT);
	addr = (stat >> 16) & 0x7f;
	data = (stat & 0xffff);
	if (addr != reg)
		pr_err("ac97: req addr = %02x, rep addr = %02x\n",
			reg, addr);
	mutex_unlock(&s3c_ac97.lock);
	return (unsigned short)data;
}
```

AC97 寄存器写操作函数如下：

```
static void s3c_ac97_write(struct snd_ac97 *ac97, unsigned short reg,unsigned short val)
{
	u32 ac_glbctrl, ac_codec_cmd;
	mutex_lock(&s3c_ac97.lock);
	s3c_ac97_activate(ac97);
	reinit_completion(&s3c_ac97.done);
	ac_codec_cmd = readl(s3c_ac97.regs + S3C_AC97_CODEC_CMD);
	ac_codec_cmd = AC_CMD_ADDR(reg) | AC_CMD_DATA(val);
	writel(ac_codec_cmd, s3c_ac97.regs + S3C_AC97_CODEC_CMD);
	udelay(50);
	ac_glbctrl = readl(s3c_ac97.regs + S3C_AC97_GLBCTRL);
	ac_glbctrl |= S3C_AC97_GLBCTRL_CODECREADYIE;
	writel(ac_glbctrl, s3c_ac97.regs + S3C_AC97_GLBCTRL);
	if (!wait_for_completion_timeout(&s3c_ac97.done, HZ))
		pr_err("AC97: Unable to write!");
	ac_codec_cmd = readl(s3c_ac97.regs + S3C_AC97_CODEC_CMD);
	ac_codec_cmd |= S3C_AC97_CODEC_CMD_READ;
```

```
        writel(ac_codec_cmd, s3c_ac97.regs + S3C_AC97_CODEC_CMD);
        mutex_unlock(&s3c_ac97.lock);
}
```

15.4.4 Codec Driver

codec 层代码在 wm9713.c 文件中。驱动代码入口如下：

```
static struct platform_driver wm9713_codec_driver = {
        .driver = {
                        .name = "wm9713-codec",
        },
        .probe = wm9713_probe,
        .remove = wm9713_remove,
};
module_platform_driver(wm9713_codec_driver);
```

wm9713-codec 平台设备已在 machine 层定义。wm9713_probe 函数注册了 codec 与 DAI 驱动，代码如下：

```
static struct snd_soc_codec_driver soc_codec_dev_wm9713 = {
        .probe =        wm9713_soc_probe,
        .remove =       wm9713_soc_remove,
        .suspend =      wm9713_soc_suspend,
        .resume =       wm9713_soc_resume,
        .set_bias_level = wm9713_set_bias_level,
        .controls = wm9713_snd_ac97_controls,//控制接口
        .num_controls = ARRAY_SIZE(wm9713_snd_ac97_controls),
        .dapm_widgets = wm9713_dapm_widgets,//DAMP 单元
        .num_dapm_widgets = ARRAY_SIZE(wm9713_dapm_widgets),
        .dapm_routes = wm9713_audio_map, //DAMP 路由
        .num_dapm_routes = ARRAY_SIZE(wm9713_audio_map),
};
static struct snd_soc_dai_driver  wm9713_dai[] = {
{
        .name = "wm9713-hifi",
        .playback = {
                .stream_name = "HiFi Playback",
                .channels_min = 1,
                .channels_max = 2,
                .rates = WM9713_RATES,
                .formats = SND_SOC_STD_AC97_FMTS,},
        .capture = {
                .stream_name = "HiFi Capture",
                .channels_min = 1,
                .channels_max = 2,
                .rates = WM9713_RATES,
```

```
                .formats = SND_SOC_STD_AC97_FMTS,},
        .ops = &wm9713_dai_ops_hifi,
        },
        ...
};
static int wm9713_probe(struct platform_device *pdev)
{
        struct wm9713_priv *wm9713;
        wm9713 = devm_kzalloc(&pdev->dev, sizeof(*wm9713), GFP_KERNEL);
        if (wm9713 == NULL)
                return -ENOMEM;
        mutex_init(&wm9713->lock);//初始化互斥锁
        platform_set_drvdata(pdev, wm9713);
        return snd_soc_register_codec(&pdev->dev,
                        &soc_codec_dev_wm9713, wm9713_dai, ARRAY_SIZE(wm9713_dai));
}
```

wm9713_soc_probe 函数创建了一个 AC97 声卡实例，并对该声卡进行了寄存器映射，为后面的声卡控制打下基础。

```
static int wm9713_soc_probe(struct snd_soc_codec *codec)
{
        struct wm9713_priv *wm9713 = snd_soc_codec_get_drvdata(codec);
        struct regmap *regmap;
        //创建 AC97 声卡
        wm9713->ac97 = snd_soc_new_ac97_codec(codec, WM9713_VENDOR_ID,
                WM9713_VENDOR_ID_MASK);
        if (IS_ERR(wm9713->ac97))
                return PTR_ERR(wm9713->ac97);
        regmap = regmap_init_ac97(wm9713->ac97, &wm9713_regmap_config);//AC97 声卡的寄存器映射
        if (IS_ERR(regmap)) {
                snd_soc_free_ac97_codec(wm9713->ac97);
                return PTR_ERR(regmap);
        }
        snd_soc_codec_init_regmap(codec, regmap);//初始化 SOC codec 的寄存器映射
        snd_soc_update_bits(codec, AC97_CD, 0x7fff, 0x0000);//取消静音
        return 0;
}
```

其他代码读者可以到内核代码中阅读。

15.5 ALSA 音频缓冲逻辑

snd_pcm_runtime 结构几乎包含了音频缓冲逻辑所有的信息：

```
struct snd_pcm_runtime {
        /*-- 状态 --*/
```

```
        snd_pcm_uframes_t avail_max;
        snd_pcm_uframes_t hw_ptr_base;      /*硬件基地址映射*/
        snd_pcm_uframes_t hw_ptr_interrupt; /*中断时的硬件指针*/
        unsigned long hw_ptr_jiffies; /*hw_ptr 更新的时间*/
        unsigned long hw_ptr_buffer_jiffies; /*缓冲对应的时间，根据采样率计算，单位为 jiffies*/
        /*-- 硬件参数--*/
        snd_pcm_uframes_t period_size;      /*中断时隙大小*/
        unsigned int periods;               /*中断时隙数*/
        snd_pcm_uframes_t buffer_size;      /*环形缓冲大小*/
        snd_pcm_uframes_t min_align;        /*最小对齐*/
        size_t byte_align;//字节对齐
        unsigned int frame_bits;
        unsigned int sample_bits;
        unsigned int info;
        /*-- 软件参数 --*/
        unsigned int period_step;
        snd_pcm_uframes_t start_threshold;//启动阈值
        snd_pcm_uframes_t stop_threshold;//停止阈值
        snd_pcm_uframes_t silence_threshold; /*当噪声超过此值开始填充静音*/
        snd_pcm_uframes_t silence_size;     /*填充静音的大小*/
        snd_pcm_uframes_t boundary;         /*指针范围*/
        snd_pcm_uframes_t silence_start; /*静音区指针*/
        snd_pcm_uframes_t silence_filled; /*已填充静音的大小*/
        /*-- 映射 --*/
        struct snd_pcm_mmap_status *status;
        struct snd_pcm_mmap_control *control;
        /*-- 硬件描述 --*/
        struct snd_pcm_hardware hw;
        struct snd_pcm_hw_constraints hw_constraints;
        /*-- DMA --*/
        unsigned char *dma_area;        /*DMA 区虚拟地址*/
        dma_addr_t dma_addr;            /*DMA 区物理地址*/
        size_t dma_bytes;               /*DMA 区大小*/
        struct snd_dma_buffer *dma_buffer_p;        /*已分配的缓冲*/
};
```

snd_pcm_uframes_t（无符号类型）与 snd_pcm_sframes_t（有符号类型）为内核中音频帧的单位。snd_pcm_substream 结构的 runtime 成员用于记录缓冲的运行状态。内核环形缓冲实际大小为 runtime-> buffer_size(音频帧)，基地址为 runtime-> dma_area。应用层读写指针为 runtime->control->appl_ptr，硬件读写指针为 runtime->status->hw_ptr。为了计算方便，内核将这个缓冲虚拟成 runtime-> boundary 大小：

```
runtime->boundary = runtime->buffer_size;
while (runtime->boundary * 2 <= LONG_MAX - runtime->buffer_size)
        runtime->boundary *= 2;
```

runtime->control->appl_ptr 的范围从 0 到 runtime-> boundary，但实际写数据时的地址会

映射到 runtime-> dma_area 开始的区域：

```
appl_ofs = appl_ptr % runtime->buffer_size;
```

ALSA 环形缓冲逻辑如图 15-6 所示。

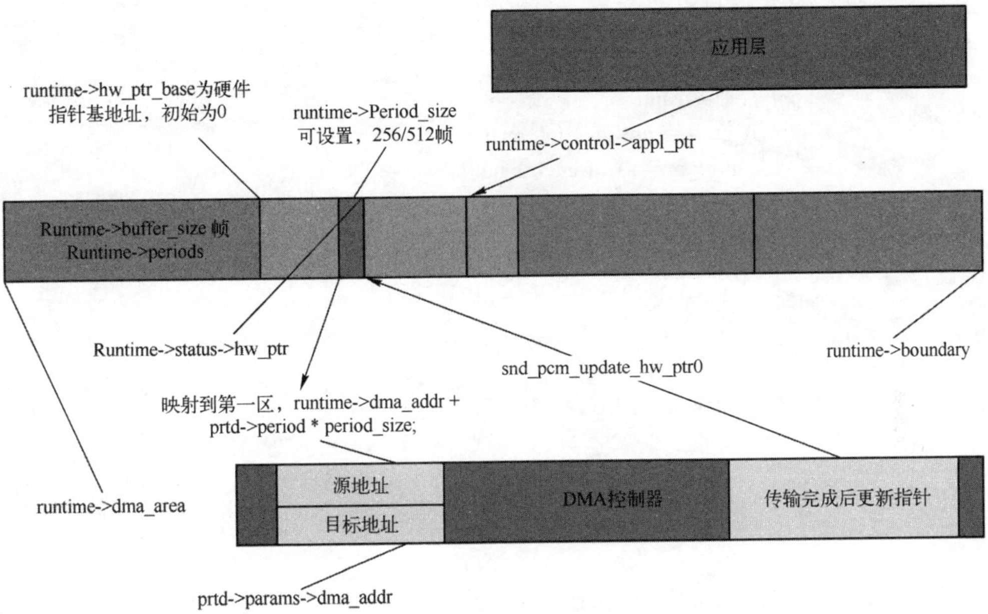

图 15-6　ALSA 音频缓冲逻辑

应用层调用 Alsalib 的 snd_pcm_writei 函数写音频数据，snd_pcm_writei 函数通过 IOCTL 命令（SNDRV_PCM_IOCTL_WRITEI_FRAMES）向内核写入音频数据，该命令会调用内核的 snd_pcm_lib_write1 函数，而 snd_pcm_lib_write1 函数会根据 runtime->control->appl_ptr 找到当前应用指针，复制应用层的数据到内核后更新 runtime->control->appl_ptr：

```
snd_pcm_sframes_t snd_pcm_lib_write1(struct snd_pcm_substream *substream,
            unsigned long data,snd_pcm_uframes_t size,int nonblock,transfer_f transfer)
{
    avail = snd_pcm_playback_avail(runtime);
    while (size > 0) {
        snd_pcm_uframes_t frames, appl_ptr, appl_ofs;
        snd_pcm_uframes_t cont;
        …
        frames = size > avail ? avail : size;
        cont = runtime->buffer_size - runtime->control->appl_ptr % runtime->buffer_size;
        if (frames > cont)
            frames = cont;
        if (snd_BUG_ON(!frames)) {
            runtime->twake = 0;
            snd_pcm_stream_unlock_irq(substream);
            return -EINVAL;
        }
        appl_ptr = runtime->control->appl_ptr;
```

```
                appl_ofs = appl_ptr % runtime->buffer_size;
                snd_pcm_stream_unlock_irq(substream);
                err = transfer(substream, appl_ofs, data, offset, frames);
                snd_pcm_stream_lock_irq(substream);
                if (err < 0)
                        goto _end_unlock;
                …
                appl_ptr += frames;
                if (appl_ptr >= runtime->boundary)
                        appl_ptr -= runtime->boundary;
                runtime->control->appl_ptr = appl_ptr;
                if (substream->ops->ack)
                        substream->ops->ack(substream);
                offset += frames;
                size -= frames;
                xfer += frames;
                avail -= frames;
                …
                }
        }
}
```

DMA 控制器每次传输 runtime->period_size 个音频帧，传输完毕会调用 snd_pcm_update_hw_ptr0 函数更新硬件指针，并进行下一次 runtime->period_size 个音频帧的传输，周而复始。

```
static int snd_pcm_update_hw_ptr0(struct snd_pcm_substream *substream,unsigned int in_interrupt)
{
        …
        runtime->hw_ptr_base = hw_base;
        runtime->status->hw_ptr = new_hw_ptr;
        runtime->hw_ptr_jiffies = curr_jiffies;
}
```

snd_pcm_playback_hw_avail 函数返回已经到达的音频数据：

```
snd_pcm_sframes_t snd_pcm_playback_hw_avail(struct snd_pcm_runtime *runtime)
{
        return runtime->buffer_size - snd_pcm_playback_avail(runtime);
}
```

snd_pcm_playback_avail 函数返回剩余音频缓冲：

```
static inline snd_pcm_uframes_t snd_pcm_playback_avail(struct snd_pcm_runtime *runtime)
{
        snd_pcm_sframes_t avail = runtime->status->hw_ptr + runtime->buffer_size - runtime->control->appl_ptr;
        if (avail < 0)
                avail += runtime->boundary;
        else if ((snd_pcm_uframes_t) avail >= runtime->boundary)
                avail -= runtime->boundary;
```

```
        return avail;
    }
```

runtime-> start_threshold 是声卡处于准备状态时启动音频播放的缓冲阈值，内核缓冲的数据量大于这个阈值，则启动播放。

```
snd_pcm_sframes_t snd_pcm_lib_write1(struct snd_pcm_substream *substream,
                unsigned long data,snd_pcm_uframes_t size,int nonblock,transfer_f transfer)
{
        …
        if (runtime->status->state == SNDRV_PCM_STATE_PREPARED &&
            snd_pcm_playback_hw_avail(runtime) >= (snd_pcm_sframes_t)runtime->start_threshold) {
                err = snd_pcm_start(substream);
                if (err < 0)
                        goto _end_unlock;
        }
}
```

15.6　ALSA 应用编程接口

在应用层，ALSA 音频设备用“plughw:x,y”表示，如“hw:0,0”表示第一个声卡上第一个 ALSA 音频设备。如果是播放，则 ALSA 自动将设备名转化为 pcmCxDyp，如果是录音则转化为 pcmCxDyc。

在介绍 ALSA API 函数之前，先来了解两个概念：

（1）交织与非交织音频

交织音频数据是指音频数据按帧存放，每帧包含所有声道的音频数据。双声道音频包含左右两个声道，假如 L1～L*n* 表示左声道数据，R1～R*n* 表示右声道数据，16-bit 双声道的交织音频流数据格式如下：

```
L1 R1 L2 R2 L3 R3 L4 R4 L5 R5 L6 R6 L7 R7 L8 R8 L9 R9…Ln Rn
```

音频按照周期（period）来存储与处理。

非交织音频数据指一个周期内，音频数据按照声道来存放，例如在双声道情况下，先放左声道数据，后放右声道数据。周期的单位为音频帧。假设周期为 *n* 帧，16-bit 双声道的非交织音频流数据格式如下：

```
L1 L2 L3 L4 L5 L6 L7 L8 L9…Ln R1 R2 R3 R4 R5 R6 R7 R8 R9…Rn
```

（2）数据传送模式

ALSA 支持两种数据传送模式：

1）常规模式：使用读写函数如 snd_pcm_write 和 snd_pcm_read 操作数据。

2）内存映射模式：直接将数据写到一个映射后的内存地址。

下面介绍 ALSA API 函数。

PCM 硬件设备参数结构（snd_pcm_hw_params_t）的设置和初始化的函数有：

```
//分配一个参数结构
int snd_pcm_hw_params_malloc (snd_pcm_hw_params_t **ptr);
//初始化硬件参数结构
int snd_pcm_hw_params_any (snd_pcm_t *pcm, snd_pcm_hw_params_t *params)
//释放一个参数结构的内存
void snd_pcm_hw_params_free (snd_pcm_hw_params_t *obj)
//设置数据传送模式
int snd_pcm_hw_params_set_access ( snd_pcm_t *pcm,
                snd_pcm_hw_params_t *params, snd_pcm_access_t _access)
```

数据传送模式(snd_pcm_access_t)包括四种：

- SND_PCM_ACCESS_MMAP_INTERLEAVED：内存映射和交织
- SND_PCM_ACCESS_MMAP_NONINTERLEAVED：内存映射和非交织
- SND_PCM_ACCESS_RW_INTERLEAVED：常规模式和交织
- SND_PCM_ACCESS_RW_NONINTERLEAVED：常规模式和非交织

snd_pcm_hw_params_set_format 用来设置数据格式，主要控制输入的音频数据的类型、无符号还是有符号、是 little-endian 还是 big-endian。

```
int snd_pcm_hw_params_set_format ( snd_pcm_t *pcm,
                    snd_pcm_hw_params_t *params,
                    snd_pcm_format_t val);
```

snd_pcm_hw_params_set_channels 设置音频设备的声道，常见的就是单声道和立体声，如果是立体声，最后一个参数 val 为 2。

```
int snd_pcm_hw_params_set_channels(snd_pcm_t *pcm,
                    snd_pcm_hw_params_t *params,
                    unsigned int val);
```

snd_pcm_hw_params_set_rate_near 设置音频数据的最接近目标的采样率。

```
int snd_pcm_hw_params_set_rate_near(snd_pcm_t *pcm,
                    snd_pcm_hw_params_t *params,
                    unsigned int *val, int *dir);
```

snd_pcm_open 函数打开 PCM 设备：

```
int   snd_pcm_open (snd_pcm_t **pcm, const char *name, snd_pcm_stream_t stream, int mode);
```

snd_pcm_hw_params 函数用来设置 PCM 音频设备的参数：

```
int   snd_pcm_hw_params (snd_pcm_t *pcm, snd_pcm_hw_params_t *params);
```

PCM 音频设备的读写接口函数如下：

```
//准备好 PCM 设备，以便写入 PCM 数据
int   snd_pcm_prepare (snd_pcm_t *pcm);
//把交织音频数据写入到音频设备
snd_pcm_sframes_t   snd_pcm_writei (snd_pcm_t *pcm, const void *buffer, snd_pcm_uframes_t size);
```

```
//把非交织音频数据写入到音频设备
snd_pcm_sframes_t   snd_pcm_writen (snd_pcm_t *pcm, const void *buffer, snd_pcm_uframes_t size);
//从音频设备读取交织音频数据
snd_pcm_sframes_t   snd_pcm_readi (snd_pcm_t *pcm, const void *buffer, snd_pcm_uframes_t size);
//从音频设备读取非交织音频数据
snd_pcm_sframes_t   snd_pcm_readn(snd_pcm_t *pcm, const void *buffer, snd_pcm_uframes_t size);
snd_pcm_close 函数关闭 PCM 设备：
int   snd_pcm_close (snd_pcm_t *pcm);
```

Alsalib 库设备打开函数为 snd_pcm_open，打开设备后可以对设备设置参数，最后读写数据。所有参数先存放到 snd_pcm_hw_params_t 结构中，设置好 snd_pcm_hw_params_t 结构后，将参数整体写入设备驱动。参数设置完毕就可以调用 snd_pcm_writei 和 snd_pcm_readi 进行音频数据读写了。

例 15.1　基本的 ALSA 音频回环实例

代码见\samples\15alsa\15-1loop。音频初始化代码如下：

```
int set_hw_parameter(snd_pcm_t *audio_handle)
{
        int err;
         snd_pcm_hw_params_t *hw_params;
         if ((err = snd_pcm_hw_params_malloc (&hw_params)) < 0) {
                fprintf (stderr, "cannot allocate hardware parameter structure (%s)\n",
                        snd_strerror (err));
                return err;
         }
         if ((err = snd_pcm_hw_params_any (audio_handle, hw_params)) < 0) {
                fprintf (stderr, "cannot initialize hardware parameter structure (%s)\n",
                        snd_strerror (err));
                return err;
         }
         if ((err = snd_pcm_hw_params_set_access (audio_handle,
                      hw_params, SND_PCM_ACCESS_RW_INTERLEAVED)) < 0) {
                fprintf (stderr, "cannot set access type (%s)\n",
                        snd_strerror (err));
                return err;
         }
         if ((err = snd_pcm_hw_params_set_format (audio_handle,
                      hw_params, SND_PCM_FORMAT_S16_LE)) < 0) {
                fprintf (stderr, "cannot set sample format (%s)\n",
                        snd_strerror (err));
                return err;
         }
         if ((err = snd_pcm_hw_params_set_rate_near (audio_handle, hw_params, &pcmrate, 0)) < 0) {
                fprintf (stderr, "cannot set sample rate (%s)\n",
                        snd_strerror (err));
                return err;
         }
         if ((err = snd_pcm_hw_params_set_channels (audio_handle, hw_params, 2)) < 0) {
```

```
                fprintf (stderr, "cannot set channel count (%s)\n",
                        snd_strerror (err));
                return err;
        }
        if ((err = snd_pcm_hw_params (audio_handle, hw_params)) < 0) {
                fprintf (stderr, "cannot set parameters (%s)\n",
                        snd_strerror (err));
                return err;
        }
        snd_pcm_hw_params_free (hw_params);
}
//打开音频回放
int initAlsa_playback()
{
        int err;
        if ((err = snd_pcm_open (&playback_handle, "plughw:0,1",
                                SND_PCM_STREAM_PLAYBACK, 0)) < 0) {
                fprintf (stderr, "cannot open audio device %s (%s)\n", "plughw:0,1",snd_strerror (err));
                return err;
        }
        return set_hw_parameter(playback_handle);
}
//打开音频采集
int initAlsa_Record()
{
        int err;
        if ((err = snd_pcm_open (&capture_handle, "plughw:0,1",
                                SND_PCM_STREAM_CAPTURE, 0)) < 0) {
                fprintf (stderr, "cannot open audio device %s (%s)\n", "plughw:0,1",snd_strerror (err));
                return err;
        }
        return set_hw_parameter(capture_handle);
}
```

主线程负责音频采集，并将数据送给播放缓冲。代码如下：

```
int main(void)
{
    int i=0;
    int err;
    short buf[10240];
    init_cycle_buffer();
    initAlsa_playback();
    initAlsa_Record();
    pthread_create(&id,NULL,(void *)playbackthread,NULL);
    if ((err = snd_pcm_prepare (capture_handle)) < 0) {
            fprintf (stderr, "cannot prepare audio interface for use (%s)\n",snd_strerror (err));
            exit （1）;
    }
    while（1）
```

```
        {
            if ((err = snd_pcm_readi (capture_handle, buf, 256)) != 256)
            {
                fprintf (stderr, "read from audio interface failed (%s) %d\n",snd_strerror (err),err);
                snd_pcm_prepare(capture_handle);
            }
            if(err>0)
            {
                pthread_mutex_lock(&fifo->lock);
                fifo_put(buf,err*4);
                pthread_mutex_unlock(&fifo->lock);
                if(g_count<100)g_count++;
            }
        }
        snd_pcm_close (playback_handle);
        snd_pcm_close (capture_handle);
        exit(0);
}
```

音频播放线程从音频缓冲获取数据并播放，代码如下：

```
void playbackthread(void)
{
        int err;
        char buf[1024];
        unsigned int n;
        while(g_count<2);//缓冲一定的音频数据
        while（1）
        {
            pthread_mutex_lock(&fifo->lock);
            n = fifo_get(buf, sizeof(buf));
            pthread_mutex_unlock(&fifo->lock);
            if(n>0)
            {
                if ((err = snd_pcm_writei (playback_handle,buf, n/4)) != ( n/4))
                {
                    fprintf (stderr, "write to audio interface failed (%s)\n",snd_strerror (err));
                    snd_pcm_close (playback_handle);
                    initAlsa_playback();
                }
            }
            else
            {
                usleep（1）；
            }
        }
}
```

参 考 文 献

[1] 毛德操，胡希明．嵌入式系统——采用公开源代码和 StrongARM/xscale 处理器[M]．杭州：浙江大学出版社，2003.

[2] 王成儒，李英伟．USB 2.0 原理与工程开发[M]．北京：国防工业出版社，2004.

[3] 漆昭铃．基于 PowerPC 的嵌入式 Linux[M]．北京：北京航空航天大学，2004.

[4] Karim Yaghmour．构建嵌入式 Linux 系统[M]．韩存兵，龚波，改编．北京：中国电力出版社，2004.

[5] 倪继利．Linux 内核分析及编程[M]．北京：电子工业出版社，2005.

[6] 陈文智．嵌入式系统开发原理与实践[M]．北京：清华大学出版社，2006.

[7] Jonathan Corbet，Alessandro Rubini，Greg Kroah-Hartman．Linux 设备驱动程序[M]．3 版．魏永明，耿岳，钟书，译．北京：中国电力出版社，2006.

[8] 刘淼．嵌入式系统接口设计与 Linux 驱动程序开发[M]．北京：北京航天航空大学出版社，2006.

[9] Claudia Salzberg Rodriguez，Gordon Fischer，Steven Smolski．Linux 内核编程[M]．陈莉君，贺炎，刘霞林，译．北京：机械工业出版社，2006.

[10] 孙纪坤，张小全．嵌入式 Linux 系统开发技术详解——基于 ARM[M]．北京：人民邮电出版社，2006.

[11] 周立功，陈明计，陈渝．ARM 嵌入式 Linux 系统构建与驱动开发范例[M]．北京：航天航空大学出版社，2006.

[12] 孙天泽，袁文菊．嵌入式设计及 Linux 驱动开发指南[M]．北京：电子工业出版社，2007.

[13] 俞永昌. Linux 设备驱动开发技术及应用[M]．李红姬，李明吉，译．北京：人民邮电出版社，2008.

[14] 冯国进．嵌入式 Linux 驱动程序设计从入门到精通[M]．北京：清华大学出版社，2008.

[15] 罗苑棠．嵌入式 Linux 驱动程序和系统开发实例精讲[M]．北京：电子工业出版社，2009.

[16] 商斌．Linux 设备驱动开发入门与编程实践[M]．北京：电子工业出版社，2009.

[17] 王柏生．深度探索 Linux 操作系统:系统构建和原理解析[M]．北京：机械工业出版社，2013.

[18] 廉文娟、郭华、范延滨．ARM 嵌入式 Linux 驱动程序开发[M]．北京：机械工业出版社，2014.

[19] 高剑林．Linux 内核探秘[M]．北京：机械工业出版社，2014.

[20] 郑强．Linux 驱动开发入门与实战[M]．北京：清华大学出版社 2014.

[21] 宋宝华．Linux 设备驱动开发详解[M]．北京：机械工业出版社，2015.

[22] 董峰．深入剖析 Linux 内核与设备驱动[M]．北京：机械工业出版社，2015.

[23] Sreekrishnan Venkateswaran．精通 Linux 设备驱动程序开发[M]．宋宝华，何昭然，译．北京：人民邮电出版社，2016.

[24] 郑钢．操作系统真象还原[M]．北京：人民邮电出版社，2016.